山地城镇建设安全与防灾协同创新专著系列

循 水 理 山

—— 山地城市生态规划路径

赵 珂 著

国家自然科学基金面上项目（项目编号：51478056）资助

科 学 出 版 社

北 京

内 容 简 介

　　本书是针对山地城市复杂、破碎、敏感的生态特质，在吸纳自然地理学、水文学、地貌学、地图学、生态学、测量学等对山、水空间生态认知原理的基础上，在山地城市生态规划实践中，建构出的"循水理山"山地城市规划理论与方法体系。本书主要包括山、水空间的生态认知，山地城市水空间生态重塑，山、水空间形态信息提取的循水理山技术，循水理山中的自流井南部片区生态本底寻觅，循水理山中的山地城乡建设用地选择，山地城市生态资源的视觉景观化利用等内容。

　　本书可供城乡国土空间规划研究、设计与管理部门的相关工作人员及高等院校师生阅读。

图书在版编目（CIP）数据

循水理山：山地城市生态规划路径 / 赵珂著. —北京：科学出版社，2020.6

（山地城镇建设安全与防灾协同创新专著系列）

ISBN 978-7-03-060334-0

Ⅰ．①循…　Ⅱ．①赵…　Ⅲ．①山区城市-城市规划-生态规划-研究　Ⅳ．①X321

中国版本图书馆 CIP 数据核字（2018）第 297386 号

责任编辑：任加林　宫晓梅 / 责任校对：王万红
责任印制：吕春珉 / 封面设计：耕者设计工作室

科 学 出 版 社 出版

北京东黄城根北街 16 号
邮政编码：100717
http://www.sciencep.com

北京中科印刷有限公司 印刷
科学出版社发行　各地新华书店经销

＊

2020 年 6 月第 一 版　　开本：B5（720×1000）
2020 年 6 月第一次印刷　　印张：20 1/4
字数：406 000

定价：198.00 元

（如有印装质量问题，我社负责调换〈中科〉）
销售部电话 010-62136230　编辑部电话 010-62135319-2031

总　序
FOREWORD

中国是一个多山国家，山地面积约为 666 万 km²，占陆地国土面积近 70%，山地县级行政机构数量约占全国的 2/3，蓄积的人口与耕地分别占全国的 1/3 和 2/5。山地区域是自然、文化资源的巨大宝库，蕴含着丰富的水力、矿产、森林、生物等自然资源，也因多民族数千年的聚居繁衍而积淀了灿烂多姿的历史遗迹与文化遗产。

然而，受制于山地地形复杂、灾害频发、生态脆弱的地理环境，山地城镇建设挑战多、难度大、成本高，导致山地区域城镇化水平低，经济社会发展滞后，存在资源低效开发、人口流失严重、生态环境恶化、文化遗产衰落等众多经济社会问题。截至 2014 年，我国云南、贵州、西藏、甘肃、新疆等省、自治区的山地城镇化率不足 40%，距离《国家新型城镇化规划（2014—2020）》提出的常住人口城镇化率达到 60% 的发展目标仍有很大差距。因此，采用"开发与保护"并重的方式推进山地城镇建设，促进山地城镇可持续发展，对推动我国经济结构顺利转型、促进经济社会和谐发展、支撑国家"一带一路"发展倡议具有不可替代的重要意义。

为满足山地区域城镇化建设的重大需求，2012 年 3 月重庆大学联合中国建筑股份有限公司、中国建筑科学研究院、中国科学院·水利部成都山地灾害与环境研究所等单位共同成立了"山地城镇建设协同创新中心"，针对山地城镇建设面临的安全与防灾关键问题开展人才培养、科技研发、学科建设等创新工作。经过三年的建设，中心围绕"规划—设计—建造—管理"的建筑产业链，大力整合政府、企业、高校、科研院所的优势资源，在山地城镇建设安全与防灾领域汇聚了一流科研团队，建设了高水平综合性示范基地，取得了有重大影响的科研理论与技术成果。迄今为止，中心已在山地城镇生态规划、山地城镇防灾减灾、山地城镇环境安全、山地城镇绿色建造、山地城镇建设管理五大方向取得了一系列重大科研成果，培养和造就了一批高素质建设人才，有力地支撑了山地城镇的重大工程建设，并着力营造出城镇建设主动依靠科技创新、科技创新更加贴近城镇发展需求的良好氛围。

山地城镇建设安全与防灾协同创新专著系列丛书集中展示了山地城镇建设协同创新中心在山地城镇生态规划与文化遗产保护、山地灾害形成理论与减灾关键技术、山地环境安全理论与可再生能源利用、山地城镇建设管理与可持续发展等领域的最新科研成果,是山地城镇建设领域科技工作者智慧与汗水的结晶。本套丛书的出版,力图服务于山地城镇建设领域科学交流与技术转化,促进该领域高层次的学术传播、科技交流、技术推广与人才培养,努力营造出"政、产、学、研"高效整合的协同创新氛围,为山地城镇的全面、协调与可持续发展做出新的重大贡献。

中国工程院院士,重庆大学校长

周绪红

2015 年 12 月

　　什么是山？哪里是山？在多年的山地城市生态规划研究与实践中，首先必须解答的这两个问题始终困扰着我。我曾经试图从山地形态上去寻找答案，发现各种关于山的定义五花八门、难以穷尽，在多样性的山地形态中要找到答案似乎是不可能的，于是我陷入更深的困惑。当看到美国学者巴瑞·史密斯（Barry Smith）和戴维·马克（David M. Mark）的文章 *Do Mountains Exist*？[①]，我才恍然：山不是以实体存在的，认知山不能从实体本身着手，而应从存在的本体开始，这个本体就是山的心物场，即人和动物在山中的自我（行为）和行为环境的组成，结构化发现承载人和动物在山中行为和行为环境的地理环境，才是山的"完形"。

　　于是问题转化为"如何发现山的完形"。在解答这一问题时，山、水、城三者之间"山水相依，有山必有水，有城必有水"的关系，启发我将目光首先转向水去寻找打开问题之门的钥匙：①既然山的实体边界线模糊难以界定，而水空间边界容易识别和勘定，通过认知水空间的水文过程，更容易厘清山的存在，理解山、水所承载的生态系统组成、结构和功能；②在山、水与城的关系中，水与城的关系更为密切，在建立城市与生态水文过程契合关系的基础上，更容易建立城市与山之间的生态耦合关系。因此，循水理山是认知水，发现山的"完形"，建立山、水、城三者之间生态耦合关系的较佳路径。

　　在发现"循水理山"的山地城市生态规划路径后，围绕山水及其承载的地物生态要素"功能-过程-形态"这一山地城市生态规划研究的核心，我才感知城乡规划本身知识的欠缺，于是又将自己置身于自然地理学、河流水文学、城市水文学、生态水文学、河流生态学、生态水工学、地貌学、地图学、地图制图学、地貌制图学、摄影测量学、山地学、气候学、森林生态学、动物地理学、行为生态学等相关学科理论及地理空间推理、地图信息综合、地理信息系统、可视化等技术方法的学习中，将它们融入以"积极生态保护""让自然做工""让社会做工自然"为理念的山地城市生态规划实践中，发现在认知生态过程、生态功能后明晰

---

　　① SMITH B，MARK D M. Do Mountains Exist? Towards an Ontology of Landforms[J]. Environment and Planning B: Planning and Design，2003，30（3）：411-427.

出来的山水城形态，不仅具有表象上的和谐，还富有内在的本体美。

本书将笔者在山地城市生态规划研究与实践道路上的思路转变和心路历程剖析开来，与读者分享，希望同道中人批评指正，激励后来者加以修正完善。本书共 8 章：第 1 章为导论，从山地城市建设中生态保护与利用的矛盾中，引出对生态的价值认知和循水理山的规划路径；第 2 章，从水空间的水文过程、基本形态和生境等方面对其进行生态认知；第 3 章，从城市水空间生态重塑原理、河流分类理论与方法等方面，探讨城市水空间生态重塑的规划技术方法；第 4 章，从山的形成、本体存在及其形态界定等方面，对山进行生态认知；第 5 章，在溯源山水空间形态信息提取技术的历史和信息技术的支撑中，建立山水空间形态信息自动提取的循水理山方法；第 6 章、第 7 章，是"循水理山"山地城市生态规划方法在生态本底保护及建设用地选择等方面的实践验证；第 8 章，在探讨景观的多样性概念中，明确"生态+景象"的景观概念综合，建立以视觉景观管理为手段的积极生态资源保护规划技术方法。

本书得到国家自然科学基金面上项目（项目编号：51478056）的资助。在实践中，得到了原广州市增城区城乡规划局蒋万芳同志，四川省自贡市自流井区委曾健、谢飞同志，四川省富顺县政府工作人员曹友良同志，四川省富顺县自然资源和规划局廖梦奇、杨敏同志，原重庆市云阳县城乡规划局刘道春同志等致力于山地城市生态建设与管理的同志们的大力支持，谨致谢忱。博士研究生夏清清，硕士研究生王杰楠、林逸凡、张利民、李享、赵梦琳、张岚珂、杨越等参与了本书的插图工作，希望他们能和有相同志向的青年学者继承和深究我国山地城市生态规划的技术方法，成为对"美丽中国"规划建设有用的人才。

由于作者水平有限，书中不足之处在所难免，恳请广大读者批评指正。

目 录
CONTENTS

第1章 导论 ··· 1

1.1 山地城市建设中生态保护与利用的矛盾 ······················· 1

1.1.1 三维地带性：山地的生态特质 ···························· 1

1.1.2 复杂、破碎、敏感：山地城市的生态特质 ················ 3

1.1.3 边界防御式被动保护：山地城市生态利用的缺失 ·········· 8

1.2 生态的价值认知：人类的资源空间意识演进 ··················· 9

1.2.1 山、水、林、田、草：人类进化中的资源空间意识 ········ 9

1.2.2 田为主、山水林为辅：传统农本位资源空间意识中的生态和谐 ··· 10

1.2.3 城为主、山水林田为辅：现代工商本位资源空间意识中的生态失衡 ··· 13

1.3 循水理山：破解山地城市生态失衡的规划路径 ················ 14

1.3.1 从生态要素的关心转向生态空间的关注 ·················· 14

1.3.2 循水理山：山地城市生态规划的逻辑 ···················· 16

1.3.3 信息化："循水理山"生态规划的技术支持 ··············· 18

参考文献 ··· 20

第2章 水空间的生态认知 ·· 22

2.1 水空间的水文过程 ··· 22

2.1.1 自然水文过程 ······································· 22

2.1.2 自然水系结构 ······································· 26

2.1.3 自然湿地体系 ······································· 29

2.2 水空间形态 ··· 33

2.2.1 坡面水流形态 ······································· 34

2.2.2 沟谷水流形态 ······································· 36

2.2.3 河流基本形态 ······································· 38

2.3 水空间的生境认知 ··· 42

　　2.3.1 生境与生境设计 ·· 42

　　2.3.2 溪河流形态与水生栖息地 ··· 44

　　2.3.3 溪河流形态中的生物链 ·· 48

参考文献 ··· 50

第3章 循水：山地城市水空间生态重塑 ····································· 52

3.1 城市水空间生态重塑原理 ·· 52

　　3.1.1 城市对水文过程的影响 ·· 52

　　3.1.2 自然做工：城市水空间重塑思想的生态转变 ·············· 55

　　3.1.3 循环、串联：城市水空间生态重塑基本原则 ·············· 57

3.2 河流分类研究的启示 ··· 62

　　3.2.1 河流分类的相关理论 ··· 62

　　3.2.2 河流分类的能力和地域单元 ······································ 69

　　3.2.3 河流分类的方法 ·· 74

3.3 基于溪河流分类的富顺县永通河生态重塑 ······················ 76

　　3.3.1 基线调查 ··· 76

　　3.3.2 河流分类 ··· 80

　　3.3.3 生态重塑 ··· 88

参考文献 ··· 100

第4章 理山：山空间的认知 ··· 102

4.1 山的形成 ·· 102

　　4.1.1 山形成的雏形：地壳运动 ··· 103

　　4.1.2 山形成的表征：褶皱、断层 ····································· 106

　　4.1.3 山形的雕刻：浸蚀作用 ·· 111

4.2 山的认知 ·· 113

　　4.2.1 山的存在本体 ·· 113

　　4.2.2 地图综合的启示 ·· 115

　　4.2.3 山的心物场 ·· 119

4.3 山的界定 ·· 121

　　4.3.1 地貌基本形态分类 ··· 121

　　4.3.2 生态交错带的启发 ··· 123

　　4.3.3 以生态交错带界定山 ·· 125

参考文献 ··· 131

第5章　山水空间形态信息提取的循水理山技术 ··································· 134

5.1　山水空间形态信息提取技术的历史趋势 ······························· 134

5.1.1　地表起伏形态的形象描述：历史上的山水空间形态信息提取技术 ········· 134

5.1.2　从形象斜视到精准平面：山水空间形态信息提取技术的科学化转型 ······· 139

5.1.3　结构化综合：山水空间形态信息提取技术的发展趋势 ················· 143

5.2　山水空间形态信息的自动结构化综合提取原理 ······················· 147

5.2.1　空间数据库结构化综合：山水空间形态信息自动提取的概念基础 ········· 147

5.2.2　DTM：山水空间形态信息自动提取的介质 ························· 149

5.2.3　循水理山：山水空间形态信息自动提取的流程逻辑 ················· 153

5.3　山水空间形态信息提取的循水理山方法 ································ 155

5.3.1　循水：水空间形态结构线的提取 ······························· 155

5.3.2　理山：山空间形态结构线的提取 ······························· 159

5.3.3　定边：山的控制区域边界的提取 ······························· 164

参考文献 ··· 170

第6章　循水理山中的自流井南部片区生态本底寻觅 ·························· 173

6.1　自流井南部片区的概况 ··· 173

6.1.1　自流井南部片区的历史发展 ···································· 173

6.1.2　自流井区域地貌特征 ·· 174

6.1.3　自流井南部片区生态环境概况 ·································· 176

6.2　自流井南部片区生态过程解译 ··· 178

6.2.1　自流井南部片区水文过程解译 ·································· 178

6.2.2　自流井南部片区地貌过程解译 ·································· 181

6.2.3　自流井南部片区生境过程解译 ·································· 188

6.3　自流井南部片区的生态本底 ··· 195

6.3.1　自流井南部片区的水空间生态本底 ······························ 195

6.3.2　自流井南部片区的山空间生态本底 ······························ 199

6.3.3　自流井南部片区的生境空间生态本底 ···························· 209

参考文献 ··· 219

第7章　循水理山中的山地城乡建设用地选择 ································ 220

7.1　山地城乡建设用地选择的循水理山方法 ································ 220

7.1.1 区域地貌学视角下山地城乡建设用地选择的失效 …………………… 220

7.1.2 理想的山地城乡建设用地选择 …………………………………… 222

7.1.3 山地城乡建设用地选择的逻辑 …………………………………… 227

7.2 循水理山中的渠县狮牌村新村建设布局 …………………………… 230

7.2.1 洪灾后的渠县狮牌村新村建设诉求 ……………………………… 230

7.2.2 渠县人居视角地貌分类 …………………………………………… 234

7.2.3 基于人居视角地貌基本形态分类的狮牌村新村建设布局 ……… 242

7.3 循水理山中的达州市经开区建设用地选择 ………………………… 245

7.3.1 达州市经开区概况 ………………………………………………… 245

7.3.2 达州市经开区山水空间解译 ……………………………………… 248

7.3.3 达州市经开区建设用地选择 ……………………………………… 251

参考文献 ……………………………………………………………………… 258

第8章 山地城市生态资源的视觉景观化利用 …………………………… 260

8.1 从美学到资源：景观概念的演进 …………………………………… 260

8.1.1 景观概念的多样性 ………………………………………………… 260

8.1.2 整体大于部分：景观概念资源性的共识 ………………………… 265

8.1.3 视觉景观管理：景观的资源化路径 ……………………………… 268

8.2 美国森林视觉景观资源评价的启示 ………………………………… 271

8.2.1 景观资源吸引力评价 ……………………………………………… 272

8.2.2 景观资源能见度评价 ……………………………………………… 276

8.3 基于视觉景观管理的山地城市开敞空间体系构建 ………………… 284

8.3.1 富顺县新湾片区的生态本底 ……………………………………… 284

8.3.2 新湾片区的景观吸引力评价 ……………………………………… 293

8.3.3 新湾片区视景能见度评价中的开敞空间体系构建 ……………… 301

参考文献 ……………………………………………………………………… 308

第 1 章 导   论

1.1 山地城市建设中生态保护与利用的矛盾

1.1.1 三维地带性：山地的生态特质

占我国国土面积 67.7% 的山地[1]，其典型的特质是拥有高度和坡度，表现出具有垂直带现象和坡面效应的三维地带性。

1. **垂直带现象**

垂直带现象，就是在某山系的一定高度范围内，随海拔增高，山地气候、植被、土壤及整个自然地理综合体都发生明显的垂直分异，自下而上形成多种有相互联系的气候带、植被带、土壤带，特别是具有一定排列顺序和结构的、以植被为主要标志的垂直自然带[2]。垂直带现象是山地三维地带性最显著的特征，它不仅是认识和归纳山地景观重要的研究内容，也是认识山地复杂环境的经典思路和方法，是理解山地生态的重要途径。

雪线和林线是山地中重要的垂直带，通常我们可以通过雪线和林线，找到保障山地城市上游干净水源及防止水土流失的禁止人工建设活动的海拔控制线。

山地所具有的海拔，使得一部分降水在高海拔地区以冰川积雪的形式蓄积，成为陆地上最大的水源地。其中，反映山地以冰雪形式蓄积降水的自然地理界线被称为雪线或雪的平衡线，是山地中常年积雪的下部界线，即年降雪量与年消融量的平衡线，是永久性积雪的下限[3]。《中国国家地理》杂志社执行总编单之蔷曾大赞雪线的壮丽："这是有雪线的冰雪世界，这是永久的万年冰雪，这是与青草、绿树并存的冰雪……雪线下面是生物圈，是高等动植物栖息的世界，也是液态的水——河流与人类共同塑造的景观世界。雪线还是一条生命线，其上是肃穆的冰雪，其下是生机盎然的空间……我们生存在东部的海岸线和西部的雪线之间，除了天与地之外，我们还生存在蔚蓝与洁白之间，这蓝与白之间，是长达万里的广袤大地。一想到此，我的心里就会泛起丝丝涟漪，那是自豪吧。"[4]

山地中的森林，利用其根系蓄留雨水，相关研究表明，1 万亩（1 亩 =666.7m²）森林的蓄水能力相当于蓄水量达 100 万 m³ 的水库[5]。可以说，山地雪线以上的常年冰雪、山地湖泊、山地森林，共同构成了滋养山地城市的蓄水库。在垂直带上，山地中的森林分布，往往会出现一条林线，即山地暗针叶林、落叶松林分布所达到的最高高度，是山地垂直带谱上一条极明显的生物分界线。林线与雪线之间的地带叫作争斗带，在这里发生着乔木植物和以亚高山高草为代表的草本植物之间的争斗。

2. 坡面效应

拥有一定坡度的斜坡面，是山地城市中最普遍、最常见的现象。坡面的存在诱发出强烈的能量变化，形成坡面效应：坡面上发生着的重力势能、太阳能、水动力能等能量变化，引发坡面物质的侵蚀、移动、堆积等，从而形成破碎的坡面形态和景观。其中，最主要的坡面效应是水文效应和气候效应。

水文坡面效应，是指在山地的地形起伏中，雨水或冰雪融水一部分沿坡面漫流形成地表径流，另一部分渗入透水层，在潜水层中流动形成地下径流。地表径流发生在降雨时，流速快、流量大，对地表冲刷侵蚀强，是微沟、细沟、冲沟、溪沟、河道空间生成的最主要原因。潜水层中的地下径流，流速小，流量在时程上比较稳定，通常与地表径流在溪沟、河道等处相遇，是溪河流枯水期基本流量的保障。地表径流与地下径流是否会相遇，是决定间歇性或常年性溪河流发生的关键。

气候坡面效应是由山坡与周围空气受热不同，而引发的山地小气候。

探讨山地小气候，首先要了解风的成因原理。风是因地球表面水平方向的气压分布不均匀而形成的。对静止的大气来说，同一水平高度没有水平气压，处于同一等压面，不会产生空气的水平运动［图 1.1（a）］。但如果 A 处气温升高，由于暖空气中的单位气压高度差比冷空气的大，促使等压面从 A 处上空向 B 处上空倾斜，形成水平面上的气压梯度［图 1.1（b）］。空气从 A 处上空向 B 处上空流动，在 B 处上空发生空气质量的堆积，产生下降运动，引起 B 处的气压升高；A 处由于上空空气质量的流出，产生上升运动，引起 A 处的气压下降，B 处空气流向 A 处，形成闭合的空气环流，又称为"热力环流"［图 1.1（c）、（d）］[6]。

山地小气候的形成就是因山坡和山谷增温与冷却的不同，而造成的气压梯度所引起的。白天，山坡受热增温，温度比同高度山谷上空的空气温度高，水平气压梯度由山坡指向山谷上空，空气从山坡流向山谷中心上空，引起山谷气压下降，谷底空气沿坡面上升到山顶，形成"谷风环流"［图 1.2（a）］。晚上，山坡迅速冷却，温度比同高度山谷上空的空气温度低，水平气压梯度由山谷上空指向山坡，山谷上空空气流向山坡，冷空气在重力作用下沿山坡流向谷底，补充山谷中心的上升气流，形成"山风环流"［图 1.2（b）］。

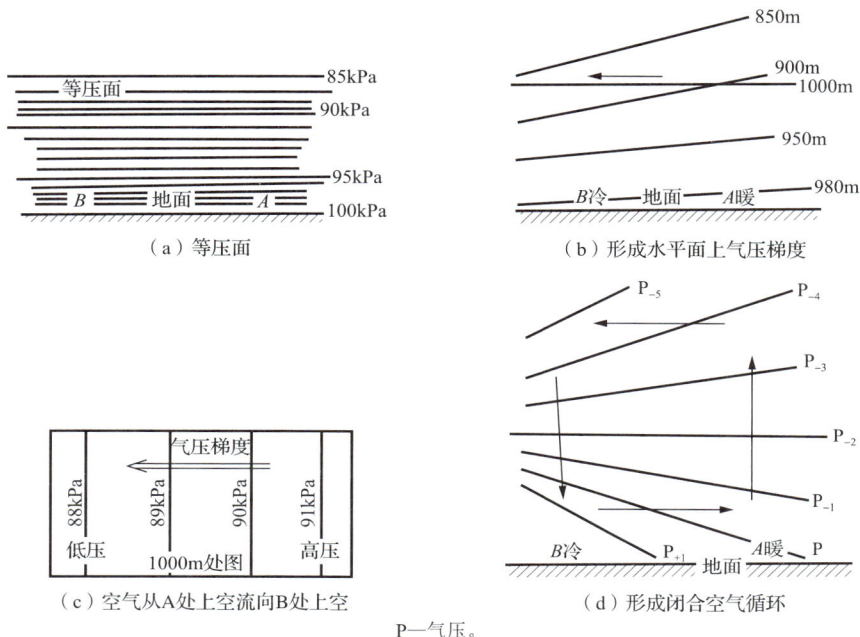

（a）等压面　　　　　　　　（b）形成水平面上气压梯度

（c）空气从A处上空流向B处上空　　（d）形成闭合空气循环

P—气压。

图 1.1　风的成因原理

资料来源：张超，马娉琦. 地理气候学[M]. 北京：气象出版社，1989：50.

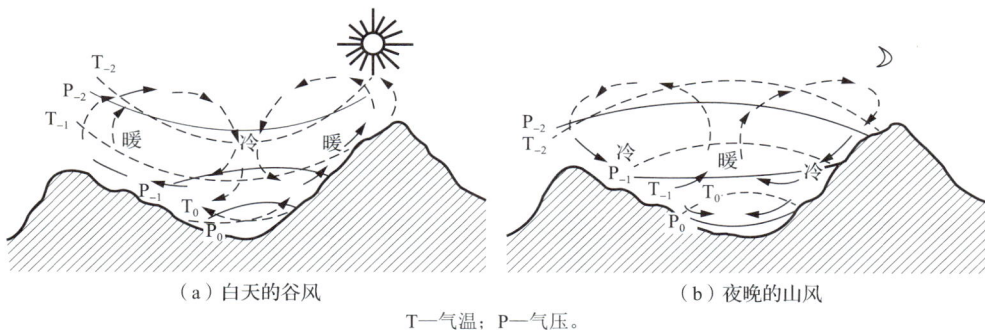

（a）白天的谷风　　　　　　　　（b）夜晚的山风

T—气温；P—气压。

图 1.2　山地小气候

资料来源：张超，马娉琦. 地理气候学[M]. 北京：气象出版社，1989：55.

1.1.2　复杂、破碎、敏感：山地城市的生态特质

山地的三维地带性特质，赋予在山地中兴建的城市以复杂、破碎、敏感的生态特质。

1. 条件复杂

山地城市复杂的特质，是指地形地貌、地质、气候等多样复杂条件所导致的复杂生态环境，因此很难对山地城市的建设制定统一的模式和标准。

"留头留底"是山地传统聚落选址的基本原则。留头，即聚落不应选址在山头，这里难以蓄积地表水，且地下水深度太深，难以汲取。留底，即聚落选址应让出临水的区域，一方面，这里积淀了由雨水沿坡面冲刷下来的丰富的矿物质，土壤肥沃，是粮食产量高的肥田；另一方面，这里土质肥厚疏松、岩层深度太深，修建房屋的地基成本大。聚落通常选址在紧邻肥田的山麓处，不仅可获得留底的肥田、成本较低的地基条件、便利的水源（离地表水可蓄积区近，地下水深度较浅），还能获得留头的山头及陡峭山腰处林木的生产品。

对于规模较小的山地聚落选址，"留头留底"无疑是基本的原则。对于欧美、日本等国的坡地城市（hillside city），即修建在倾斜山坡面上的城市[7]，这条原则也非常适用。但当深入观察各种山地中的城市，我们发现它们的地形并不只是坡地那么简单，有斜坡地形，如重庆市云阳县城；有深切割、浅切割、微切割的丘陵，如达州市经济开发区（以下简称经开区）；有河谷平坝，如四川省万源市城区；有峰丛，如广西桂林等，难以分类穷尽（图1.3）。针对拥有多样复杂地形条件的不同类型山地城市，如何运用"留头留底"的规划原则，是考验山地规划师的最大难题。

（a）处于斜坡地形中的重庆市云阳县城　　　（b）处于河谷平坝中的四川省万源市城区

图1.3　山地城市多样复杂的地形条件

（c）处于峰丛地貌中的桂林市城区　　　　　　（d）处于深切割丘陵中的达州市经开区

图 1.3（续）

2. 坡面破碎

山地城市破碎的特质，是由具有坡度的坡面上发生的物质侵蚀、移动、堆积等引起的坡面形态破碎。

坡面形态破碎的首要表现是易建设用地少、人地矛盾突出。民间谚语"三分丘陵七分山，真正平地三厘三"，是这一表现的生动写照。从建设的角度来看，平地永远是最容易建设的用地，但在山地中，稍大面积的平地往往是最好的肥田，坡面上的平地少且分散。在面对大规模建设时，山地城市有时不得不采取掉层、错层、跌落、错叠、悬挑、附崖、吊脚及架空等方法[8]，利用坡度较大的用地（甚至用到坡度 25° 以上的坡面）。

坡面形态破碎的另一表现是城市功能布局分散，城市设施难以高效服务。由于坡面形态的破碎，山地城市难以像平原城市那样整体连片发展，很可能会分成多个相对独立而功能又相对完善的组团，导致需要设置多个给水、排水等市政设施，难以形成统一的高效系统。城市道路可能会经过一长段的无人区，对城市功能的支撑效率较低。

坡面形态破碎还表现为城市建设成本高。在利用坡度较大用地时，设计和施工所采取的特殊方法与措施虽能争取到更多的可建设平地，但建设成本不可避免会增加。在城市道路建设时，要么道路选线会迂回、长度增加，要么需要架桥与穿隧道，这都会导致总工程量和总费用的大幅增长。

3. 生态敏感

在条件复杂、坡面形态破碎所引发的人地矛盾突出的背景下，山地城市大规模建设不可避免地会对自然坡面形态进行改造，极易诱发地质灾害、洪水灾害等，从而改变自然环境和生境状况。

山地城市在对自然坡面形态的改造过程中，对坡面（特别是陡坡）植被的拔除、陡峭地形的边坡化等，改变了地质的稳定性，极易引发地质灾害。例如，三峡库区的山地城市，在三峡大坝蓄水后，形成近 30m 高的消落带，引发库区岸线地质不稳定（图 1.4）。

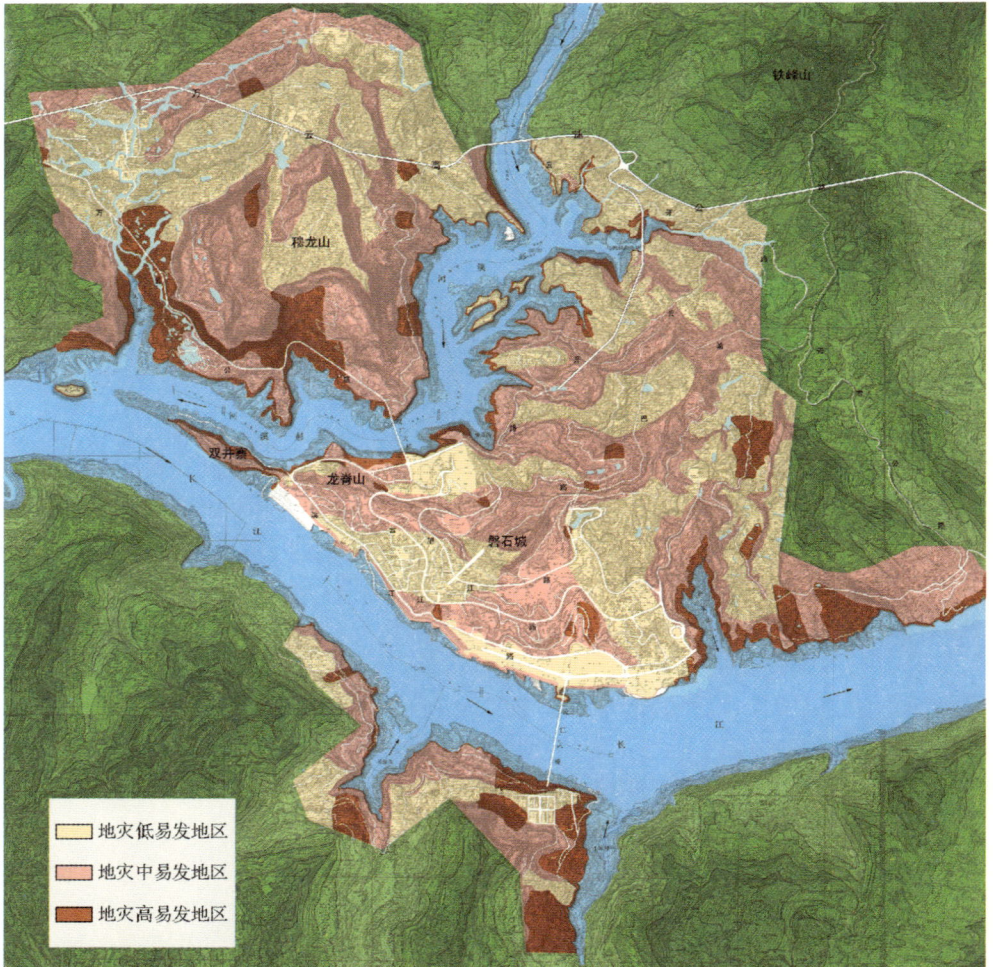

图 1.4　重庆市云阳县城地质灾害评估图

山地城市自然坡面的硬化，削弱了植被对雨水的吸纳作用，地表径流增大，在暴雨季节，极易引发山洪。在现代技术对地形改造能力大大提升的前提下，山地城市往往会占据冲沟等间歇性水道空间，而企图以有限管径的地下管道排泄间歇性山洪，这容易因为管道的堵塞，导致城市内涝。

山地城市在建设中，对城市下垫面的改变及不恰当的建筑布置，对城市气候影响巨大。2004 年，在对云阳县城热环境的测试中发现：以长江岸线为基准高程，云阳县城出现"随着海拔升高，温度也升高"的逆温层现象。究其原因，一方面，由于县城所依附的龙脊岭山头植被被破坏，露出光秃秃的硬化地，在太阳照射下产生大量的辐射热，自上而下笼罩城市；另一方面，建筑布局未考虑到复杂地形下所形成的山地小气候，阻挡了风的自然流动（图 1.5）。

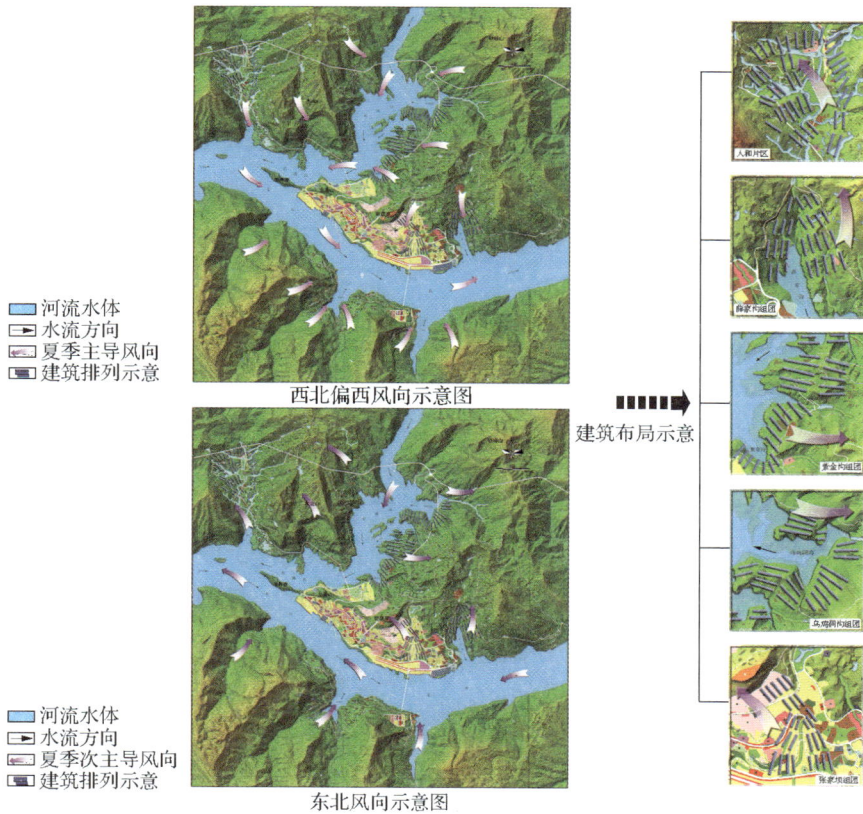

图 1.5　重庆市云阳县城山地小气候状况

1.1.3 边界防御式被动保护：山地城市生态利用的缺失

复杂、破碎、敏感的山地城市生态特质仿佛变成了制约山地城市发展的限制条件，山地城市在建设中似乎必须小心翼翼，不去触碰山地敏感的生态特质，就像保护珍稀动物一样，似乎最好的方式就是划定一个边界，将这些生态敏感地区当作自然保护区一样，以边界防御式保护起来。

"没有保护区的边界能达到有效防御外界侵扰"[9]，世界自然保护联盟（International Union for Conservation of Nature，IUCN）在 2003 年南非德班举行的第五届 IUCN 世界公园大会上，提出的"超越边界的利益"（benefits beyond boundaries）主题，提示我们：这种边界防御式的保护，实际上忽视了山地城市破碎的生态特质。在破碎的生态特质条件下，山地城市中人与其他生物的关系不是分别生活在边界清晰的各自领地内，而是相互混杂；人与其他生物实际栖息的人居用地与生态用地不是简单的互为图底，而是如我国易经中太极图所体现的"阴阳共济"关系，相互嵌套。

边界防御式保护思想的根源，在于人们对如陡峭山体、湿地、乔木林等生态要素抱有"必要但不常要"的心态：复杂、破碎、敏感的山地城市生态特质，是山地城市生态安全的保障，但又是制约山地城市大规模建设的限制条件。基于如此心态，对于"必要但不常要"山地城市生态要素，最简单的方式就是以一条边界将其限定在人居用地边缘，在大部分不用的时候可以不管，当偶尔需要时又能方便获得。但这种边界防御式的保护，需要人工不断地维护边界的稳定性，一方面要避免人居用地对生态用地的蚕食；另一方面要避免在边界内长期不被人使用的生态用地内出现"一个破坏的发生诱发更多破坏"的"破窗效应"。

"流水不腐，户枢不蠹"，在"利用中保护"的积极保护（active conservation）范式，是近年来破除边界防御式保护"破窗效应"的新趋势。世界自然保护联盟通过将保护地区的概念转化为景观的概念（from protected areas to the "landscapes"），希望在对保护地区美景价值认同中，将对保护地区边界防御式的内部保护，拓展到边界外部。这种积极保护的方式在意大利、法国、德国、西班牙等欧洲国家的区域公园等自然保护区的保护中获得了极大成功[10]。美国在对森林的保护中，也极力凸显森林的视觉景观价值，在对森林保护区外部的视觉景观进行管理时，成功地在利用中保护了森林。

欧美国家积极保护行动的成功启迪我们对待复杂、破碎、敏感的山地城市生态特质，不能将其生态要素视作"必要但不常要"的无价值事物，简单地采取边界防御式保护，而应该采取"因地制宜，变限制条件为有利因素"的积极保护方法，并将其作为山地城市规划设计需秉持的第一要义。

在对生态环境积极保护中，为实现山地城市建设的因地制宜、人与自然和谐演进，我们需要重新认知复杂、破碎、敏感山地城市生态特质的价值。

1.2　生态的价值认知：人类的资源空间意识演进

1.2.1　山、水、林、田、草：人类进化中的资源空间意识

地史学研究表明,新生代构造运动和气候变化奠定了现代地球表层的环境格局[11]。距今 2 亿年前，位于南半球的超级大陆即泛大陆（Pangea）开始解体，逐渐形成印度次大陆和欧亚大陆，印度次大陆与欧亚大陆之间是古地中海，地质历史上称之为"特提斯海"。距今 1.8 亿年前，青藏高原的南部地区还处于古地中海的汪洋之中。7000 万年前，印度次大陆板块在印度洋中脊的软流推动下，从赤道附近向北漂移，在雅鲁藏布江一带和欧亚大陆碰撞。印度次大陆板块又沿喜马拉雅山的南麓俯冲到欧亚板块之下，结果使地壳缩短、叠加增厚，地面不断隆起成为山地和高原。在距今 4500 万年前，古地中海从青藏高原南部消失，它向东西退缩，现在已成为非洲和欧亚大陆之间的内海。这就是印度次大陆板块与欧亚板块在新生代早期碰撞、挤压所引发的造山运动，也是以青藏高原为主体的我国山地的形成内因。

在印度次大陆板块与欧亚板块的持续碰撞、挤压中，青藏高原经历了"三隆两平"（三次隆起、两次夷平）的过程，形成我国山地的现在环境：①3600 万～3200 万年前，青藏高原隆起海拔接近 2000m。②2800 万～2200 万年前，青藏高原高度回落到 1000m 以下。③2000 万～1200 万年前，青藏高原再次隆起到接近2000m 海拔。④800 万～400 万年前,青藏高原及其以东地区相对稳定,海拔 1000m左右，气候偏干。⑤240 万～50 万年前，青藏高原强烈隆起，形成中国西部的各大山系，以及东部地区三级地貌阶梯。高原的形成阻止了印度洋暖湿气流北上，使青藏高原变为大陆性气候，此时触发的夏季风促使东部湿润区的产生，冬季风造就了戈壁荒漠和黄土高原；受青藏高原隆起的影响，横断山以东的河流沿构造线快速强烈下切，早期的夷平面解体，形成了高山深谷，长江穿过巫山与下游贯通；由于印度西南季风和东亚季风的影响，自低谷到高山之巅出现自热带到高山寒漠的垂直气候带，为传统人类的起源打造平台、奠定基础[12]。

在由造山运动所引发的自然环境转型中，生存的原始需求主导了人类的资源意识及其对资源空间的依赖。早期支持人类祖先——灵长类动物生存的资源是植物性食物，其资源空间是森林。当青藏高原在海拔1000m左右时，气候温暖，植被以热带雨林、亚热带森林为主，为灵长类动物提供了生活的森林资源。当青藏高原第一次隆升到2000m时，气温下降，在青藏高原南部还有灵长类动物生存所需要的稀疏的亚热带阔叶林，但中北部逐渐形成疏林草原。生活在稀疏森林中的灵长类动物不得不从一棵树向另一棵树腾挪跳跃；生活在疏林草原的灵长类动物，由于林疏树稀，树上觅食的难度增加，必须从一棵树下到地面，再上到另一棵树上去，而在地面通过时，需要不时直立起来，观察方向、瞭望敌情，久而久之将支撑身体的任务交给了后肢，向着直立人方向进化，并将食物源逐渐从树上转移到地面。

当青藏高原经历了再次下降和再次隆升后，青藏高原气候呈现出干冷化的趋势，并由西北逐渐向东南推进，阔叶林向针叶林转化，温湿草原向干旱草原转化。植物性食物已不能满足直立人的生存需要，因而必须捕食动物来补充食物。除采集树上的果实外，狩猎成了直立人主要的获取资源活动，森林和草原成为直立人的资源空间。此时，直立人的生活空间还是在山地，他们通常树栖或洞栖，并学会了使用火和制造工具。当青藏高原再次持续强烈隆升到海拔4000m以上后，直立人开始从高原撤离。中国科学院古脊椎动物与古人类研究所研究员黄万波认为，这时青藏高原主要受西北季风的控制，气候偏冷，食物贫乏，已不适宜史前人类的生存，而长江中下游地区由于地势相对平缓，拥有半封闭的，由高山、平坝、森林、河流组成的镶嵌环境，基本上处在东南季风的控制下，气候温暖湿润，有利于华北温带草原动物群南迁，为人类提供了丰富的食物源，是中国古人类生存和演化的摇篮[13]。

灵长类动物向人类的进化完成后，适宜人类生存的空间集中在海拔大约2000m以下的山地和平原，人类开始进行耕种和养殖，对资源的意识集中在谷物和畜禽，资源空间转换为以农田、草地为主，森林、河流为辅。

1.2.2 田为主、山水林为辅：传统农本位资源空间意识中的生态和谐

基本食物的保障是人类生存的第一要义，而基本食物保障的关键是能提供稳定的供给。在生产力不发达的农业时代，人类生存所需的食物，第一，可从水中获得鱼类蛋白和微量矿物质，但正如"打鱼捞虾，饿死全家"的民谚，淡水水域所能提供的水产有限且不稳定；第二，可从山中获得肉、毛、骨、皮等动物资源和可食用、药用的植物资源，但通过狩猎和采集获取的山产同样极不稳定；第三，出于对稳定食物供给的需求，人类开始进行农田耕种和畜牧养殖，开垦出稳定的

田产，将稳定的资源空间重点关注在人类开垦的田地。由此，人类的资源意识进入了"田产为主，山产、水产为辅"的农业时代。

在农业时代"田产为主，山产、水产为辅"的资源意识中，人类对资源的利用并不是局限在对单一田产的依靠，更主要的是努力在获得田产与水产、田产与山产之间的边际效益中，同时获取田产、水产、山产等多源资源。在农业时代的资源边际利用意识中，传统山地聚落往往建设在山、水、田的边缘空间里，以最大化保护资源空间和获得多源资源的边际效益。

传统山地聚落建设中，农田是首要保护的资源空间。《吕氏春秋·士容论》中"后稷曰：'所以务耕织者，以为本教也。'是故天子亲率诸侯耕帝籍田，大夫士皆有功业。是故当时之务，农不见于国，以教民尊地产也。后妃率九嫔蚕于郊，桑于公田。是以春秋冬夏皆有麻枲丝茧之功，以力妇教也。是故丈夫不织而衣，妇人不耕而食，男女贸功，以长生，此圣人之制也。"[14]。《史记·孝文本纪》中汉文帝说："农，天下之本，其开籍田，朕亲率耕，以给宗庙粢盛。"《管子·治国》中"故先王使农、士、商、工四民交能易作，终岁之利无道相过也。是以民作一而得均。民作一则田垦，奸巧不生。田垦则粟多；粟多则国富。奸巧不生则民治。富而治，此王之道也。不生粟之国亡，粟生而死者霸，粟生而不死者王。粟也者，民之所归也；粟也者，财之所归也；粟也者，地之所归也。粟多则天下之物尽至矣。故舜一徙成邑，二徙成都，三徙成国。舜非严刑罚重禁令，而民归之矣，去者必害，从者必利也。先王者善为民除害兴利，故天下之民归之。所谓兴利者，利农事也；所谓除害者，禁害农事也。农事胜则入粟多，入粟多则国富，国富则安乡重家，安乡重家则虽变俗易习、驱众移民，至于杀之，而民不恶也。此务粟之功也。"这些都彰显出我国农业时代对农业、农田的最高尊崇地位。

农田的选择离不开自然形成的山、水资源空间。北宋农学家陈敷在其著作《农书》一书中详细记述了农田利用与山水资源的关系。他首先记述了农田在不同山水资源条件下的良莠等级："夫山川原隰（山地、河流、平原、低洼地），江湖薮泽（薮，滩涂；泽，沼泽），其高下之势既异，则寒燠（暖、热）肥瘠各不同。大率高地多寒，泉冽而土冷，传所谓高山多冬，以言常风寒也；且易以旱干。下地多肥饶，易以潦浸（淹没）。故治之各有宜也。"接着提出了高田、下地、坡地、葑田等四种农田的山水利用方式，其中，高田"视其地势，高水所会归之处，量其所用而凿为陂塘（人工池塘），约十亩田即损二三亩以潴（陂塘）畜水；春夏之交，雨水时至，高大其堤，深阔其中，俾宽广足以有容；堤之上，疏（疏）植桑柘，可以系牛。牛得凉荫而遂（顺）性，堤得牛践而坚实，桑得肥水而沃美，旱得决水以灌溉，潦（涝）即不致于弥漫而害稼。高田旱稻，自种至收，不过五六月，其间旱干不过灌溉四五次，此可力致其常稔也。又田方耕时，大为塍垄，俾牛可牧其上，践踏坚实而无渗漏。若其塍垄地势，高下适等，即并合之，使田坵阔而缓，牛犁易以转侧也"；下地"易以潲浸，必视其水势冲突趋向之处，高大圩岸环远之"；坡地"可种蔬茹麻麦粟豆，而傍亦可种桑牧牛。牛得水草之便，用力省而功兼倍也"；葑田"以木缚为田坵，浮系水面，以葑泥附木架上而种艺之。其木架田坵，随水高下浮泛，自不潲溺。《周礼》所谓'泽草所生，种之芒种'是也"，最终达到"稻人掌稼下地，以潴畜水，使其聚也；以坊（圩岸）止水，使不溢也；以遂均水，使势分也；以列（堵水的畦埂）含水，使其去也；以浍泻水，沟之大者也。其制如此，可谓备矣。尚何水溢之患耶"的可持续利用山水资源，创造出最大化的山、水、田之间的边缘空间。

在我国农业时代的农本位思想下，除桑、果、茶、柴、材等经济林本身就归属于农业的一部分而加以保护外，其余森林往往被作为房屋修建的材料、日常生活的家具等而被肆意砍伐，特别是刀耕火种现象最为严重[15]。清人胡渭在其研究《尚书·禹贡》的著作《禹贡锥指》中，阐述了《尚书·禹贡》中随山刊（砍伐）木的好处："随山刊木有五利焉。遥望山川之形势，规度土功（规划测度治水、建房等土木工程），一也。往来之人不迷厥道，二也。禽兽逃匿，登高避水者，得安其居，三也。奏庶鲜食，以救阻（助）饥之民，四也。材木委积，可以供治水之用，五也。"但在长期的"重农轻林"过程中，古人意识到了毁林对生态环境的破坏[16]，清乾隆年间，曾任山西夏县知县的鲁士骥在其著作《山木居士集·备荒管见》中，详细阐述了森林的生态意义，"夫山无林木，濯濯成童山，则山中之泉脉不旺，而雨潦时降泥沙石块与之俱下，则田益硗矣！必也使民樵采以时，而广蓄巨木郁为茂林，则上承雨露，下滋泉脉，雨潦时降，甘泉奔注而田以肥美矣"，提出"培山林"是备荒的一项重要措施。他进一步提出了林地植被对农田肥瘦的重要意义，"凡田地之肥瘠，视山原之美恶。若其山多草木，郁积磅礴，其泉流必厚，而田受其滋。否则春夏多骤雨，沙石随之而下，田虽本肥，受害既深，亦从而瘠矣。"意识到林地植被对农田维育的重要意义，为更好地保护农田，古人往往通过在聚落附近种植"风水林"来保护农田的肥腴[17]，改善生存的小气候环境，获得调剂生活品质的花和果实，在传统聚落的山、水、田边缘空间中，增加了林的边缘空间，使传统聚落获得的边际效应进一步放大。

借用北宋著名山水画家郭熙在其著作《林泉高致·山水训篇》中概括山水画中山水布置要义的话，我们可以总结出传统聚落是在"山以水为血脉，以草木为毛发，以烟云为神采"的边缘空间中，获得了生态效益最大化的经济效益和"悠悠见南山"的社会效益。

1.2.3　城为主、山水林田为辅：现代工商本位资源空间意识中的生态失衡

步入工业时代后，随着生产力的大发展，人们对生活的向往已从满足温饱转向追求富裕和财富的积累，人们对资源的认识今非昔比。人们的欲望被不断放大，农业时代的田产、山产、水产已不再被认为是主要资源，取而代之的资源是矿产、石油等，主导社会思潮的传统农本位思想让位于工商本位思想。

工商本位思想是追求财富最大化的线性思维，即认为资源是无穷无尽的，等待人们通过提高技术进行无止境的挖掘、利用，工商本位思想以获取财富的能力为标尺，衡量、判断土地利用的方式，在工商业用地集聚财富能力远远大于农业用地的现实中，农业用地无力阻止工商业用地对其侵占。工商本位思想的极端是无视资源的实物价值，运用金融手段，通过"杠杆"发酵出大于资源实物价值无限倍（理论上）的虚拟资产，2008 年全球范围内虚胖的杠杆资产发酵出的"泡沫"纷纷破裂，引发了全球性的金融危机。

在工商本位思想主导下，山地聚落难以独善其身，在对财富的追求中，首先表现出社会生态失衡。改革开放后，在"在家种田，不如外出挣钱"的现实中，仅拥有一亩三分地的农村人口（特别是青壮年）往往选择离开家乡的农地，到能获取大于农地收入数十倍的城市工商业用地打工谋生。在四川、重庆等山地地区，外出务工劳动力几乎占总劳动力的 60%～70%。民间以"三八""六一""九九"节庆日，描述出当前山地地区留守人口主要由妇女、儿童、老人构成的现实状况。留守老人、留守儿童等社会问题是山地聚落社会生态失衡的集中反映，据《中国2010 年第六次人口普查资料》统计，全国有 0～17 岁农村留守儿童和城乡流动儿童共 9683 万，其中，农村留守儿童 6102.55 万，占全国农村儿童 37.7%，占全国儿童 21.88%，全国每五个孩子中，就有一个农村留守儿童；城乡流动儿童规模则达到 3581 万。拥有众多山地聚落的中西部，农村留守儿童占全国农村留守儿童总量的 90%。山地聚落的空劳动力化也导致大量的耕地撂荒。据调查发现，四川、重庆一些山地地区，大春耕地撂荒面积占 2%～20%，小春耕地撂荒面积占 20%～80%。如重庆市潼南区柏梓镇文明乡 8 村 8 组耕地约 400 亩，撂荒约 100 亩；1村 2 组耕地 100 多亩，撂荒近 30 亩；在撂荒地中，60% 为坡瘠地、边远零星地，投入多产出少[18]。

在"从业之利，农不如工，工不如商"的工商本位思想主导下，山地聚落显现出经济生态的失衡，主要表现在：①过于看重土地的经济效益，忽略机会成本。改革开放后，我国设市城市建设用地面积由 1981 年的 6720km^2 增至 49982.7km^2（2014 年数据），增长了 6.44 倍，年均增长 1311km^2[19]；GDP 从 1981 年的 4891.6 亿元增至 744127 亿元（2014 年的数据），增长了 151.12 倍[20]。单从经济效益来看，

城镇用地替代耕地似乎是经济规律的必然,但如果考虑到成本(特别是机会成本),答案可能相反。例如,一亩土地,用于农业的年收益是 1000 元,用于工业(城镇)的年收益是 1 万元,按照经济效益,作为工业用地是该土地的最佳选择,但按照机会成本,该土地放弃原有农业用途的机会成本也是 1 万元,放弃原有农业用途的实际成本是 1.1 万元,显然盲目放弃农田,将土地改造为工业(城市)用地是赔本买卖[21]。"三分丘陵七分山,真正平地三厘三",在山地地区,位于平地的富饶耕地本身就是稀缺资源,将其转化为工业(城镇)的机会成本必然高昂,只关注单纯经济增长的城镇用地肆意侵占耕地的行为,在将来必将偿还机会成本的代价。②过于重视对土地资源的快速利用。为了追求快速的经济增长(俗称"赚快钱"),耕地被改造为短期经济效益高的经济林地、花卉苗木用地,造成农业结构的失衡;化肥、催化剂的无节制使用,导致农产品有体量、有数量没质量。③过于依赖于技术工业化的农业生产,违反自然规律。大棚、温室等技术虽然在尽力模拟自然环境,但不同于无休无眠工业化生产的工业产品,农产品有自己的生长规律,吸收大地的精华,生长出最好的产品奉献给人类。

山地城市对财富贪婪追求的最终后果是自然生态的失衡:①在矿产资源财富追求中的挖山毁林行为,诱发滑坡、泥石流、塌陷等地质灾害,破坏生物栖息地,减少了生物多样性;②对水资源财富的最大化追求、大密度的水体渔业引发水体的富营养化,导致水体环境污染;③为提高农田生产力,大量使用农药、化肥,以及大密度的畜牧养殖,带来最大量的面源污染,加重了水环境污染;④山地聚落大多不具备完善的污水处理设施,污水以点源的形式直接排进水体,进一步加剧了水环境污染;⑤出于对较低经济效益农产资源的忽略,山地聚落建设失去了"让位于农田"的传统,反而优先侵占农田(平缓的农田区域也是建设条件最好的地方)和填埋季节性冲沟水体,破坏了相应的自然水文过程和生态过程,威胁了基础农业供给的安全。

1.3 循水理山:破解山地城市生态失衡的规划路径

1.3.1 从生态要素的关心转向生态空间的关注

1. 麦克哈格的贡献

20 世纪 60 年代,麦克哈格(Mc Harg)将生态规划正式引入城市规划领域,并提出了"基于生态学原理所制定的与自然和谐的土地利用规划"引领规划工作者对生态系统生态要素的关心转向了对生态空间的关注。麦克哈格根据生物学家查理·达尔文(Charles Darwin)提出的"适者生存"自然选择原理和劳伦斯·汉德森（Lawrence Henderson）提出的生物结构和活动完全依靠水、氧气等外部环境的生态适应原理[22]，认为自然存在自己的设计规律，适宜环境曾经存在、现在依旧存在的各类生命体都具有可想象的形态，生态规划就是为生命体设计出适宜其生存的空间形态[23]。他进一步提出城市生态空间主要是指适应生物生存的城市周边环境区域，如洪泛区、湿地、陡坡、水源地和农业区等生物生存的环境区域，应将其作为城市不可能发展区域加以保护[24, 25]。

正是由于对生态空间的聚焦，对城市复杂巨系统各生态要素之间的相关影响与相互作用关系及生态过程的解析，才有了物质空间基础，也才促成麦克哈格利用"千层饼"叠加分析技术，将广泛的自然和文化资源信息集成在不同的生态空间中，进行生态要素关系和生态过程的理解，并以生态适宜空间保护为目标，对城市复杂巨系统的生态问题进行综合求解。

2. 景观生态学的推进

随着对生态空间的日益重视，研究"生态功能与生态空间结构关系"的景观生态学被引入城市规划领域。景观生态学中，生态空间被"景观"一词替代。这里的"景观"，已不再是指自然美学中的风景、景色，而是具有空间意义的"自然地域综合体"。自然地域综合体的概念是由现代地植物学和自然地理学的先驱洪堡（Humboldt）于 19 世纪初提出的，它是一定地域空间内，由土壤、水体、植被、动物等自然要素形成的综合体[26]。景观一旦被赋予自然地域综合体的意义后，景观生态学开始在景观层面关注空间结构对有机体丰富度的影响，关注景观整体的行为和功能[27]。景观生态学研究的目的是：揭示不同空间尺度下，过程如何影响形态的生态现象，探究这种生态现象扩展的规律[28]。景观生态学研究的领域是：景观要素的分布模式，物质、生物和能量在景观要素单元之间的流动，景观形态的动态性等[29]。

景观生态学的核心理论来自于麦克阿瑟（Mac Arthur）和威尔逊（Wilson）的岛屿生物地理理论（the theory of island biogeography），研究的关键问题是"景观破碎"。美国景观生态学，运用岛屿生物地理理论，将景观水平划分为破碎的景观斑块，并将景观斑块作为不同于周边生态系统的和谐单元，致力于景观空间结构和景观斑块功能之间关系的研究[30]。其中，塔菲（Taaffe）、高世尔（Gauthier）、洛（Lowe）、莫亚达斯（Moryadas）等关于景观迁移的研究[31, 32]，使景观通道成为改善景观破碎化的重要途径。

基于景观斑块的景观通道研究，促成了现代意义上的生态规划（景观生态规划）。景观生态规划，认为栖息、迁移、扩散是景观的三大生态功能，由此表现出的景观结构模式为：基质中的镶嵌斑块和连通廊道，又名镶嵌斑块模式（patch mosaic model）。镶嵌斑块模式的概念具有三大特点：①简洁、符合人的直觉；②易于处理离散数据，应用定量化的设计；③已在被自然或人为严重扰动（如火灾、建成区的扰动）的景观恢复应用中积累了丰富的案例[33]。所以，1981 年，福曼（Forman）和戈德（Godron）首次提出镶嵌斑块模式后，即在全球范围内，成为引领以消除景观破碎化为目的的现代生态规划主流[34]。

无论是麦克哈格基于生态适应原理的生态适宜空间保护规划，还是福曼和戈德运用景观生态学，"消除景观破碎化、保障景观生态功能"的景观生态规划，其基础都是在对生态空间的关注中，理解生态空间所反映的生态要素功能和生态过程。

1.3.2　循水理山：山地城市生态规划的逻辑

1.　山为父、水为母：我国古代山地城市生态资源空间利用的逻辑

"山为父、水为母"，是古人对山地城市所依存自然生态空间的高度总结。我国古代长期积累下来的山地城市建设经验，彰显出一条清晰的生态化利用生态资源空间逻辑——山为父、水为母，在保障山水孕育出的林、田、草等空间基础上，安排城市空间选址及布局。

"凡立国都，非于大山之下，必于广川之上，高毋近埠而水用足，下毋近水而沟防省"，《管子·乘马》中的这段论述说明了我国古代城市与自然山水之间的"以山为依托，以水为命脉"的和谐共生关系。"山林川谷美，天材之利多"，战国时期思想大家荀子在其著作《荀子·强国》篇中的这句话，则点出了山地城市依存的自然本原特征，即山中的森林为城市提供了木材、菌果、禽鸟、走兽等生活资源；而水边肥沃土地适宜谷物生长，为城市供给了基本生活所需的农产品。为了持续获取"天材"，"保山理水"成为我国历朝历代的基本国策，从四川的都江堰和新疆的坎儿井，我国古代最伟大的两大水利工程可见端倪。都江堰在保护龙门山的基础上，运用创造性的"无坝引水"生态水利工法，从岷江分水灌溉成都平原万顷田地，造就了"水旱从人，不知饥馑"的天府之国；在新疆一些年降水量 30mL、蒸发量 3000mL 的冲积扇地形地区，如吐鲁番盆地北部的博格达山和西部的喀拉乌成山，春夏时节有大量积雪和雨水流下山谷，潜入戈壁滩下，古人运用坎儿井这一地下渠方式，截取地下潜水、避免蒸发、自流灌溉盆地，既保护了山，又造就了吐鲁番等戈壁绿洲。

在城市选址中，古人还深谙山系的大小、山脉的长短反映不同环境承载力的道理，"山水大聚之所结为都会，山水中聚之所结为市镇，山水小聚之所结为乡村。"[35]

在山、水、林、田、草、城所构成的山地城市基本资源空间中，山和水是山地城市所依存的基础生态空间，林、田、草则是依附于山和水空间的衍生生态资源空间，再在基础生态空间和衍生生态资源空间中孕育出文化资源空间（图1.6）。

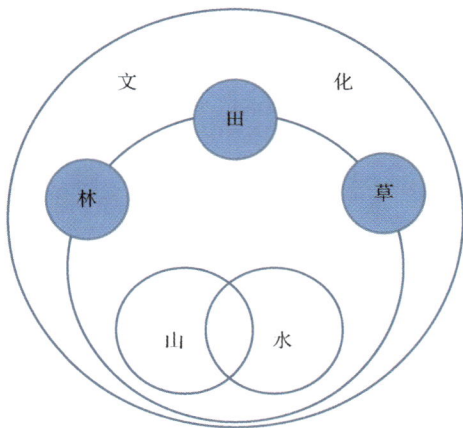

图1.6　山地城市资源空间的依存、衍生关系

2.　先识水、后辨山：山地城市生态空间的认知逻辑

我国古代《山海经·海内经》，在对山的记叙中，多有对水的描述，"南山经之首曰鹊山。其首曰招摇之山，临于西海之上。……丽麂之水出焉，而西流注于海，其中多育沛，佩之无瘕疾"。在对水的记叙中，必有对山的交代，"流沙之西，有鸟山者，三水出焉，……又有淮山，好水出焉。……流沙之东，黑水之间，有山名曰有死之山。……有九丘，以水络之，……北海之内，有山，名曰幽都之山，黑水出焉。"

山水相依，离开了山，无法认知水；同样离开了水，难以认知山。有学者认为，我国古代的《洛书》是古人对山水相依关系的揭示。如果把《洛书》中的偶数当作山、奇数当作水，数字的大小表示山的陡峭或者是水的大小，则山越陡峭，水域越窄，例如，"八"和"六"之间是"一"，表明陡峭的大山中，水域狭小；"四"和"二"之间是"九"，表明平缓的山地中，水域宽广。如果把奇数当作山、偶数当作水，也能得到相同的结果（图1.7）。传说大禹就是根据《洛书》的启示：治水要看山，源头水位于陡峭的山中，水域窄，可以堵的方式治理；中下游的水位于平缓山地中，水域宽广，只能以疏导的方式治理。

平缓山　　　　　大水　　　　平缓山

陡峭大山　　　　小水　　　　陡峭大山

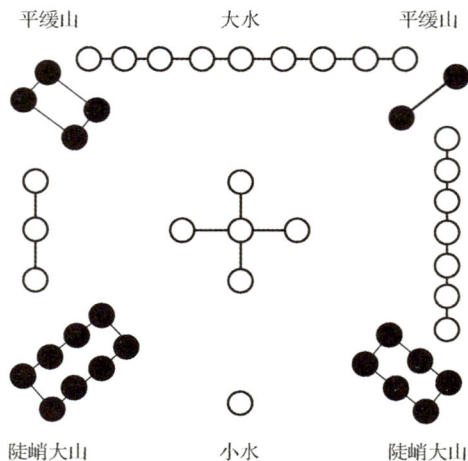

图 1.7　《洛书》中的山水关系演算

在山、水、城三者的关系中，"有山必有水，有城必有水，但有水不一定有山、有水不一定有城、有城不一定有山"。一方面，在实际中，山的实体边界线是模糊难以界定的，而水空间最容易识别，在认知水产生的水文过程基础上，更容易厘清山的实体存在，理解山、水所承载生态系统的组成、结构和功能；另一方面，城市与水的关系更为直接与密切，在建立城市与生态水文过程契合关系的基础上，更容易建立城市与山之间的生态耦合关系。我们将这种"先识水、后辨山"的山地城市生态空间认知逻辑命名为"循水理山"。

"循水理山"是在理解山地城市生态过程的基础上，厘清山地城市中山、水、城生态耦合关系，进而探寻"让自然做工，让社会做工自然"的山地城乡生态途径和图景的规划路径。

1.3.3　信息化："循水理山"生态规划的技术支持

在对地表自然地域综合体的认知中，首要的工作就是通过地貌和景观要素的空间化，发现地表生态功能和生态过程的规律。传统的地貌制图、景观制图，仅仅依靠简单的点、线、面对空间要素进行制图，已经无力表达空间背后所涉及的复杂、隐含非空间事务信息，进而无力完成对事物发展规律的分析认知。

在信息时代，信息、知识和智慧构成了认识世界的三个核心层次[36]。知识，即是对事物发展规律的认识，知识来自于系统化、组织化的信息综合集成；智慧则是对知识的综合及运用，来自于知识的综合集成[37]。知识发现[38]，即从海量的信息中，获取潜在的、有效的、最终可被理解的规律，形成知识，转化为智慧，成为城市规划最主要的决策支撑。

在信息转化为知识、知识转化为智慧的知识发现过程中，近年来兴起的数据可视化（data visualization）技术，为知识发现提供了全新的技术支持。可视化是运用 3S 等信息技术，通过全球定位技术和遥感技术解译空间要素并图式化，在地理信息系统中，建立空间要素和非空间事务信息之间关联的数据库，进而通过表格、图解、图像以及其他直观的数据可视化形式，将信息转变为形象，在激发人的形象思维中，激发创造性，实现对数据的分析[39]。

"循水理山"生态规划的信息化，包括信息的获取、信息的组织和信息的综合三大步骤。

"循水理山"生态规划中的信息，包括空间信息和非空间事务信息两大类。空间信息的获取，不仅来源于城市规划行业内的地形信息、地籍信息、地下管线信息和已有城市规划信息，还来源于国土、林业、交通等部门基于 GIS 平台完成的土地利用、矿产资源、地质灾害、林业资源及道路修建等调查和管理信息。非空间事务信息的获取，包括教育、卫生等部门具体建设与运行信息；地价、产量、税收等经济信息，防灾、生态环境保护、文物保护相关要求信息；以及产业发展规划、社会事业发展规划等相关规划信息（表 1.1）[40]。

表 1.1　"循水理山"生态规划的信息组成

空间基础信息	非空间事务信息
地形信息	经济信息
地籍信息	防灾信息
地下管线信息	教育部门信息
土地利用信息	卫生部门信息
矿产资源信息	文物保护信息
地质灾害信息	产业发展规划信息
林业资源信息	生态环境保护信息
⋮	⋮

"循水理山"生态规划中的信息组合，是在信息获取的基础上，构建由规划现状数据库、规划成果数据库、规划管理数据库、相关现状数据库（业态使用、设施利用、交通流动、能源使用等）、相关规划成果数据库、相关公共事务管理数据库等关系型数据库组成的信息大平台，为信息综合分析利用提供载体。

"循水理山"生态规划中的信息综合，是在信息大平台中，以决策支持主题（规划决策所关心的重要方面）为导向，在因果推理的基石上，加入相关关系概率预测思维[41]，在可视化中，综合相关信息，发现地表生态功能、过程和结构的演进及运行规律，形成对地表生态功能、过程和结构认知的知识；综合运用认知知识，进行决策预演修正，最终形成智慧，进行决策支持。

参 考 文 献

[1] 丁锡祉，郑远昌. 初论山地学[J]. 山地学报，1986，3：179.

[2] 孙然好，陈利顶，张百平，等. 山地景观垂直分异研究进展[J]. 应用生态学报，2009（7）：91-98.

[3] 贺振东，王明业，朱国金. 中国的山地[M]. 成都：四川科学技术出版社，1988.

[4] 单之蔷. 雪线中国[R]. 单之蔷的博客，http://blog.sina.com.cn/shanzhiqiang，2011.

[5] 章轲. 全国森林涵养水源量接近15个三峡库容[EB/OL]. http://www.forestry.gov.cn/main/72/content-965660.html.

[6] 张超，马娉琦. 地理气候学[M]. 北京：气象出版社，1989.

[7] 黄光宇. 关于建立山地城市学的思考[M]//黄光宇. 山地城市学. 北京：中国建筑工业出版社，2002：6-11.

[8] 唐璞. 山地住宅建筑[M]. 北京：科学出版社，1994.

[9] THE 5TH IUCN WORLD PARKS CONGRESS. Benefits beyond boundaries[R]. Durban，South African：IUCN(International Union for Conservation of Nature) Publication，2003.

[10] GAMBINO R. Introduction：reasoning on parks and landscapes[M]//GAMBINO R，PEANO A. Nature policies and landscape policies：towards an alliance. Berlin：Springer International Publishing，2015：2.

[11] 鹿化煜，常宏，郭正堂，等. 大陆碰撞、高原生长和气候演化：2014年Crafoord奖获得者Peter Molnar教授成就解读[J]. 中国科学（地球科学），2015（6）：770-779.

[12] 黄万波. 向传统人类起源说挑战[N]. 科技日报，2000-06-03.

[13] 黄万波. 长江流域：中国古人类的发祥地[N]. 中国文物报，2007-07-20.

[14] 吕不韦. 吕氏春秋[M]. 任明，昌明，译. 太原：书海出版社，2001.

[15] 樊宝敏，李智勇. 清代前期林业思想初探[J]. 世界林业研究，2003，16（6）：50-54.

[16] 张钧成. 关于中国古代林业传统思想的探讨[J]. 北京林业大学学报，1988（增刊）：29-39.

[17] 关传友. 中国古代风水林探析[J]. 农业考古，2002（3）：239-243.

[18] 谢德体. 关于重视解决农村耕地撂荒严重问题的提案[R]. 北京：全国政协十一届五次会议，2013.

[19] 中华人民共和国住房和城乡建设部. 中国城市建设统计年鉴2014[M]. 北京：中国计划出版社，2015.

[20] 中华人民共和国国家统计局. 中国统计年鉴2016[M]. 北京：中国统计出版社，2017.

[21] 王东京. 保护耕地不单是经济问题[J]. 理论与当代，2004（6）：47.

[22] HENDERSON L J. The fitness of the environment[M]. New York：Macmillan，1913.

[23] MCHARG I L. Ian McHarg：conversations with students：dwelling in nature[M]//MARGULIS L，CRONON J，HAWTHORNE B. Theory of creative fitting. New York：Princeton Architectural Press，2007：19-62.

[24] LINEHAN J，GROSS M，FINN J. Greenway planning：developing a landscape ecological network approach[J]. Landscape and urban planning，1995，33（1）：179-193.

[25] HERRINGTON S. The nature of Ian McHarg's Science[J]. Landscape Journal，2010，29（1）：1-20.

[26] NAVEH Z，LIEBERMAN A S. Landscape ecology：theory and application [M]. 2nd ed. New York：Springer，1993.

[27] TURNER M G. Landscape ecology：the effect of pattern on process[J]. Annual review of ecology & systematics，2003，20（20）：171-197.

[28] PICKETT S T A，CADENASSO M L . Landscape ecology：spatial heterogeneity in ecological systems[Z]. American association for the advancement of science，1995，269（5222）：331-334.

[29] FORMAN R T T，GODRON M. Landscape ecology[M]. New York：Wiley，1986.

[30] CUSHMAN S A，HUETTMANN F，CUSHMAN S A，et al. Landscape ecology：past，present，and future[M]//CUSHMAN S A，HUETTMANN F. Spatial complexity, informatics, and wildlife conservation，Japan：Springer，2010：65-82.

[31] TAAFFE E J，GAUTHIER H L，O'KELLY M E. Geography of transportation[M]. New Jersey：Prentice-Hall，Inc.

[32] LOWE J C，MORYADAS S. The geography of movement[M]. Boston：Houghton Mifflin，1975.

[33] TURNER M G. Landscape ecology：what is the state of the science?[J]. Annual review of ecology evolution and systematics，2005，1502（36）：319-344.

[34] FORMAN R T T，GODRON M. Patches and structural components for a landscape ecology[J]. Bioscience，1981，31（31）：733-740.

[35] 龙彬. 中国古代城市建设的山水特质及其营造方略[J]. 城市规划，2002，5：85-88.

[36] 钟义信. 知识论：核心问题——信息-知识-智能的统一理论[J]. 电子学报，2001，29（4）：526-530.

[37] 赵珂，于立. 定性与定量相结合：综合集成的数字城市规划[J]. 城市发展研究，2014，21（2）：83-90.

[38] SHADISH W R . Philosophy of science and the quantitative-qualitative debates：thirteen common errors[J]. Evaluation and Program Planning，1995，18（1）：63-75.

[39] 赵珂，于立. 大规划：大数据时代的参与式地理设计[J]. 城市发展研究，2014（10）：28-32.

[40] 赵珂，王楠. 中间人·大平台：角色定位下的城市规划大数据"资产化"[J]. 西部人居环境学刊，2014（6）：95-100.

[41] LABRINIDIS A，JAGADISH H V. Challenges and opportunities with big data[C]. Proceedings of the VLDB Endowment，2012，5（12）：2032-2033.

第2章 水空间的生态认知

2.1 水空间的水文过程

2.1.1 自然水文过程

雨水降落到大地，一部分进入地下形成地下水，一部分则沿着地表流动形成地表水。雨水在形成地下水和地表水的过程中，引发水系的形成。

实际上，地表是一个砂泥之间存在许多孔隙的筛网，只不过一些孔隙大，一些孔隙小。当雨水落在孔隙细小的黏土等地表上时，难以迅速进入细小的孔隙，而成为地表径流。当雨水落在孔隙较大的沙土、碎石等地表上时，则迅速进入孔隙，一部分被植物根系锁在土壤中，另一部分则在重力作用下，继续沿岩石裂缝、石灰岩、砂岩等多孔隙岩石向地下渗透，直到遇见不透水的岩土，才停止向下渗透，而形成地下含水层（aquifer，来源于拉丁文 aqua+ferre，意为水+带来）（图 2.1）。在含水层中，地下水的蓄积形成地下水位（water table）。地下水位的高低，是地表水系有水、无水以及水量大小的重要条件。地下水位在降水、降雪的影响下而涨落，只有在地下水位足够高时，才可能形成泉水和溪流。在气候干燥的时候，一些溪河流无水的原因是地下水位下降到低于溪河流河床的高度；地下水位非常深的地区，地表往往是沙漠，除了带刺植物几乎没有其他植被能够生长；如果地下水位高于地表的洼地，则洼地处往往会形成湖泊或池塘（图 2.2）[1]。

雨水渗入地下形成地下水后，地下水位与地表溪河流河床及洼地的高差关系，是决定溪河流、湖泊、池塘有无水及水量大小的重要条件。而形成溪河流的另一个重要条件则是地表水对地表的侵蚀。重力作用是地表水流动的动力。"水滴石穿"，在重力的作用下，由地下水渗出的泉水和地表水沿坡面（hillslope）流动，汇成水流，夹杂着岩石和土沙，浸蚀地表及地层岩石，根据水流和水势的大小，浸蚀出不同宽度和深度的水道，并依据地表水道与地下水位的高差关系，形成季节性水道（intermittent streams）和常年有水的溪河流（perennial streams）（图 2.3）[2]。

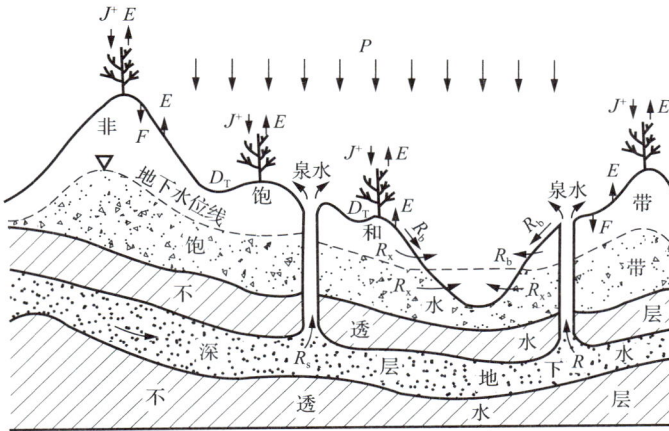

P—降雨量；E—蒸散发量；J^+—截留量；D_T—填洼量；F—下渗量；
R_b—地表径流量；R_x—浅层地下水径流量；R_s—深层地下水径流量。

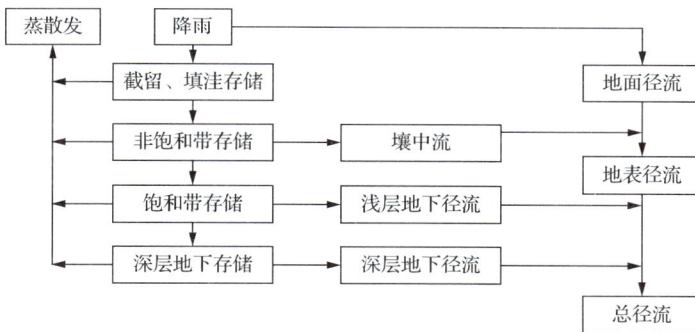

图 2.1 自然水文过程原理

资料来源：张文华，郭生练. 流域降雨径流理论与方法[M]. 武汉：湖北科学技术出版社，2008：2.

（a）地下水补给河谷为常年有水溪流

图 2.2 地下水位与地表溪流有无常年水及地表洼地能否成为湖泊池塘的关系

（b）地下水不能补给河谷

（c）地下水补给洼地形成湖泊

图 2.2（续）

资料来源：LEOPOLD L B，BALDWIN H L．Water[M]．New York：Saalfifld Publishing Co.，1962：13-14.

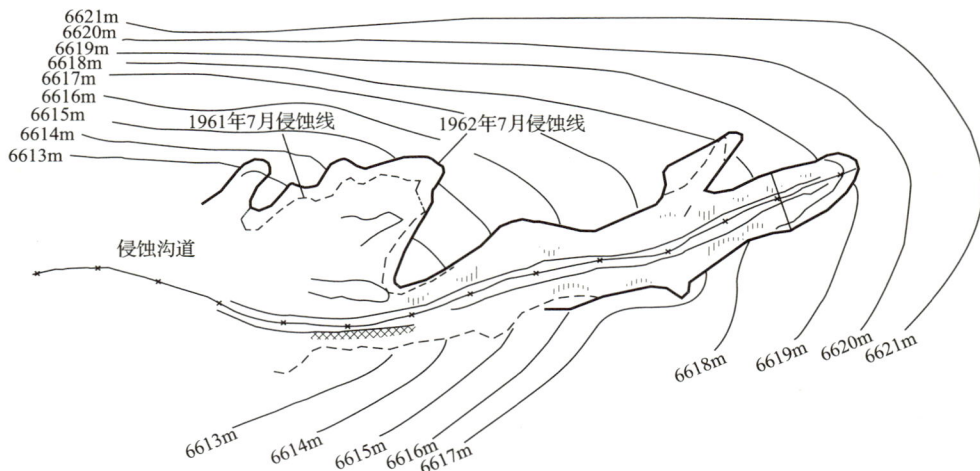

图 2.3　源头侵蚀过程：自然水系的发源

资料来源：LEOPOLD L B，EMMETT W W，MYRICK R M．Channel and hillslope processes in a semiarid area New Mexico[M]．Washington，D.C.：United States department of the interior Steward L．Udall，Secretary，1966：231.

在以分水岭为界，以溪河流为地貌特征的集水区域（流域或小流域）中，地表水文过程呈现为：在重力的作用下，从源头水（headwater）对地表的溯源冲刷侵蚀开始，逐渐发育出"微沟—细沟—冲沟—溪河流"的水系网络。并在不同的地貌形态中，呈现出七种与自然水文过程协调的水系网络形态（图 2.4）[3]。

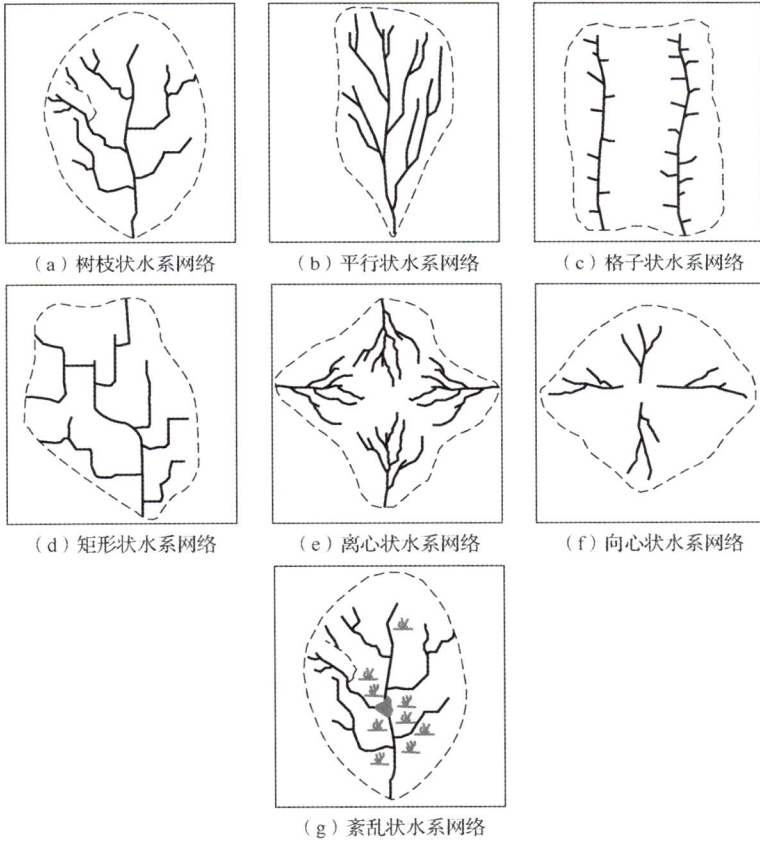

（a）树枝状水系网络　　（b）平行状水系网络　　（c）格子状水系网络

（d）矩形状水系网络　　（e）离心状水系网络　　（f）向心状水系网络

（g）紊乱状水系网络

图 2.4　自然水系网络形态

（1）树枝状水系网络（dendritic drainage pattern）[图 2.4（a）]，是最普遍的水系网络形态，其形态像树木的枝干。在它所发生的流域内，地表物质对气候的抵抗作用是相似的，支流以锐角汇入更大的水系。

（2）平行状水系网络（parallel drainage pattern）[图 2.4（b）]，表现为支流近似平行汇入干流。多发生在平行褶曲或断层地区，如我国横断山地区的河流和淮河左岸支流。

（3）格子状水系网络（trellis drainage pattern）[图 2.4（c）]，河流的干流和支流之间呈直线相交，多发育在皱褶地貌，如北美的阿巴拉契亚山，通常干流位于向斜中的沟谷，支流沿背斜以近似 90° 的角度汇入。

（4）矩形状水系网络（rectangular drainage pattern）[图 2.4（d）]，多发育在地质已经经历断层的区域。通常支流沿着最小阻力的路径流动并集中在岩石裸露最少的地方，突然转弯，以大角度汇入干流。

（5）离心状水系网络（radial drainage pattern）[图 2.4（e）]，是围绕一个中心高点，向四周发育的水系网络，多见于火山地貌。

（6）向心状水系网络（centripetal drainage pattern）[图 2.4（f）]，是从周边向中心低地发育的水系网络，多见于盆地地貌。

（7）紊乱状水系网络（deranged drainage pattern），是指对原有水系进行干扰后的水系网络。如图 2.4（g），原本的水系网络是冰川地貌下的树枝状水系，但冰川带来的细小颗粒堆积成湿地或沉积体阻挡水而形成小湖泊后，较之以前的树枝状水系，支流的弯曲度更高。

2.1.2 自然水系结构

图 2.5 二分叉树的水系组成

资料来源：芮孝芳，陈界仁. 河流水文学[M].
南京：河海大学出版社，2003：11.

自然界的水系一般可表达为二分叉树的形状。树根是水系的出口，树枝的顶端代表源头，树枝的交点代表两条水系的交汇点（图 2.5）。树枝越多，即源头越多，代表流域内水系越发育。理解水系所展现出的等级次序拓扑结构，对定量化认知水文过程、生态过程在水系空间的反映具有重要作用。

早在 1802 年，苏格兰科学家和数学家约翰·普雷凡尔（John Playfair）最早意识到了水系具有等级规律，他认为"河流由干流和支流构成，并流入一定尺度的河谷。所有的河谷彼此联系，形成的水系系统顺应山坡倾斜，展现出完美、有序的分支等级，没有哪条水系会跨越自己所在的分支等级次序"[4, 5]。但仅将水系划分为干流和支流，对水系的认识依旧是模糊和定性的，在实际中，除能明确将出口在入海口的河流作为干流外，其他水系并不能严格区分其为干流还是支流。1914 年，德国地貌学家格雷夫利厄斯（Gravelius）使用序列命名的法则，将各水系按照一定的次序排成序列，并以序号加以命名，理论上，可以将整个水系按序号大小命名完毕。但格雷夫利厄斯在命名序号时，以干流为第一级水系，流入干流的支流为第二级，流入该支流的支流为第三级，依此类推，水系越小，则序号越大[6]。这种序列命名方式从根本上并没有解决普雷凡尔定律（Playfair's law）难以划分干流和支流的问题，但打开了定量化研究水系结构的序幕。

1945 年，在普雷凡尔定律和格雷夫利厄斯命名法则（Gravelius' law）的基础上，在长达 125 页的论文中，德国学者霍顿（Horton）提出了现代意义上的水系结构定律[7]。霍顿以源头水系为一级水系，接纳一级水系汇入的水系为二级水系，接纳二级水系汇入的水系为三级水系，依此类推。霍顿水系结构定律克服了格雷夫利厄斯水系序列命名难以确定干流和支流的问题，但也存在一个缺陷，即任何级别的水系都可能自身就包括了源头，但实际上源头水具有不同于其他等级水系的特征。为解决这一问题，1957 年，霍顿的学生斯川勒（Strahler）定义源头水为一级水系，同级的水系交汇所形成的水系增加一级，不同级的水系交汇所形成的水系级别为前者中的最高级[8]。斯川勒水系定律（Strahler stream order）解决了任何级别水系自身包括源头水系的问题（图 2.6）。

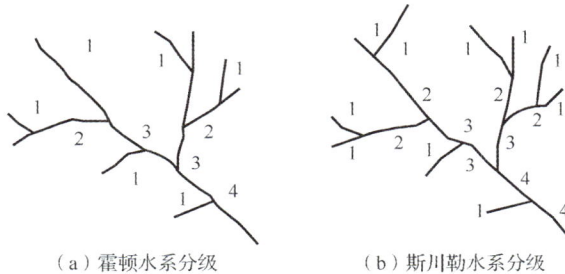

（a）霍顿水系分级　　　　　　（b）斯川勒水系分级

图 2.6　霍顿和斯川勒水系结构定律

资料来源：芮孝芳，陈界仁. 河流水文学[M]. 南京：河海大学出版社，2003：14.

霍顿和斯川勒水系定律都是针对山体流域具有树枝状的水系网络，无力认知在平原等微地形地区所出现的平行状、格子状和矩形状等水系网络。1962 年，利奥波德（L.B. Leopold）和朗贝（W.B. Langbein）提出了随机游移水系模式（图 2.7）[9]。他们设想将流域划分为若干方格，每个方格内径流方向可能有四个，但只有一个会从方格中流出，将每个方格内流出概率最大的方向连起来，就能得到最后的水系网络。理论上，随机游移水系模式可以认知无论地表坡度是陡峭还是平缓的任何区域内的水系结构。但如何确定概率最大的方向，是其在运用中的难题。

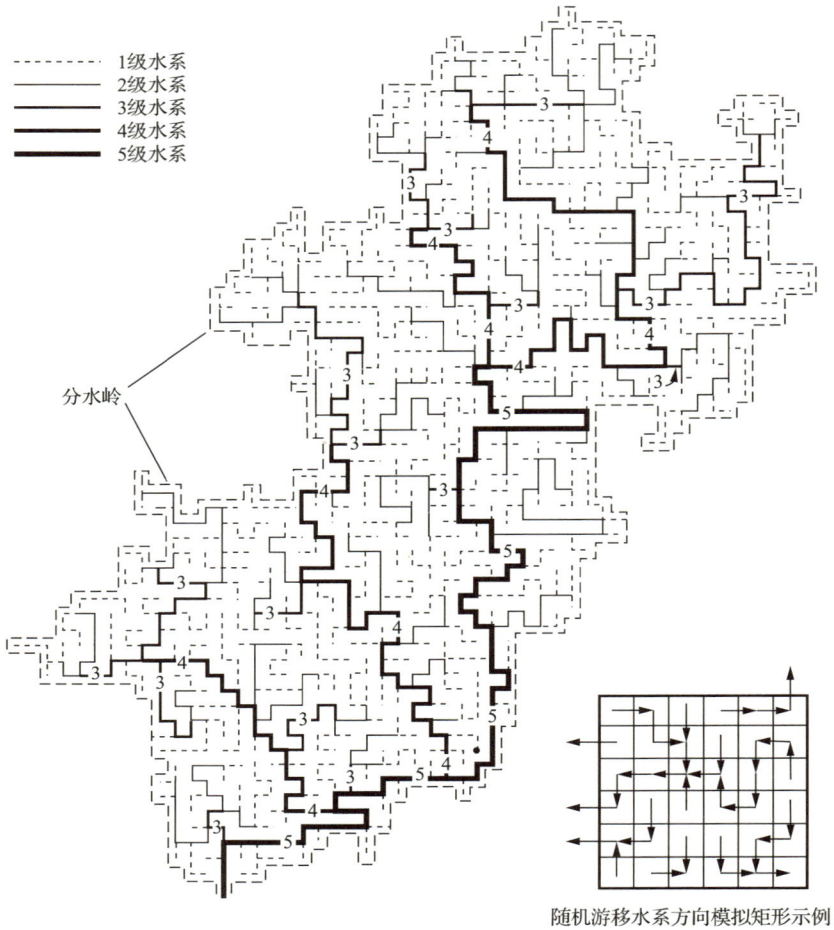

图 2.7　随机游移水系模拟模式

资料来源：LEOPOLD L B，LANGBEIN W B．The concept of entropy in landscape evolution[M].
Washington，D.C.：Government Printing Office，1962.

　　随着数字高程模型（DEM）的出现，这一难题得到了解决。在运用数字高程模型中，在随机游移水系模式的基础上，费尔法德（Fairfield）和皮埃尔（Pierre）提出运用 DEM 的 D8 水系模拟方法（图 2.8）[10]。他们认为一个方格有 8 个可能的流向与周边 8 个方格之间产生关系，运用 DEM 将高程值赋值到这些方格内，该方格与周边 8 个方格之间的高差决定了 8 个明确的流向。在计算机中，计算出所有方格的 8 个流向，按照最大坡度方向确定各方格的流出方向，然后将各方格的流出方向连在一起，就得出了完整的水系网络。

（a）8个可能的流向

83	75	74	76	63	54
79	72	61	54	51	55
74	58	49	42	43	53
69	63	59	27	36	29
73	66	52	26	21	24
79	58	39	17	16	17

（b）高程网格图
（数据为网格的平均高程）

（c）按最大坡度方向确定流向

（d）生成水系

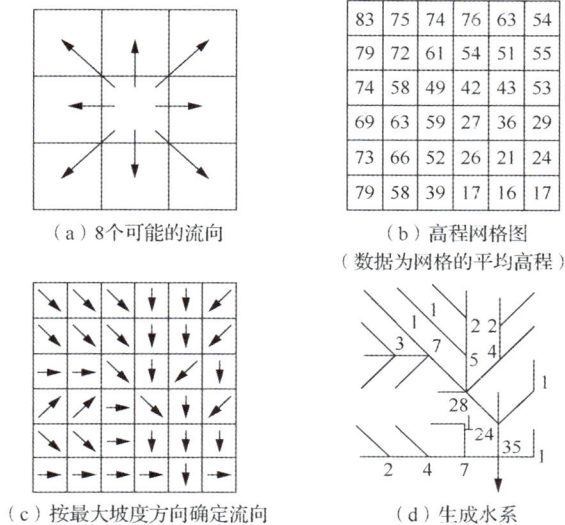

图 2.8　运用 DEM 的 D8 水系模拟

资料来源：芮孝芳，陈界仁. 河流水文学[M]. 南京：河海大学出版社，2003：43.

2.1.3　自然湿地体系

湿地可以理解为自然形成的洼地，在蓄积的水量、泥炭达到一定程度后，繁衍出的水陆植物、动物共栖的生境地。湿地，可能发源于陆地生态系统（如森林、草地），也可能发源于水域生态系统（如深湖、海洋），兼具有水域生态系统和陆地生态系统的一部分属性，但又明显区别于两大系统，具有保持水源、净化水质、蓄洪防旱、调节气候、美化环境和维护生物多样性等重要生态功能，与森林、海洋并称全球三大生态系统。在山地中，湿地包括《国际湿地公约》规定的沼泽、泥炭地、湿草甸、湖泊、河口三角洲、滩涂、水库、池塘和水稻田等，前六类为自然湿地，后三类为人工湿地。

地形、水源、土壤特性、地质和气候是湿地形成的主要因素。其中，洼地和广阔平地，是由于排水不畅或缓慢，蓄积水达到一定量之后形成的湿地。在具有洼地和广阔平地的条件下，通过地表水和地下水两大水源的作用，湿地的形成通常有七大情形：①河流季节性浸润的洪泛区；②得到邻近区域地表径流或汇集地下水的洼地；③积水的坡脚；④泉水或地下水渗出的斜坡洼地；⑤在低蒸发量且存水能支持泥炭癣在干旱季节生长的沼泽；⑥在冻土作为渗水层吸纳地表水的永久冻土区；⑦在冰川和雪地下，季节性的融雪能产生湿地条件的地区。此外，水力传导性低的土壤（如黏土和硬土）比多孔性土壤更易形成湿地。地质条件通过作用地下水而影响湿地的形成，沙漠中的泉水湿地是区域性地下水，喀斯特地质中湿地形成的原因是对石灰岩的溶解，冰川地区的冰碛沉淀引发的紊乱水系网络在分散的低透水地产生湿地等。另外，温暖潮湿的气候比炎热干旱的气候，更易形成湿地[11]。

在同一地区，气候、土壤和地质条件基本一致，决定湿地形成的主要因素是地形和水源条件。根据地形和水源条件，湿地可分为四种类型：①地下水洼地湿地；②地下水坡度湿地；③地表水洼地湿地；④地表水坡度湿地（图2.9）[12]。

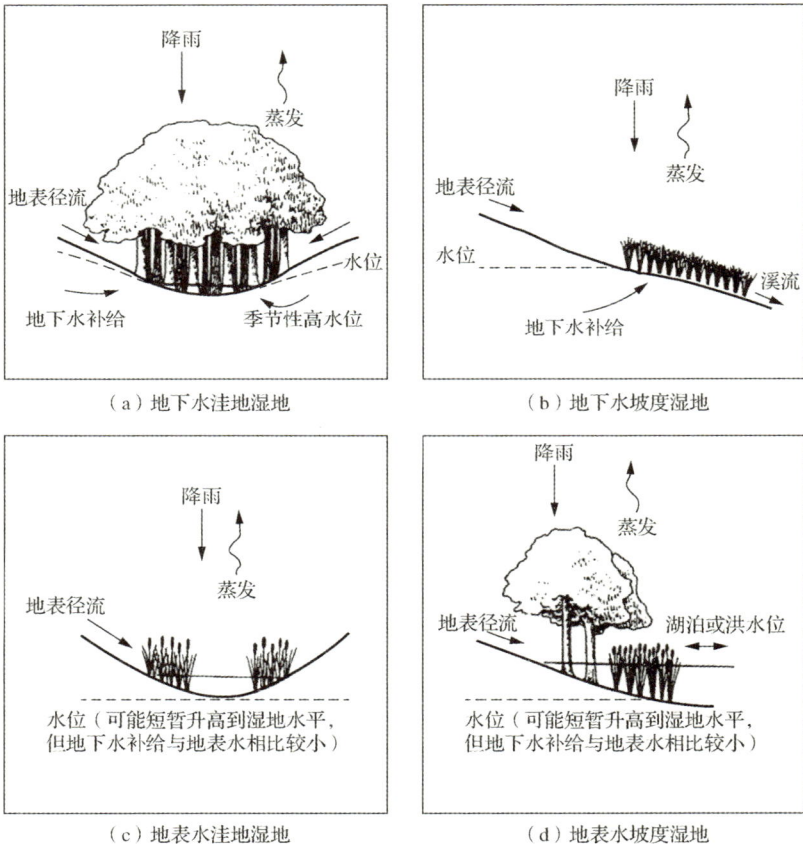

（a）地下水洼地湿地　　　　　　　　（b）地下水坡度湿地

（c）地表水洼地湿地　　　　　　　　（d）地表水坡度湿地

图2.9　地形和水源条件下的湿地分类

资料来源：TINER R W．Wetland Hydrology A2-Likens，Gene E，Encyclopedia of Inland Waters[M]. Oxford：Academic Press，2009：778，789.

湿地与水系网络关系呈现为：①在一级水系的源头，泉水出口洼地处，分布有小型湿地；②在低等级水系与高等级水系交汇处的洼地，分布有中型湿地；③在河口地区，分布有大型湿地（图2.10）[13-15]。

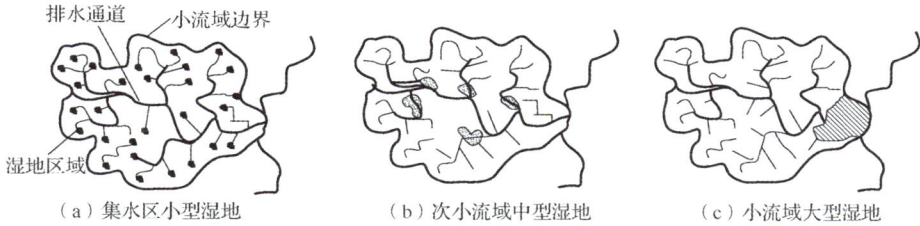

（a）集水区小型湿地   （b）次小流域中型湿地   （c）小流域大型湿地

图 2.10 湿地体系空间结构

资料来源：TILLEY D R，BROWN M T. Wetland networks for stormwater management in subtropical urban watersheds1Paper presented at 'Ecological Summit 96'，19-23 August 1996，Copenhagen，Denmark.1[J]. Ecological Engineering，1998，10（2）：131-158.

在内陆地区的小流域内，完整的湿地体系通常为：①水系源头的洼地，分布有源头湿地；②山中斜坡上的低洼地，分布有斜坡洼地湿地；③山脚处，有山脚湿地；④平坝内，支流交汇的洼地处，有平坝湿地；⑤河流沿岸，在洪泛的作用下，形成有河流湿地。传统山地城乡聚落的建设，充分体现了对自然水系和湿地体系的尊重。例如，广州市增城区派潭镇车洞村、朱村街道等的建设，即是在一个小流域范围内，因循水系及湿地的自然水文过程的典例（图 2.11 和图 2.12）。

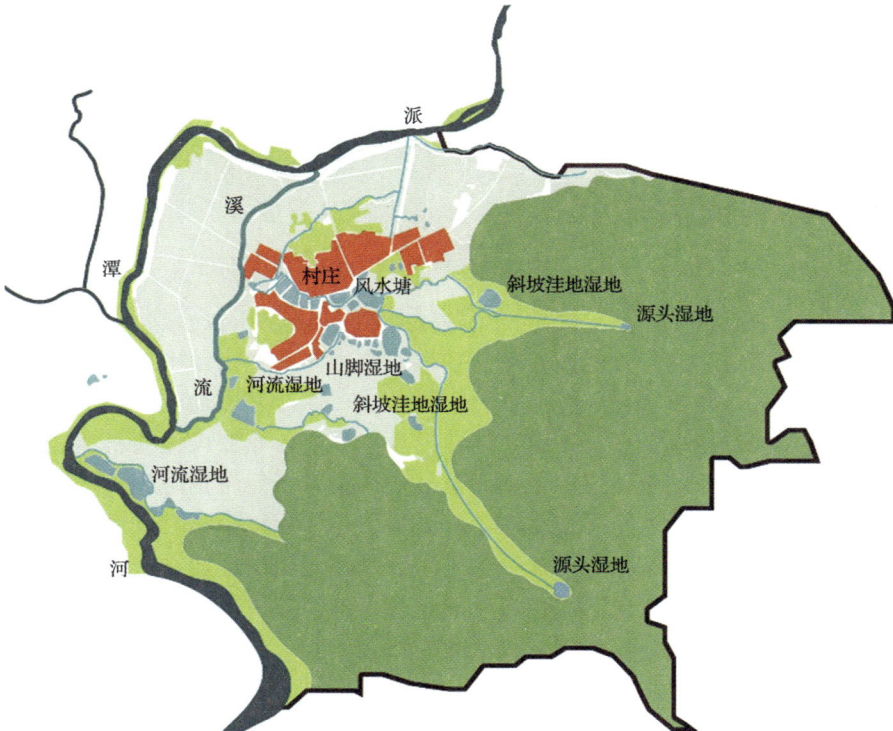

图 2.11 广州市增城区派潭镇车洞村小流域内的湿地体系

图 2.12　广州市增城区朱村街小流域内的湿地体系

广州增城区的乡村聚落所在小流域内的水系和湿地体系，较完整地体现了霍顿-斯川勒水系结构定律及小流域湿地体系规律：雨水降落在山体中，一部分被树木吸收，一部分进入地下水，还有一部分形成地表径流，冲刷出季节性水道，在平坝地区经过几次交汇，形成常年有水河流；湿地主要分布在山体的斜坡洼地、山脚、平坝和河流沿岸；山地中的地下水位，在少雨季节为位于山脚和平坝处的水系和湿地提供水量。聚落建设选址在山脚处，山体中保留树林，以保障水质的清洁；聚落中留出山体水道的空间，以保证地表径流无阻碍地流进平坝；在山体中采掘地下水，以满足聚落生活用水；为满足聚落消防和生产灌溉的调蓄需求，往往在聚落前面的山脚湿地处扩建"风水塘"（图 2.13）。以上举措使得广州增城区乡村聚落建设，在因循山地水文过程中，不仅保护了自然水系和湿地体系，还最大化获得了富饶的平坝农田和多样的山地资源。

图 2.13 广州市萝岗区九龙镇莲塘村风水塘

2.2 水空间形态

水空间形态是在地表径流浸蚀、搬运和堆积作用下形成的。地表径流包括面状径流和线状径流。面状径流，是无数股细小水流组成的薄层片流，在坡面上顺坡下流，塑造坡面形态；线状径流，分为暂时性径流和经常性径流，分别塑造沟谷形态和河流形态。

2.2.1 坡面水流形态

1. 片蚀

如果不考虑植被对雨水的拦截，雨滴垂直下落最高时速可达 7～9m/s，对土壤巨大的冲击力，可引起土粒像间歇喷泉飞溅到 60cm 高和 1.5m 远的地方。曾有人计算，一场猛烈的倾盆大雨能扰动 1hm² 土地内的 225t 土壤[16]。雨滴垂直冲击力引起的土粒飞溅，被称为溅蚀（splash erosion）。

溅蚀，除促使坡面土壤缓慢向坡下蠕移外，另一个重要效应是飞溅的土粒封住了天然土壤的孔隙，导致土壤渗水能力减弱，雨水在坡面地表流动的比例增大，形成薄薄一层的面状径流（overland flow），通过冲洗（rain-wash，搬运较细的沙土，使岩被受损）、腐蚀（corrosion，雨水与空气中的二氧化碳化合，具有弱酸性，落在地面后，吸收来自植物腐质的有机酸，强化了酸性，可以溶解石灰质）、溶解（solution，雨水溶解并运走土壤中的盐类及碱类）等作用，对整个坡面进行浸蚀，形成片蚀（sheet erosion）[17]。

片蚀作用的强弱，取决于降水强度、坡度、坡面物质和植被状况等。降水强度大，雨滴对地表打击力大，溅蚀表土，破坏土壤结构，分散土层，增强地面水流的紊乱性，对地面浸蚀强度增大。坡度在 20°～40° 内，片蚀强度随坡度的增大而增强；坡度大于 50°，由于坡度增大导致受力面积减少，片蚀强度减弱；坡度小于 20°，地面径流流速减慢，片蚀强度随之减弱。坡面物质结构紧密，抗蚀力较强；坡面物质吸水保水力强，能减缓减小坡面径流，削弱浸蚀[18]。植被覆盖削弱雨水对地面的冲击，减少坡面水流量，减缓流速，减弱片蚀作用。通常森林的树冠可截留 15%～80% 的雨水降水量。例如，松林可截留 20% 的降水量，云杉可截留 40% 的降水量，冷杉可截留 60% 的降水量。凋落物的存在，既能存储水分，又能增加地表水的下渗率，阻滞地表径流，减少泥沙流失。当地面存在 1kg 的凋落物时，可吸水 2～5kg；凋落物分解后，增强了不同植被覆盖土壤的透水性，一般森林的土壤透水性是草地的 2～5 倍，是农地的 3～10 倍。当厚度大于 1cm 的凋落物存在时，地表径流可减少到裸地的 1/10[16]。

2. 片蚀坡面水流形态

由坡顶至坡麓，片流对坡面的冲刷是不均匀的，通常分为三个带：①弱冲刷带，位于坡顶分水岭，地形和缓，集水量小，片流冲刷能力弱；②冲刷带，位于坡面中部，地势较陡，因沿程补给雨水的加入，片流水量大，冲刷力强；③淤积带，位于坡麓，坡度较缓，片流流速低，是坡面物质淤积地 [图 2.14（a）]。坡面不同地段在不均匀的片流冲刷力作用下，通常形成浸蚀坡面、浅凹地、深凹地和坡积裙等坡面水流基本形态 ［图 2.14（b）］。

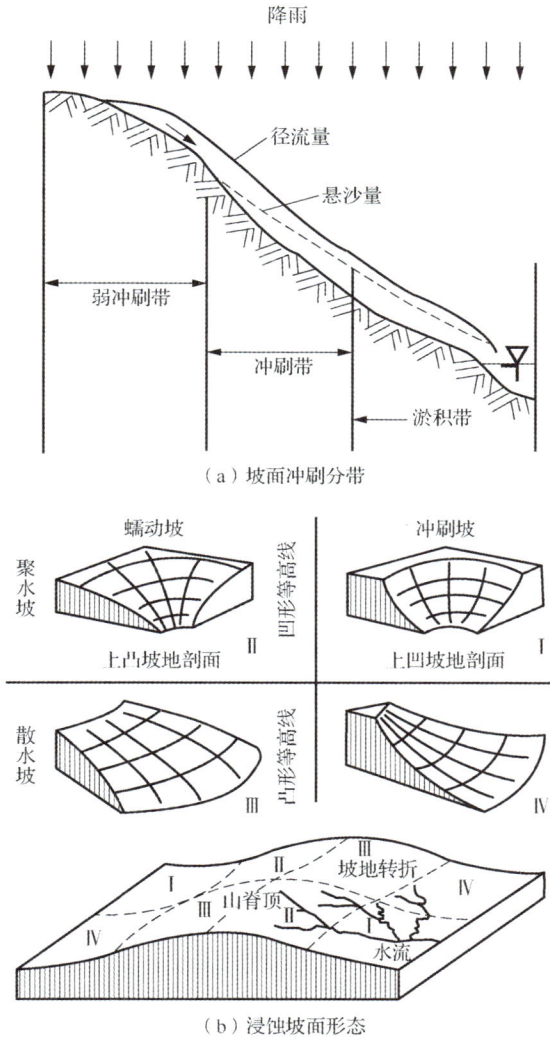

（a）坡面冲刷分带

（b）浸蚀坡面形态

图 2.14　坡面冲刷分带与浸蚀坡面形态

资料来源：吴正. 地貌学导论[M]. 广州：广东高等教育出版社，1999：51，52.

1）浸蚀坡面

在冲刷和淤积的共同作用下，按照纵剖面和等高线形态，浸蚀坡面分为凹形坡面和凸形坡面，分别对应片流集水和冲淤。凹形坡面，等高线形态为下疏上密，从坡顶到坡麓，坡度逐渐放缓，片流流速减缓，片蚀能力减弱，浸蚀物在坡麓淤积，原有坡麓加厚，形成下凹形坡面，是聚水坡面。凸形坡面，等高线上疏下密，从坡顶到坡麓，坡度逐渐增大，片流流速加大，片蚀能力增强，浸蚀物不仅难以在坡麓淤积，反而蚀去坡麓原有土壤物质，形成上凸形坡面，是散水坡面。

2）浅凹地

浅凹地是分布在分水岭附近、台地或高平原的河谷源头地方的浅平洼谷（一般宽度小于200m，深度小于20m）。浅凹地由两侧不明显的片蚀坡面（两坡和缓，没有明显的坡折线）汇集而成。浅凹地没有明显的谷底，但有一定的纵向坡度，降雨时雨水沿两侧片蚀坡面，汇集到浅凹地底部，再沿纵向向下游排出，但因底部水流缓慢，且有薄层堆积，不会产生沟谷。因此，浅凹地又称"无床谷地"。

3）深凹地

深凹地位于浅凹地下游，是浅凹地的延续。深凹地两侧有明显的片蚀坡面（坡度和深度都比浅凹地大）。深凹地可能是由浅凹地经过较长的发育时间后生成的，也可能是由古冲沟或坳沟演变而成的。

4）坡积裙

坡积裙，面状径流携带的泥沙在坡地下部堆积，形成形似衣裙的坡积物围绕着坡麓分布的形态。

2.2.2　沟谷水流形态

实际上，坡地表面是不平整的，存在局部低平的凹地，凹地的存在可能加强其两侧和上游片流水质点向凹地的最低处汇集，形成流心线，沿着流心线，水层逐渐增厚，流速加大，冲刷能力增强，逐渐把凹地冲刷加深为沟谷或溪河流。两者不同之处是，沟谷是由暂时性径流冲刷而成的，而溪河流是由常年性径流冲刷而成的。

沟谷基本形态有集水盆、浸蚀沟和扇形地。

1. 集水盆

集水盆，是在沟谷上游由片流转为线状水流后，因径流相对集中，浸蚀力随之增强，产生强烈的坡面冲刷，引起地面凹陷，形成的碟状微倾洼地。它大多分布在分水岭附近，周壁在片蚀、崩塌等作用下，不断后退而扩大。

2. 浸蚀沟

浸蚀沟（图2.15），按照发育程度和形态特征，可分为细沟、切沟、冲沟和坳沟。细沟（图2.16），又称犁沟，是面状径流转变为线状径流时产生的细小而密集的沟，通常深度在3～30cm，宽度等于或略大于深度。切沟，细沟进一步发育，沟床切入母质层和风化物底层，形成具有沟头、沟缘、沟壁、沟底和沟口的沟谷，宽、深 1～2m。冲沟，切沟进一步发育，在水流的向源浸蚀作用下，沟头不断后退，产生陡坎和跌水，侧蚀和下蚀作用加强，沟槽加宽加深，沟谷不断延长，沟宽和沟深一般数米至数十米不等，沟长可达数千米至数十千米。坳沟，冲沟发育到一定程度，向源侵蚀和下蚀减弱，不再加深谷底，纵剖面坡度平缓，沟床上有沉积物覆盖，而沟坡越来越平缓，不再有明显的沟缘，标志着沟谷发育已进入衰亡阶段[19]。

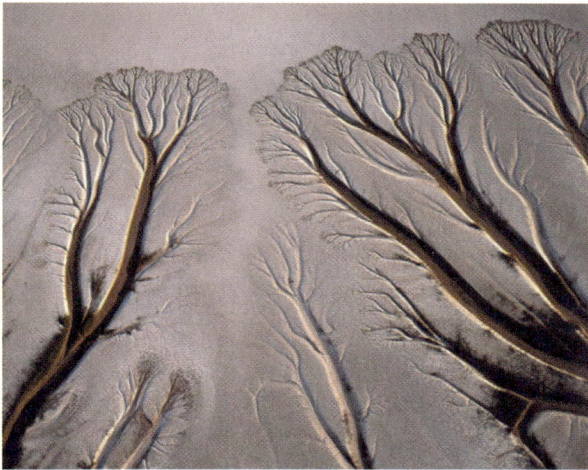

图 2.15　科罗拉多河三角洲中墨西哥阿尔托湾山体中的典型浸蚀沟基本形态

图 2.16　细沟形态

3. 扇形地

扇形地（图 2.17），沟谷水流流到沟口后，因沟谷坡降减小，水流分散，流速减慢，所携带的物质发生大量堆积，形成以沟口为顶点的扇形堆积。按照规模大小，扇形地具有冲出锥和洪积扇两种形态。冲出锥，一般仅数百平方米；洪积扇，面积可达数十平方千米至数千平方千米不等。在干旱、半干旱地区的山麓地带，洪积扇普遍发育良好，前缘常有绿洲分布。

图 2.17　扇形地形态

资料来源：STRAHLER A H．Introducing Physical Geography[M]．New Jersey：
John Wiley & Sons，Inc.，2013：504，522．

2.2.3　河流基本形态

冲沟下切浸蚀到潜水层或位置低于地下水位，就会获得常年水流，从而演变为溪河流。

发育处于幼年期的山地溪流，以下蚀作用为主，河床坡降较大，急流和涡流是形成溪流形态的主要动力。在急流和涡流本身所具有的强大动力能和其中携带的水、砂、砾石一起，形成了强大的冲蚀力，"水滴石穿"式击打或旋磨河床底部的坚硬岩石，形成壶穴（pothole，深陷的凹坑）。壶穴彼此连通后，就成为溪流的石沟水道，但石沟水道深度较浅，表现出浅滩河床的特征。

处于青壮年期的山地溪流，河谷从以下蚀作用为主的 V 形谷，逐渐过渡到侧蚀加剧，凹岸冲刷与凸岸堆积形成连续河湾与交错山嘴。河湾在向下移动的同时，继续向两侧扩展，切平山嘴，展宽河谷，谷地发生堆积形成河漫滩，进而形成 U 形河谷（图 2.18）。

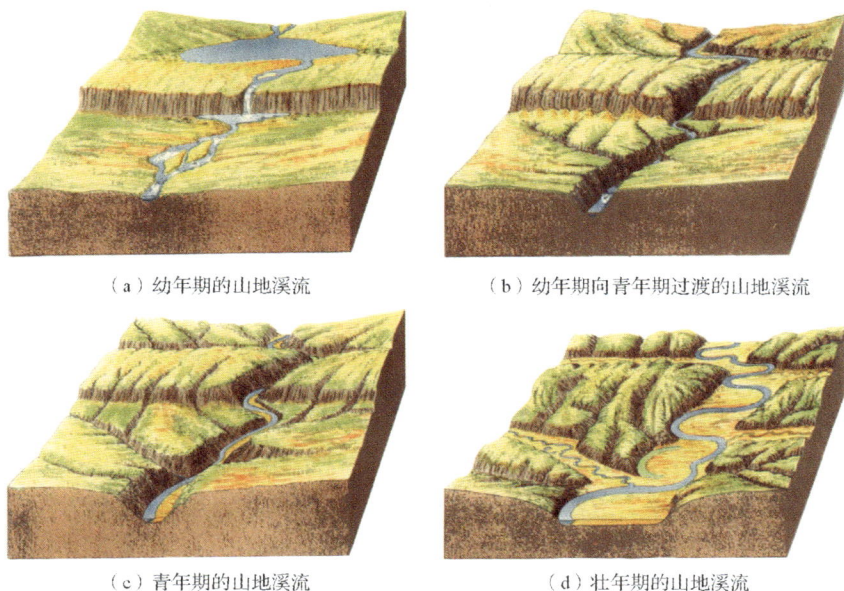

（a）幼年期的山地溪流　　　　　　　　　（b）幼年期向青年期过渡的山地溪流

（c）青年期的山地溪流　　　　　　　　　（d）壮年期的山地溪流

图 2.18　溪河流的发育

资料来源：STRAHLER A H．Introducing Physical Geography[M]．New Jersey：
John Wiley & Sons，Inc.，2013：508．

　　河流基本形态包括河床、河漫滩和谷坡（有的谷坡还发育有河流阶地）三大部分。谷坡与河漫滩交界处为坡麓，谷坡上部与其他坡面的交界处叫谷缘（谷肩）（图 2.19）。

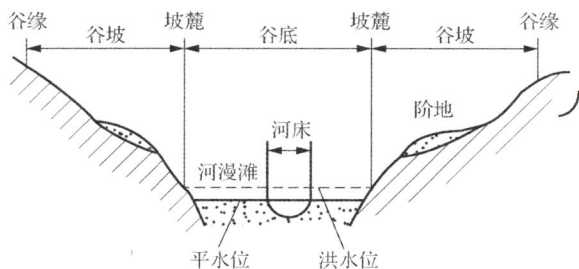

图 2.19　河流基本形态组成

资料来源：陈昇琪．水文与地貌学[M]．重庆：西南师范大学出版社，1990：204．

1. 河床形态

　　河床是平水期所占据的河流底部。河床形态由浅滩与深槽、心滩与江心洲、岩坎与壶穴等组成。

浅滩与深槽。在河床中低于常水位的泥沙堆积体,称为浅滩。与岸边相连的浅滩称为边滩。浅滩之间的深水河段,称为深槽〔图2.20(a)〕。通常情况下,河流中浅滩与深槽交替出现是横向环流作用的结果。在河道弯曲处,水流受到惯性离心力作用,指向曲率半径方向。离心力的大小与流速正相关,而水的流速在纵向上随着水深的增加而减小,表层水流的离心力大于底层,故形成表层水流向凹岸,底层水流向凸岸的横向环流。横向环流在总流向的影响下,形成螺旋形环流,所以在凹岸发生浸蚀而后退,形成深槽;被浸蚀的泥沙,由底流带到凸岸,堆积成浅滩〔图2.20(b)〕。

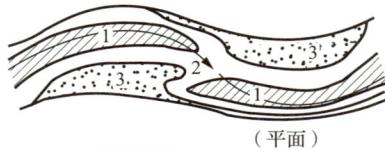

（平面）

（剖面）

1—深槽；2—浅滩；3—边滩。

（a）浅滩与深槽

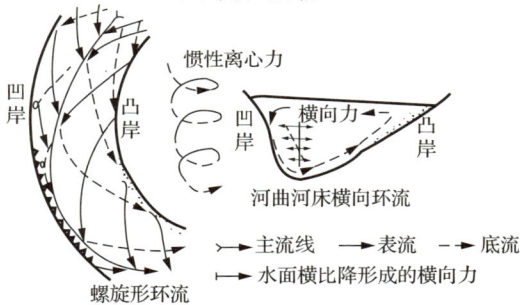

（b）形成浅滩和深槽的横向环流和螺旋形环流

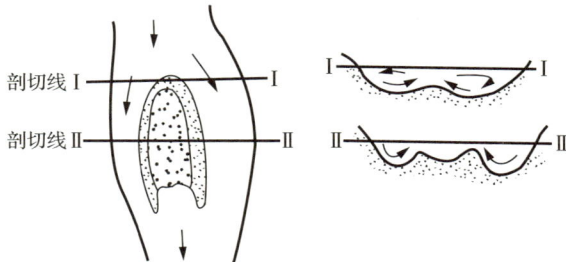

（c）心滩与双向环流

图2.20 浅滩、深槽、心滩与形成环流

资料来源:陈昇琪. 水文与地貌学[M]. 重庆:西南师范大学出版社,1990:207-209.

　　心滩与江心洲。在洪水期，河道中部的水位高于两侧，形成水流表流流向两岸，再向底部辐聚形成双向环流，推移质（水流中沿河底滚动、移动、跳跃或以层移方式运动的泥沙颗粒）在河心底部堆积，形成雏形心滩。雏形心滩较为稳定时，促成主流分股，河流两岸因冲刷后退拓宽，进一步加强了环流作用，使雏形心滩不断加高扩大，发育成心滩。心滩也可由边滩和沙嘴切割而成［图2.20（c）］。心滩不断堆积增高到顶面高出常水位时，就转变为江心洲。

　　岩坎与壶穴。岩坎是横亘于河床上的坚硬基岩，川东地区将洪水期淹没、枯水期露出水面的岩坎，叫碛石，重庆北碚就是因嘉陵江横切构造形成的碛石而得名。壶穴，是基岩河床被湍急漩涡水流冲磨成的深穴。

　　2. 河漫滩形态

　　河漫滩，是高出常水位，但能被洪水淹没的河谷底部。平原和丘陵区内的河漫滩宽度常比河床宽度大几倍到几十倍。极广大的河漫滩宽度有几十公里，称为泛滥平原或冲积平原。山区河流中的河漫滩较窄，一般限于凸岸，相对高度较高，其中，一般洪水期被淹没的，称为低河漫滩；特大洪水期被淹没的，称为高河漫滩。

　　河漫滩的形成是洪水周期性泛滥和河床不断侧向移动的结果。在水流作用下，河岸凹岸受到侧蚀，河床凸岸发生堆积，形成雏形边滩；随着河流侧蚀发展，河谷不断扩宽，横向环流加强，凸岸的边滩堆积加高、加宽，发育成雏形河漫滩；河谷继续加宽，洪水期间，由于水深变浅，流速减慢，水流漫到河床以外的滩面，形成下粗上细二元相沉积物结构（将悬移的细粒物质沉积下来，在滩面上留下一层细粒沉积物），雏形河漫滩发育成为河漫滩。河漫滩形成后，除在洪水期不断接受沉积而增高外，还可因横向环流的继续发展，使河漫滩前缘的边滩逐步形成新的河漫滩［图2.21（a）］。当河道裁弯取直后，在河漫滩内侧常常形成牛轭湖。

　　3. 河流阶地形态

　　河谷底部（河漫滩或河床），在河流下切浸蚀作用下，高于一般洪水位以上，形成的沿谷坡方向伸展的阶梯状地貌形态，叫河流阶地［图2.21（b）］。

　　河流阶地基本形态由阶地面和阶坡组成。阶地面向谷坡延伸，并向河床下游微倾，后缘常被坡积物覆盖，前缘接阶坡转折处。阶坡是阶地面以下的陡坎，是河流下切浸蚀加剧时所形成的斜坡。阶地宽度是指阶地面前缘与后缘之间的水平距离，阶地高度是指河流常水位到阶地面的垂直高度。因地壳运动和气候变迁，常形成多级阶地，其中高于河漫滩的最低一级阶地称为一级阶地，往上的另一级称为二级阶地，向上依次类推。河流阶地通常位于河流凸岸，这也是横向环流作用导致。

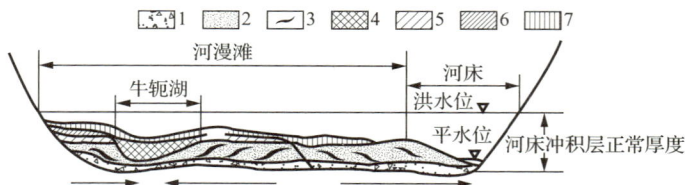

1—砾石；2—砂；3—淤泥；4—牛轭湖相沉积；5—早期河漫滩相沉积；
6—中期河漫滩相沉积；7—晚期河漫滩相沉积。

（a）河漫滩基本形态

注：图中箭头表示河床移动方向。

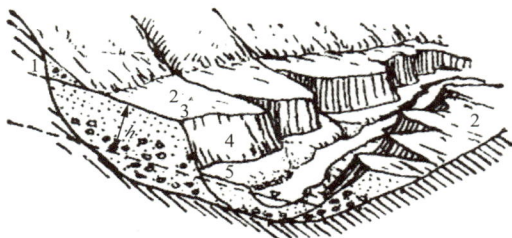

1—后缘；2—阶地面；3—前缘；4—阶坡；5—阶地坡麓；h—阶地高度。

（b）河流阶地基本形态

图 2.21　河漫滩与河流阶地基本形态

资料来源：陈昇琪. 水文与地貌学[M]. 重庆：西南师范大学出版社，1990：215，218.

2.3　水空间的生境认知

2.3.1　生境与生境设计

1. 生境

水空间生态认知，即是在水空间基本形态中，认知动物与动物群落之间、植物与植物群落之间、动物（动物群落）与植物（植物群落）之间所形成的和谐共生关系，这种和谐关系具有保障水空间环境质量的强大能力。

生态学中，最先阐明生物（动物和植物）生存空间的概念，被称为栖息地（habitat）。但自然界中，生物之间必然依靠共生、竞争等关系，生存于生态系统中，栖息地只能解释单一生物与生存空间的关系，而不能描述生物群落所构成的生态系统及其依存空间的关系，由此生境的概念应运而生。

生境的英文是 biotope，来源于希腊语 bios（生命）和 topos（地方、地点）的组合，是特定的生物群落（动物群落和植物群落）与其和谐共生的空间所组成的自然生态系统。在生境空间中，不同的植物依存于不同的地貌，形成和谐共生的植物群落空间分布，不同的动物在不同的地貌和植物中，寻觅到自身的栖息地、觅食地，形成和谐共生的动物群落，并反作用于植物群落的生存、繁衍，反作用于地貌的演变，构成完整的、循环的生物链条。

生境概念所具有的如下特征，使它成为能在空间中有效地阐释特定生态系统功能、过程和结构关系的利器：①生境具有宏观生境和微观生境两大层次。②生境不会考虑如生物圈之类的大尺度现象（脱离人的日常生活），而更多的是在与人的日常活动密切相关的生态系统的小尺度内（如邻里公园、后花园等），保护生物群落多样性，让自然做工，维持生境生态系统的稳定性，并使人能够参与生境产生和持续管理的活动。③微观生境（简称微生境），着力于描述生物群落的垂直生态过程，如河流岸边生境，在水、小岛、水草、带果实灌木、乔木等空间环境条件中，相应垂直生态过程为：鸟类在灌木丛中觅食果实—产生粪便—滋养微生物—肥沃水草—为水中鱼类提供食物—鱼类作为水鸟的食物—小岛作为水鸟栖息地、乔木作为鸟类栖息地。这样的垂直生态过程中，动植物各得其所，在保持多样性中维持了生境内部环境的稳定性。④宏观生境，着力于描述生物群落的水平生态过程，即物种在生境单元之间的移动，这种移动包括局部运动（local movements）、扩散（dispersal）和迁徙（migration）[20]，正是生物为生存和繁衍所进行的移动，使得生物"由此及彼"的进化成为可能。⑤宏观生境系统结构是网络状的。生境不是孤立的单元，而必须在相互联系以及与外部环境的联系中，获得生物多样性，从而获得持续的自然运行和存在。当前城市周边物种消逝的主要原因就是物种的运动空间消失，生境单元孤立，面积越来越小[21]。

2. 生境设计

生境设计是以保障生物群落的自然做工能力来维持城乡生态系统的稳定性为目标，以保护或恢复动物群落所依存的自然地貌和植物群落为手段，遵循微生境垂直生态过程、宏观生境水平过程，建立由微生境体和宏观生境网络所构成的稳定生态系统的物质空间结构，对微生境体和宏观生境网络进行仿自然设计。

生境设计的过程可以遵循生态系统生态学的"功能团""关键种"原理[22]和复杂网络理论的簇聚类原理及算法[23, 24]，仿真模拟生境网络结构，找出生境网络结构中的关键种，对关键种所在的功能团进行重点保护和修复，以保障这个生境网络的稳定性。具体流程包括：①确定目标区域；②调研目标区域中的物种；③建立目标区域的生物链；④运用复杂网络理论的簇聚类原理及算法，寻找生物链中的关键种；⑤在地貌、水文、植被等条件中，辨识关键种的功能团空间（微生境体）；⑥明晰各微生境体所依存的地貌、水文、植被等条件的组成及形态；⑦制定保护或修复各微生境体依存条件的设计措施。

生境认知是生境设计的前提和基础，通过对特定生态系统（目标区域）生物链的认知和特定微生境体依存的地貌、水文、植被等条件的组成及形态认知，以便于采取寻找特定生态系统的关键种和微生境体、建立特定生态系统的生境网络结构、明确生境设计的措施。

2.3.2 溪河流形态与水生栖息地

水道中的砾石、河沙等形成的多孔隙；水位消落湿地中的浅滩、水塘和牛轭湖等，形成的静态水域；岸边的草甸、灌丛和乔木植被，形成的植物环境等，为山地溪河流动物提供了丰富的栖息地。

山地溪河流在纵向上，拥有瀑布、急湍、深潭、缓流、沙洲等丰富的水道形态；在横向上，在垂直水位的消落变化中，形成从水域到水岸的湿地和草、灌、乔的植被形态，提供了多样化的、层次丰富的栖息地（图2.22）。

图 2.22　山地溪河流纵横向形态

资料来源：李鸿源，胡通哲，施上粟. 水域生态工程[M]. 北京：中国水利水电出版社，2012：17.

山地溪河流的水道和植被形态，通过影响水流的缓急、底质物质的沉降堆积及水位的涨落和植被所建立的水陆域关系，形成了山地溪河流的水道栖息地和河廊栖息地两大类栖息地（图 2.23）。

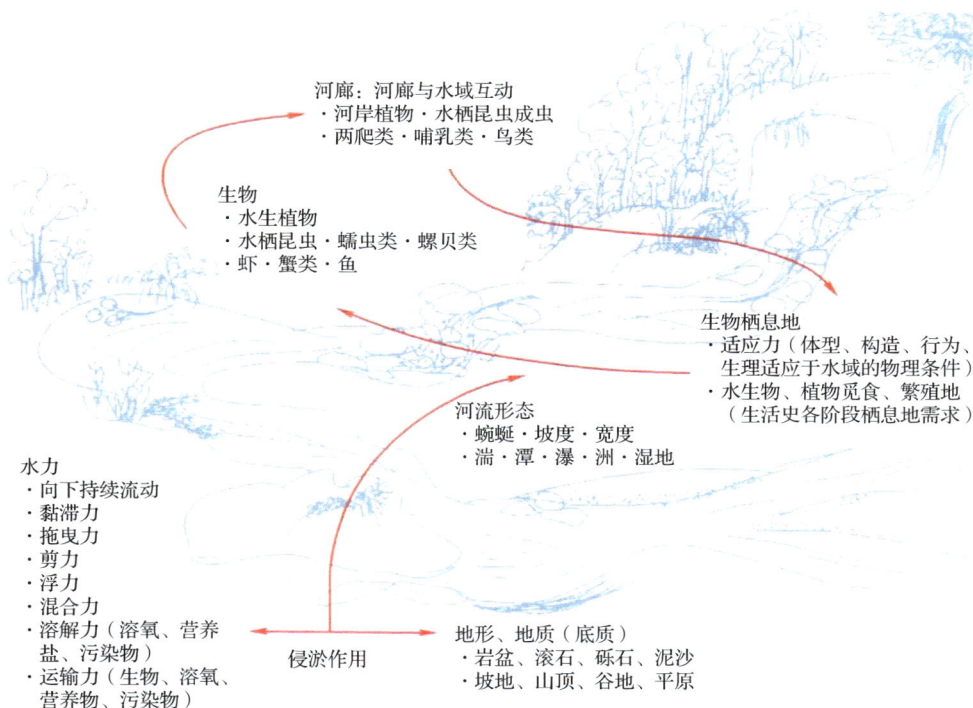

图 2.23　山地溪河流水域单元中的生境

资料来源：李鸿源，胡通哲，施上栗. 水域生态工程[M]. 北京：中国水利水电出版社，2012：20.

1. 水道栖息地

水道中的主要栖息地包括回流、急流、沙洲、湍流、浅滩、深潭、水生植物。

回流，是水道中本应向下游流动的水却向上游回流的区域，如河湾处。该区域内，水流缓慢或回旋，是水中鱼类栖息的理想地。

急流，占据水道的大部分区域，拥有高流速的水流，本不适宜生物的生存，但其下由石头等物质组成的坚硬底质，可以为生物（动物和植物）的附着或繁殖提供适宜的表面。

沙洲，是江心洲在山地溪河流中的一种形式。沙洲积累了由泥沙带来的丰富的山地矿物质，是水生植物富集区，又由于其孤立于陆域，是水鸟等动物繁衍免受陆域动物侵袭的理想栖息地。

湍流，古称濑，是水道中因河床中的石块、断木而产生的水流湍急的扰动区，因为石块、断木的存在，在水道中形成微型岛屿，是供某些特定生物觅食的重要场所。

浅滩，其河床中的主要物质是泥沙，间有卵石，作为栖息地，环境变动性高、较不稳定，不利于大型无脊椎动物栖息，却适宜小型无脊椎动物栖息，生存其间的小型无脊椎动物多半体型细长，有助于在砂粒间钻动。

深潭，又称渊，是水道中流速缓慢的区段，水中携带的砂粒往往会在此沉降堆积，有时伴生一些滨水植物。深潭是无法生存于急流中的水生物种的栖息地，但由于长期处于滞水状态，容易产生富营养化，水中含氧量低，不过在水道季节性干涸现象发生时，它又成了许多生物的"救命水"，生物族群在此残喘直至下一次水量上涨。

水生植物，包括水生根系植物和水生浮游植物，不仅为动物提供丰富的食物源，也为无脊椎动物提供了重要的栖息环境，为鱼类、两栖类动物提供孵育场，为水鸟提供屏蔽空间，是水道空间中生物多样性最丰富的空间。

2. 河廊栖息地

河廊是水道与水岸之间的区域，通常表现为由河漫滩消落带和牛轭湖所组成的湿地形态。

河漫滩消落带是季节性水位涨落的区域。溪河流岸线所呈现出的凹进与凸出交替的岸岬形态，约束水流的缓急，靠近岸岬的急流冲刷旧河漫滩上已固结的淤泥形成多条沙坝，沙坝间的低地在季节性水位的消落过程中，沉积下极细的黏土物质，并被水位消落的力量分解为若干有微小水流的水洼地[25]。

牛轭湖是由弯曲河流自然裁弯后的遗留河道的进、出口产生泥沙淤积，经历若干年后变成的封闭浅水湖泊。牛轭湖形态分成三类：Ω形、U形、月牙形，其中Ω形是指牛轭湖边线高度弯曲，两端收缩至相当接近，类似绳套；U形是牛轭湖两端相距较远，形态有多种变化，如马蹄形、半圆形；月牙形是指牛轭湖湖线有一定弧度，长度相对较短（图2.24）。

Ω形、U形和月牙形三种类型可代表牛轭湖在其整个生命期内不同阶段的典型形态。Ω形形态是牛轭湖进、出口段堵塞后的形成初期，牛轭湖基本保持着原弯曲河道的蜿蜒形态，湖内水量充足，汛期高水位时洪水还可能超过进、出口段进入牛轭湖，这是初期阶段牛轭湖淤积的泥沙的主要来源。随着湖内泥沙淤积、水体蒸发和下渗等，进、出口段变浅且湖滨植被发育，牛轭湖面积萎缩，逐渐演变成U形形态。U形牛轭湖处在中间演变阶段，介于Ω形与月牙形之间，是牛轭湖从成熟趋向消亡的过渡阶段，这个阶段的形态多样性也是最丰富的。由于湖滨植被继续生长，湖周土壤流失进入湖中沉积，U 形牛轭湖的面积继续缩小，可能只剩下原牛轭湖局部河段，但仍保持一定弧度，如同月牙形。经历月牙形之后，牛轭湖进入衰亡过程，植被繁衍进一步覆盖最后的湖面，牛轭湖最终彻底消失，成为冲积平原的陆地部分[26]。

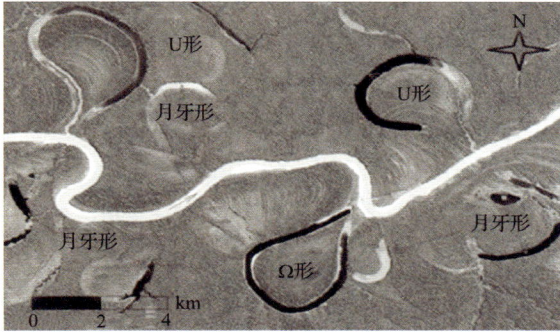

图 2.24　牛轭湖形态

资料来源：李志威，王兆印，潘保柱. 牛轭湖形成机理与长期演变规律[J]. 泥沙研究，2012（5）：16-25.

　　德国学者伽克（Wolfgang J.Junk）提出的洪水脉冲理论三大概念，很好地阐释了河廊的栖息地特征。①水陆过渡带的概念。水陆过渡带被定义为：定期被侧向溢流、降雨或地下水淹没的区域，该区域产生的物化环境能导致生物产生形态学、解剖学、生理学、生物气候学或生态学适应性等方面的反应，从而产生特定的群落结构。②移动岸线的概念。移动岸线是河廊栖息地上的一个主要活力区，该区在涨水和退水时会横穿河廊，使有机物和营养物具有较高的周转率，而这种河廊的面积远大于永久性动静水体的面积。③高速公路类比的概念。伽克将主水道比作高速公路，将水道中的鱼类等生物比作高速公路上的车辆，河廊则比作高速公路以外的农田等。在这种类比下，水道仅作为通往生物觅食、生育区域的路线或避难所[27]。

　　在洪水脉冲作用下，河廊的生态过程表现为：洪水期间，水道水位上涨，水体漫溢到河廊，水道中的有机物、无机物等营养物质随水流涌入河廊，受淹土壤中的营养物质得到释放，陆生生物或腐烂分解，或迁徙到未淹没地区，或对洪水产生适应性；水生生物或适应淹没环境，或迁徙到滩地，部分鱼类开始产卵。水位回落时，水体回归水道，滩区水体携带陆生生物腐殖质进入河流，河廊被陆生生物重新占领，大量由水鸟产生的营养物质搁浅并且汇集成为陆生生物的食物网的组成部分，水生生物或者向相对持久的水塘、湿地迁徙，或者适应周期性的干旱条件，水塘、湿地等相对持久性水体与水道主流逐渐隔离（图 2.25）[28]。

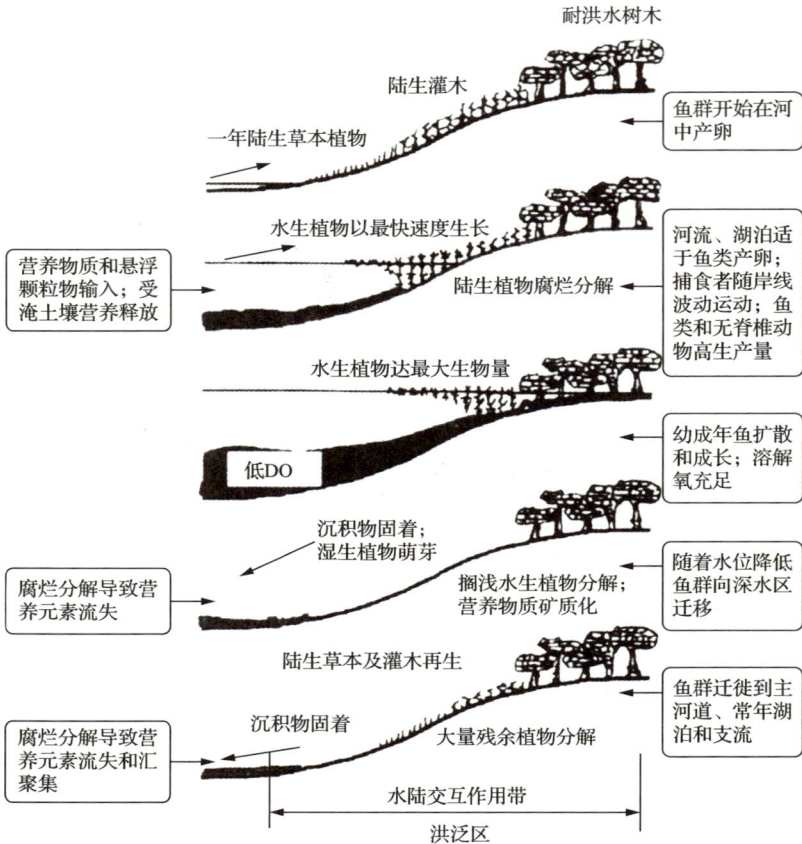

图 2.25　洪水脉冲理论阐释的河廊栖息地特征

资料来源：BAYLEY P B. Understanding large river: floodplain ecosystems[J]. BioScience，1995，45（3）：153-158.

2.3.3　溪河流形态中的生物链

自然溪河流具有强大的自净作用，可以保障溪河流自然环境。这种自净作用由物理性净化和生物性净化组成。物理性净化来自水流动力和溪河流物质。水流撞击岩石的力量，能将水中的枯叶或腐败的颗粒物切割、混合、腐蚀或溶蚀成更小的碎屑和悬浮颗粒。沙泥砾石具有的孔隙能将碎屑和悬浮颗粒拦截、吸附、过滤。生物性净化是通过植物的根系，对水中的悬浮颗粒或溶解态物质，进行拦截、过滤、沉淀、吸收，转化为特定所需要的食物。

溪河流的自净作用得益于溪河流生态系统的自组织。在自组织过程中，各种生物找到满足自身觅食、求偶、繁殖、成长等生物性需求的栖息地，各栖息地内的植物和动物相互依存构成生物链，物质的吸收、消耗、代谢通过生物链传递，还原回大地，形成相对封闭的物质利用循环。因此，对溪河流生物链的考察，是理解溪河流生态组织做工原理的最佳途径（图 2.26）。

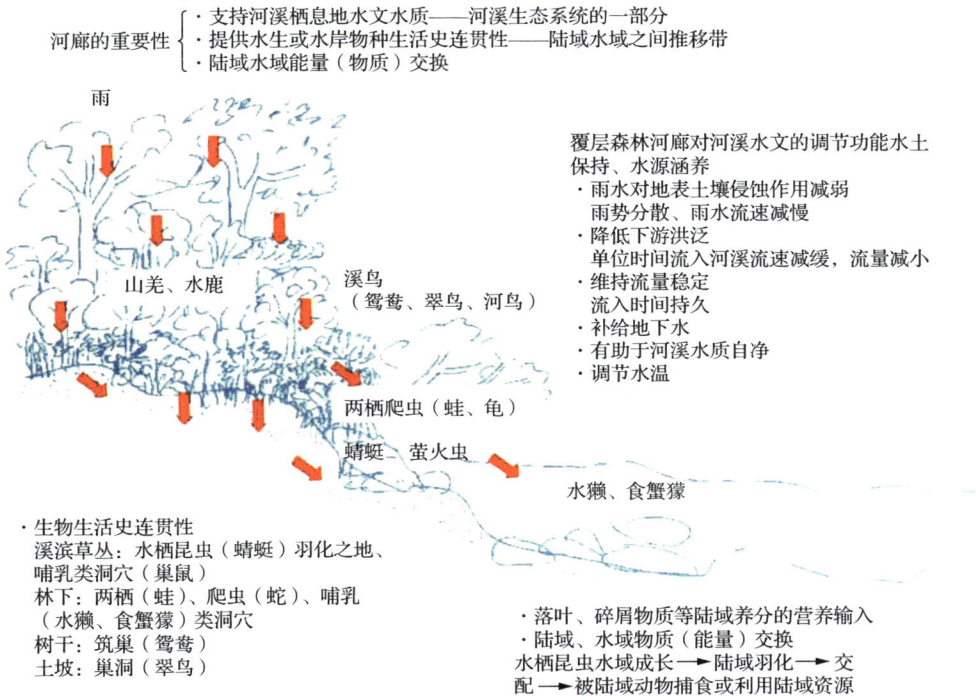

河廊的重要性 ｛ ·支持河溪栖息地水文水质——河溪生态系统的一部分
·提供水生或水岸物种生活史连贯性——陆域水域之间推移带
·陆域水域能量（物质）交换

雨

覆层森林河廊对河溪水文的调节功能水土保持、水源涵养
·雨水对地表土壤侵蚀作用减弱
雨势分散、雨水流速减慢
·降低下游洪泛
单位时间流入河溪流速减缓，流量减小
·维持流量稳定
流入时间持久
·补给地下水
·有助于河溪水质自净
·调节水温

山羌、水鹿

溪鸟
（鸳鸯、翠鸟、河鸟）

两栖爬虫（蛙、龟）

蜻蜓 萤火虫

水獭、食蟹獴

·生物生活史连贯性
溪滨草丛：水栖昆虫（蜻蜓）羽化之地、哺乳类洞穴（巢鼠）
林下：两栖（蛙）、爬虫（蛇）、哺乳（水獭、食蟹獴）类洞穴
树干：筑巢（鸳鸯）
土坡：巢洞（翠鸟）

·落叶、碎屑物质等陆域养分的营养输入
·陆域、水域物质（能量）交换
水栖昆虫水域成长 ➝ 陆域羽化 ➝ 交配 ➝ 被陆域动物捕食或利用陆域资源

图 2.26　山地溪河流横向生物链

资料来源：李鸿源，胡通哲，施上粟. 水域生态工程[M]. 北京：中国水利水电出版社，2012：24.

考察溪河流生物链的基本原理是：①遵循溪河流的纵横向生态连续性原理，在栖息地中，厘清生产者、次级消费者、高阶消费者和分解者的构成；②了解溪河流物质在由生产者、消费者、分解者构成的食物链中的传输、合成、分解、代谢和再循环过程；③厘清由生产者、次级消费者、高阶消费者和分解者所构成的食物链；④理解食物链与食物链串联，所形成的网状生物网络链。

从溪河流的横向生态连续性来看，自陆域向水域方向，河廊栖息地的植被分布通常为：高大乔木—高大乔木树冠层小的小乔木—灌木丛—树丛下的草本植物和蕨类—水生有根植物—水生浮游植物—沙洲或岛屿上的草丛或灌木丛。分解者是底泥中的细菌、真菌和霉菌等。生产者主要是水生植物，包括光合作用时大部分叶面伸出水面的挺水植物，如芦苇和莲等；具有漂浮叶子的有根植物，如睡莲和菱等；完全或大部分沉在水中有根的沉水植物，如眼子菜、金鱼藻和苦草等；

硅藻、绿藻、蓝藻等水生浮游植物。第一级消费者，有附着在大型植物的茎叶上的螺类、浮游类和蜻蜓幼虫、轮虫、扁虫、苔藓虫、水螅等；在水底部、淤泥或碎片下面移动的蜻蜓目蛹等足类底栖生物；钻入较深的底泥营掘穴生活的蜻蜓目、蜉蝣目等生物；浮游在水面的牙虫、甲虫和划蝽等草食性或腐食性生物。第二级消费者，主要是栖息在水中的鱼、虾、蟹、蛙等碎食性生物。第三级消费者，包括游在水面的捕食性昆虫，如龙虱常捕食小鱼（吸其体液），蝎蝽用镰刀形的前足来捕捉水中小生物；两栖类脊椎动物如蛙、龟、水蛇等；栖息在树冠、沙洲灌丛（草丛）中的溪鸟、河鸟等水鸟。在城市规划区范围内，一般不存在栖息在水中枯木中的水獭等第四级消费者。

从溪河流的纵向生态连续性来看，不考虑溪河流与海洋之间的洄游因素，在一个繁殖地，水生生物繁衍到一定的密度之后，就会沿着溪河流纵向寻找新的栖息地。回流区、深潭、消落带内的水洼地等，都是溪河流水生生物理想的栖息地。当水生生物在纵向上寻觅到新的栖息地之后，又会在新的栖息地建立起具有横向生态连续性的生物链，所以保障溪河流纵向生态连续性的关键，是保护溪河流水道和河廊栖息地的纵向连续性。在生态工法中，通常体现为鱼道的保护设计[29]和河廊乔、灌、草植被带的连续性保护和修复。

参 考 文 献

[1] LEOPOLD L B，BALDWIN H L．Water[M]．New York：Saalfifld Publishing Co.，1962.

[2] LEOPOLD L B，EMMETT W W，MYRICK R M．Channel and hillslope processes in a semiarid area new mexico[R]．Washington，D.C.：United States Department of the Interior Steward L．Udall，Secretary，1966.

[3] RITTER M E．The physical environment：an introduction to physical geography[EB/OL]．http://www.earthonlinemedia.com/ebooks/tpe_3e/fluvial_systems/drainage_patterns.html.

[4] TARR R S，MARTIN L．College physiography[M]．New York：The Macmillan Company，1914.

[5] FAIRBRIDGE R W．Playfair's Law[M]//Geomorphology．Berlin，Heidelberg：Springer，1968：871-872.

[6] 芮孝芳，陈界仁．河流水文学[M]．南京：河海大学出版社，2003.

[7] HORTON R E．Erosional development of streams and their drainage basins：hydrophysical approach to quantitative morphology[J]．Bulletin of the geological society of America，1945，56：275-370.

[8] STRAHLER A N．Quantitative analysis of watershed geomorphology[J]．American Geophysical Union，1957，38（6）：913-920.

[9] LEOPOLD L B，LANGBEIN W B．The concept of entropy in landscape evolution[R]．Washington，D.C.：United States Government Printing Office，1962.

[10] FAIRFIELD J，LEYMARIE P．Drainage networks from grid digital elevation models[J]．Water resources research，1991，27（5）：709-717.

[11] TINER R W．Field guide to nontidal wetland identification[M]．Massachusetts，USA：Fish and Wildlife Service & Maryland Dept．of Natural Resources，1988.

[12] TINER R W. Wetland hydrology [M] //LIKENS，GENE E.Encyclopedia of inland waters. Oxford: Academic Press，

2009：778-789.

[13] KENDALL A L. Integrating constructed wetlands into an ecological stormwater management plan for an urban watershed in Miami[M]，Florida：University of Florida，1997.

[14] MITSCH W J. Landscape design and the role of created，restored，and natural riparian wetlands in controlling nonpoint source pollution[J]. Ecological engineering，1992，1（1-2）：27-47.

[15] TILLEY D R，BROWN M T. Wetland networks for stormwater management in subtropical urban watersheds paper presented at 'Ecological Summit 96'，19–23 August 1996，Copenhagen，Denmark[J]. Ecological engineering，1998，10（2）：131-158.

[16] 吴正. 地貌学导论[M]. 广州：广东高等教育出版社，1999.

[17] 邹豹君. 小地貌学原理[M]. 北京：商务印书馆，1985.

[18] STRAHLER A. Introducing physical geography[M]. Hoboken，New Jersey：John Wiley & Sons，Inc.，2013.

[19] 陈昇琪. 水文与地貌学[M]. 重庆：西南师范大学出版社，1990.

[20] CAUGHLEY G，SINCLAIR A R E. Wildlife ecology and management[M]. Boston，Massachusetts：Blackwell scientific publication，1994.

[21] VON HAAREN C，REICH M. The german way to greenways and habitat networks[J]. Landscape and urban planning，2006，76（1-4）：7-22.

[22] 蔡晓明. 生态系统生态学[M]. 北京：科学出版社，2000.

[23] 郭雷. 复杂网络[M]. 上海：上海科学普及出版社，2006.

[24] 汪小帆，李翔，陈关荣. 复杂网络理论及其应用[M]. 北京：清华大学出版社，2006.

[25] 沈玉昌，龚国元. 河流地貌学概论[M]. 北京：科学出版社，1986.

[26] 李志威，王兆印，潘保柱. 牛轭湖形成机理与长期演变规律[J]. 泥沙研究，2012（5）：16-25.

[27] JUNK W J，BAYLEY P B，SPARKS R E. The flood pulse concept in river-floodplain systems[M]//DODGE D P. Proceedings of the international large river symposium. Ottawa：Fisheries and Oceans，1989：110-127.

[28] 张晶，董哲仁. 洪水脉冲理论及其在河流生态修复中的应用[J]. 中国水利，2008（15）：1-4.

[29] 进士五十八，铃木诚，一场博幸. 乡土景观设计手法：向乡村学习的城市环境营造[M]. 李树华，杨秀娟，董建军，译. 北京：中国林业出版社，2008.

第3章　循水：山地城市水空间生态重塑

3.1　城市水空间生态重塑原理

3.1.1　城市对水文过程的影响

城市下垫面对自然下垫面地形地貌的改变和城市的排水方式，是城市水文过程中不同于自然水文过程的主要原因。

1. 城市地形改变对水文过程影响

城市建设中，为追求土地利用价值的最大化，在土石方开挖成本不影响土地开发收益的情况下，往往采取"推山填沟"的开发建设方式（推山，即将山推平到与道路高度基本一致；填沟，即在季节性水道上建设和填平湿地）。这种方式带来的结果是：①改变了自然集水分区。一些分水岭消逝，地表径流流向改变，一些水系（特别是季节性水道）得不到地表径流的补充，常年干涸，具有成为城市藏污纳垢地的风险。②在季节性水道上建设，增加了山洪风险。常年水道（如江河）的洪水一直是城市防洪风险关注的重点，洪灾可通过水位监测、堤岸修建等措施得到有效防范。季节性水道的山洪是山地城市中难以防范的洪灾隐患。处于季节性水道上的建设工程，在暴雨季节（特别是重现期长的特大暴雨时），面临被山洪冲毁的极大风险。如2007年7月17日，重庆遭遇超百年一遇特大暴雨，临一条小冲沟建设的"白公馆""渣滓洞"因山洪暴发而损毁严重，"上午十一时许，山洪夹杂着淤泥和沙石倾泻下来，顷刻涌入渣滓洞景区内，导致其大门、院墙、一原特务用房及部分监狱被冲垮……下午五时许，渣滓洞景区附近的白公馆景区停车场发生塌陷，停车场内出现一直径约二十米的坑洞。据景区工作人员介绍，湍急的洪水从洞下流过，发出哗哗的声响。事故发生时，所幸无人员从此经过，否则必定被洪水冲走[1]"。③填平湿地，增加内涝风险。在城市中，常年有水的池塘、湖泊，通常会被看作景观资源而加以保留，而季节性有水的池塘、堰塘等湿地，景观功能相对较弱，往往被填平。填平的湿地大大降低了城市吸纳雨洪的能力。新中国成立初期，武汉有湖泊 127 个，至 2016 年消减到 30 多个，平均每两年就有 3 个湖泊永远消失。这些消失的、处于低洼地带的湖泊被硬化为建设用地，失去了对雨洪的吸纳能力，2016 年武汉特大暴雨导致武汉大面积内涝[2]。

2. 城市地貌改变对水文过程影响

城市建设在改变地形的同时，在植被、地表土壤等方面也改变了地貌。城市中，自然状况下的满坡森林被大量砍伐，只在极其陡峭地带，因实在不便于建设而得以保留；水边的森林，也只在河岸陡峭且不阻挡景观视线的地带得到保留。取而代之的是建筑、道路和零星的草地。建筑与道路的修建，又硬化了大量地表土壤。土壤硬化、森林砍伐等对地貌的改变最直接的结果是改变了土地对雨水的渗透力，雨水不能被树木的根系吸纳，不能下渗到潜水层对地下水进行补充，导致大自然中的"蒸发—降雨—根系吸纳—地下水蓄积—补水溪河流、湿地—蒸发"水文循环过程受阻。水文循环过程受阻表现为：①在城市中，地下水位不断下降，据北京市水务局提供的数据，2008～2014 年的七年间，北京市地下水位已经下降 12.83m，地下水储量减少 65 亿 m^3，在地下形成约 1000km^2 的地下水降落漏斗区，漏斗中心位于朝阳区的黄港、长店至顺义的米各庄一带[3]。成都市地下水位每年下降约 50cm。②地表溪河流水量减少。缺乏地下水补充、仅仅依靠雨水补水的溪河流水量持续减少。③城市热岛效应加剧。树木根系吸纳水及河流、湿地内蓄积水的蒸发量持续偏少，蒸发过程对城市的降温能力减弱，导致城市热岛效应加剧。

3. 城市排水系统对水文过程的影响

为了土地价值最大化和防洪安全的需要，城市排水系统设置的原则是快速排走雨洪。具体措施包括：河道裁弯取直、建造排水系统。

河道裁弯取直，增加了汇流的水力效率。城市中，自然河道被裁弯取直，河滩被疏浚，河岸被整治，并沿山脚设置排洪沟，沿道路设置边沟、污水管和雨水管网等，增大了河槽流速，导致径流量和洪峰流量加大，洪峰流量提前出现（图 3.1）。河道中水流速度的增加，加大对悬浮物和污染物的输送能力，导致下游污染加剧。地面径流排入河道的排水明沟、涵洞等过水设施在设计时，通常采用的暴雨重现期较短，在遭遇超出设计暴雨重现期的暴雨时，这些过水设施的过水能力不足，容易引发内涝。

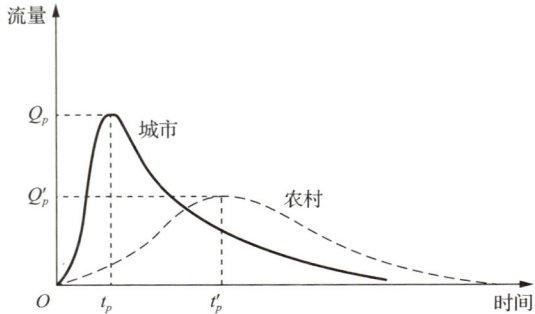

图 3.1　相同雨量下，城市与乡村的洪峰流量响应

资料来源：朱元甡，金光炎. 城市水文学[M]. 北京：中国科学技术出版社，1991：62.

　　城市排水系统难以应对极端天气。城市排水系统是人工形成的引导水流的各种不透水通道（如道路、边沟）和地下通道（如雨水管、排水管）。这个系统包括引导、控制水道、水质的所有设备，如截留水池、蓄水池、下水道的进水口、检查孔、沉淀井等，通常可分为地表径流、排水传输和受纳水体三个子系统。地表径流子系统是将城市划分为若干的集水区，根据集水区的地表径流方向所设置的从庭院、场地、街道、街沟到雨水井的雨水收集系统；排水传输子系统是各雨水井将收集到的雨水通过雨水管网输送到一点（或多点）排放出去；受纳水体子系统是接受雨水排放的河流、湖泊等水体（图 3.2）。理论上，如果城市排水系统中，地表径流子系统中的集水区划分及雨水井的设置能最大化收集雨水，排水传输子系统的管径足够大能无障碍顺畅传输雨水到排放点，受纳子系统中的河流、湖泊容量足够吸纳最不利天气时的雨水，城市排水系统就会是抵御城市洪涝灾害的最佳选择。但城市土地的经济性注定城市不可能不顾成本、用最大的资金追求城市排水系统中各子系统建设容量的最大化，也不可能不顾成本地、持续不断地对城市排水系统进行维护，这就导致城市排水系统注定只能应付正常天气，而无力于极端天气，也导致城市排水系统没有足够的容量消解城市的面源污染[4]。

　　在城市水文过程的影响下，城市中基本仅保留部分常年有用水河道和湿地两类水空间。裁弯取直和河岸渠化是城市中河道的显著特征。经过裁弯取直，横向环流作用减弱，原自然河道空间中的浅滩、深潭、心滩、江心洲等组成形态逐渐缩小甚至消失；渠化的河岸几乎沿河床修筑，压缩了河漫滩空间；在城市中，原有丰富的沼泽地、湖泊、池塘等湿地类型，仅湖泊类湿地得以保留，且湖泊边界被渠化。

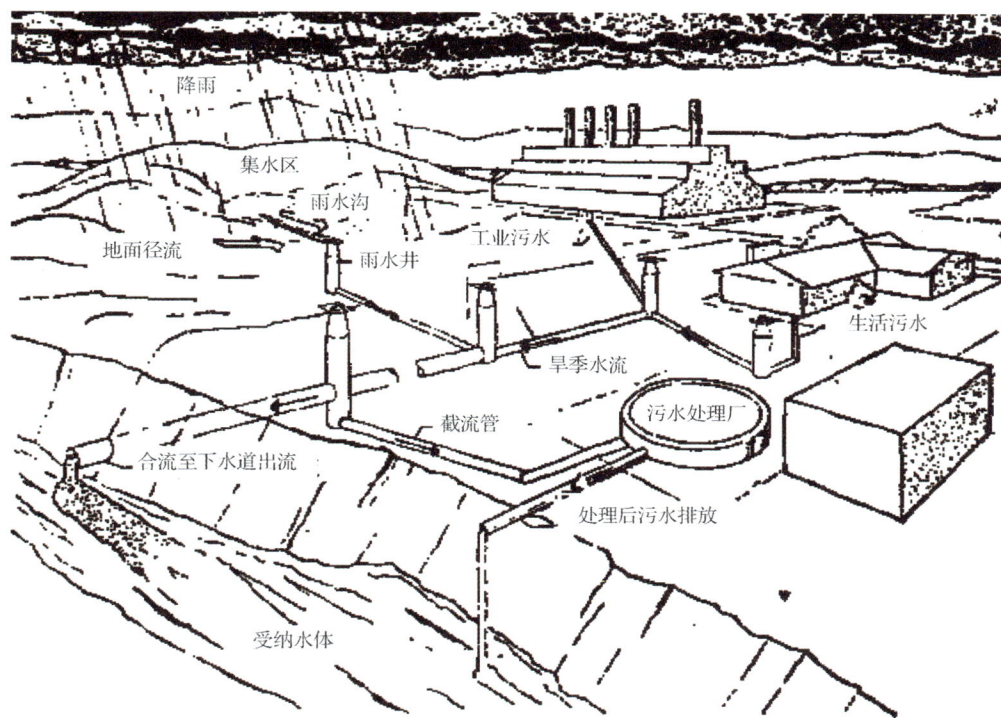

图 3.2　典型的城市排水系统

资料来源：朱元甡，金光炎. 城市水文学[M]. 北京：中国科学技术出版社，1991：67.

城市水空间基本形态变化导致附着于水空间组成形态的植被变化、依赖于水空间组成形态和植被的动物变化，改变了生态系统的生物食物链结构，从而改变了城市水空间的生态状况。

3.1.2　自然做工：城市水空间重塑思想的生态转变

由水、水生物、水陆交错生物构成的水空间生态系统所具有的强大自然做工能力受到更多人的关注后，模仿水空间自然生态系统对城市水空间进行重塑，成为世界各大城市追求的理想，由此产生了生态工法的概念及技术。

生态工法，又名生态水工法，是指恢复河川水系生态系统原貌的工程技术方法，是生态工程（ecological engineering）的四大应用领域之一[5]。生态工程一词，最先于 1962 年由美国生态学家奥德姆（Odum）在提出将生态系统的自组织行为（self-organizing activities）应用于工程时提及[6]。1989 年，美国生态学家密斯奇

（Mistch）和季欧根森（Jorgensen）明确提出了生态工程的研究对象、基本原理和方法论，自此生态工程作为一门新兴学科正式诞生[7]。生态工程是基于对自然生态的深度认知，以充分发挥自然生态系统的自然做工能力为目标，将人类社会及其所在自然环境整合进生态系统加以统一管理，并彼此都受益的设计方法和技术。

密斯奇和季欧根森提出的生态工程的本质和内涵包括：①自律行为。自然生态系统所形成的相对封闭的物质利用循环生物链，形成了维持生态环境优良的自组织行为和自然做工能力，人类活动应遵循并促进大自然的自我设计行为和过程。②生态系统保育。人类建设活动中的设计、构造和生产等不应该限制、干扰和消耗生态系统物质能量的闭环循环。③以太阳能为基础。自然生态系统永续运转的基础来源于太阳能，生态工程应建立在对于自然生态系统永续运转机制认知的基础上。大自然并不需要人类的高科技方能生生不息，人类不需要刻意营造自认为适当的自然环境。④人类是大自然的一部分。一个社会如将自然生态系统从日常生活中抽离，它必须另外开发利用非再生资源，以弥补额外处理人类制造出的污染所需要的能量；但如果将社会视为自然生态系统的一部分，人类不仅能享受到大自然所提供的游憩与美的附加值，还能降低污染的产生和对非再生资源的需求。

在密斯奇领导的美国生态工程学会（American Ecological Engineering Society，AEES）的实践中，生态工程包括四大应用领域：①生态环境工程。即利用生态系统降低或解决他处或其他生态系统造成的污染问题。产业链条的生态化，即上级产业产生的废物变为下级产业的原材料，在物质能量的循环利用中，解决环境污染问题，就是生态环境工程的典型。②人工生态系统。仿造或复制自然生态系统以解决环境污染问题，如人工湿地（constructed wetland）就是仿造自然湿地解决水环境污染的典例。③生态产业。在不危及生态平衡的前提下，利用自然生态系统中的生态资源，供人类所需，例如我国的"桑基田"生态农业。④生态工法。主要是指在水利工程领域对河川生态系统进行生态修复的工程方法。

在水利工程领域，生态工法的概念，自德国学者瑟菲尔特（Seifert）于 1938年提出的近自然河溪治理的概念后[8]，直至 1951 年德国学者克鲁登尔（Kruedener）提出"生物工程"（bioengineering）一词，指出生物工程是一种在进行大地或水资源工程时，应用生态学知识处理不稳定边坡、河岸、河床的工程技术，生物工程的概念才指出了生态工法的概念。在生态工法研究领域，欧洲的德国、奥地利等国家走在了前列；随后，美国于 1970 年开始进行了改进过度人工化的渠系、针对特定物种修复河溪生态、基于地形保护修复河溪生态等生态工法的研究；日本于

1984 年成立"日欧近自然河川工法研究会"确立"近自然河川工法"一词的概念，并推动了全国范围内的生态工法实践[9]。

在生态工法的概念及技术的指引下，相较于工程化的城市水空间营造，城市水空间的重塑思想及做法发生了革命性的改变，主要体现在：①从排干湿地向再造湿地转变；②从渠化溪河流向重生自然溪河流河道转变；③从修建防洪堤坝向引入设计洪水概念转变；④从聚焦点源污染向关注面源污染转变；⑤从产生不透水地面向减少不透水地面转变；⑥从污染的末端治理向污染源头控制转变；⑦从管道化暴雨排放至溪河流向暴雨滞留下渗转变；⑧从压实土壤向最小化土壤紧密度转变；⑨从移除大的树木残骸向移入大的树木残骸（以增加生物多样性）转变（表 3.1）[10]。

表 3.1　城市水空间重塑思想的生态转变

工程化营建	生态重塑
排干湿地	再造湿地
渠化溪河流	重生自然溪河流河道
修建防洪堤坝	设计洪水
聚焦点源污染	关注面源污染
产生不透水地面	减少不透水地面
污染末端治理	污染源头控制
管道化暴雨排放至溪河流	暴雨滞留下渗
压实土壤	最小化土壤紧密度
移除大的树木残骸	移入大的树木残骸

3.1.3　循环、串联：城市水空间生态重塑基本原则

为达到"变水的快速流动为慢速蓄积、增加雨水下渗力补充地下水、合理开发非常规水源"的城市水资源循环利用目标，城市水空间重塑的重要原则是体系串联（cascading）（图 3.3）。城市水空间串联系统包括建筑、街道和街区（集水区）三个层次[11]。

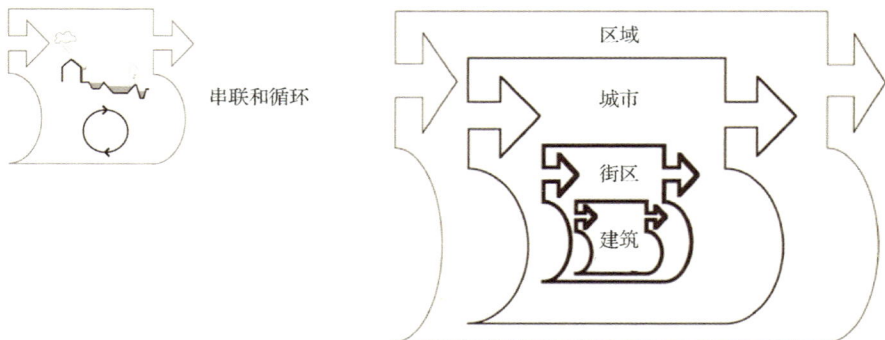

图 3.3　循环、串联是城市水资源利用和水空间重塑的基本原则

资料来源：VAN BUEREN E M，VAN BOHEMEN H，ITARD L，et al. Sustainable urban environments：an ecosystem approach[M]. Netherlands：Springer，2012：103.

　　在建筑层次，通常人均每天对水的消耗大约是 136L。其中，9L 为饮用水，16L 为浇灌花园用水，10L 为清洁用水，45L 为洗浴用水，20L 为洗衣用水，36L 为冲洗马桶用水。如果采取节约用水、循环利用洗浴用水和洗衣用水等灰水（grey water）用于冲洗马桶、用雨水直接浇灌花园等措施，人均每天消耗水量将减少到 78L。屋顶雨水收集、灰水循环利用装置、雨水花园等组成了建筑及其庭院空间层次中的城市水空间串联体系［图 3.4（a）］。

　　在街道层次，首先，水位的波动是河床和岸线设计的条件，常水位下是自然河床，鱼可在此繁衍，对水质进行清洁，有利于生物多样性的维持；常水位至洪水位之间是河漫滩，可种植芦苇及鸢尾花等喜水且富有装饰性的植物，并为孩子们提供安全的、亲近自然的场所。其次，沿着河岸种植一定宽度的灌木和乔木间杂的林带，灌木为鸟类提供觅食地，乔木可作为鸟类栖息地（正如古语：良禽择木而栖）。最后，在建设用地与河岸之间挖掘明沟收集地表径流，将收集的地表径流引导到林带加以净化［图 3.4（b）］。

　　在街区层次，湿地是串联水空间的核心。在地下水位高、地表下渗条件好的区域，在地下水的持续补给中，可修建渗透性沟渠，并将暂时性地表径流导向渗透性湿地，有助于提高街区的渗透性。在地下水位低、地表下渗条件有限的区域，湿地主要蓄积和净化地表水，在蓄积水量不足的情况下，从湖泊泵水补给；在蓄积水量充分且溢出时，通过人工渠道将水还回湖泊。承担蓄积暂时性地表径流的湿地网络，决定了街区的绿地结构［图 3.4（c）］。

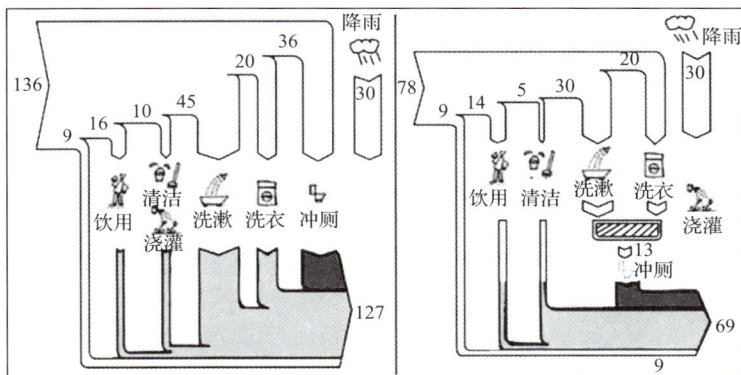

（a）建筑层面（单位：L）

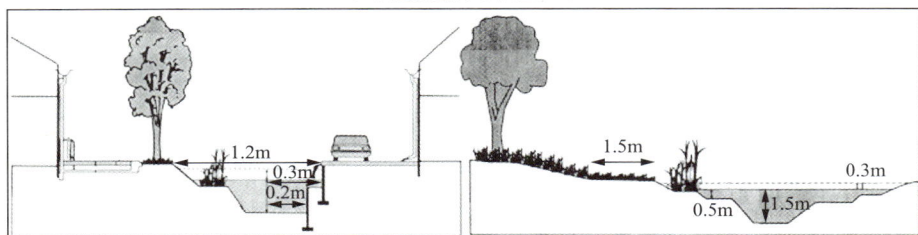

（b）街道层面

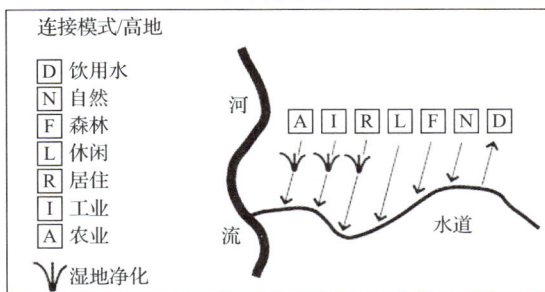

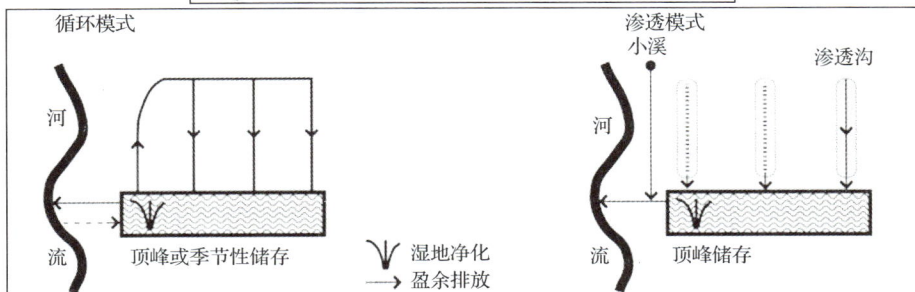

（c）街区层面

图 3.4 城市水空间串联系统促成的水资源循环利用

资料来源：VAN BUEREN E M，VAN BOHEMEN H，ITARD L，et al. Sustainable urban environments：an ecosystem approach[M]. Netherlands：Springer，2012：104.

　　三个层次的城市水空间体系串联模式，构成了促进水资源循环利用，水环境消解、水安全保障和水生态维育的一体化城市水空间体系串联建设模式（图3.5）。该模式在美国演化为低冲击开发（low impact development，LID），在英国发展为可持续城市排水系统（sustainable urban drainage system，SUDS），在澳大利亚演变为水敏性城市设计（water sensitive urban design，WSUD）。

　　遵循水资源循环利用、水空间体系串联两大原则，在山地城市水系结构重塑中，首先，从地形图、卫星影像中辨识出常年水系、湿地及植被；然后，基于地形高程信息，运用数字高程模型和 D8 水文分析原理，对季节性水道和洼地进行模拟，产生一体化的城市水空间体系串联结构；其次，考虑城市功能布局对开敞空间的社会需求，在一体化城市水空间串联系统结构的基础上，构建与城市开敞空间体系一致的城市水空间串联体系；最后，在与等高线平行的径流方向，构建城市街道网络结构，在街道断面设计中充分考虑水空间的形态（图3.6）。

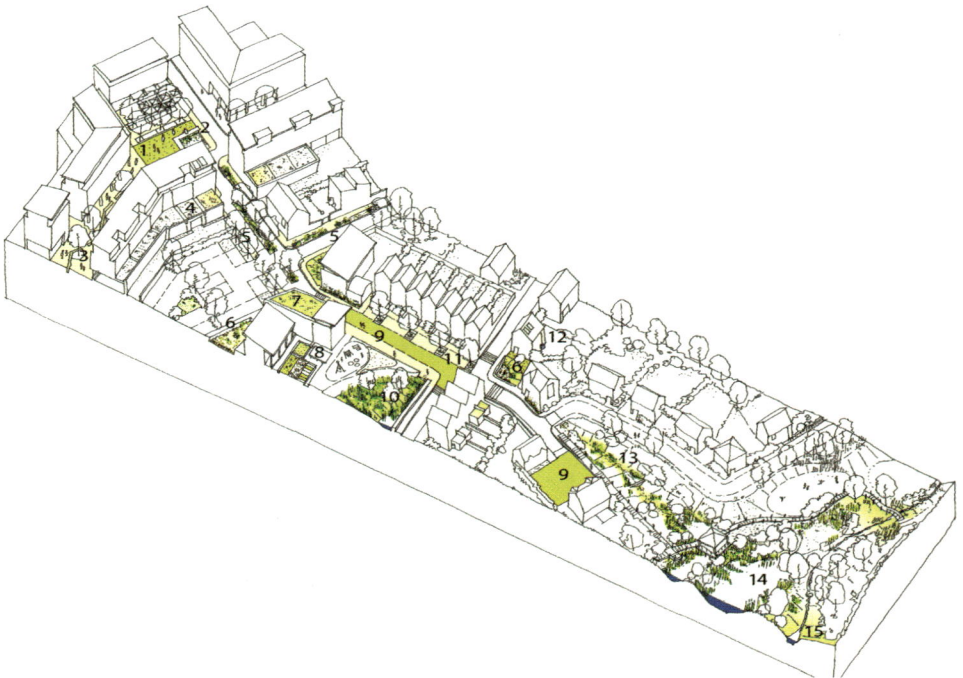

1—透水砖铺设的城市广场；2—带座椅的滞留地；3—在步行商业街中的微溪；4—城镇中心的棕色屋顶；5—道路绿化带中的生物滞留渠；6—滞留沟谷或渗透沟；7—屋顶绿化；8—庭院中的雨水花园；9—步行道中的透水砖；10—街头公园内的过滤带和滞留池；11—道路旁的生物滞留树坑；12—建筑上的雨水收集端；13—绿地中的大型自然沼泽；14—湿地区域；15—自然水道。

资料来源：STEPHEN DICKIE，GAYE MCKAY，LINDSEY IONS，et al. Planning for SuDS: making it happen[S]. CIRIA C687，London，2010：17.

图 3.5　一体化城市水空间体系串联建设模式

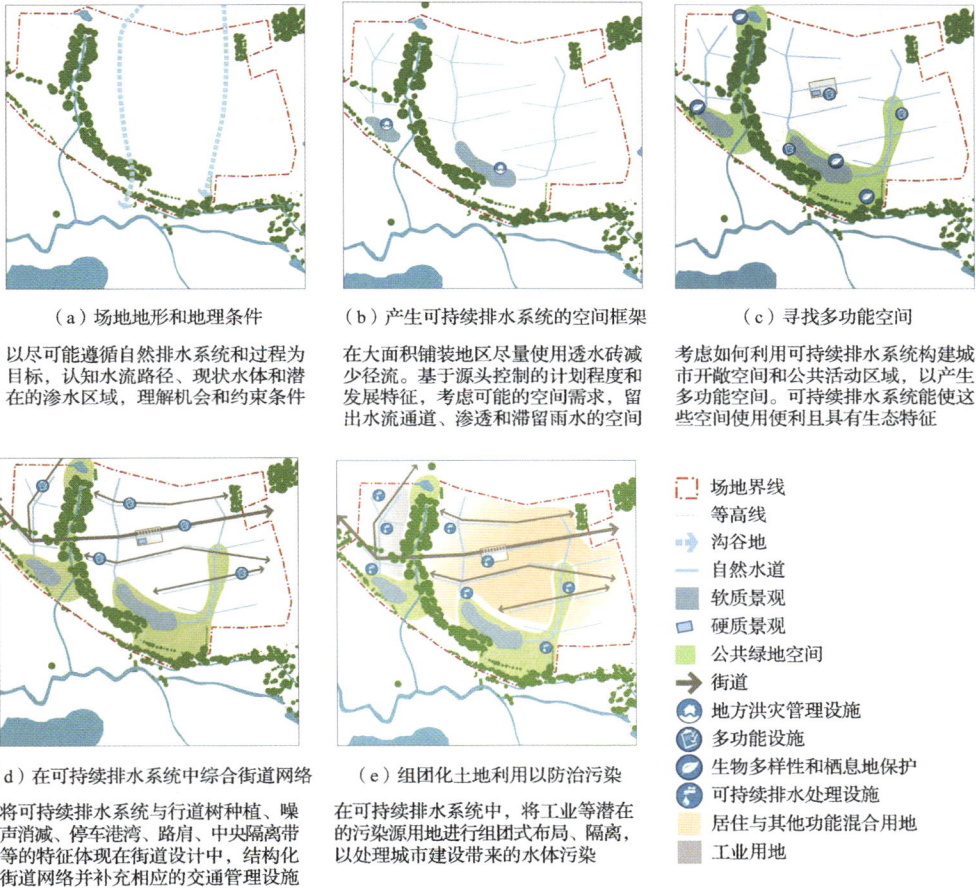

（a）场地地形和地理条件

以尽可能遵循自然排水系统和过程为目标，认知水流路径、现状水体和潜在的渗水区域，理解机会和约束条件

（b）产生可持续排水系统的空间框架

在大面积铺装地区尽量使用透水砖减少径流。基于源头控制的计划程度和发展特征，考虑可能的空间需求，留出水流通道、渗透和滞留雨水的空间

（c）寻找多功能空间

考虑如何利用可持续排水系统构建城市开敞空间和公共活动区域，以产生多功能空间。可持续排水系统能使这些空间使用便利且具有生态特征

（d）在可持续排水系统中综合街道网络

将可持续排水系统与行道树种植、噪声消减、停车港湾、路肩、中央隔离带等的特征体现在街道设计中，结构化街道网络并补充相应的交通管理设施

（e）组团化土地利用以防治污染

在可持续排水系统中，将工业等潜在的污染源用地进行组团式布局、隔离，以处理城市建设带来的水体污染

- 场地界线
- 等高线
- 沟谷地
- 自然水道
- 软质景观
- 硬质景观
- 公共绿地空间
- 街道
- 地方洪灾管理设施
- 多功能设施
- 生物多样性和栖息地保护
- 可持续排水处理设施
- 居住与其他功能混合用地
- 工业用地

图 3.6　一体化城市水空间生态重塑方法步骤：英国的可持续排水系统

资料来源：STEPHEN DICKIE，GAYE MCKAY，LINDSEY IONS，et al. Planning for SuDS: making it happen[S]. CIRIA C687，London，2010：52-54.

　　一体化城市水空间串联系统与城市街道、城市功能的复合规划，不仅能综合解决城市水安全、水资源、水环境和水生态的问题，而且能为市民提供更丰富的自然街道景观、更便捷安全的可达性社交网络、更宁静的交通方式和住区环境。

3.2 河流分类研究的启示

3.2.1 河流分类的相关理论

分类是按照事物的相似性和差异性,将一系列复杂事物归纳为有意义的类别,便于对无序的事物进行有序的观察和描述,进而发现复杂事物的规律。分类的前提,是不同类别事物之间存在着较易区别的界线,而且可用一组离散变量加以辨识[12]。

在水空间中,溪河流等水道空间不仅联系了山地和平原,还最大化联系了其他相对独立的生境,被认为是水空间管理中最主要和核心的管理单元,对溪河流分类的研究成为水空间分类研究的主要内容[13]。

最早的河流分类,是戴维斯以河流地貌所反映的时间界线将河流分为青年的、成熟的和老年的三类。但这样的河流分类,仅限于对河流生命力的认知,难以反映维持河流系统活力的连通性和易变性等特征。而我国对河流的主体分类则主要依据水资源归宿后的可利用性,将河流分为注入海洋的外流河(如长江、黄河)与流入内陆湖泊或消失于沙漠、盐滩之中的内流河(如新疆的塔里木河)。这些单一目的、单因素的河流分类方法,都难以满足对复杂河流生态系统的认知。目前,对河流分类达成的共识告诉我们,河流分类的目的是能对河流生态系统保护与管理进行决策支持,它应该具有四大原则:①反映河流地貌形态、过程及生态功能、过程、结构等多方面;②在时间维度,包括水文过程的动态信息;③能应用于空间尺度;④能得到前后一致的、可复制的结论。

理想情况下,河流分类体系应是在地质地貌与气候背景中,反映河流水文与环境特征、生境特征的体系分级。能反映当前河流分类原则及理想的相关理论主要包括河流连续体概念(river continuum concept)、河流四维空间概念(four-dimensional nature of lotic ecosystem)与流域等级概念(catchment hierarchy concept)。

1. 河流连续体概念

1980 年,美国学者万欧特(Vannote)等提出的河流连续体概念,描述了河流生态系统纵向上的分类体系及其能源和食物网等格局特点(图 3.7)[14]。

一个理想的河流连续体可以分为源头溪流(headwaters,一般是霍顿和斯川勒水系分级中的 1~3 级水系)、中游溪流(medium-size stream,一般是 4~6 级水系)和下游大河(large river,>6 级的水系)。源头溪流通常被树荫遮蔽,有大量的枯

枝落叶（陆域有机物输入），藻类生长受到光的限制，初级生产量（P）与呼吸消耗量（R）的比值较小。随着溪流水面加宽，陆域有机物外源输入逐渐减少，直到中游溪流，少有树荫遮蔽，水体中有较多的水生植物，P/R 值较高。到下游大河，水面更加宽阔，水深增大，几乎没有树荫遮蔽，藻类难以生长，来自上游和洪泛区的有机物大量输入，浮游生物大量繁殖，种群占优，使得 P/R 值较小。

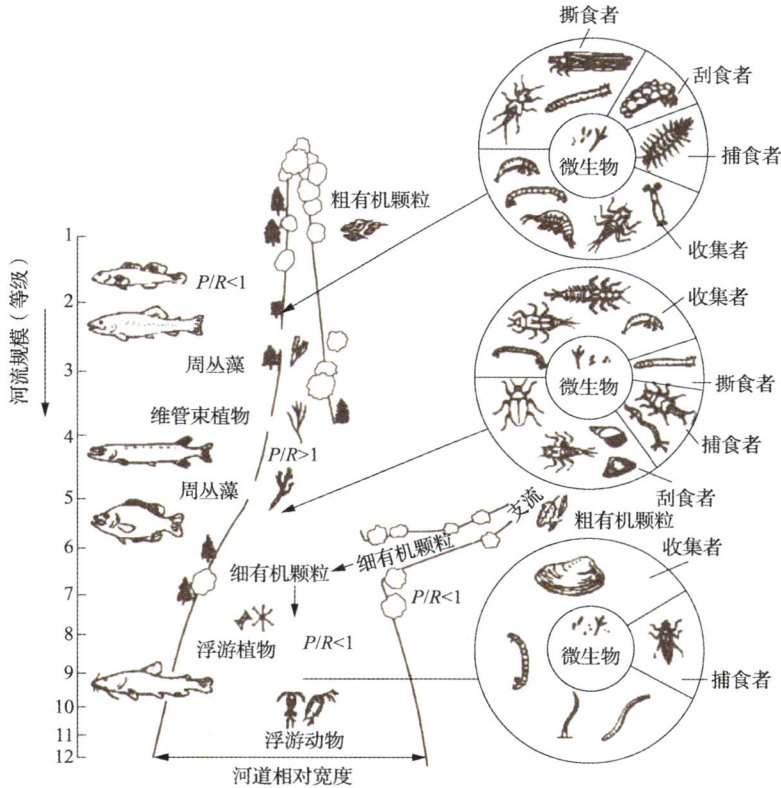

图 3.7　河流连续体概念

注：河流连续体概念总结了河流纵向上能量输入和消费者变化的过程。初级生产量与呼吸消耗量比值较低，表明输入到河流食物网的大部分能源来自于河道外陆域中的有机物和微生物活动。初级生产量与呼吸消耗量比值接近 1 表明输入食物网的大部分能源来自于河道中的初级生产者。上下游的连通性是指细颗粒有机物自源头输移到下游。

资料来源：VANNOTE R L，MINSHALL G W，CUMMINS K W，et al. The river continuum concept[J]. Canadian journal of fisheries and aquatic sciences，1980，37（1）：130-137.

其中，无脊椎动物对水流的形态行为适应性反映出不同类别溪河流中食物源的位置。在溪河流生态系统中，相对优势的功能团由撕食者（shredders）、收集者（collectors）、刮食者（scrapers）和捕食者（predators）组成。撕食者以搅碎落叶等粗有机颗粒（coarse particulate organic matter，CPOM，>1 mm）为食，收集者过滤或收集细有机颗粒（fine and ultrafine particulate organic matter，FPOM，50pm～1mm；UPOM 0.5～50pm），刮食者主要从各种表面捡取水藻为食，捕食者则以捕食其他无脊椎动物为食。通常在源头溪流中，撕食者较多；在中游溪流中，刮食者较多；收集者，随着水面加宽，逐渐增多；而捕食者则随着水温从冷向暖的转变而增多。

2. 河流四维空间概念

基于河流连续体概念，美国学者瓦德（Ward）于 1989 年提出河流生态系统具有纵向、横向、竖向和时间四维空间（图3.8）[15]。

在纵向上，河流从源头到河口形成由上、中、下游水系所构成的连续体，上游的营养物质在水中或吸附在泥沙颗粒表面，随着水的流动向中下游转移扩散，暂存在水流运动产生的深潭、浅滩等物理空间，为水生动植物提供生存所需要的营养和栖息地。水生动植物在从源头到河口所形成的线性河流空间中，或顺流或逆流，在寻找营养物质中，在适宜物理空间安顿自身。在河流纵向上的物理、化学及生物的变化中，河流成为生物适应性和有机物处理的连续体。

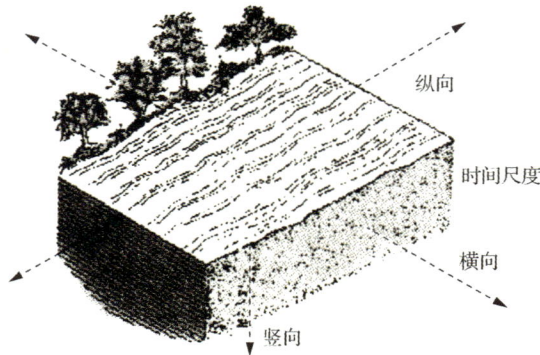

图 3.8　河流四维空间概念

资料来源：WARD J V. The Four-Dimensional nature of Lotic ecosystems[J].
Journal of the North American Benthological Society，1989，8（1）：2-8.

在横向上，河流与其周围的河滩、湿地、死水区、河汊等形成了复杂的生态系统，彼此之间存在着能量流、物质流等多种联系的连续性，洪水脉冲式的消落更促进了水域和陆域之间营养物质的交换和生境的维育。在城市中，单纯出于防洪考虑而修建的堤防，将水流限定在水域内，阻止了水流横向扩展的连续性，水域中泥沙及营养物质无法扩散到陆域中的洪泛区，陆域中的营养物质同样不能进入水域，导致自然的水陆交错带消失；鱼类无法在洪水期内进入滩地产卵和觅食，并失去了躲避洪水风险的避难所，这导致鱼类和无脊椎动物物种减少；河岸带生境空间改变，河岸植被减少，最终导致河流生态功能退化、生态系统崩溃、生态环境恶化。

在竖向上，河流水体与河床、河床下层土壤、地下水有着密切物质、能量交换联系。其中，河床下层土壤中的有机体是河流水域营养稳定供给的主要源，1988年，斯坦福（Stanford）和瓦德（Ward）在对河流竖向维度的研究中，发现河床下层土壤中的生物量远远超过河流的底栖生物量[16]。河流竖向上的连续性，最容易受到人工不透水表面的负面影响，基本上隔断了河流水体与地下水、河床下层土壤中的有机体之间的水及营养物质交换的连续性。

在时间上，河流系统的演进是一个动态过程。水域生态系统是随着降雨、水文变化及潮流等条件在时间与空间中扩展或收缩的动态系统。水域生境的易变性、流动性和随机性表现为流量、水位和水量的水文周期变化和随机变化，也表现为河流淤积与河流形态的变化，泥沙淤积与侵蚀的交替变化造成河势的摆动。这些变化决定了生物种群的基本生存条件[17]。

3. 流域等级概念

河流连续体概念和河流四维空间概念都试图寻找河流系统中能界定空间或时间尺度的分类界线，但现实中，这种分类界线是经常变化而难以界定的。系统科学中的等级理论，启发生态学家走出对生态系统边界限定研究的死循环，转向以"等级"定义生态系统的分类界线。

通常等级系统（hierarchy system）可分为巢式（nested）和非巢式（non-nested）两种类别。巢式等级系统，又名包含式等级系统，即每一层次均由下一层次组成，上下层次之间具有包含与被包含的关系，如军队组成单元中的"军—师—旅—团—营—连—排—班"层次。非巢式等级系统，又名非包含式等级系统，即不同等级层次由不同实体单元组成，上下层次之间不具有包含与被包含的关系，如军队官衔等级系统中的"司令—军长—师长—旅长—团长—营长—连长—排长—班长"层次[18]。在巢式等级系统中，每个层次的特征常常可由相邻上下层次的特征来推测，从而实现尺度的推绎，这包括尺度上推（scaling up）和尺度下推（scaling down），从而可认知等级系统在垂直层次上的连续性。

1979 年，美国学者瓦伦（Warren）提出河流生态系统是典型的巢式等级系统。他提出用河底物质、气候、水化学、生物群落及繁殖五个变量，将河流生态系统从大于 100km² 的区域到小于 1m² 的微区域，划分为十一个等级。为充分理解人工活动对自然河流的影响，他提出对河流生态系统不应该局限于现状评价，更应该强调河流生产潜能（potential capacity），即在各等级层次保持其完整性条件下可能的发展状态和性能[19]。

1986 年，在瓦伦的理论指引下，弗雷瑟尔（Frissell）将河流生态系统划分为溪流（stream system）、河区（segment system）、河段（reach system）、深潭/浅槽（pool/riffle system）和微生态区（microhabitat system）等五大空间上可分辨的等级层次（图 3.9）[20]。

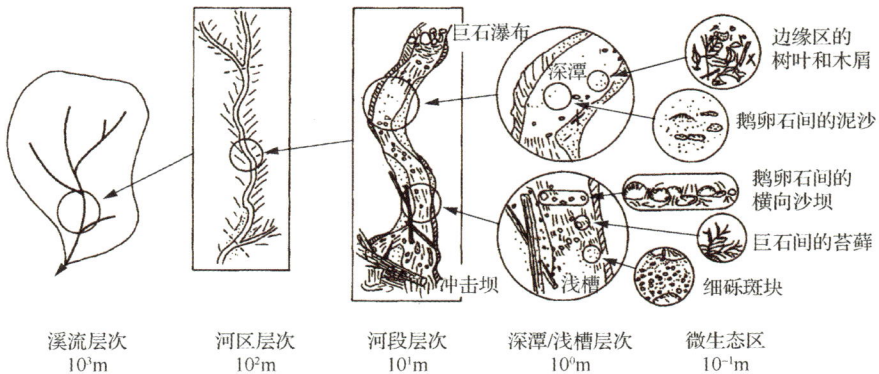

图 3.9　弗雷瑟尔的河流巢式等级层次划分理论

资料来源：FRISSELL C A，LISS W J，WARREN C E，et al. A hierarchical framework for stream habitat classification：Viewing streams in a watershed context[J]. Environmental Management，1986，10（2）：199-214.

1）溪流层次

溪流层次包括一个小流域内的所有地表水。溪流层次的变化和发展主要受到诸如构造隆升、沉降、褶皱、断层、火山活动、冰川作用及气候或海平面变化等现象的影响。在一个特定的地理区域，具有相似的地质构造和地貌历史的溪流层次具有类似的网络结构、纵剖面土地类型和类似的分段子系统。

溪流层次可以根据其从属的地貌区、其纵剖面的坡度和形状及一些排水网络结构的指数进行分类。界定溪流层次的空间尺度需要评估流域盆地的范围、管理活动的累积效应，或将小流域内各分散点进行整体观察。

对溪流层次发展过程和空间关系的认知为小尺度地貌景观和溪流单元的分类奠定了基础，并有助于对河流有机体及群落的生物地理和进化模式进行解读。

2）河区层次

河区层次是流经单一基岩的溪流体系的一部分。河区的生产潜能可能会受到小流域生产力中一些重大改变的影响，包括局部火山活动或冰川、断层或大型滑坡等地质事件。河区层次的变化和发展是由其所在溪流层次潜在的和相邻的基岩（或冰川漂移或冲积物在一些景观的岩性和构造）、斜坡、排水网络布置，以及山谷的侧面斜坡决定的，受到上游裂点的缓慢迁移、削平、拓宽、谷底的广泛填充、新河道的发展，以及经历几个世纪重大过程的影响。

在大多数情况下，河区单元可以通过现有的地形、地质、植被和土壤图进行分类，或通过航空照片判读。支流交汇处或主要瀑布处，由于水文特性的改变及底栖动物群落的变化通常会成为河区的边界，在某些情况下，当溪流穿过主要的不连续生物地理气候区或交错带时（如从落叶林到草地植被类型），河区也可进一步根据土壤类型、土地类型或潜在自然植被进行划分。湖泊因在空间和时间尺度上能保持地貌特征，并在河流的物理和生物组织中发挥重要作用，也应被视为溪流层次下的河区级别。

大型水坝、河流改道、渠化工程、防洪堤或其他一些活动造成地下水枯竭，土壤盐碱化、荒漠化可以改变溪流或河区层次的生产潜能。河区所处的流域盆地决定了它能孕育出的小尺度栖息地系统，如果同类的河区所处集水区的状态类似，那么它们通常有着相似的河段、池塘、浅滩、微生境，以及斜坡、河谷墙、基岩地形等。

3）河段层次

河段层次是对河流地貌学进行分段描述的常见综合地貌单元。要对河流进行恰当的分类，那么对河段起源及形态的认知是十分必要的。河段作为河区的一部分，往往根据河道护坡、地方边坡、谷底、河岸植被和筑底材料的变化进行分段。河段通常具有河床范围内的部分特征。它的长度可以小至几米到几十米（如陡峭溪流的长度），也可以长达几百米或是大型河流长度的 1/5 以上。在野外、低空航拍图上可以观察到河段的相关特征。

在森林、山地流域范围内的河段通常有复杂的、高度可变的纵剖面，这是受到大的木质碎片、山体滑坡、浅滩消失、航道改变或不规则河床基岩造就的小型凸起岩石的影响。由于河段层次中河岸护坡、河岸横截面、河床材质及沉积物运输的变化较大，因此常规的从排水区域或从地图推断的斜坡等预测河道形式的方法可能都不再适用。边坡的局部变化、河漫滩的形式或河岸植被以及河床材质的组成也限制了河道的形式和河段在时间和空间结构上的生成动力。

对河段层次的研究可以反映出人类活动对河流产生的长期影响。渔业生物学家和水生生态学家通常在这一尺度上定义人口参数、分布模式或描述群落组成。弗雷瑟尔对河段的描述强调了河段层次和集水区事件的关系，描述了河段的潜在持久性和发展趋势，从而得出其作为溪河流栖息地组成单元的长期角色。特定类别的河段有着典型的潜在发展历史，其与深潭/浅槽层次应存在一定的空间关联。

4）深潭/浅槽层次

深潭/浅槽层次是一个具有特色河床地形、水面坡度、深度和速度模式的河段子系统。地貌学家通常称之为底床形态。其产生源自相对较高的流量。低流量的深潭/浅槽结构是由洪水事件形成的。在高流量下，深潭是河流对河床冲刷的区域，而浅槽是发散流和沉积的泥沙区。大多数河流的深潭/浅槽层次的栖息地是多样的。这一层次不仅包括深潭/浅槽，还包括湍流、缓流、溪流、瀑布、侧沟及其他形式。

对于深潭/浅槽层次的分类应考虑其来源、结构、形式，以及随时间变化的发展和持久性。深潭/浅槽层次通常与大型结构造成的局部冲刷和淤积有关，如木质残体、地块运动或洪水冲击产生的巨石及基岩突起。一个特定的深潭/浅槽潜在的持久性取决于相关形态特征的稳定性，如一个常年存在的基岩突起或正常年限的大型林地，决定了潜在的持久性，而短期的砾石滩，潜在的持久性差。在较不稳定的形态特征影响下形成的深潭/浅槽，其抗扰度较低，且不容易受到流量接近或超过平均年洪水流量的干扰。当地的异常情况，例如河岸结构的变化或洪水中形成的大圆石，可能造成深潭/浅槽层次之间的区别。这些与河段分类、河床地貌、水面坡度、地貌形态结构及过程、洪水产生的不变基底及河岸形式等因素相结合，可以用来定义深潭/浅槽类别。

每类深潭/浅槽都具有一个与微生境子系统相关联的特征序列空间，每一种生境类型都可能具有流速、深度和沉积物动态的特征模式，这在确定其适合不同生物的生境时是极为重要的。

5）微生态区

微生态区被定义为在深潭/浅槽层次中具有相对均匀的底物类型、水深和速度的区域。对微生态区的分类应该能解释它们的起源和发展，以及它们在任何时候的特征。河床颗粒的结构和排列反映了微生态区沉积的过程、时间模式及未来运输的潜力。河床材质与上层次（深潭/浅槽层次或河段层次）环境之间的关系对理解微生态区的动态过程十分重要。除了直接运输以外的其他过程也会对微生态区产生影响，如基质斑块的持续时间、运输过程中的高流量、颗粒对固定基岩粒子的冲刷、沉积物的掩埋，以及水生植物的出现、生长、季节性衰老和作物收割等。

微生态区的分类会受到深潭/浅槽分类、底层基质、上层基质、水深水速以及悬挂覆盖物的影响。当考虑深潭/浅槽以及更高层次时，空间和时间的微生态区就被大大简化了。主要的底层基质（例如，在小溪流下的底物表面以下 2～8cm）可能反映了一年生或较长期的运输动态变化，而表层覆盖底物反映了栖息地的短期或季节性动态。底物、速度和深度通常是相互关联的。描述底栖生物的组织结构，是微生态区分类的主要依据。为了达到不同的研究目的，微生态区研究的具体定义可能会有所不同。

许多研究已经证明了微生态区尺度对了解河流生物的分布、营养和生命的历史适应性及河流群落的结构和动态过程的作用。该尺度上的生境斑块是研究鱼类行为生态学和水生无脊椎动物的有用单位。霍金斯（Hawkins）于 1985 年提出[21]，大多数无脊椎动物可能是微生态区内的特化种，并指出小尺度的模式应能为更大尺度提供对模式的洞见。控制微生态区分布的物理特征也可以控制无脊椎动物的分布。

3.2.2　河流分类的能力和地域单元

弗雷瑟尔的河流巢式等级层次划分理论提供了体系分类的视角，河流连续体概念和洪水脉冲理论分别加强了对河流系统纵向和横向连续性的认知，河流四维空间提醒人们关注河流系统竖向和时间上的连续性。上述理论共同提示出：理想的河流分类是能反映河流物理环境、水文过程与生物之间的联系，能对河流生产潜能进行评价的体系分级。

制定河流分类方案是指导对河流意义的观察，而不仅仅是将所见到的景象结构化[22]。河流分类不是热衷于形成对河流意义进行规范化、框架化管理的通识性方案，而是提供一个能通过地貌物理环境认知河流意义的学习工具[23]。

1. 河流分类的四大能力

通常，对河流意义的认知包括河流特征、河流行为、河流变化和对河流特征与行为的控制等四大方面。河流分类方案即是对上述四大方面的河流意义进行认知的学习工具。由此，河流分类方案应具有四大能力。

1）能分析河流特征

自然界中的河流形态有其显著的内生多样性。尽管独特的形态与组合能被辨识，但仅限于特定场地环境可能体现的河流特征和行为的"唯一"属性。对河流特征分析的分类方法应能包括河流全部的多样复杂形态。

巢式等级理论框架为评估河流形态的不同组成之间的相互作用提供了有意义的物质基础。例如，河流形态显著的不同之处在于反映河流横向水文过程的河床槽横断面中是否存在消落带以及消落带是否连续存在，由此河床槽横断面成为对河流形态分类的关键物质空间基础。

包括由河床和河岸组成的水道形式、水道平面、消落带等有关河流的全部组成要素，都应该在河流分类中得到综合考虑。

在对河流分类的过程中，应该整体考虑河流形态对行为的反映。例如，河流地貌单元所展示的侵蚀和堆积分布特征，展示出河流特征和行为的一致性。

2）能分析河流行为

河流从来都不是静止的，它们在生物物理变化和扰动中，在边界相对固定的空间内不断调整自己的行为。

在河流地貌单元的成组演化中，对河流地貌单元"形态-过程"关系、河段进化路径的理解，必须考虑水道和消落带的属性，遵循河段的进化历史，厘清现势的调整框架。即必须评估驱动所有河段地貌活动的水流阶段关系。

3）能预测河流变化

河流变化是指由自然发生或人类间接或直接引发的河流结构与功能的改变。

对河流变化分析的目的不是认知河流变化中出现的变化现象，而是理解引起河流变化的原因，并在河流的演进中预测现势河流未来特征和行为以及可能进行的调整。

分析河流的演进必须在小流域背景中进行，认知小流域中变化的自然和生物物理流动之间的连接性和关联性。

4）能发现对河流特征与行为的控制方法

每个河段必须被置于景观环境中评估生物物理过程与景观间隔之间的连接性。

有效的描述是有意义解释和预测的先决条件。

必须通过建立关于河流特征、行为和演进等信息的各自独立的层次，去评估河流地貌条件和恢复可能性。

2.　河流分类的地域单元与尺度细分

景观生态学认为：作为自然地域综合体的景观单元，是生态过程发生的最小地域尺度[24]。生态水文学进一步提出：一组景观单元形成坡面，坡面组合形成集水区，是水文发生的最小地域单元，集水区组合形成小流域，小流域再在更高层次上组合形成流域[25]，集水区、小流域和流域构成了生态水文研究的三大主要地域单元。

在这三大地域单元中，从水土保持和生态环境保护的角度，小流域是一个将径流汇到一个具有共同点的、完整的、相对独立和封闭的自然集雨面或集流区域，既是降雨径流汇集的最小单元，又是水土流失发生发展过程和河流水系产水产沙的最小单元，是具有独立生态系统功能和性质的自然地理单元（图3.10）[26]。在国土规划领域，小流域是"以分水岭为界，以小溪为地貌特征的一个集水区域"，它既是一个水文单元，又是一个自然生物单元，同时还是一个社会–经济–政治单元，是一个资源管理和规划的综合单元[27]。

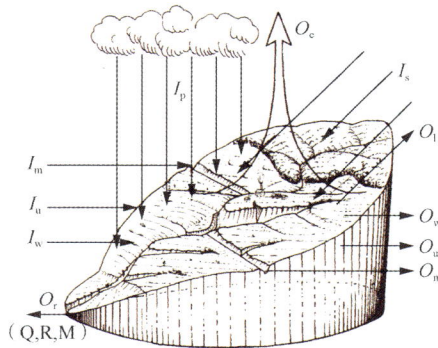

I_p—降水带来的物质输入；I_m—人类活动产生的输入；I_u—地下输入；I_w—风带来的输入；
I_s—太阳辐射带来的能量输入；O_r—河流流动造成的物质和能量输出（水排放 Q，产沙量 R，溶解量浓度 M）；
O_e—蒸腾作用造成的输出；O_m—人类活动造成的输出；O_u—地下输出；
O_w—风造成的输出；O_l—反射和辐射造成的能量输出。

图3.10　作为独立生态系统的小流域地域单元

资料来源：VOIANU Z I. The drainage basin as a system unit[M]//VOIANU Z I. Developments in water science. Elsevier，1985：9-25.

在河流分类中，以小流域为地域单元，能通过小流域内的地貌构成及形态整体理解河流形态、过程和联系，并能预测河流可能的行为（图3.11）。

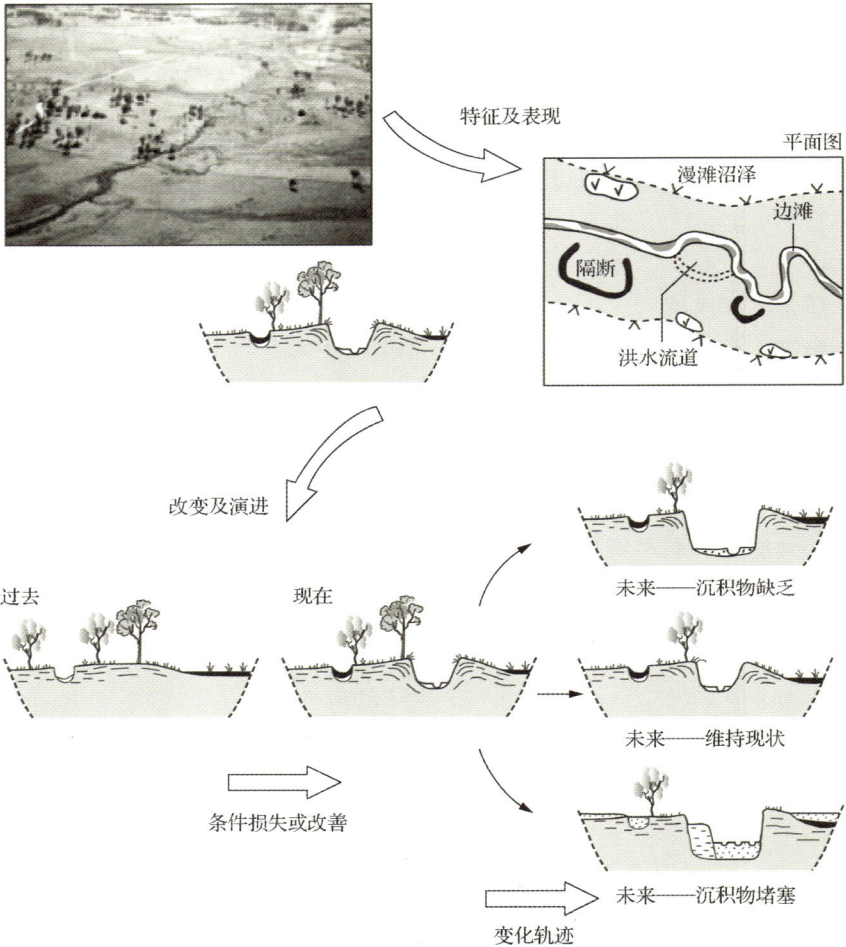

图 3.11　以小流域为地域单元，对河流形态、过程、联系的理解及可能行为的预测

资料来源：BRIERLEY G J，FRYIRS K A．Geomorphology and river management：applications of the river styles framework[M]．Victoria：Blackwell Publishing，2005：245．

　　根据巢式河流连续体理论，小流域地域尺度可细化为景观单元、河段、水文地貌单元和水文生境单元四大关键尺度（图3.12）。

　　景观单元是小流域内具有相似地形地貌的地域。景观单元的地形地貌，为河流的形成和运行提供了关键性的地理边界条件；景观单元内的植被，在对小流域内产沙产水的控制中，限定出影响河流特征和行为的水文边界条件。

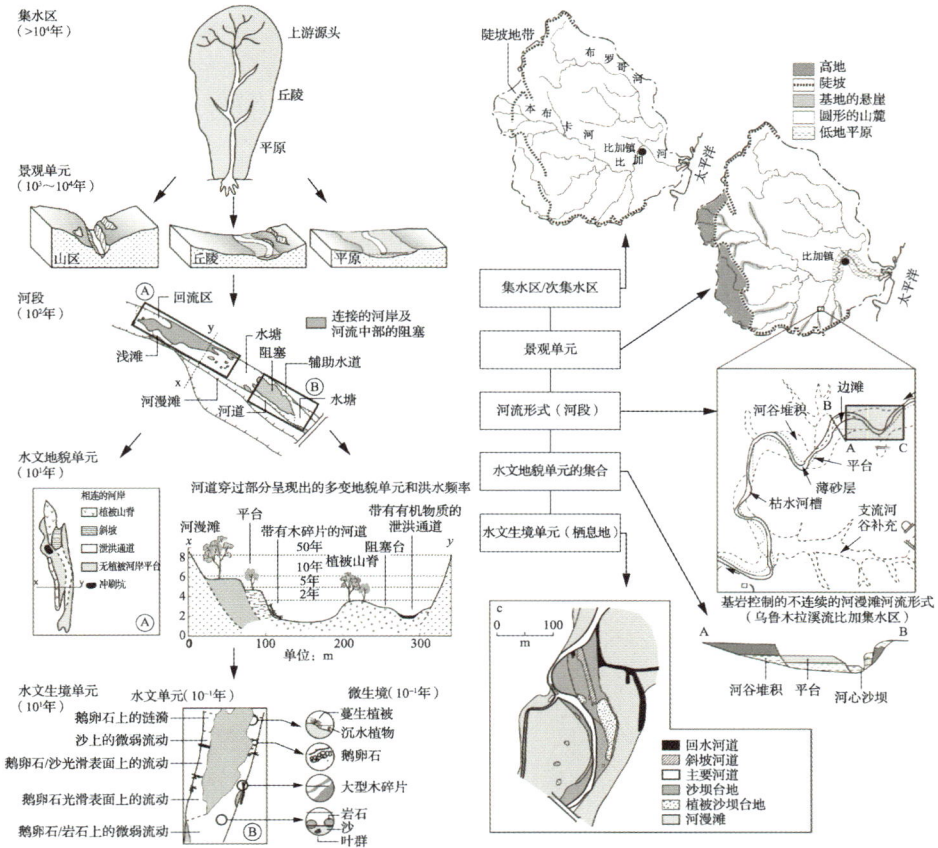

图 3.12 以小流域为地域单元的尺度细分

资料来源：BRIERLEY G J，FRYIRS K A．Geomorphology and river management：applications of the river styles framework[M]．Victoria：Blackwell Publishing，2005：20，255．

河段是纵向坡度、侧向边坡、河床宽度、水生植物和河岸物质等基本相似的河流区段。对河段的认知，关键是辨识河流特征和行为的变化，并最终反映到明确的河段边界，进而形成对河流进行分类的关键因素。

水文地貌单元是河段中的侵蚀或堆积地形。物质在水文作用下的侵蚀或堆积活动，决定了河段内地貌单元的分布以及河流形态结构。每个水文地貌单元都反映出不同的"形态-过程"关系。分析水文地貌单元形态、边界曲线、物质沉积关系，解释水文地貌单元分布及与相邻地貌单元的起源关系，为理解河段的形态形成过程提供了基础。如积木一样，水文地貌单元是河流系统的基本组成砖块。

水文生境单元是表面水流和河床特征相对一致空间中的水生生境斑块。水文单元分布及特征与水生生境分区密切相关，水文生境单元中所呈现的生境与水文的生态水文关系正是对河流进行生态修复的最核心内容和目标。

3.2.3　河流分类的方法

基于小流域地域单元，河流分类的方法是一个在景观单元内自上而下对河流特征和行为的控制机理进行解译和在水文地貌单元、水文生境单元内自下而上对河流特征和行为的"形态-过程"关系进行建构，最终在河段尺度内进行集成分类的过程（图 3.13）。

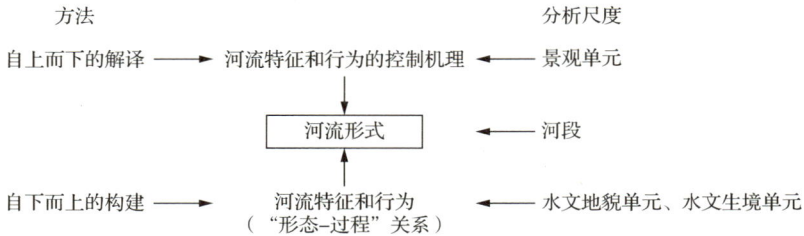

图 3.13　基于小流域地域单元的河流分类方法

资料来源：BRIERLEY G J，FRYIRS K A．Geomorphology and river management：applications of
the river styles framework[M]．Victoria：Blackwell Publishing，2005：256.

基于小流域地域单元，进行溪河流分类的技术路线包括：①基线调查，评估区域和小流域环境条件，初步认知溪河流特征和行为；②认定景观单元，解译溪河流特征和行为的控制机理；③观察水文地貌和水文生境，解译河流特征和行为的"形态-过程"关系；④按照巢式等级层次，运用逻辑树工具，建立溪河流类型树。

基线调查，即是对区域和小流域环境条件进行评估。这一工作是围绕"初步认知溪河流的特征和行为"的目标展开的。它通常以对小流域内的自然地理、土壤、水道、植被、气候、聚居区历史、次小流域边界等环境条件的基线调查形式展开，形成包括这些背景信息的 GIS 数据库和流域背景信息图。

环境条件的背景信息，通常可从以下渠道获得：①学术论文、书籍等；②地形图或者 DEM 文件；③土地利用调查、林业调查、水力调查等普查资料；④地方志、水力志等志书；⑤气象数据、洪水数据等。

认定景观单元的目的是解译溪河流特征和行为的控制机理。

景观单元的定义是"小流域内具有相似地形地貌的地域"，以及它的地形地貌提供地理边界条件、植被限定水文边界条件的"两个边界"作用，启迪我们可以从小流域内的地形地貌和植被两大核心要素去认定景观单元。

在具体的景观单元认定中，澳大利亚的 CSIRO 土地系统单元法（land systems unit approach CSIRO）[28]为我们提供了很好的借鉴。该方法认为，各种各样的地貌景观和环境因素是相结合的，如地形起伏、降雨、高程、自然地理和优势植被等。在每个土地系统单元中，环境因素体现出与产生不同的土壤、植被和地形等景观"形态-过程"发生特征的充分一致性。因此，景观单元容易通过地形地貌加以认知，确定景观单元的关键特征因素是：优势植被、地质和地形起伏。

观察水文地貌和水文生境的目的是解译溪河流特征和行为的"形态-过程"关系。水文地貌形态决定了水文生境的产生，与水文地貌形态相适应的水文生境具有强大的"自然做工"能力，以保证溪河流特征和行为的稳定。

对水文地貌的观察，首先是从纵向上调查溪河流在水文作用下发生的侵蚀或堆积活动，然后在不同侵蚀或堆积活动的发生地，横向上展开地貌形态调查，并绘制溪河流纵向上的水文地貌分类图以及各水文地貌分类类型中的横向地貌形态图，划定水文地貌单元。

每个水文地貌单元的横向地貌形态图，包括水道形态中的凹凸岸、深潭、浅滩、回流、急流、湍流、沙洲等，河廊形态中的消落带、河漫滩和牛轭湖等，水岸形态中的阶地、植被带等。每个水文地貌单元的横向地貌形态图，还应该反映相邻地貌信息，如农田、山体、支流等信息。

对水文生境的观察，是在水文地貌单元中，解译水道栖息地、河廊栖息地和水岸栖息地三大类栖息地内生物所构成的生物链与水文地貌形态适应的生态水文关系，绘制水文生境的生态水文地貌关系图。生态水文地貌关系图，应包括水文地貌形态、水文变化、生物栖息及生物链关系等关键信息。

通过对水文生境的观察，可以明确：对生态水文关系的维持最主要的是保存能提供多样、稳定水文生境的水文地貌形态，在城市地区，则是最大化地修复这种水文地貌形态。

溪河流类型树需按照巢式等级层次，运用逻辑树工具建立。

溪河流分类的目的是"按照溪河流水文、地貌的相似性和差异性，将一系列特征归纳为有意义的类别，对溪河流无序的表象进行有序的观察和描述，进而发现溪河流多样复杂性中的自我修复规律"。

逻辑树是溪河流分类的工具。逻辑树，是麦肯锡分析的常用工具，又称问题树、演绎树、分解树，具有对复杂事物进行纵向分层和横向分解的多维度剖析能力，是组织和表达不确定性的最有效手段。溪河流分类既要考虑纵向上的多等级层次，又要在横向上考虑地貌、水文、生境等因素，其本身是不确定的，需要通过逻辑树的多维度表达寻找出具有相似性的逻辑节点和逻辑链条，进行聚类发现。

溪河流分类的逻辑是：按照"小流域—景观单元—河段—地貌单元—水文生境单元"的巢式等级层次，在景观单元认定、水文地貌单元和水文生境单元观察的基础上，在河段层次建立"以地貌形态为主干，以水文过程和生态过程为树枝"的溪河流类型树，综合集成各巢式等级层次中相关河流特征和行为的控制机理、河流特征和行为的"形态-过程"关系等信息，使溪河流类型树具有"认知溪河流自然运行的生态意义和预测其在人工扰动环境中的发展潜能"的能力。

3.3 基于溪河流分类的富顺县永通河生态重塑

基于溪河流分类的河流生态重塑，即是在对溪河流类型树的建立过程中，认知溪河流形成、特征、行为以及控制机理和"形态-过程"关系，预测其受人工扰动的可能变化和发展潜能，进而在景观单元层面，修复控制溪河流特征、行为以及形成的景观地貌形态；在不同类型的河段中，以修复水文地貌形态为根本，最大化保存多样、稳定水文生境，发挥其"自然做工"能力，维持和谐的生态水文关系。

3.3.1 基线调查

永通河基线调查，即是通过对永通河流域内地质构造、地形地貌、土壤、植被、气候、水文等环境条件的调查，形成对永通河特征和行为的初步认识。

1. 区位概况

富顺县位于四川盆地南沿，沱江下游，地跨北纬 28°55′37″～29°28′42″，东经 104°40′48″～105°15′52″。东连隆昌市；南接泸州市泸县和宜宾市江安县、南溪区；西毗宜宾市宜宾区、翠屏区和自贡市沿滩区；北邻自贡市大安区。县城北距成都市 240km，距内江市 67km，距自贡市 30km；东南距重庆市 220km，距泸州市 90km；东距隆昌市 35km；西南至宜宾市 75km。

永通河位于富顺县城以西，紧邻城市规划区边缘，属沱江支流釜溪河水系，又名永通桥河（永通桥溪、老鸭滩溪），源于富顺县互助镇东南李四水库，沿互助镇、富世镇边界流入富世镇安河村永通桥注入釜溪河，全长 8km，流域面积 14km² （图 3.14）。

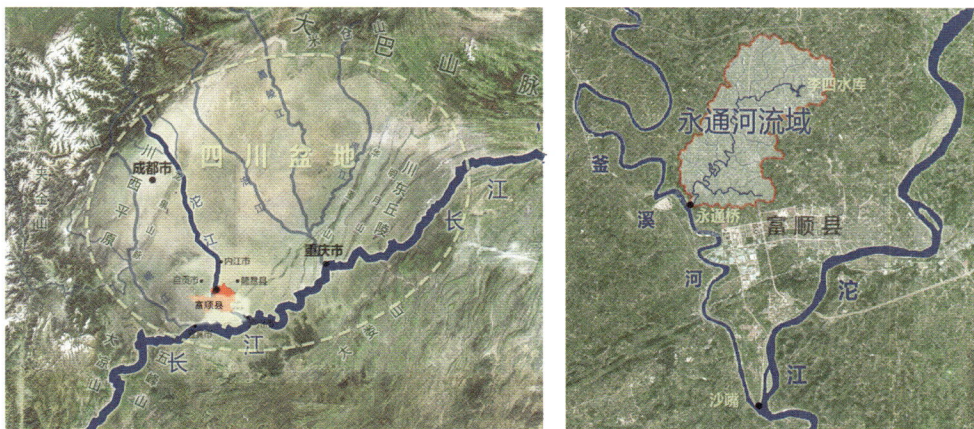

图 3.14　永通河区位概况

2. 地形地貌

永通河流域地质上属川东帚状褶皱束、华蓥山褶断带的西南延伸部分，在构造体系上属新华夏——华夏式构造。出露地层，从三叠系下统嘉陵江组到白垩系上统夹关组，其余均有出露；第四系堆积层遍布，厚度不大。

永通河流域是典型的浅丘地形，地表错综起伏，主要形态为馒头形丘体，由页岩和泥岩组成，丘体间沟谷纵横切割。地貌以构造侵蚀地貌和侵蚀堆积地貌组成，构造侵蚀地貌位于丘体，侵蚀堆积地貌位于丘下沟谷。海拔为 265～325.5m，其中最高点在回龙嘴，最低点在老瓦滩，丘体山头高度为 7～40m。

3. 土壤

丘体中的河湖相紫色岩石风化碎屑残积、坡积物组成和新生代沱江近代冲积物等，是永通河流域土壤生成的基础。长期的生物、气候、地貌、母质和时间等自然因素和人为耕作活动，促进永通河流域土壤生成和发育，形成具有本地特色的丘坡，上部多为旱地，下部沟谷多为水田，具有上薄下厚、上砂下黏、上干下湿、上瘦下肥的水稻土壤特点。

4. 气候

永通河流域属亚热带湿润季风气候区，年均气温在 18℃左右（极端高温 37℃，极端低温-2℃），平均降水量在 1041mm 左右，其中 85%集中在 5～10 月。年日照时数为 1285～1318h。夏季盛行风向为东南风，冬季以北风和西北风为主，平均风速 1.4m/s，气候特点是：气候温和，热量充足，无霜期长，雨量充沛，光照较充足，四季分明。

秋夏季节，永通河流域内降雨持久，面广且强度大，极易造成山洪暴发，溪河漫溢。如若接连天晴，溪河又会很快枯竭，以致干旱。由于地处丘陵区，地层及水文地质条件决定流域内的地下水含量不丰富。地下水多为孔隙水、裂缝水以及大气降水、农田水、渠系水等渗透到地层中储存的浅层地下水。

5. 植被

永通河流域位于富顺县郊区，是高度农业化区域，非农作物植被相对规模较小，种类不甚丰富。乔木主要有分布在山坡、水边的构树、枫杨、杨树、柏木等杂树，分布在聚落"四旁"的红椿、樟树和规模较大的慈竹、麻竹等，分布在聚落庭院中的桂花、李子树、桃树、梨树、核桃树等。灌木主要有在坡度 15°以上陡坡地中分布的成规模柑橘、水边的马桑、油茶、插田泡、盐肤木等。草本植物有水边分布的乌蕨、蜈蚣草、紫苏、救荒野豌豆、酢浆草、小飞蓬、千里光、黄鹌菜、鼠麴草、蒲公英、茅叶荩草、皱叶狗尾草、银莲花、醉鱼草、细柄草、苔草、麦冬、马唐、白茅等。

6. 动物

富顺县无脊椎动物种类丰富，陆栖种环节动物有蚯蚓和蚂蟥，软体动物有田螺、钉螺、扁螺、蜗牛等，蚌类有河蚌和河蚬等，甲壳类节肢动物有水虱、蚧虫、小虾、大虾、溪蟹；蛛类节肢动物有狼蛛、腹蛛、巢蛛、网蛛、跳蛛、蝇虎、鳌蛛、角蛛、圆蛛、斗蛛、爪螨、壁虱等；昆虫类节肢动物有蜻蜓、螳螂、竹节虫、蟋蟀、纺织娘、稻蝗、竹蝗、蝉、水龟虫、瓢虫、叶甲、豌豆象、天牛、斑蝥、金龟子、鱼蛉、蚊蛉、草蛉、姬蜂、茧蜂、赤眼蜂、金小蜂、菜蛾、夜蛾、毒蛾、松毛虫、天蛾、野蚕、蚕蛾、粉蝶、蛱蝶等。

脊椎动物种类丰富度不如无脊椎动物，主要鱼类有鲫鱼、黄辣丁、黄鳝、泥鳅、中华腹吸鳅（巴石儿）等，两栖类有中华大蟾蜍、沼蛙、泽蛙等，爬行类有龟、鳖、四脚蛇、菜花蛇、蝮蛇等，鸟类有雉鸡（山鸡）、白胸苦恶鸟（秧鸡）、斑鸠、四声杜鹃（豌豆包谷）、大杜鹃（布谷）、翠鸟、家燕、黄鹂、喜鹊、画眉、山雀、麻雀、黄雀、点水雀鸟等。

7. 土地利用

根据《富顺县第二次土地利用现状调查》，永通河流域内现状利用土地主要是水域、坑塘水面、水田、旱地、有林地和村庄用地等六类，几乎没有草地、水浇地和采矿用地，水资源丰富、农业生产和城市林业发展条件优越。

8. 永通河特征和行为初步认识

通过基线调查，可形成对永通河特征和行为的初步认识。

从定位来看，永通河是浅丘地貌中流域面积较小、发育处于青壮年期的山地溪流。侵蚀以下蚀为主，逐渐过渡到侧蚀加强，凹岸冲刷与凸岸堆积形成连续河湾与交错山嘴。一些河湾在向下移动的同时，继续向两侧扩展，切平山嘴，展宽河谷，谷地发生堆积形成河漫滩，进而形成局部的 U 形河谷。

从纵向来看，其特征是源头和下游段短、中游段长，平均坡降 1.6‰，相对平缓。源头被改造为水库后，几乎没有树荫遮蔽，输运的山（丘）中的全营养物质有限，永通河的全营养物质以及雨水补给大部分来源于中游段两边的山（丘）。因地形限制，永通河在罗家湾子坚硬的岩石处，并没有冲积出宽阔的河口三角洲，仅侧蚀出狭窄的通道，导致其下游段短，营养物质在永通河中游段堆积最多，特别在潘家溪与永通河交汇处的潘家桥，因永通河水道在罗家湾子处的突然收窄，导致营养物质最为富集。中游段的水岸植被在葫芦嘴—黄葛山—新湾、土桥坝—同心桥、点灯山、石夹咀、桂花咀等处相对茂盛，水体中有较多的水生植物，无脊椎动物以刮食者为主。下游段水岸植被与山（丘）林地浑然天成，郁闭度极高，无脊椎动物以收集者为主（图 3.15）。

从横向来看，夏秋季节充沛的雨量，引发的永通河山洪脉冲式的消落，促进了水域和陆域之间营养物质的交换和生境的维育，特别在永通河中游段冲沟、冲谷、溪谷与之交汇处，凹凸岸、河漫滩等地方，是生物多样性最富集的地域。

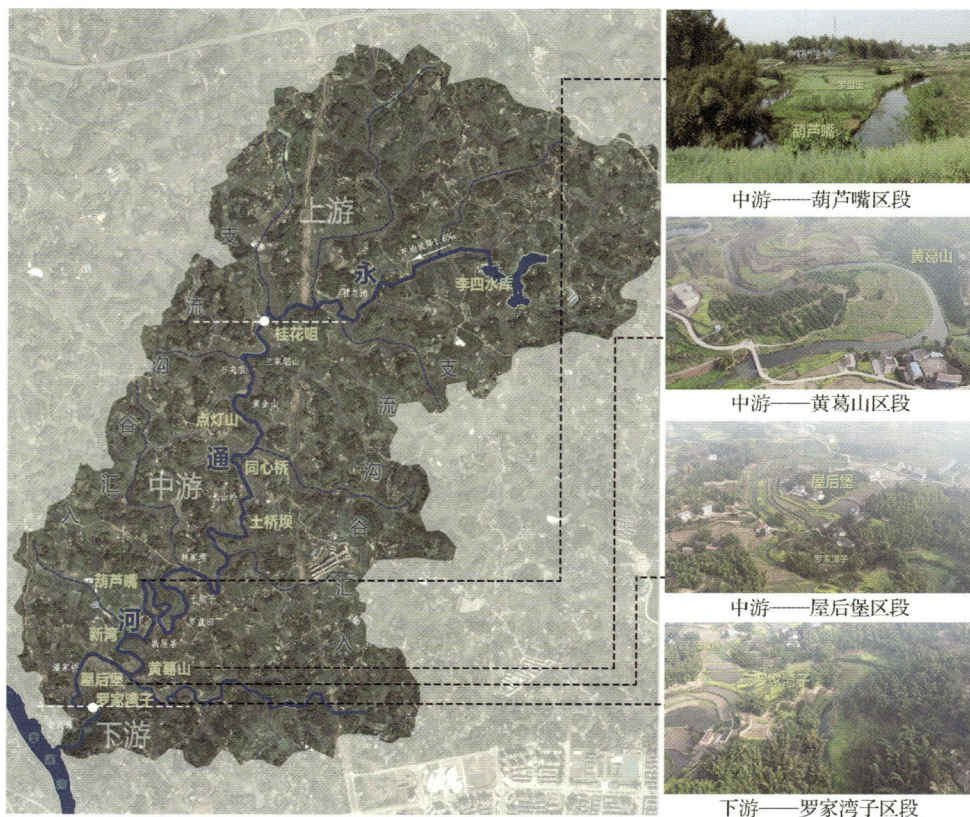

中游——葫芦嘴区段

中游——黄葛山区段

中游——屋后堡区段

下游——罗家湾子区段

图 3.15　永通河现状特征认识

3.3.2　河流分类

通过基线调查，在对永通河特征和行为的初步认知中，我们发现永通河中游段是全流域中营养物质堆积最多、生物多样性最富集的区域。以永通河中游段为中心，考察与之密切相关的景观单元、水文地貌单元、水文生境单元，是打开永通河分类的正确方式。

1. 景观单元认定

根据对"永通河的全营养物质以及雨水补给大部分来源于中游段两边的山（丘）"的初步认识，在溯源永通河特征和行为的控制机理中，认定与之相关的景观单元。

按照相对完整的产水产沙过程，永通河流域可被分为 12 个大小不等的集水区。其中，在向永通河中游段供给营养物质和水的集水区中，具有相似地形地貌的地域有山（丘）体、陡坡地、沟谷（溪谷、冲谷、冲沟）和河廊。

"绵绵若存，用之不勤"，我国古代哲学家老子关于"道"永恒存在的诠释，适用于对山（丘）体生态功能的解译，即能控制产水产沙过程缓慢发生的山丘体，才能使平坝地区获得持续、稳定的营养物质和水，也是控制河流特征和行为的重要景观单元。

永通河流域内，看似无序的馒头状浅丘地貌，在集水区的划分中显现出了产水产沙过程的有序：一些丘体组合形成了丘岭，一些丘体组合形成了山体（一方面，丘岭和山体中的山顶坡度平缓，使营养物质可持续、稳定供给；另一方面丘岭和山体中 15°以上的陡坡地，是维持斜坡环境稳定性最敏感的区域，对营养物质稳定、持续供给的维持尤为关键），是重要的景观单元；一些丘体相对独立，虽然是重要的产沙源，但产水能力相对较弱（特别是在城市地区，用地通常不需要获得产沙过程带来的土壤肥力持续供给），是仅对乡村地区具有生态意义的景观单元（部分产水能力强的独立丘体除外）。

针对城市和乡村地区，对于呈现为沟谷状态的低地是否具有生态意义景观单元的判定标准不同：乡村地区，沟谷不仅具有蓄积雨水的能力，更重要的是可堆积山（丘）体产沙带来的营养物质，以保证土壤获得持续的肥力，这都是具有生态意义的景观单元；而对于不需要土壤肥力的城市地区，更看重的是沟谷对于雨水的蓄积能力，而不同的沟谷中，溪谷的蓄水能力大于冲谷，而冲谷的蓄水能力大于冲沟，重要的景观单元是蓄水能力强的溪谷和冲谷。

通过对产水产沙、蓄水蓄沙功能强弱的判别，永通河流域内的景观单元可分为丘岭、山体、独立丘体、15°以上的陡坡地、河廊、溪谷、冲谷和冲沟（图 3.16）。

永通河中游河谷呈现 V 形、半 V 半 U 形和 U 形三种形态，聚焦组成河谷形态的景观单元，梳理出限制河流形态与行为的景观单元分布特征为凹岸临坡或接谷，凸岸漫滩堆积。

中游 V 形河谷形态体现在桂花咀—同心桥区段,河廊两侧呈现连续的陡坡地，该区段基本景观单元是由凹岸陡坡山岭、凹岸陡坡独丘、凹岸缓坡独丘、凹岸冲谷、凹岸冲沟与窄河廊组合而成的。

中游半 V 半 U 形河谷形态体现在土桥坝—黄葛山区段，凹岸直接临近陡峭的丘坡或凹岸临近小面积的陡峭丘坡后是相对开阔平坦的阶地，该区段基本景观单元是由凹岸陡坡独丘、凹岸缓坡独丘、凹岸冲谷、凹岸冲沟与宽河廊组合而成的。

中游 U 形河谷形态体现在黄葛山—罗家湾子区段，上游及中游多条沟谷的汇入使得此区段的河廊达到最宽，该区段基本景观单元是由凹岸陡坡独丘、凹岸缓坡独丘、凹岸溪谷、凹岸冲沟和宽河廊组合而成的。

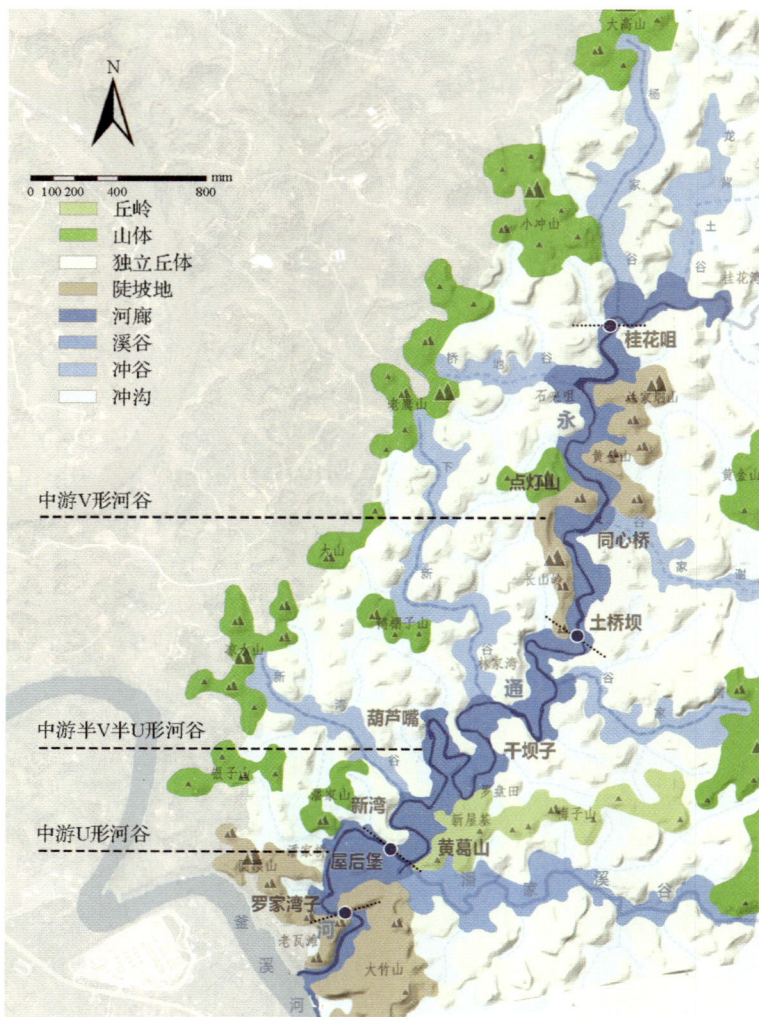

图 3.16　永通河流域景观单元分布图

2. 水文地貌单元描述

　　永通河中游各区段的水文地貌截然不同。由于流域面积小，永通河中游段的河道不宽（3～30m），心滩或江心洲较少；也由于底质物质是泥沙，没有出现岩坎与壶穴；所有的沟谷都处于凹岸，形成洄流湾，利用水的回旋作用充分搅拌通过沟谷输运的营养物质，交汇处往往有湿地，缓冲沟谷中水和营养物质的输运。永通河中游段基本水文地貌单元是连续的凹岸冲刷与凸岸堆积所形成的大小不一的河漫滩及其漫滩湿地、河漫滩与沟谷交汇处的河口湿地、坡度不同的阶地以及河岸带边缘的陡坡地。

根据凸岸漫滩堆积地貌的不同，永通河中游段的水文地貌单元组合可归纳为"陡岸窄滩""多阶漫滩""缓坡漫滩""漫滩有堡"四种类型。

典型的"陡岸窄滩"水文地貌组合有长山岭段：处于 V 形河谷段，凹岸有连续的陡坡限制，凸岸堆积出的河漫滩较窄。

典型的"多阶漫滩"水文地貌组合有黄葛山段：处于半 V 半 U 形河谷段，凹岸较陡，凸岸堆积出的河漫滩较宽，并在洪水脉冲作用下，形成高差约 4m 的微阶地，河漫滩中的低洼地自然形成湿地。

典型的"缓坡漫滩"水文地貌组合有葫芦嘴段：处于半 V 半 U 形河谷段，凸岸堆积出的河漫滩较宽且河岸带地形坡降小，有大片的漫滩湿地，河道蜿蜒且湾区纵向较窄。

典型的"漫滩有堡"水文地貌组合有潘家桥段：处于 U 形河谷段，凹岸既有潘家溪谷、潘家桥沟和新湾沟的接入，也有大竹山、圆顶山等丘体的陡坡；凸岸宽广的河漫滩中有一座约 13m 高的屋后堡山丘，低洼地形成大片连续的漫滩湿地（图 3.17）。

3. 水文生境单元描绘

永通河中游段凸岸河漫滩所呈现的"地貌-植被"关系是：凸岸河漫滩通常被改造为农田，主要种植水稻；河漫滩微阶地中临河第一阶微阶地前缘为相对较宽的灌木林，间有杂树，第二阶微阶地前缘有比第一阶微阶地前缘窄的灌木林，第三阶微阶地前缘的灌木林相比第二阶微阶地前缘更窄；河漫滩中微阶地接身处其中的丘堡或之外的山（丘）体麓脚的农村聚落或陡坡，农村聚落中广植桂花、李子树、桃树、梨树、核桃树等果树以及屋后的茂密竹林，陡坡或自然生长竹林通常被改造为以柑橘为主的果园；河漫滩中的湿地，受洪水涨落或雨水补给得以维持，往往被改造为莲藕塘兼鱼池。

永通河中游段凹岸临峻坡段，是茂密的杂树林，间有灌木；临陡坡段，通常被改造为以柑橘为主的果园；临沟谷段，杂树林或竹林分布在沟谷两侧的坡麓，水田、莲藕塘兼鱼池等湿地分布在沟谷与凹岸交汇处。

在"陡岸窄滩"的水文地貌单元组合中，以黄颡鱼为焦点物种，水文生境呈现为：泥沙底质的静水或缓流的浅滩是黄颡鱼的栖息地。陡岸密林的落叶为黄颡鱼提供营养物质，河中巨石、枯木等是它们的庇护所。丘堡密林中的白鹭、画眉等水鸟常前来觅食。

在"多阶漫滩"的水文地貌单元组合中，以画眉为焦点物种，水文生境呈现为：微阶地前缘的灌木草丛是画眉的栖息地。画眉性好隐匿，不善远飞，于漫滩草丛捕食小型两栖类动物和鱼类，飞蹿于丘堡密林捕食小型昆虫和植物种子。

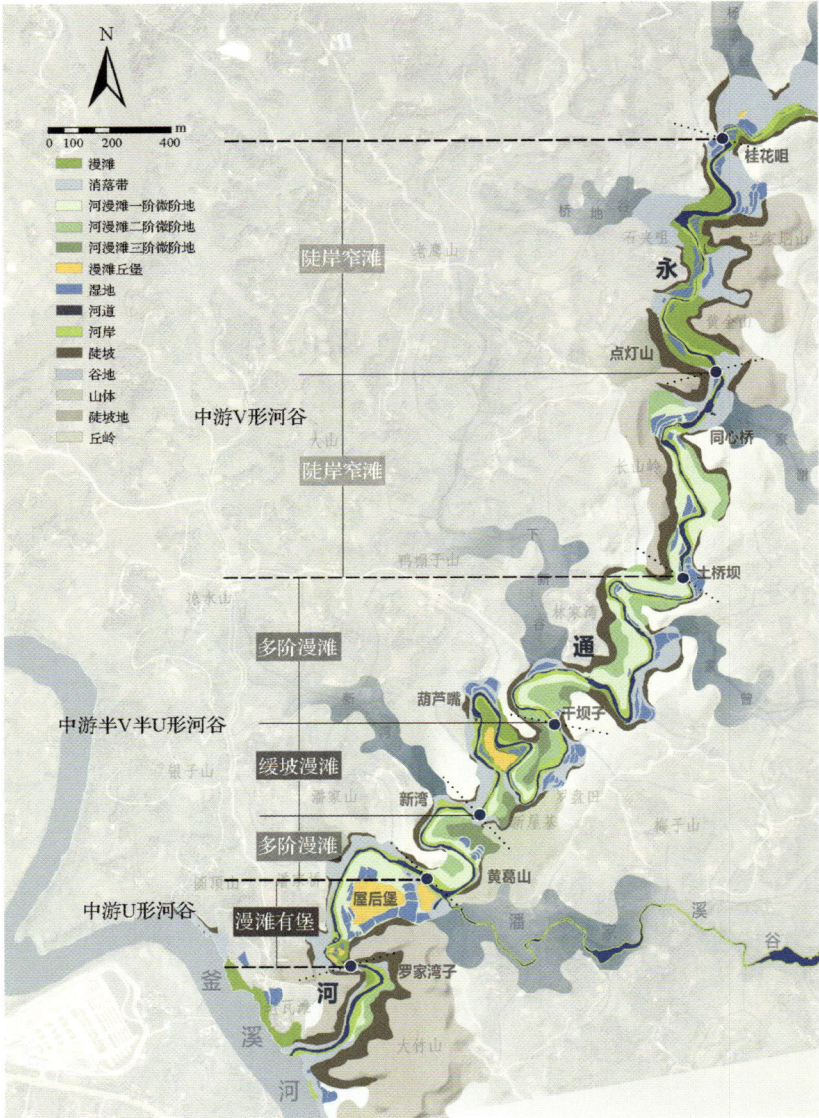

图 3.17 永通河流域水文地貌分布图

　　在"缓坡漫滩"的水文地貌单元组合中，以沼蛙为焦点物种，水文生境呈现为：宽广平缓的漫滩草丛是沼蛙的栖息地。沼蛙于静水区产卵繁衍，以河中藻类及浮游生物为食，长大后上岸捕食草丛中的昆虫，被漫滩灌丛中的蛇与河岸林间的白鹭所捕食。

　　在"漫滩有堡"的水文地貌单元组合中，以白鹭为焦点物种，水文生境呈现为：丘堡密林是白鹭的主要栖息地。白鹭在漫滩湿地中觅食小型鱼类，也捕食沼蛙、泽蛙等小型动物（表 3.2）。

表 3.2　永通河水文地貌单元内的水文生境

陡岸窄滩水文生境	
焦点物种	黄颡鱼
习性	栖息于水底，在静水或缓流的浅滩生活（泥沙底质），支流深水处越冬
栖息地	浅滩
取食地	浅滩、潭底
食物来源	主食底栖小动物、小虾、水生小昆虫等
多阶漫滩水文生境	
焦点物种	画眉
习性	栖息于林缘及田园边的灌木草丛，性好隐匿，飞蹿于密林，不善远飞，喜水
栖息地	灌木草丛
取食地	漫滩、湿地、密林
食物来源	小型昆虫和植物种子等
缓坡漫滩水文生境	
焦点物种	沼蛙
习性	栖息于水田、池畔、溪流以及排水不良之低地，常隐蔽在水生植物丛间、土洞、石缝或杂草中
栖息地	漫滩草丛
取食地	浅滩、湿地、池塘
食物来源	藻类、浮游生物及昆虫等幼小动物

续表

漫滩有堡水文生境	
焦点物种	白鹭
习性	栖息于湖泊、沼泽地，涉行浅水（如池塘、湿地）中觅食蛙、鱼和其他水生动物
栖息地	丘堡密林
取食地	湿地、浅滩
食物来源	小型鱼类、哺乳动物、爬行动物、两栖动物和浅水中的甲壳类动物

4. 河流类型树建立

根据自上而下对永通河的产沙产水、蓄水蓄沙、固水固沙等控制机理解译认定出的景观单元，依据自下而上解译出的富有凹凸岸交错特征的水文地貌与植被生长的契合关系、所孕育出的生境单元自然做工关系，运用巢式等级层次理论和逻辑树工具，建立的永通河类型树应是：纵向上的景观单元、水文地貌单元和水文生境单元三个等级层次；横向上以地貌形态为主，以水文过程和生态过程为辅，能描述河流特征和行为，能展现河流形成机理，能预测扰动带来的变化。

永通河中段的河流类型树是以横向上的地貌形态为主线建立的。其中，一级分类是河谷形态，描述的是永通河的发育程度，根据永通河的实际情况，可分为U形河谷和半V半U形河谷两个类型；二级分类是河岸的凹凸岸与邻近地貌形态，表述的是河流形成、特征和行为控制机制的景观单元；三级分类是河段，集成了景观单元内自上而下对河流特征和行为的控制机理解译以及水文地貌单元、水文生境单元内自下而上对河流特征和行为的"形态-过程"关系建构，是河流分类的最终集成；四级分类是水文地貌单元及其水文生境，描述的是各地貌组成形态适宜生长的植被及水文生境的自然做工关系（图3.18）。

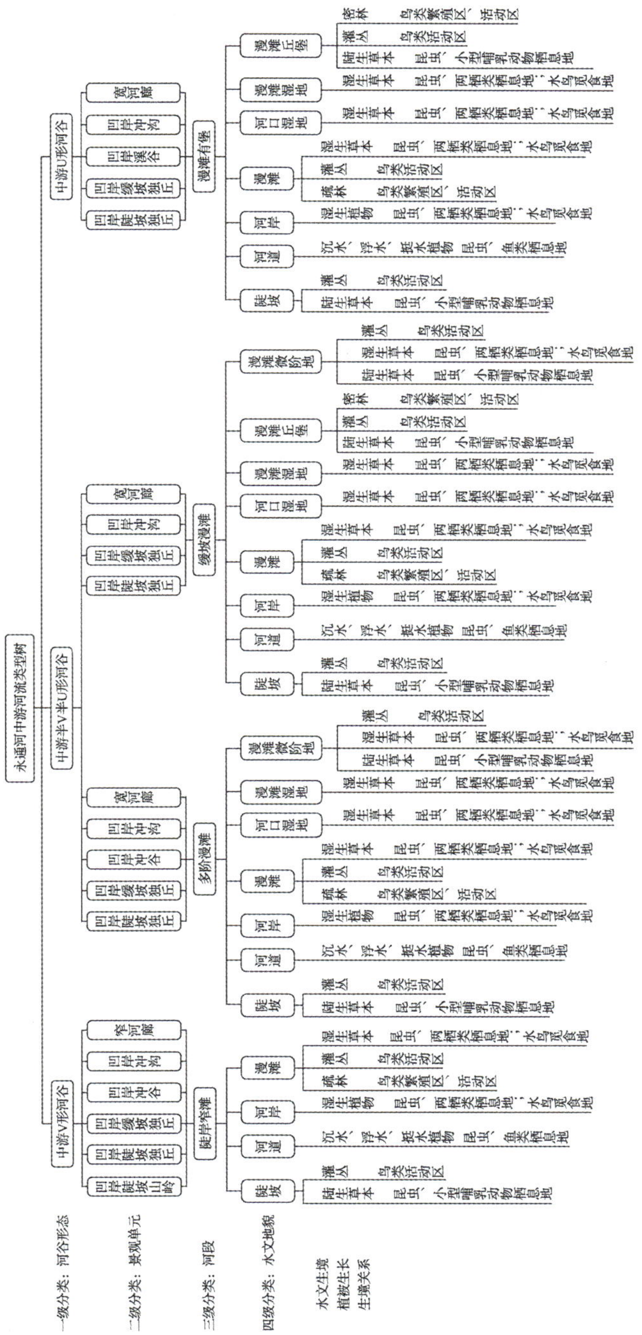

永通河中游河流类型树

一级分类：河谷形态
二级分类：景观单元
三级分类：河段
四级分类：水文地貌

水文生境
植被生长
生境关系

图 3.18　永通河中游河流类型树的建立

3.3.3 生态重塑

2017 年，永通河流域北侧的自隆高速公路、东侧的高速公路连接县城快速路建成通车，川南城际铁路自宜线选线在其西侧，极大地改变了该区域的发展条件。永通河流域成为城市发展后备地，富顺县政府未雨绸缪，决定在预测城市化对永通河特征和行为改变的基础上，进行前置式生态修复和重塑，以最大化地保护该区域的生态环境，提升县城人居环境建设水平。

运用河流分类方法对永通河生态进行修复，其前提是预测永通河在城市化扰动下的可能行为变化，即评估城市化扰动对河流类型树所体现的永通河巢式等级体系中具体层次和层面的影响，并以地貌修复为根本，以植被修复为辅助，在共同维育河流生境中，通过"让自然做工""水资源、水安全、水生态、水环境"问题综合集成求解达到永通河生态修复效果。

1. 行为预测中的河流类型树

城市建设中的道路建设、用地硬化、污水排放将是永通河"水资源、水安全、水生态、水环境"的最大扰动。

对应河流类型树，预测各项扰动会导致永通河可能发生的行为。在景观单元层次，不顺应山势的道路选线将割裂山（丘）体的产水、输水过程；选址在 15° 以上陡坡地的建设用地将极大削弱山（丘）体的固水功能；建设用地对沟谷中低洼地的侵占，将极大消减沟谷的蓄水和防涝能力；城市建设导致用地硬化，进一步破坏了自然的蓄水能力，积累汽车尾气排放、烟尘排放的有害物质，通过雨水污染水体。同时，当地政府为调蓄永通河季节性水资源的分配而决定修建的永通湖，将在永通河中游段与下游段交界、河道最窄的罗家湾子处筑坝而成，坝体海拔 275m，如果永通湖水位常年达到 275m，水面将抬升至沟谷底缘、陡峭山坡下缘，原有的 U 形或半 V 半 U 形河谷趋向于变为 V 形湖谷，其中游段的凹凸岸形态将进一步放大。

在水文地貌单元层次，水位抬升将淹没大量的河漫滩，河漫滩中的丘堡成为岛屿，原有的"漫滩有堡"河段变为"湖中有岛"河段；河漫滩中的微阶地、湿地消失，形成半岛，原有的"多阶漫滩"河段变为"半岛连滩"河段；在"筑坝成平湖"的静止水面状态中，原有的凹岸洄流湾失去了水文回旋作用，形成"湾流成面"的新河段类型。在永通湖下游段，由于长期缺乏中游来水的补给，河道干枯缩窄，人为的消落带落差明显。

在水文生境单元层次，水面变平静后，更适合鲤鱼、草鱼等中型鱼类生存；陡坡底缘沉入水中，湖岸变陡，其水下的石缝和洞穴更适合龟、鳖等爬行动物栖息；河漫滩的微地貌沉入水中，使原本平坦的底栖变得起伏，为底栖鱼类生存创造了丰富的水生环境条件；变窄的河漫滩使湿地和灌木林丛减少，田螺等软体动物和秧鸡的栖息地减少；岛屿的形成可能为黑水鸡等水鸟提供栖息地（图 3.19 和图 3.20）。

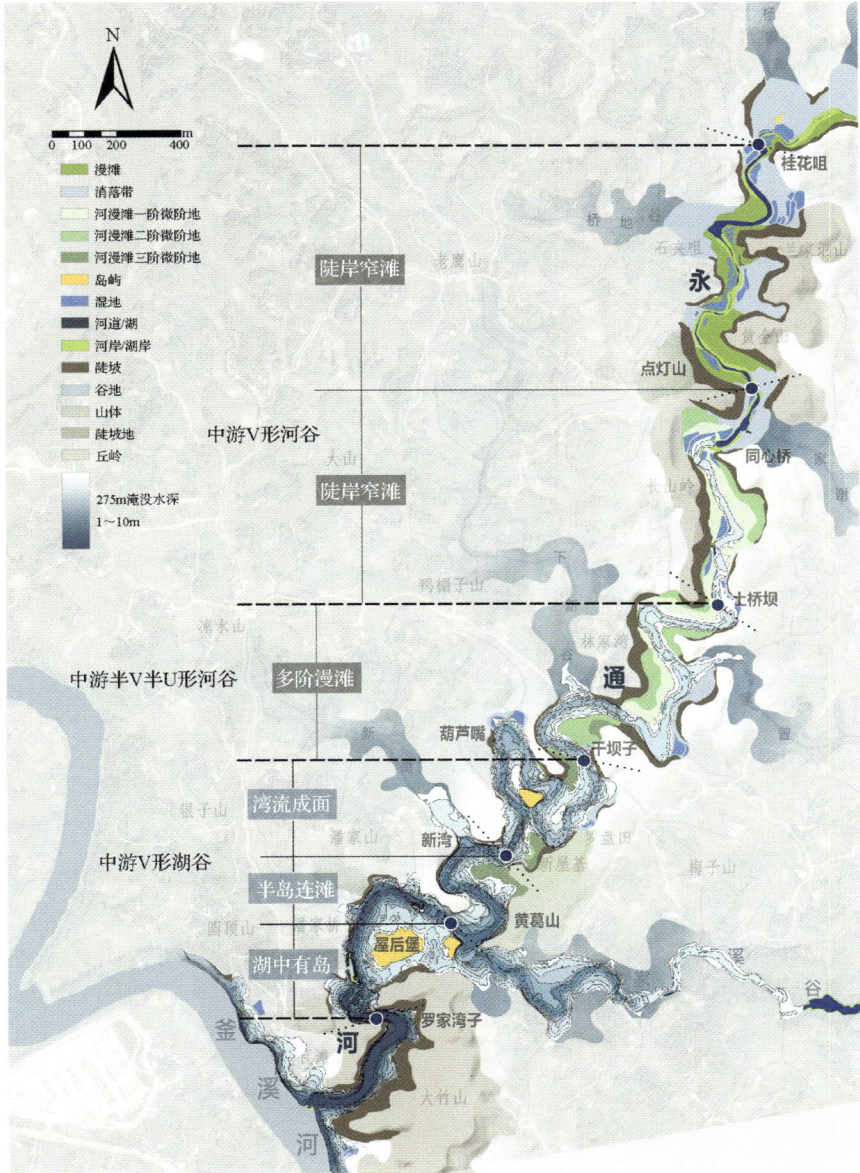

图 3.19　永通河流域高程 275m 淹没分析图

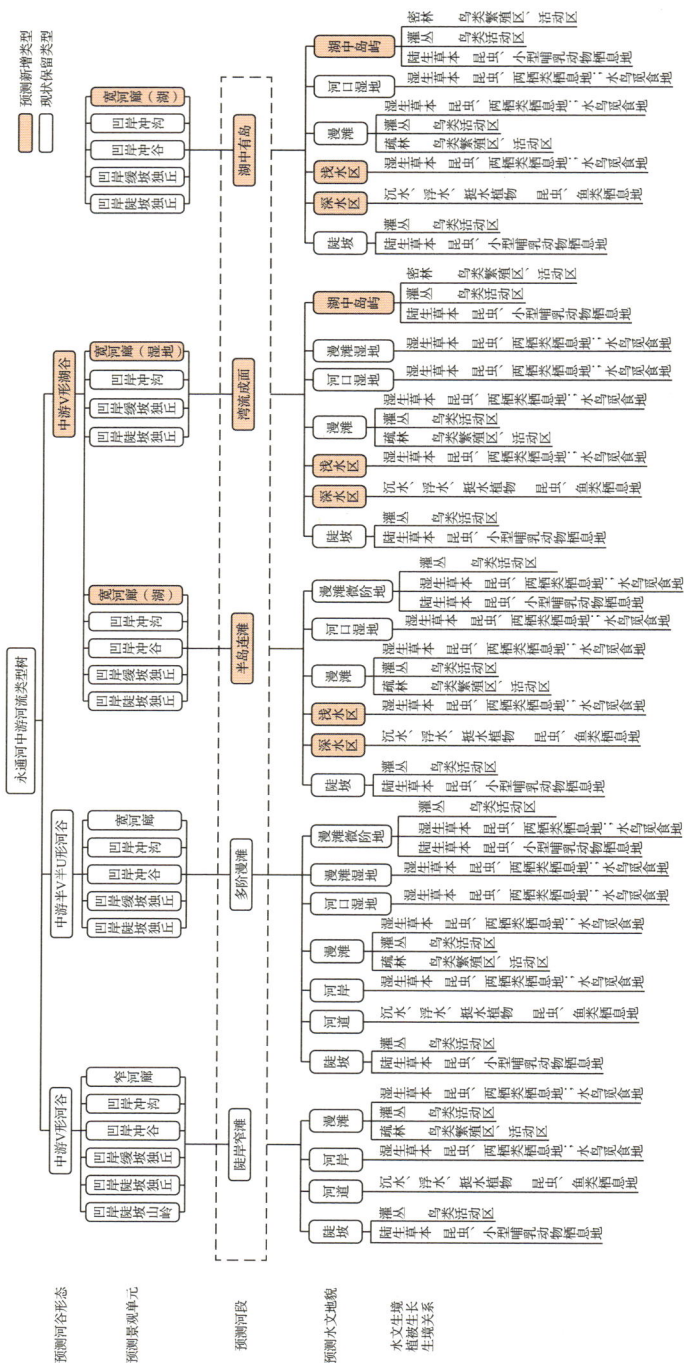

图 3.20　行为预测中的河流类型树

2. 各河段景观单元的保障

景观单元保障的目的是最大化保障山（丘）体的产水、输水和固水的水资源功能，消解城市用地硬化带来的水体污染和防止内涝的产生。

对于景观单元的规划措施包括对景观单元系统完整性的保存和永通河河谷形态完整性的保障两部分。

对景观单元系统完整性的保存策略包括保山保水、净水蓄水、顺势建设三部分。保山保水，即是保护具有大量产水功能的山（丘）体中坡度相对平缓的山顶和坡度大于 15° 具有固水功能的陡坡地，不将其纳入城市建设用地，增加其中的乔木林种植；净水蓄水，即是在沟谷中，顺应输水过程，保留连续的水道，或将其中的低洼地保留为串珠状的小湿地群，人工清污与自然做工相结合，消解城市用地硬化带来的水体污染和消除内涝隐患；顺势建设，即是主干道路选线顺应山势或水势，尽量从垭口处穿越山（丘）体，次干道路以下级别则因山就势，不破坏山（丘）体的产水功能。

对永通河河谷形态完整性的保障主要是针对中游 V 形湖谷，对"半岛连滩"河段，保障凹岸陡坡独丘、凹岸缓坡独丘、凹岸冲谷、凹岸冲沟的完整性及河廊（湖面）宽度；对"湾流成面"河段，保障凹岸陡坡独丘、凹岸缓坡独丘、凹岸冲沟的完整性及河廊（湖面）宽度；对"湖中有岛"河段，保障凹岸陡坡独丘、凹岸缓坡独丘、凹岸冲谷、凹岸冲沟的完整性及河廊（湿地）宽度。

3. 各河段水文地貌的重塑

水文地貌单元重塑的目的是增强水文生境单元对永通河"水资源、水安全、水生态、水环境"问题综合求解的自然做工能力。

坚持"重塑自然做工能力最强的水文地貌单元"的原则，提取永通河原生存中和永通湖人工扰动中自然做工能力最强的水文地貌单元，对各河段进行水文地貌单元的重塑。其水文地貌重塑可分为湿地地貌重塑、半岛地貌重塑及湖岛地貌重塑三部分。

湿地地貌重塑主要是针对"湾流成面"河段，主要策略为挖渠建坝、中水补给与湿地多样化。挖渠建坝是为了保障山洪到来时洪水可快速排放以及旱季上游水可向湿地补给，在罗家咀丘梁最窄处挖掘沟渠，修建自然的鱼嘴坝，调整雨季和旱季上游来水的疏导方向，以实现水流的急缓调节；中水补给是在湿地上游建设污水处理厂，将城市污水进行处理后，再排放到永通湖中，保证永通湖的活水水量，循环利用有限的水资源；筑坝到海拔 275m 的淹没线范围，永通湖将达到 20hm²、平均水深 6m，湖容 120 万 m³，难以得到充足活水补充，为减少湖容，采取以罗家湾子—新湾段为湖，以新湾—干坝子段为湿地的措施。同时，根据上游及周边沟谷向永通湖的来水关系及带来污染的可能性，采取多塘湿地、沼泽湿地、径流湿地等人工和自然湿地掺杂的方式，建设永通湖湿地体系。

半岛地貌重塑主要是针对"半岛连滩"河段，主要策略为浅滩修复与阶地重塑。浅滩修复是通过修建丁坝的方式，扩大将被大量淹没的河漫滩的面积，为景观和生物多样性的营建留存空间环境；阶地重塑是通过重塑河漫滩的微阶地地貌，为生物提供多样的栖息地。

湖岛地貌重塑主要是针对"湖中有岛"河段，主要策略为下游通河、岸线修复与岛屿凸起。下游通河是为了避免筑坝后，永通河下游段得不到中上游来水的补给成为干塘，而挖低该段的河床，使之与釜溪河连通，成为釜溪河的回流区；岸线修复是通过重塑蜿蜒多样的湖岸形态恢复鱼类洄游等生态功能；岛屿凸起是指除自然形成的屋后堡等大型岛屿外，生态化地营建若干小型岛屿，为水鸟留足栖息地（图 3.21 和图 3.22）。

4. 各河段水文生境单元的维育

对水文生境单元的维育目的是保护区域的物种多样性，避免因原有栖息地消失而带来的生物多样性的丧失，进而提升生态系统的稳定性。

焦点物种对自然环境的变化具有预警作用，对其他物种及各类栖息地的重塑具有指示作用。因此，对水文生境单元的维育可以从白鹭、画眉、沼蛙、黄颡鱼等四类焦点物种的运动、栖息规律着手，分别找寻适合其生活栖息的生境空间（图 3.23）。

通过焦点物种适宜生境的交叉重叠，并结合重塑后的水文地貌分区，确定陡岸窄滩生境、多阶漫滩生境、湾流成面生境、半岛连滩生境和湖中有岛生境等五类河段生境。因水位抬升对陡岸窄滩及多阶漫滩河段水文地貌的影响较小，故对二者的修复以保留现状地貌植被为主，对受影响较大的河段则选择原生地貌下的生境组合对重塑后的水文地貌进行生境修复，并通过生态工法重塑微地貌、配置相应植被，以保障各河段的生态功能，维育河段生境。

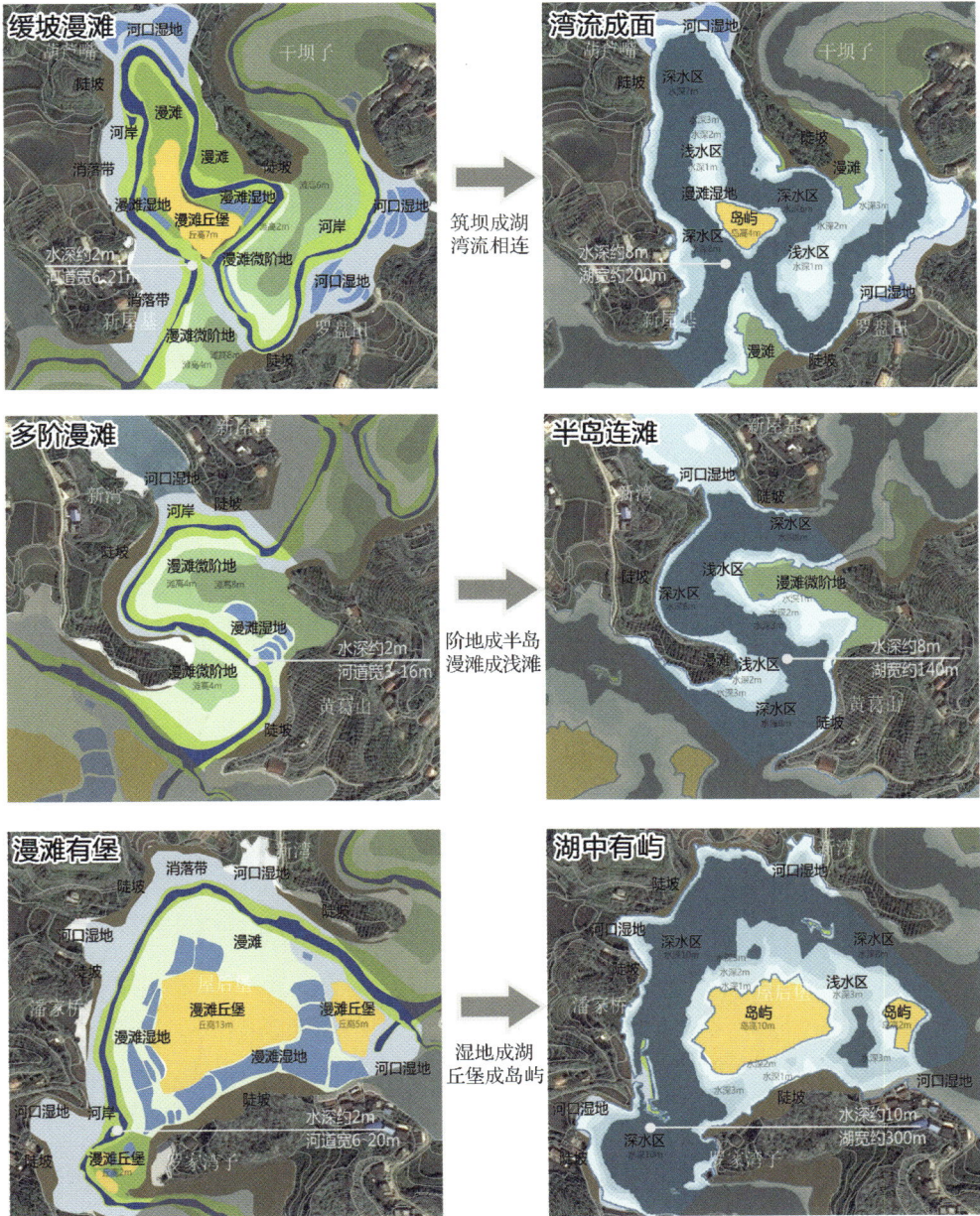

图 3.21　各河段水文地貌重塑分析

图 3.22　水文地貌重塑平面图

（a）白鹭生境空间示意图

（b）画眉生境空间示意图

（c）沼蛙生境空间示意图

（d）黄颡鱼生境空间示意图

图 3.23　水文地貌重塑下焦点物种运动规律图

湾流成面生境的修复方法为：重塑陡坡灌丛、漫滩草丛、多塘湿地、沼泽湿地、径流湿地、湾区边滩、湾区深潭及岛屿密林等水文生境。在漫滩草丛、湿地沼泽及湾区边滩生境中，通过种植芦苇、荷花、水薄荷等水生植物，为水鸟、鱼蛙等生物提供觅食和栖息地；在岛屿密林及陡坡灌丛生境中，通过保留竹林、乔木林、灌丛等原生植被，为小型哺乳动物和鸟类提供栖息地。营建"荷花氤氲蛙虫鸣，芦苇摇曳白鹭飞"的生境意向（表 3.3 和图 3.24）。

表 3.3 "湾流成面"生境重塑指引表

水文生境类型	植被种植指引	动物生境营建
陡坡灌丛	陆生草本、灌丛	昆虫、小型哺乳动物栖息地；鸟类活动区
漫滩草丛	疏林、灌丛、湿生草本	昆虫、两栖类栖息地；水鸟觅食地
多塘湿地	湿生草本	昆虫、两栖类栖息地；水鸟觅食地
沼泽湿地	湿生草本	昆虫、两栖类栖息地；水鸟觅食地
径流湿地	湿生草本	昆虫、两栖类栖息地；水鸟觅食地
湾区边滩	湿生草本	昆虫、两栖类、鱼类栖息地；水鸟觅食地
湾区深潭	水生植物	昆虫、鱼类栖息地
岛屿密林	陆生草本、灌丛、密林	昆虫、鸟类栖息地

半岛连滩生境重塑方法为：重塑陡坡灌丛、漫滩草丛、径流湿地、湾区边滩、湾区深潭及漫滩微阶地等水文生境。在漫滩草丛及湾区边滩生境中，通过种植灯芯草、鸢尾等湿地花卉，为水鸟、鱼蛙等生物提供觅食和栖息地；在漫滩微阶地及陡坡灌丛生境中，通过保留竹林、乔木林、灌丛等原生植被，为小型哺乳动物和鸟类提供栖息地。营建"鸟语竹林间，蝶舞花丛里"的生境意向（表 3.4 和图 3.25）。

表 3.4 "半岛连滩"生境重塑指引表

水文生境类型	植被种植指引	动物生境营建
陡坡灌丛	陆生草本、灌丛	昆虫、小型哺乳动物栖息地；鸟类活动区
漫滩草丛	疏林、灌丛、湿生草本	昆虫、两栖类栖息地；水鸟觅食地
径流湿地	湿生草本	昆虫、两栖类栖息地；水鸟觅食地
湾区边滩	湿生草本	昆虫、两栖类、鱼类栖息地；水鸟觅食地
湾区深潭	水生植物	昆虫、鱼类栖息地
漫滩微阶地	陆生草本、灌丛、湿生草本	昆虫、两栖类栖息地；鸟类活动区；小型哺乳动物栖息地

慈竹、枫杨等
乔木、竹林混合林

永通河

小飞蓬、野豌豆、苔草等
草本植物

陡坡灌丛生境

湾区深潭生境

慈竹、枫杨等
乔木、竹林混合林

深水区

漫滩草丛生境

小飞蓬、野豌豆、苔草等
草本植物

浅水区　轮叶黑藻、浮萍、菖蒲等
湿地植被

慈竹、枫杨等
乔木、竹林混合林

马桑、盐肤木等
灌木丛

岛屿密林生境

水薄荷等湿地花卉

马桑、插田泡等
灌木丛

芦苇、蒲公英等
湿地植被

轮叶黑藻、浮萍、菖蒲等
湿地植被

马桑、盐肤木等
灌木丛

香樟林

莎草、狐尾藻、灯心草等
湿地植被

多塘湿地生境

慈竹林

荷花

慈竹林

轮叶黑藻、水浮莲、芦苇等
湿地植被

芦苇、蒲公英等
湿地植被

湾区边滩生境

沼泽湿地生境

菖蒲、芦苇等
湿地植被

径流湿地生境

枫杨、构树等
乔木林

白鹭、画眉
繁衍、活动区

白鹭、画眉
繁衍、活动区

沼蛙繁衍区
白鹭、画眉觅食区

沼蛙繁衍区
白鹭、画眉觅食区

黄颡鱼
繁衍、活动区

湿地水深约3m

河道水深约7m

灌丛、密林	湿生植物	浮水、挺水植物	沉水植物	浮水、挺水植物	沉水植物	草丛	灌木、乔木
陡坡	河岸	浅水湿地	深水区	浅水湿地	深水区	河漫滩	陡坡

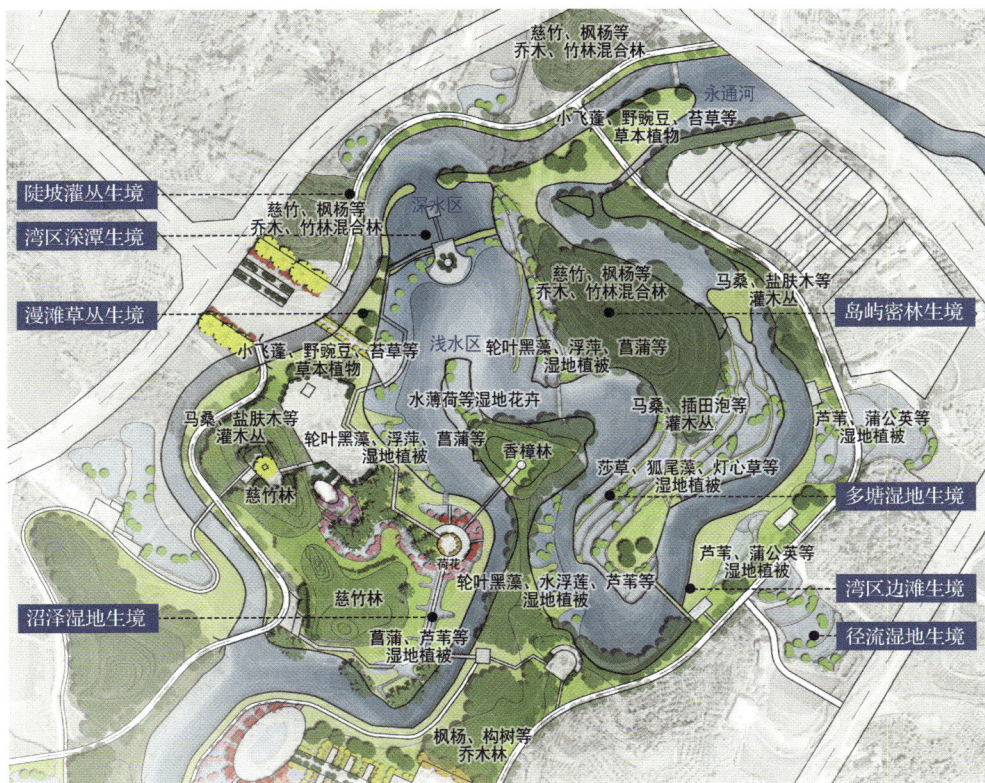

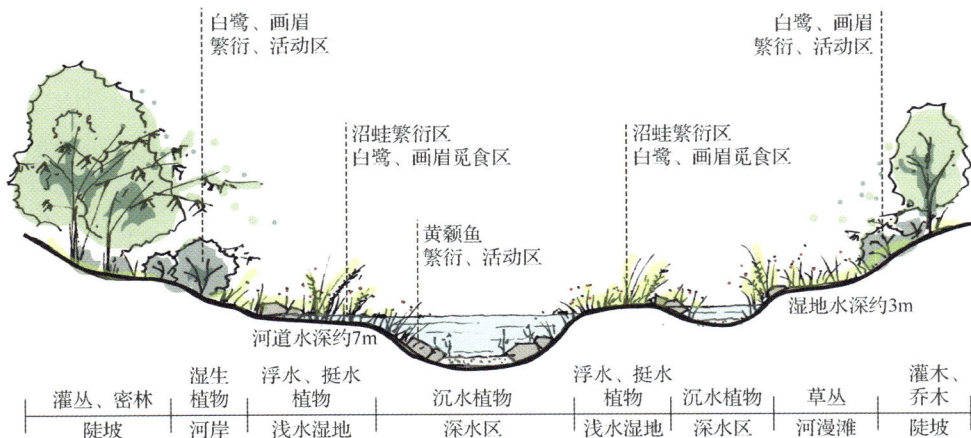

湾流成面生境剖面示意图

图 3.24　"湾流成面"生境重塑指引图

径流湿地生境

芦苇、蒲公英等
湿地植被

插田泡、桂花等
灌木丛

麦冬、山丹等
草本植物

枫杨、构树等
乔木林

湾区深潭生境

深水区

麦冬、山丹等
草本植物

插田泡、桂花等灌木丛

漫滩草丛生境

插田泡、桂花等
灌木丛

鸢尾花、水浮莲等
湿地植被

枫杨、构树等
乔木林

鸢尾花、水浮莲等
湿地植被

湾区边滩生境

漫滩微阶地生境

插田泡、桂花等灌木丛

麦冬、山丹等
草本植物

鸢尾花、水浮莲等
湿地植被

浅水区

插田泡、桂花等
灌木丛

陡坡灌丛生境

永通湖

麦冬、山丹等
草本植物

枫杨、构树等
乔木林

白鹭、画眉
繁衍、活动区

白鹭、画眉
繁衍、活动区

沼蛙繁衍区
白鹭、画眉觅食区

黄颡鱼
繁衍、活动区

4m微阶地

4m微阶地

河道水深约8m

灌木、乔木　灌丛　草丛　灌丛　浮水、挺水植物　　沉水植物　　　　灌丛、密林

二阶微阶地　一阶微阶地　浅水区　　深水区　　　　陡坡

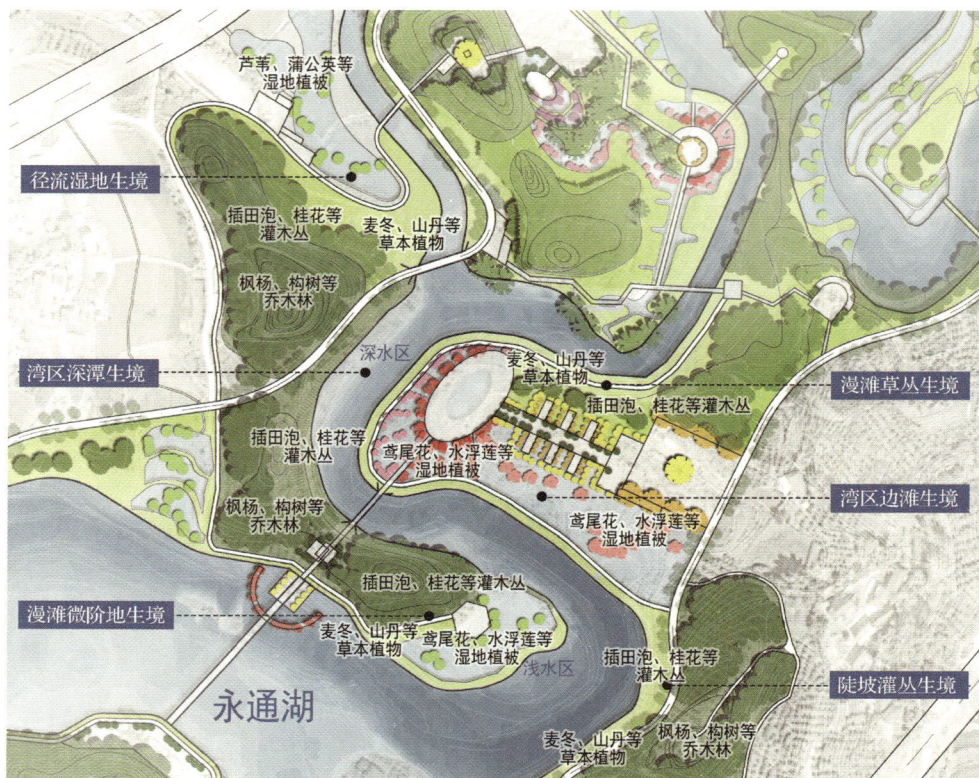

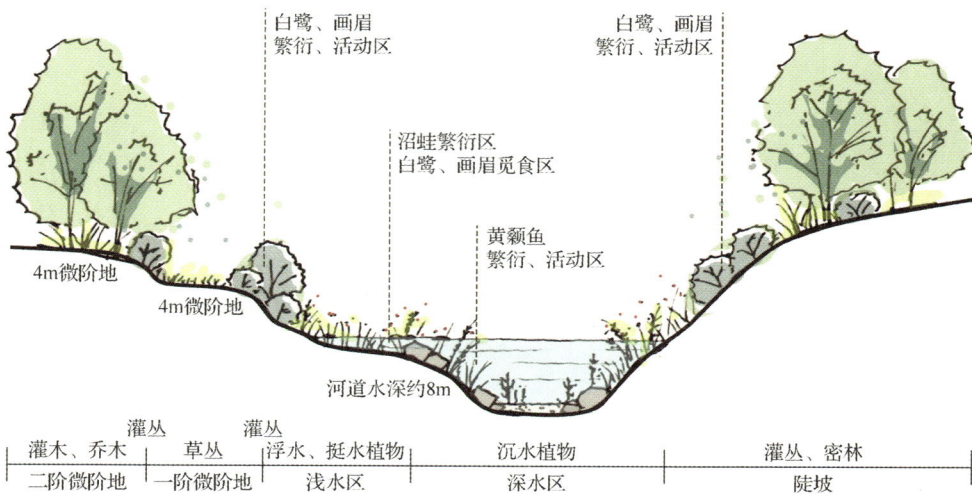

半岛连滩生境剖面示意图

图3.25 "半岛连滩"生境重塑指引图

　　湖中有岛生境重塑方法为：重塑陡坡灌丛、漫滩草丛、径流湿地、湾区边滩、湾区深潭及岛屿密林等水文生境。在漫滩草丛及湾区边滩生境中，通过种植多样草本植物和湿生植被，为水鸟、昆虫、鱼蛙等生物提供觅食和栖息地；在岛屿密林及陡坡灌丛生境中，通过保留竹林、乔木林、灌丛等原生植被，为小型哺乳动物和鸟类提供栖息地。营建"郁葱岛中百鸟飞，碧波湖里万鱼游"的生境意向（表 3.5 和图 3.26）。

表 3.5　"湖中有岛"生境重塑指引表

水文生境类型	植被种植指引	动物生境营建
陡坡灌丛	陆生草本、灌丛	昆虫、小型哺乳动物栖息地；鸟类活动区
漫滩草丛	疏林、灌丛、湿生草本	昆虫、两栖类栖息地；水鸟觅食地
径流湿地	湿生草本	昆虫、两栖类栖息地；水鸟觅食地
湾区边滩	湿生草本	昆虫、两栖类、鱼类栖息地；水鸟觅食
湾区深潭	水生植物	昆虫、鱼类栖息地
岛屿密林	陆生草本、灌丛、密林	昆虫、鸟类栖息地

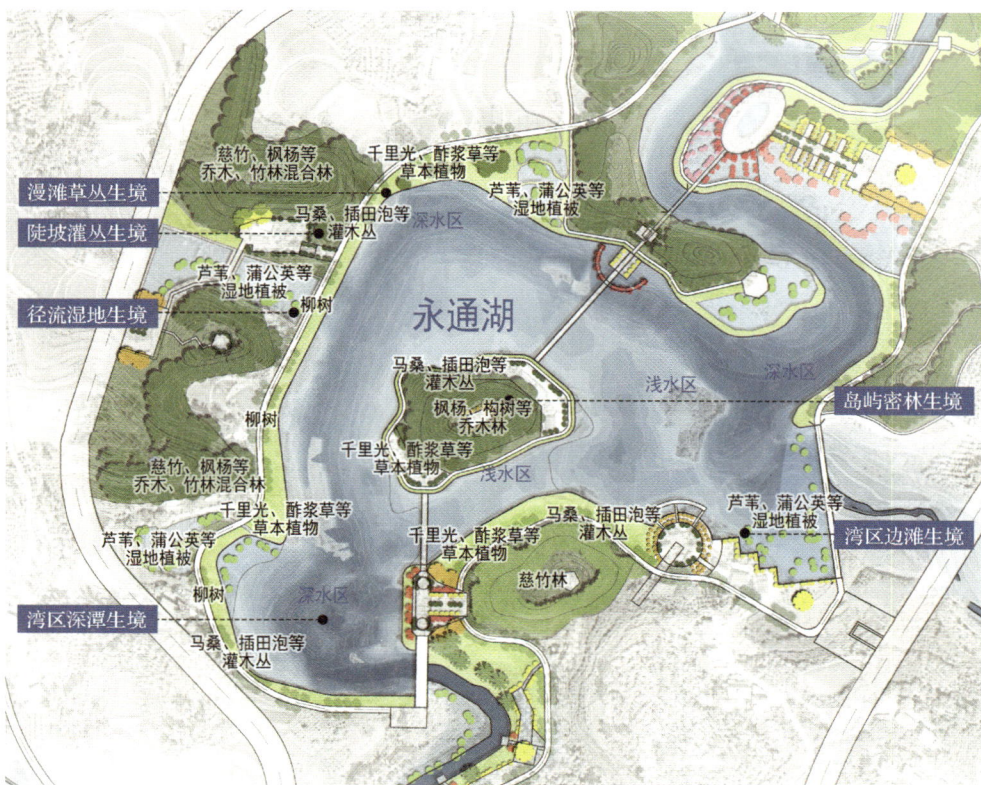

图 3.26　"湖中有岛"生境重塑指引图

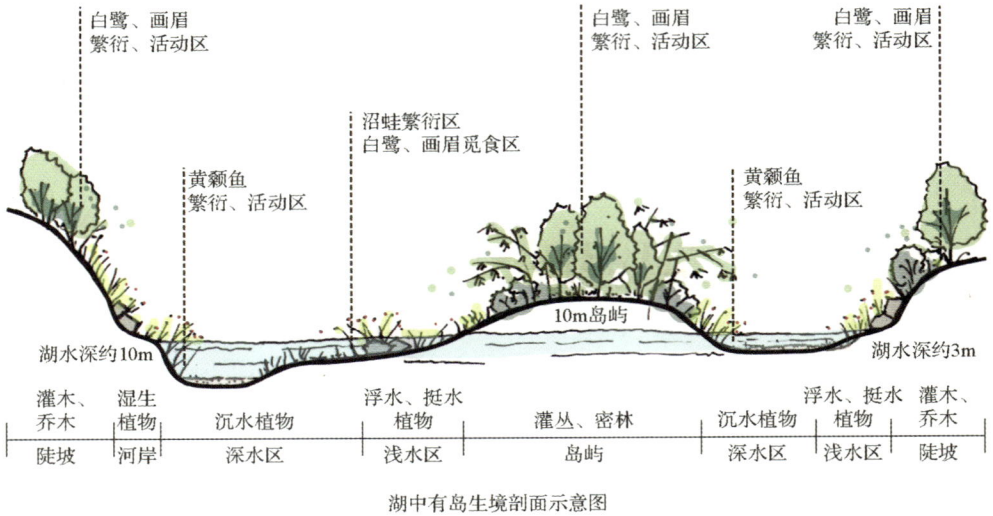

湖中有岛生境剖面示意图

图 3.26（续）

参 考 文 献

[1] 佚名. 重庆渣滓洞白公馆景区因山洪受损[EB/OL]. http://news.sina.com.cn/c/p/2007-07-17/225713467955.shtml.

[2] 佚名. 武汉渍水围城背后：原有 127 个湖泊，如今仅剩 38 个[EB/OL]. http://new.qq.com/cmsn/20160709012785.

[3] 佚名. 北京地下水位 16 年降 12.83 米减少 65 亿立方米[EB/OL].http://ocean.china.com.cn/2014-05/26/content_32487895.htm.

[4] 朱元甡，金光炎. 城市水文学[M]. 北京：中国科学技术出版社，1991.

[5] 林镇洋，邱逸文. 生态工法概论[M]. 台北：明文书局，2003.

[6] ODUM H T. Man in the ecosystem：in proceedings Lockwood Conference on the Suburban Forest and Ecology[C]. Bull. Conn. Agr. Station 652. Storrs，1962.

[7] MITSCH W J，JORGENSEN S E. Ecological engineering：an introduction to ecotechnology[M]. New York：John Wiley & Sons，1989.

[8] 高甲荣. 近自然治理：以景观生态学为基础的荒溪治理工程[J]. 北京林业大学学报，1999（1）：86-91.

[9] 林镇洋，邱逸文. 生态工法之缘起与演变[R]. 台北：生态工法讲习会讲义，2003.

[10] HUBER U M，BUGMANN H K M，REASONER M A，et al. Challenges in mountain watershed management[M]//HUBER U M，BUGMANN H K M，REASONER M A. Global change and mountain regions. Netherlands：Springer，2005：617-625.

[11] VAN BUEREN E M，VAN BOHEMEN H，ITARD L，et al. Sustainable urban environments-an ecosystem approach[M]. Netherlands：Springer，2012.

[12] BOON P J，CALOW P，PETTS G E. 河流保护与管理[M]. 宁远，沈承珠，谭炳卿，译. 北京：中国科学技术出版社，1997.

[13] GURNELL A M，ANGOLD P，GREGORY K J. Classification of river corridors：issues to be addressed in developing an operational methodology[J]. Aquatic conservation：marine and freshwater ecosystems，1994，4（3）：219-231.

[14] VANNOTE R L，MINSHALL G W，CUMMINS K W，et al. The river continuum concept[J]. Canadian journal of fisheries and aquatic sciences，1980，37（1）：130-137.

[15] WARD J V. The four-dimensional nature of lotic ecosystems[J]. Journal of the north American benthological society，1989，8（1）：2-8.

[16] STANFORD J A，WARD J V. The hyporheic habitat of river ecosystems[J]. Nature，1988，335（6185）：64-66.

[17] 董哲仁. 流域尺度的河流生态修复[M]//董哲仁，生态水工学探索. 北京：中国水利水电出版社，2007：122-127.

[18] 邬建国. 景观生态学：概念与理论[J]. 生态学杂志，2000，19（1）：42-52.

[19] WARREN C E，ALLEN M，HAEFNER J W. Conceptual frameworks and the philosophical foundations of general living systems theory[J]. Behavioral science，1979，24（5）：296-310.

[20] FRISSELL C A，LISS W J，WARREN C E，et al. A hierarchical framework for stream habitat classification：viewing streams in a watershed context[J]. Environmental management，1986，10（2）：199-214.

[21] HAWKINS, C P. Substrate associations and Longitudinal distributions in species ofEphemerellidae(Ephemeroptera: Insecta) from western oregon[J]. Freshwater Science，1985，4：181-188.

[22] MILLER J R，RITTER J B. An examination of the Rosgen classification of natural rivers[J]. CATENA，1996，27（3）：295-299.

[23] BRIERLEY G J，FRYIRS K A. Overview of the river styles framework and overview of the river styles framework and practical considerations for its application[M]// BRIERLEY G J，FRYIRS K A. Geomorphology and river management：applications of the river styles framework. Oxford：Blackwell publishing，2005：243-253.

[24] 傅伯杰，徐延达，吕一河. 景观格局与水土流失的尺度特征与耦合方法[J]. 地球科学进展，2010，25（7）：673-681.

[25] 严登华，何岩，邓伟. 流域生态水文格局与水环境安全调控[J]. 科技导报，2001（9）：55-57.

[26] VOIANU Z I. The drainage basin as a system unit[M]//VOIANU Z I. Developments in water science. Elsevier，1985：9-25.

[27] 卢剑波，王兆骞. GIS 支持下的青石山小流域农业生态信息系统（QWAEIS）及其应用研究[J]. 应用生态学报，2000，11（5）：703-706.

[28] GUNN R H，STORY R，MCALPINE J R，et al. Lands of the Queanbeyan-Shoalhaven Area，ACT and NSW. Land research series No. 24：CSIRO Land Research Surveys[R]. Melbourne，Australia：Commonwealth scientific and industrial research organisation（CSIRO），1969.

第4章 理山：山空间的认知

4.1 山 的 形 成

　　山的形成，是地球能量、物质循环的结果。聚焦于地球储层中物质运动的方式，能更为精准地描述山的形成。在太阳能和地壳内部能量的影响下，地球储层中的物质运动可分为三大循环：岩层循环（rock cycle）、地壳物质循环（tectonic cycle）和水文循环（hydrologic cycle）。岩层循环，是岩层经过地壳挤压隆起、水文浸蚀和气候影响，形成山的过程；地壳物质循环，是地球表面和内部大尺度运动所形成的新地壳挤压和循环；水文循环，是水从海洋、大气，到地表径流和地下水，被动植物运用，最后返回海洋的过程。地壳物质循环是山形成的内因，水文循环是山形成的外因，岩层循环是山形成的表征（图4.1）。

在水文循环中，水在不同载体中循环：海洋、大气、陆地（包括地表水及地下水）及生物圈（植物和动物内），最终返回海洋。岩层循环描述了地壳过程，岩石构造隆起形成山体，然后被侵蚀或风化。最终产生的沉积物可以被重塑、转化或改造成岩石，并重新堆起形成山体。地壳物质循环阐述了火成岩的来源，以及新地壳如何通过地球表面和内部大规模运动的方式形成及循环。太阳能为水文循环提供了动力，地球内部的热量推动了地壳物质循环，而这两部分能量都是岩层循环的动力来源。

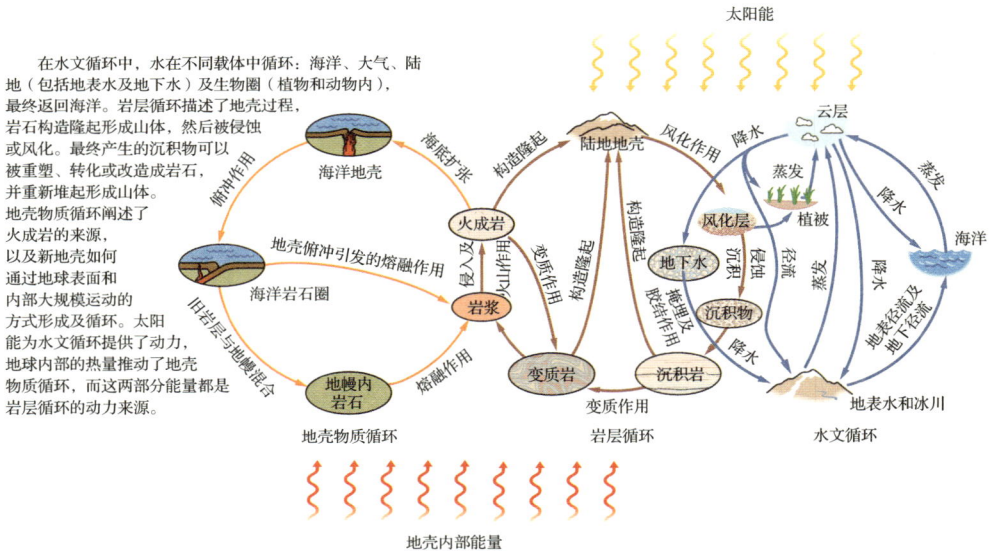

图 4.1 山形成的内外因

资料来源：BARBARA M，BRAIN S，Visualizing geology[M]. 3rd ed. New Jersey: John Wiley & Sons，Inc.，2012：15.

4.1.1　山形成的雏形：地壳运动

在理解地壳构造对形成山的作用过程之前，应先了解地球的内部结构（the structure of the earth）。大量的地理发现证实，地球的内部结构由地核（core）、地幔（mental）、地壳（crust）和它们之间的分界面（compositional boundaries）组成（图 4.2）。

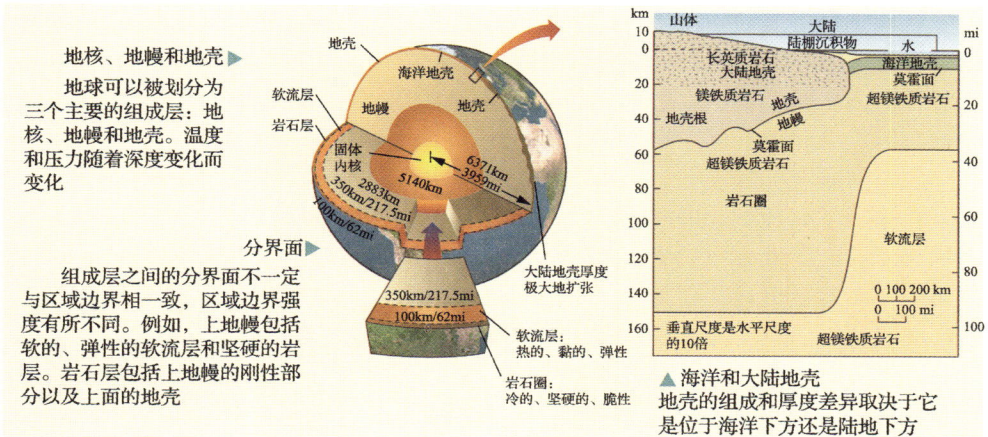

图 4.2　地球的内部结构

资料来源：ALAN STRAHLER. Introducing physical geography[M]. 6th ed. New Jersey：John Wiley & Sons，Inc.，2013：380.

地核位于地球的中心，距离地表大约 3500m，温度高达 3000～5000℃。在对地震波的测量研究中，科学家发现地核有内外两层。外核是液体，主要成分是铁，这被地震波到达该层时突然发生巨大变化的事实所证实。内核是固体，主要成分是铁和镍。尽管温度极高，但内核能保持为固态的原因是其处于极高压环境。外核的液态铁产生围绕内核流动的磁场，与内核的磁场相互作用，形成维持地球永久磁场的动能条件。

地幔是包裹地核的壳体，厚约 2900km，温度从靠近地核到靠近地壳呈 2800～1800℃ 递减。地幔是地球结构中最大的组成部分，占整个地球体积的 80%。根据温度和压力，地幔可分为上地幔和下地幔，下地幔比上地幔温度高、压力大、质地更坚硬。上地幔顶部是软流层（asthenosphere），是放射性物质集中处，放射性物质的分裂，使该处的温度升高到能熔化岩石，从而为地震和火山爆发提供能量，使地壳发生变形。

地壳是上地幔到地表的壳体。实际上，地壳与上地幔之间还有一层莫霍面［Moho，由南斯拉夫地震学家莫霍洛维奇（Mohorovicic）1909 年研究萨拉布地区地震时发现地震波的波速在此处发生显著变化，证实地幔与地壳之间有一层分界面，并以其名字命名]。地壳由多种岩石和矿物质组成，深度 7～40km 不等，是陆地上的土壤、大海中的盐、大气中的气体和所有水的来源，包括陆地地壳和海洋地壳两大类。陆地地壳上层为沉积岩和花岗岩层，主要由硅-铝氧化物构成，因而也叫硅铝层；下层为玄武岩或辉长岩类，主要由硅-镁氧化物构成，称为硅镁层。海洋地壳几乎没有花岗岩，仅有沉积岩覆盖在玄武岩上。

地理学家将坚硬脆性岩石的上地幔和地壳层，命名为岩石圈（lithosphere）。推动岩石圈漂移的动力来自地壳构造的对流运动（图 4.3）。正如加热水形成对流的过程，在地幔层中，地心深处的热熔岩向地表缓慢上升，在上升过程中被冷却开始向侧边流动后下沉，引发岩石圈拉裂（extension），岩石圈被分成了若干板块，并形成新的海洋（图 4.4）。岩石圈板块像冰山在大海中一样，漂浮在软流层上，相互之间发生碰撞（collision），与拉裂运动一起构成了造山运动（orogeny），山脉隆起；进一步遵循地壳平衡原理，隆起的山脉被侵蚀，减少了山体的高度和质量，岩石圈变得更轻并在软流层中飘得更高，引起山体再次变高并遭受更多的侵蚀，如此过程往复多次，直到山体被消减为根底浅的低矮山丘。

（a）当你煮一壶水时，离火炉最近的水比其他的水都要热。当温度升高时，水密度就会变低并上升到顶部。在表面，水冷却下来并向侧面移动，为在它下面的热水腾出空间。当表面的水冷却下来，它会变得更密集，然后下沉

（b）相同的对流过程以更大的规模和更长的时间在地球的地幔中发生。炽热的岩石从地球深处缓慢地上升；然后它冷却，向侧面流动，随后下沉。对流单体和岩石圈板块之间的关系远比我们在一锅沸水中看到的复杂得多

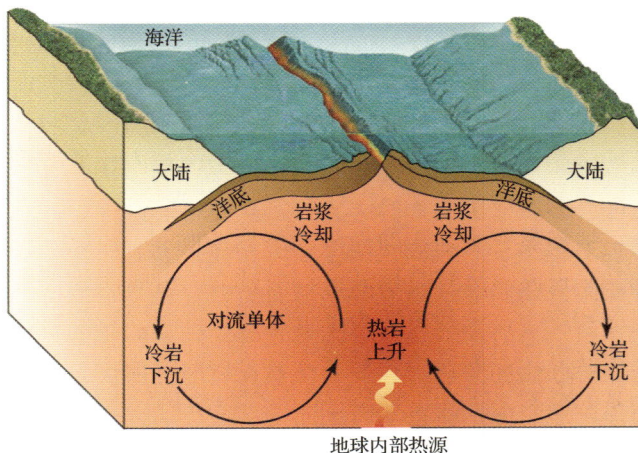

图 4.3　岩石圈漂移的动力

资料来源：BARBARA M，BRAIN S．Visualizing geology[M]．3rd ed．New Jersey：John Wiley & Sons，Inc.，2012：109.

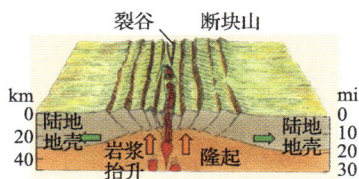

裂谷　断块山

km　　　　　　　　　mi
0　陆地　　　　　陆地　0
20　地壳　　　　　地壳　10
40　岩浆　⇑　⇑ 隆起　20
　　抬升　　　　　　　　30

（a）裂谷

地壳被抬升拉裂，断裂成块并倾斜于断层。最终形成一个狭长的裂谷。岩浆从地幔中抬升，不断地填满中心的裂缝

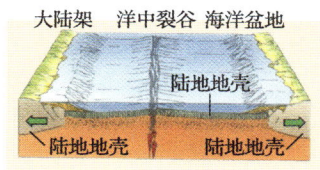

大陆架　洋中裂谷　海洋盆地

陆地地壳

陆地地壳　　陆地地壳

（b）大海洋

海洋盆地继续扩大、大陆不断分裂，直到形成一个巨大的海洋。海洋盆地变宽的同时，大陆边缘则逐渐平息并堆积了来自大陆的沉积物（夸大垂直比例尺度以便于突出表面特征）

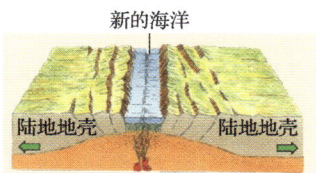

新的海洋

陆地地壳　　　　陆地地壳

（c）狭窄的海洋

岩浆凝固在裂谷底部形成了新的地壳。两侧的地壳板块随之沿着一连串陡峭的断层滑动形成山脉。新的海洋地壳成形并形成了一个狭窄的海洋

图 4.4　对流作用下的岩石圈拉裂为板块

资料来源：ALAN S，ZEEYA M．Visualizing physical geology[M]. New Jersey：John Wiley & Sons，Inc.，2008：247.

可以说，正是地壳构造的对流运动和岩石圈在软流层中的易漂移性，引发了由拉裂和碰撞运动所构成的造山运动，造就了山的雏形（图 4.5）。

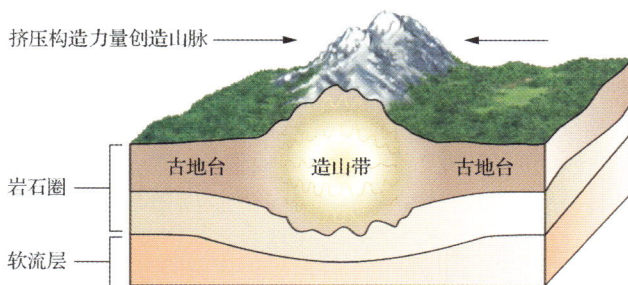

挤压构造力量创造山脉 →　　←

岩石圈

软流层

古地台　　造山带　　古地台

图 4.5　造山运动中山的雏形

资料来源：BARBARA M，BRAIN S．Visualizing Geology[M]．3rd ed. New Jersey.：John Wiley & Sons，Inc.，2012：257.

4.1.2　山形成的表征：褶皱、断层

经过造山运动拉裂、碰撞作用出的山体雏形，进一步在应力（stress）作用下变形，形成相对稳定的山形。

1. 应力和应变

要理解雏形山体转化为相对稳定山形的过程，首先要了解应力和应变（strain）的概念。

物体由于外因而变形时，物体内部各部分之间会产生相互作用力，试图对外因作用引发的变形进行恢复，这种物体内部各部分之间的相互作用力叫内力。应力就是受力物体截面上单位面积的内力。应变是物体在应力作用下的变形。应力分为正应力和剪应力，正应力又分为张应力和压应力。张应力引起拉伸应变，压应力引起压缩应变，剪应力引起剪切应变（图 4.6）。

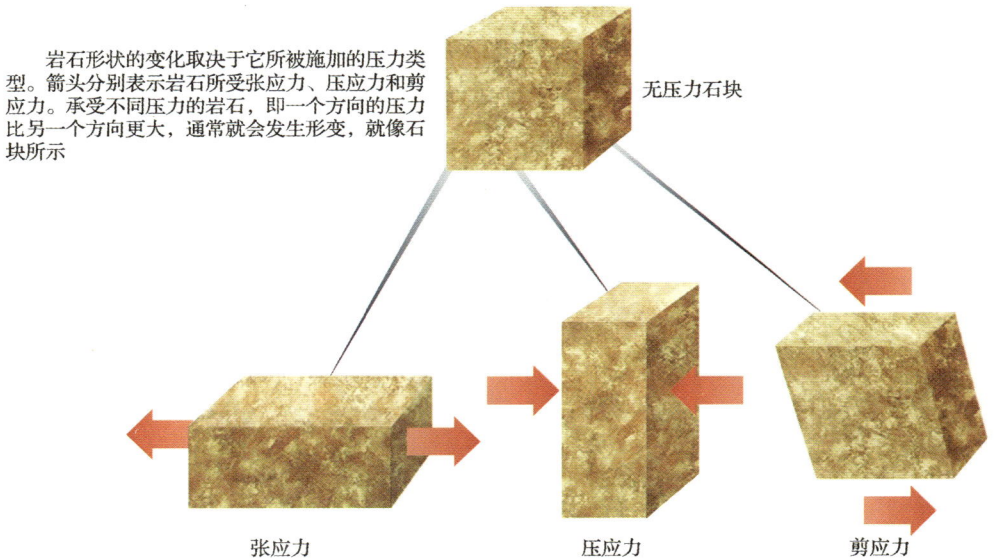

　　岩石形状的变化取决于它所被施加的压力类型。箭头分别表示岩石所受张应力、压应力和剪应力。承受不同压力的岩石，即一个方向的压力比另一个方向更大，通常就会发生形变，就像石块所示

无压力石块

张应力　　　　　　　压应力　　　　　　　剪应力

图 4.6　应力和应变

资料来源：BARBARA M，BRAIN S. Visualizing Geology[M]. 3rd ed. New Jersey：John Wiley & Sons，Inc.，2012：251.

除应力外，岩石变形还受地质环境因素，如围压、温度、溶液及孔隙压力等的影响。

围压（confining stress）又称静岩压力，是指岩石在地壳中各个方向的压力相

同。围压增高，岩石的质点彼此更近，岩石的内聚力增强，晶格不易破坏，岩石不易断裂。岩石所处地壳深度越深，围压越大，应变的韧性、强度极限和弹性极限越大。因此，近地表，岩石表现为脆性，断裂较发育；地壳深处，岩石变为具有高强度韧性的物质，甚至呈现为黏性流动，褶皱相对发育。

温度对应变的作用原理是：岩石质点的热运动增强，减弱了质点彼此间的作用力，质点更容易发生位移。许多岩石在常温常压下是脆性的，但随着温度增高，岩石的强度降低，弹性减弱，韧性增强，有利于变形。因此，当温度升高到一定的程度，较小的应力也能使岩石产生较大的塑性变形。

溶液通过对岩石分子的影响作用于岩石的应变。随着溶液的加入，岩石分子的活动力增强，岩石的内摩擦力和分子之间的凝聚力减小，从而降低了岩石的强度。所以，当岩石中有溶液或水汽时，岩石的弹性极限降低，塑性增加，岩石易于塑性变形。

在沉积物堆积时，一些流体被封闭在岩石孔隙内，促进岩石的重结晶作用，并影响岩石的变形。这种岩石孔隙内流体的压力称为孔隙压力。孔隙压力增大会降低岩石的屈服强度，从而产生岩石的软化应变现象。孔隙压力对断层的形成起着重要作用。

2. 褶皱

褶皱是岩石在应力作用下的弯曲应变，是雏形山体近似于平直的面变形为曲面的现象。褶皱在不同程度上影响水文地质和工程地质条件，也与矿产分布关系密切。

通常褶皱包括核部、翼部、转折端、褶轴、枢纽、轴面、轴迹、脊和槽等要素。核部是指褶皱中心部分的地层；翼部（简称翼）是核部两侧的地层；转折端是翼与翼之间过渡的部分；褶轴是平行于褶轴表面能描绘出褶轴面弯曲形状的直线；枢纽是在褶轴的各个横剖面上，同一褶轴面的各最大弯曲点的连线；轴面是褶轴内各相邻褶轴面上的枢纽连成的面；轴迹是轴面与地面或任一平面的交线；脊是背斜褶轴的同一褶轴面的各横剖面上的最高点；槽是向斜褶轴的同一褶轴面的各横剖面上的最低点（图 4.7）。

褶轴的基本形态有两种，背斜（anticline）和向斜（syncline）（图 4.8）。背斜是岩层向上弯曲，其核部是老岩层，翼部是新岩层；向斜是岩层向下弯曲，核部岩层较新，翼部岩层较老。背斜是向上突出的弯曲，在刚形成的地表出露呈凸起状，即雏形山。但由于背斜顶部受张力作用，岩性脆弱，在风蚀、流水、暴晒等外力因素作用下，顶部疏松的岩石会受到侵蚀造成高度下降而低于周边其他部分形成谷，即"背斜成谷"。向斜是向下突出的弯曲，在最初形成阶段的地表出露

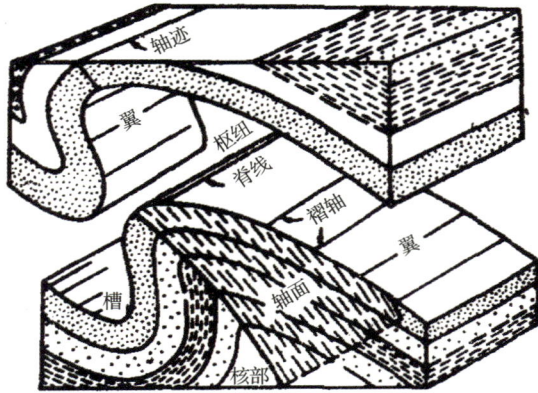

图 4.7 褶轴要素示意图

资料来源：徐开礼，朱志澄. 构造地质学[M]. 北京：地质出版社，1987：63.

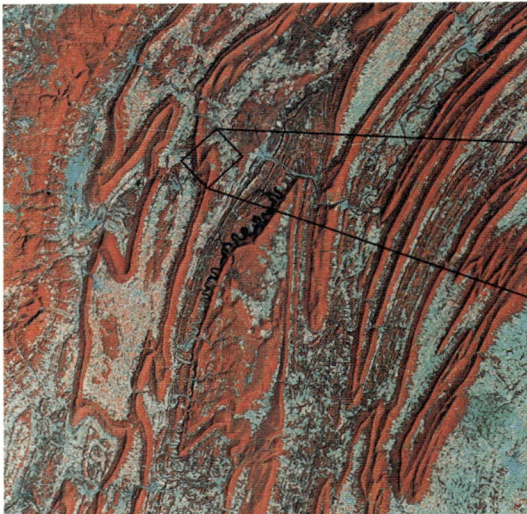

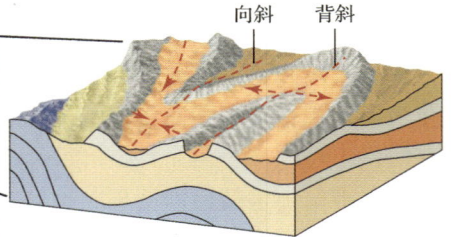

（a）此处是阿塔阿那山脉的一部分，被卫星拍摄成假彩色图像

（b）这张图是卫星照片中标出的区域的三维重建，反映了一些带有背斜和向斜的岩层地形。但背斜并不总是脊顶。例如，在前端因为灰色的岩石层已经被侵蚀掉，它暂时变成了一个山谷，但它仍然是一个背斜，因为棕色岩层是向下凹的。背斜和向斜指的是岩床的几何形状，而不是地表形态

图 4.8 褶轴的基本形态

资料来源：BARBARA M，BRAIN S. Visualizing geology[M]. 3rd ed. New Jersey：John Wiley & Sons，Inc.，2012：266.

呈下陷状，即雏形谷。但由于中部受挤压而坚实不易受侵蚀，同时，作为褶皱的一部分，向斜与背斜相连，背斜顶部受侵蚀的岩石会随外力迁移到向斜表层，久而久之就会重新堆积成为新的凸起，即"向斜成山"。所以，背斜和向斜不应单

凭地表形态的凸凹进行判断，而应区别岩层的新老关系。背斜是良好的储油、储天然气构造，开发石油、天然气多寻找背斜构造。背斜因其拱形结构，受力均匀，隧道、铁路等对地质要求较高的工程多选址背斜。向斜中部低洼，有集水作用，是良好的储水构造，适合修建水库。

随着褶轴的规模扩大，背斜和向斜组合形成褶皱系。最典型的褶皱系是穹隆和构造盆地。穹隆是岩层自褶轴的脊向四周做放射状倾斜的背斜；构造盆地是岩层从四周向中心槽部倾斜的向斜，如四川盆地。穹隆和构造盆地大多发育在基底刚性较高、构造活动性小、褶轴作用不强烈、地质构造稳定的地区。

3. 断层

断层是在应力作用下，岩层或岩体破裂，并沿破裂面位移的构造。在不同应力作用下，断层可分为正断层、逆断层和侧断层。

在张应力作用下，通常产生正断层，即断层上盘（hanging-wall block）沿着断层面向下滑动。正断层通常形成悬崖的地貌形态。正断层可以单独发育，也可以在一定范围内和一定地质背景中，由一系列断层构成地堑（graben）和地垒（horst）等基本组合形式。地堑由两条走向基本一致相向倾斜的正断层构成，两条正断层之间有一个共同的断层下盘（footwall block）。地堑在地形上常表现为断陷谷地，与沉积矿产，尤其与煤和油气藏等密切相关。地垒由两条走向基本一致倾斜方向相反的正断层构成，两条正断层之间有一个共同的断层上盘。地垒在地形上常表现为断块山，如华山、泰山、庐山等［图 4.9（a）、（b）］。

在压应力作用下，通常产生逆断层（reverse fault）。逆断层，是上盘上升，下盘相对下降的断层。其中，逆冲断层（thrust fault），是位移量很大的低角度逆断层，其倾角一般在 30° 左右或更小［图 4.9（c）、（d）］。逆冲断层的判读，对地震预报、地下水寻找（逆冲断层的破碎带和裂缝带常形成地下水的带状通道，再加上有压紧密实的断层带起隔水作用，因而容易形成地下水富水带）、油气和煤矿勘探（逆冲断层在油气盆地中发育普遍，具有良好的油气聚集和保存条件；逆冲断层常将含煤地层压在老地层之下，对煤层具有明显的控制作用）等具有重要的理论和实际意义。

在剪应力作用下，通常产生平移断层（wrench fault），断层两盘基本上沿断层走向相对滑动［图 4.9（e）］。规模巨大的平移断层通常称为走向滑动断层，通过菱形沉陷（rhombochasm）作用，形成拉分盆地。拉分盆地与其他成因盆地相比，发育快、沉积快、沉积相迅速，沉积物丰富，含有重要的沉积矿产。

张应力

崖

断层下盘

断层上盘

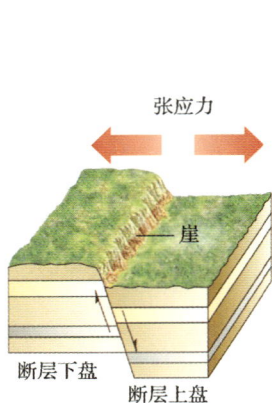

（a）地壳被张应力拉裂时，通常会出现断层。悬垂部分上的断层（即断层上盘）相对于断层下盘向下滑动。这种运动可能会在地表显露出一种类似悬崖的地形，称为"崖"

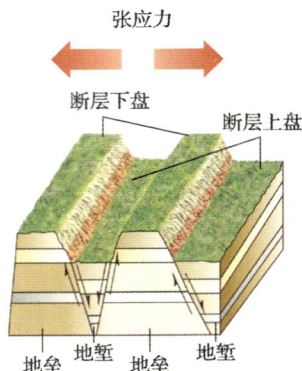

张应力

断层下盘

断层上盘

地垒　地堑　地堑　地堑

（b）张拉力作用下普通断层常成对发生。在地堑中，两个断层相向倾斜，它们之间的岩块下降。在地垒中，断层反向倾斜，之间的岩块上升。虽然岩块的相对运动几乎是垂直的，但是因为张应力引发的地壳水平拉伸，才导致了这种运动

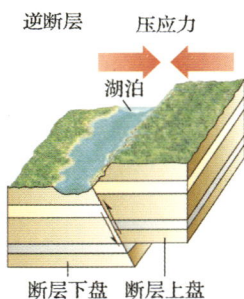

逆断层　压应力

湖泊

断层下盘　断层上盘

（c）在逆断层运动中，压应力作用下断层上盘向上推过断层下盘。断层的运动方向与正断层运动的方向相反

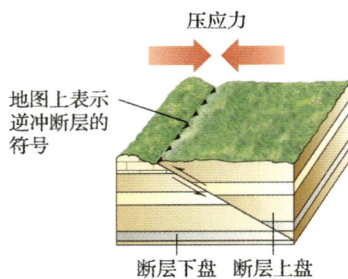

压应力

地图上表示逆冲断层的符号

断层下盘　断层上盘

（d）地质学家用一排朝向断层上盘的三角符号来表示逆冲断层

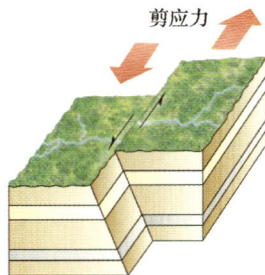

剪应力

（e）在平移断层中，主要是与断层走向平行的水平运动。这种断层是受剪应力作用形成的

图 4.9　不同应力作用下的断层

资料来源：BARBARA M，BRAIN S. Visualizing geology[M]. 3rd ed. New Jersey：John Wiley & Sons，Inc.，2012：260.

　　断层的判读对水文利用、工程建设、地震防御及矿产勘探具有重要的实践意义。例如，断裂面往往发育成泉水湖泊；断层处不宜兴建大坝等大型工程，易诱发滑坡等地质灾害；"有地震必有断层，有断层必有地震"，断层活动诱发了地震，地震发生又促成了断层的生成与发育，地震与断层有密切的联系。

　　在实际中，断层的判读往往需要考虑地貌、地层、构造、岩石等因素。最直观的判读是识别地貌标志。常见的地貌标志有断层崖、断层三角面、错断的山脊、山岭和平原的突变、串珠状湖泊洼地、带状分布的泉水和急剧转向的河流，甚至错断的河谷等。

4.1.3　山形的雕刻：浸蚀作用

　　地壳运动造就了山的雏形，风化和水文浸蚀进一步雕刻山形。

　　风化是将基岩变为小的岩石或岩石碎片，最后变为土壤。风化分为机械风化和化学风化。机械风化是依靠物理作用将基岩碎片化，并没有改变岩石的化学成分；化学风化，如氧化，是依靠化学反应改变基岩化学成分，并使其碎片化。风化不仅雕刻山形，还为山地乃至整个地球带来了土壤，富有腐殖质的土壤孕育出富有生机活力、生物多样性丰富的山地生态系统。

　　风化带来的新土壤不断替换地表原有土壤，由地表往下，土壤通常分层分布，每层土壤有不同的物理、化学和生物特征。最上一层是富集有机物的 O 层；其下是腐殖质丰富的深色 A 层；有时候，灰色的 E 层在 A 层之下，含有比较少的腐殖质和没有铁和氢氧化物外衣的矿物质颗粒，通常是常绿森林所需要的酸性土壤；A 层或 E 层之下是褐色或者红色的 B 层，富含从上层过滤下来的铁的氢氧化物和黏土；最深一层是黄色或者铁锈色的底土（subsoil）C 层，含有母岩在不同风化阶段的物质［图 4.10（a）］。适宜常绿森林的土壤，O 层和 A 层较浅，E 层最厚；草地需要具有 A 层厚的土壤；荒地通常具有浅的 A 层和 B 层，其下是丰富的碳酸盐层［图 4.10（b）］。

　　对山形进行雕刻的另一主要外因，是水文过程中的浸蚀作用，包括雨水打在地表的溅蚀（splash erosion）和水流带来的流蚀（fluvial erosion）。戴维斯地貌发育浸蚀循环（geomorphic cycle）理论认为，浸蚀对山形的雕刻经历了从幼年向老年再回春（rejuvenation）的循环过程。

O层
有机物

A层
腐殖质丰富的深
色层

E层
以酸性物质为主
的灰色层

B层
黏土矿物积聚层

C层
风化母岩

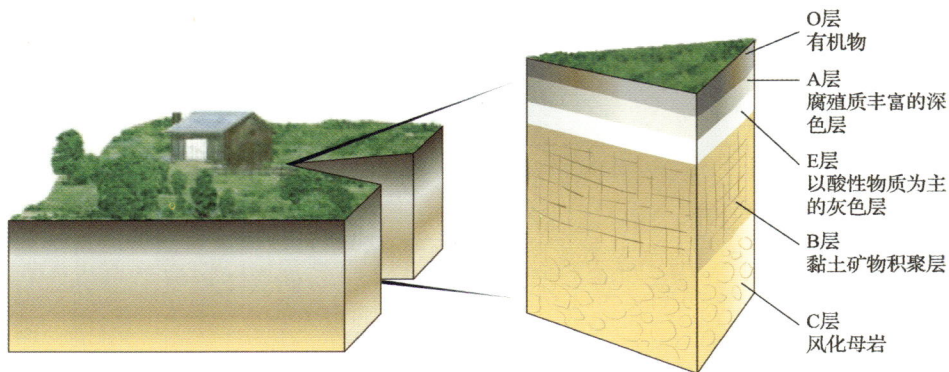

（a）土壤层的通常分布

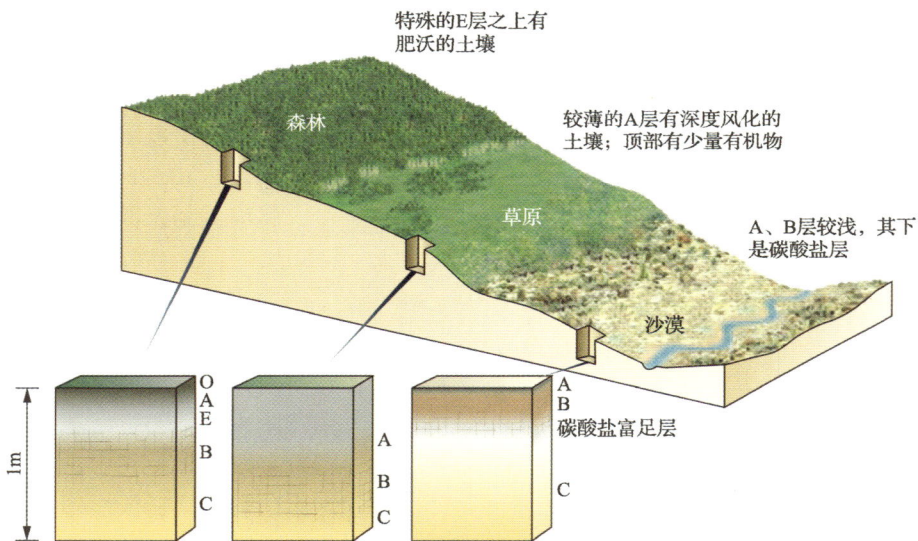

特殊的E层之上有
肥沃的土壤

森林

较薄的A层有深度风化的
土壤；顶部有少量有机物

草原

A、B层较浅，其下
是碳酸盐层

沙漠

1m

O
A
E
B

C

A

B

C

A
B

碳酸盐富足层

C

（b）不同土壤层适宜生长植被

图 4.10　土壤层的通常分布与适宜生长植被

资料来源：BARBARA M，BRAIN S．Visualizing geology[M]．3rd ed. New Jersey：
John Wiley & Sons，Inc.，2012：204-214.

　　幼年期，山地在地壳运动下，抬升为准平原（peneplain），地形无大起伏，排水不畅。在浸蚀作用下，进入青年期，出现陡坡、峡谷，原始地表的残留物留存在溪流之间的分水岭上。进入成熟期，浸蚀作用加剧，地面凸凹不平，幼年期准平原的残留物消失，河流发育并开始出现冲击洪泛平原。进入壮年期，河流浸蚀、迁移和沉积作用加剧，发育出广阔的洪泛平原，浸蚀出的土石流减缓了坡面和山脊的陡峭度，地表从凸凹不平转变为圆润。进入老年期，河流的坡降和峡谷两侧的坡度变缓，地表高程慢慢接近海平面，形成缓坡的圆润准平原。最后，地表再次抬升，回春到幼年期（图 4.11）。

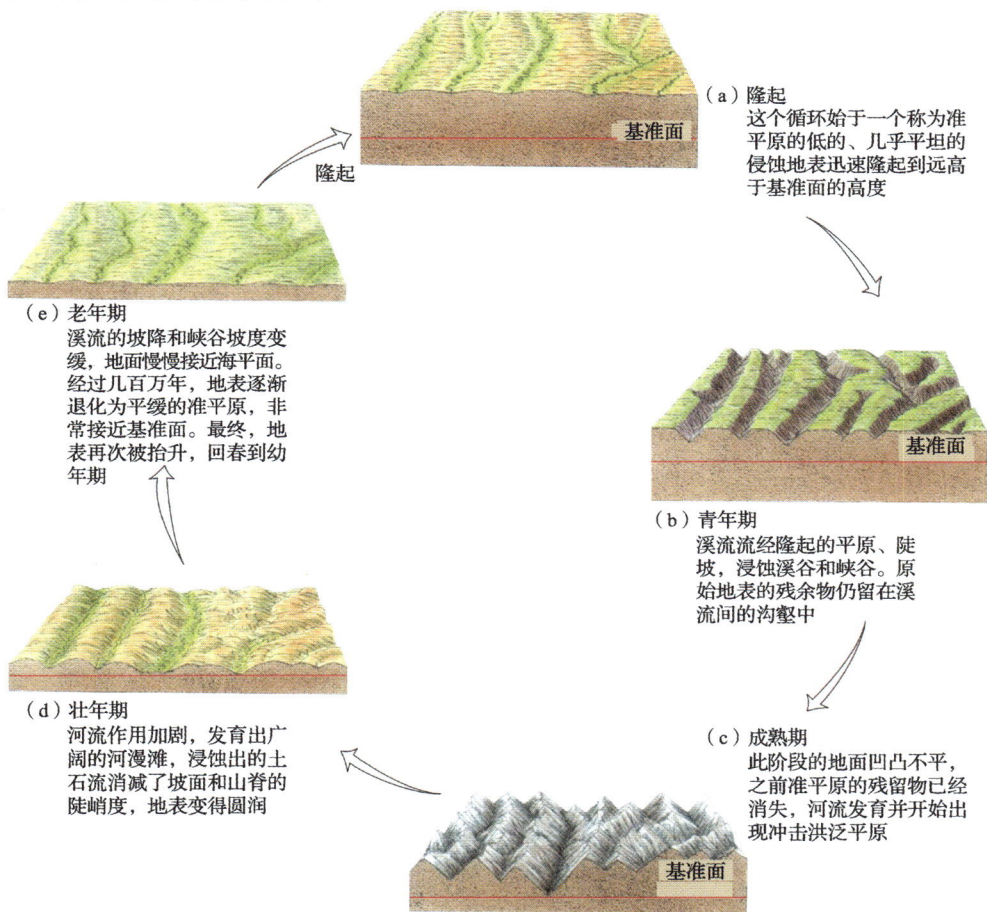

（a）隆起
这个循环始于一个称为准平原的低的、几乎平坦的侵蚀地表迅速隆起到远高于基准面的高度

（b）青年期
溪流流经隆起的平原、陡坡，浸蚀溪谷和峡谷。原始地表的残余物仍留在溪流间的沟壑中

（c）成熟期
此阶段的地面凹凸不平，之前准平原的残留物已经消失，河流发育并开始出现冲击洪泛平原

（d）壮年期
河流作用加剧，发育出广阔的河漫滩，浸蚀出的土石流消减了坡面和山脊的陡峭度，地表变得圆润

（e）老年期
溪流的坡降和峡谷坡度变缓，地面慢慢接近海平面。经过几百万年，地表逐渐退化为平缓的准平原，非常接近基准面。最终，地表再次被抬升，回春到幼年期

图 4.11 地貌发育浸蚀循环

资料来源：ALAN S. Introducing physical geography[M]. 6th ed. New Jersey：John Wiley & Sons，Inc.，2013：514.

4.2 山 的 认 知

4.2.1 山的存在本体

"山，存在吗？"通常的回答是肯定的。在人们的日常生活中，总能明确指出山的位置，并能说出明确的山名，所以山是具有明确地理特征的事物。"如何区分

山、丘、岗？""如何划出明确的山脚线？"接下来对这两个问题的回答则变得困难重重。几乎没人能说出山和丘的区别，有人尝试从对相对高差的感受方面加以区分，但实际生活中，特别是在平原地区，很多相对高差小的地形凸起也被称为山，例如，成都市新都城区南侧的五龙山，与城区相对高差大约 30m，对于长期生活在山地地区的人而言，只能算是小丘。也没人能指出具体的山脚，一些人认为山脚是山接近平地的部分，一些人认为山脚是半径几十千米的绕山一周的最低等高线，这些定义希望通过划出山脚线来界定山的实体，同时又将山脚线的划定前提建立在对山的实体有明确界定的基础上，这本身就陷入了逻辑悖论的死循环。

在对后两大问题难解的状况下，我们再次回到"山，存在吗？"的问题，并将该问题转化为"山，是作为实体存在的吗？""山是个体（象征）还是种类（类型）"。

在认知科学（cognitive science）中，日常生活实体分为两大类。一大类是有机物，是自然选择后的物品；另一大类是人工制品，是经过人类设计的产品。这两大类日常生活实体和事物的典型特征是有明确、明显和完整的边界的，能将自身从环境中分离。这不是模棱两可的状态，一旦产品制造的命令发出，边界就开始形成。"生态心理学"的创始人吉布森（Gibson）提出，不仅日常实体通过真实的边界相互隔离，日常生活事物的分类（类型、类别）也适用于该状况，它们通常从相邻类别分离出边界，而不是通过持续的刻度线分离出边界。对于自然物品，这也不是模棱两可的。自然界中的"猴子和猩猩"的分离，是长期的自然选择和进化获得的。对于人工制品，如椅子、帽子等，它们的分离是在相似的时尚中，通过制作者的设计和制造出的不同功能所获得的。

尽管个体的山会被命名，甚至会被膜拜，但它不具备有机物和人工制品所具有的轮廓线，因此并不满足作为实体存在的标准。山没有明确、明显和完整的边界。但山和其上的空气的边界可能是明确、明显，但易碎的。最通常的实例是：当我们朝着山脚向下看，根本不存在单一的候选边界。在山的分类中，具有相似的现象：山和相邻类别的丘、岭、岗、高原、平原等，并没有实质性的不同。山不是自然选择后的物品，也不代表反映特定人群意愿或目的的人工制品类型。实际上，山开始似乎更像邻里或地点，被人为勘定划界，既作为类型也承载象征的意义，仅仅反映人类认知和行为的习惯。在不同的文化中，这些认知和行为的习惯不同，所以德语中的"Berg"与英语中的"Mountain"可能不完全一致。山不是以实体存在的[1]，认知山不能从实体本身着手，而应从存在的本体开始。

本体论是探讨存在的哲学[2]。作为哲学的分支，本体论研究现实的组成。特定领域的本体论用系统的方式描述现实的组成、各组成部分之间的关系以及与其他领域组成部分之间的关系。"领域""组成""现实""关系""特征""物体""实体""条目""存在"是本体论关心的术语。

"存在是单义明确的"是本体论定义"存在"的基本原则。在自然科学领域，存在指能将原子、电子、细胞、有机物、植物和太阳系统等物质成套、成组推导为理论公式，以解释其组成机制及功能，并预测这些物质在更高层面交叉而产生其他类别事物（例如，爱因斯坦从三维空间推导出的相对论证实了四维空间的存在）。在自然科学家眼中，缺乏参考依据推导出的仅仅可能性、神秘物质和虚构元素并不存在。能解释、能预测，是自然科学家理解"存在"的基本准则。

遵循自然科学领域对"存在"的理解，思考对"山，存在吗？"这一问题解答的目的是：我们是为了获得好的解释而需要接受（举例、量化）山，还是为了获得好的（预测性的、科学性的）理论？

在实际生活中，山往往是解释和预测事物发展规律的基础。例如，动物学家在建立关于动物行为的科学理论时，对于山或谷的地理空间形态的参照可能是必不可少的。一个昆虫学家在描述七星瓢虫在加利福尼亚的空间行为时，他发现探讨七星瓢虫在一定季节的空间集聚（在山顶）时，有效的山的概念对他是有帮助的。尽管七星瓢虫本身可能完全不了解山或地形，但在每年一定的时间，它们沿坡而上，集聚在山顶（相似的例子还有大肠杆菌沿着糖浓度梯度逐渐集聚，似乎在寻找糖）。

探寻山的概念还能帮助我们理解和预测人类行为。与岛屿生物地理学研究中发现的岛屿在引发不同动植物进化模式中起到了关键作用一样，在决定人类不同的聚居模式时，山发挥了关键作用[3]。因此，这个规则及其相关准则提供了证据，证明山不仅仅是存在于人们的精神意识中，而是和其他地形一起实实在在地存在，一方面位于有机物知觉和行为之间的交接面，另一方面位于大尺度的物理环境中。

吉布森认为山是作为"意"而存在："环境的意是它所提供给动物、提供和配置给环境的东西可能是好的，也可能是不好的[4]"。"悬崖的边缘，……是一个地形下降的地方。它容易诱发伤害，因此被步行动物所意识。"山的"意"是作为认知环境的一部分而存在的。因此，山的概念不仅仅是在人们考虑到信仰和行为后才拥有的，更重要的是，如此的概念以直接和特殊的方式与适应环境相关。只有具有这种适应环境的"有价值意"的山才真实存在。

4.2.2　地图综合的启示

山的有价值意，可以是满足生物生理需要的环境场；也可以是满足人精神上的需求。

从人的视角，山的有价值意可分为：①提供水资源的山环境；②提供森林资源的山环境；③提供耕地资源的山环境；④提供精神信仰和风光欣赏的山环境。由于山地地貌的多维空间特性，环境的外在表现是具有多维性、多样性的地貌景观，如陡坡森林景观、悬崖景观、瀑布景观、深潭景观等。如果单纯将四大类环境与多样性的地貌类型进行排列组合，反映山价值意的地貌景观类型将会无穷，似乎通过地貌景观认知和界定山变成了无解的命题。庆幸的是，随着地理信息科学的发展，地图综合打开了认知复杂多样地貌景观的新途径。

地图综合来源于认知科学（cognitive science），特别是空间认知科学的发展。现代认知科学认为认知是人脑反映客观事物的特性与联系，揭露事物对人的意义和作用的心理活动。认知是结构化的，即以现有的知识结构来接纳新知识，新知识促进旧知识结构重组为新的知识结构。这个过程也可以表述为：信息的综合集成为知识（事物发展规律），知识的综合集成为智慧（对知识的运用）。心理学研究表明：视觉主导了人对事物的感知，几乎可达到所有感知的 87%[5]。人类对客观世界的认知，就是通过事物与现象的相关位置、依存关系以及它们的变化和规律，不断地认识自己赖以生存的环境（涵盖自然、社会、经济、文化等多方面），这就是空间认知。

空间认知研究人怎么认识自己赖以生存的环境，研究人如何理解和表达空间的方式，研究空间信息的获取与处理过程。空间认知是通过形成对生存环境的认知地图（cognitive map），决策支持空间行为。认知地图则是运用空间抽象思维，对实体标识（what）、实体的相互空间关系（where）和实体的变化过程（when）三大方面，进行分类、聚类和层次的心像排序，删除细节，概括出结构性的空间知识（空间关系+语义），并图式化表达[6]。在地理信息科学中，这一过程被命名为地图综合。

综合作为一种认识事物根本的思维方法，其任务是探究事物各方面已被认知的本质之间的相互关系，进而将其有机地联合成为一个整体。没有综合，人们对周围环境的认识无论在时间上还是在空间上都会是离散的、独立的。地图综合则是将反映事物各方面本质的信息空间化，通过这些信息的空间分布规律和结构关系，发现事物整体的本质，并以形式简化的图式进行表达。综合出的形状简化的地图，可以减少使用者的认知负担，便于使用者快速、准确、整体地理解事物本质。人脑不可能记住事物的所有细节，随着信息技术的发展，特别是互联网对人们生活的深度渗透和改变、信息的大爆炸，使得信息的获取变得容易，去繁就简、舍次求本的地图综合，越来越被认可为逼近事物本质的有力途径。

结构化是地图综合思维和方法的核心。这里的结构包括事物本质之间的层次结构和空间结构两大方面，相对于地理信息科学中地图综合所涵盖的信息（模型）综合和空间综合两大层面。

海量数据是不能用于决策的，地图综合的层次结构，就是通过对信息进行分类和有序排列，建立信息的层次结构，去粗取精，去除冗余信息，使信息成为有意义、可操作的控制性信息，便于通过信息综合，运用数理模型方法，对事物各方面的本质及其相互之间关系的整体进行认知。在 GIS 数字环境下，空间数据库和非空间数据库由过去的单一类型文件的孤立处理进入到多类型文件的相关处理，使各类信息能够分门别类地存储，并建立彼此之间必要的空间关系，为地图综合提供了层次结构化的信息保障。同时，图论和拓扑原理的空间数据结构的引入，打开了从事物和它们之间联系的结构来寻找本质及其之间相互关系的新路径。例如在解答著名的"七桥问题"时，瑞士数学家欧拉并不从走过桥（路径）本身的排列组合着手（所有走法有 5040 种），而是研究陆地（顶点）与路径的相关关系，将顶点与其关联的路径数定义为度，有奇数条路径关联的顶点定义为奇度顶点，有偶数条路径关联的顶点定义为偶度顶点，论证出：奇度顶点的个数为 0 或 2，是能一笔画连通若干顶点的充分且必要条件（图 4.12）。

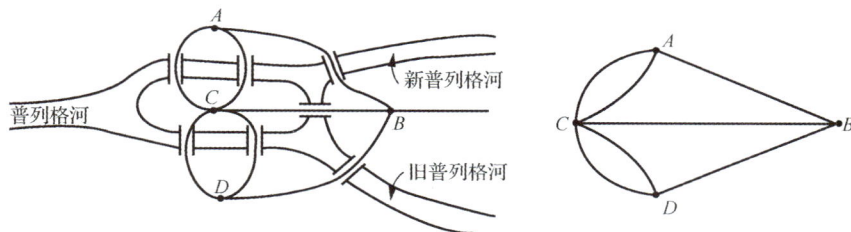

图 4.12 "七桥问题"求解

陆地（顶点）和桥（路径）的关联：①一条路径有两个路径端，路径端必为偶数；②路径端总数与所有顶点度的总和相等，所有顶点度的总和必为偶数；③将进入顶点的路径数定义为入度，从顶点出去的路径数定义为出度，一个封闭的网络路径，除起始和结束两个顶点外，其余顶点有进必有出，入度和出度相等，为偶度顶点。

结论：奇度顶点的个数为 0 或 2，是能一笔画连通若干顶点的充分且必要条件。"七桥问题"中，4 个顶点皆为奇度顶点，所以不可能不重复地一次性走完七座桥。

资料来源：毋河海. GIS 与地图信息综合基本模型与算法[M]. 武汉：武汉大学出版社，2011：46-47.

地图综合的空间结构是信息通过可视化在空间上表现出的图形整体，它受格式塔心理学启发。格式塔是德语 Gestatl 的音译，原意是完形，即具有整体性或完整性的形体或图形。格式塔心理学又名完形心理学，是 1912 年由德国心理学家魏特海默（Wertheimer）首创，由考夫卡（Koffka）、柯勒（Kohler）等发展出来的，它打开了运用视觉思维认知事物本原的大门。美籍德国心理学家安恩海姆（Arnheim）在其著作《艺术与视知觉》和《视觉思维》中提出：一切感知中都包含着思维，一切思维中都包含着视觉，一切视觉观测中都包含着创造，视觉思维是人类活动中最有效的认知和创造思维。

完形心理学视觉思维的出发点，是从似动现象的视知觉问题实验中发现：视觉形象首先是作为整体被认知的，而后才以部分的形式被认知，也就是说，人们先感知一个形状或图形的整体，然后才感知构成整体的各个部分（图4.13），人的心理意识活动都是先验的"完形"，格式塔表示的就是任何一种被分离的整体。格式塔具有的综合能力，在客观方面，是结构；在主观方面，是组织。与吉布森的环境场认知理论非常相似，考夫卡提出：视觉思维认知事物，是通过心物场（psychological field）的组织活动来认知事物的结构。心物场具有自我和环境两重含义，环境又可以分为地理环境和行为环境两个方面。地理环境是现实的环境，行为环境是意想中的环境。在一个地理环境（动物受某一障碍物的阻挡）中，行为环境（置于障碍物后的食物）中，诱发动物的自我（对食物的欲望），动物的自我组织（观察障碍物的形状、顿悟绕过障碍物的方法），发出行为（绕过障碍物获得食物），这就是在心物场认知的全过程。不同于动物，人的自我和行为环境还包括精神层面的欲望和需求[7]。

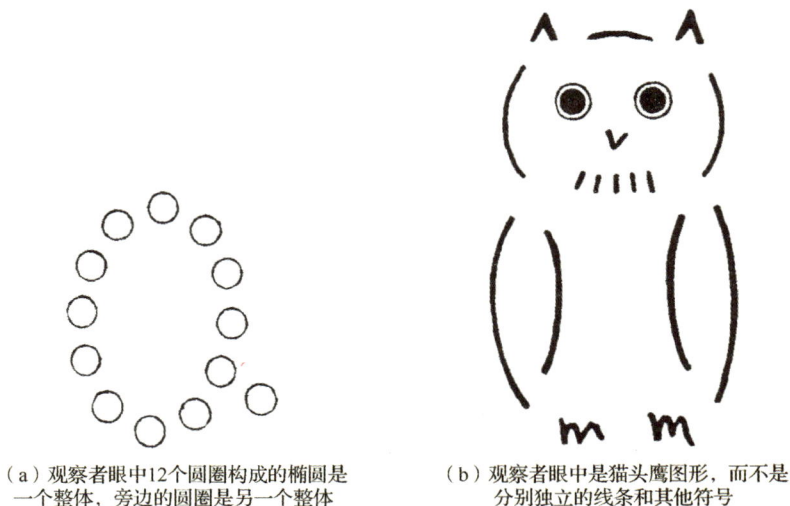

（a）观察者眼中12个圆圈构成的椭圆是一个整体，旁边的圆圈是另一个整体

（b）观察者眼中是猫头鹰图形，而不是分别独立的线条和其他符号

图4.13　格式塔的完形心理学视觉思维

资料来源：库尔特·考夫卡. 格式塔心理学原理[M]. 黎炜，译. 杭州：浙江教育出版社，1997：15.

地图综合为对山的具体认知启发出通过行为环境中的自我组织认知地理环境的"完形"结构的科学路径；打开了建立关于山的空间数据结构和信息分类、聚类、排序的层次结构思维方法，为对山的综合认知奠定信息基础。

4.2.3　山的心物场

运用考夫卡的心物场理论认知山遵循的逻辑是：探寻人和动物在山中的自我（行为）和行为环境的组成（心物场），进而结构化发现承载这些行为和行为环境的地理环境，结构化认知出的地理环境，即是山的"完形"。因此，对山进行综合认知，首先要明确什么是山的心物场？需要解决的两大问题是：①人和动物在山中的自我（行为）有哪些？②人和动物在山中的行为环境有哪些？

1.　动物在山中的自我（行为）和行为环境

目前对动物行为的研究主要集中在行为生态学领域，希望通过对动物行为的研究来理解人类自身的行为，并对人类某些行为进行约束，以协调人与自然的关系。基于个体动物的尺度，行为生态学将行为定义为：动物在一定环境条件下，为了完成摄食排遗、体温调节、生存繁殖以及满足个体其他生理需求而以一定的姿势完成的一系列动作[8]。姿势、动作、心理因素和生物与非生物环境，是行为的四个要素。姿态是在一定的时间内动物的身体保持一定的形状和空间位置。动作是在短时间内动物机体结构的运动、收缩、舒张、弯曲、位移，声带振动、外分泌腺分泌等。心理因素是动物通过条件反射和复杂的学习行为，寻求、回避或趋向环境的刺激。行为生态学对个体动物行为研究的目的，旨在发现承载特定个体动物行为的生物与非生物环境，划定相应的大片区域作为自然保护区，以保护特定的个体动物，如雪豹、金丝猴等珍稀野生动物的保护。

在城市化地区，由于人口密集，几乎不可能存在大型肉食哺乳动物或珍稀动物，山地中的动物通常包括小型植食哺乳动物、鸟、鱼和虫等，不需要针对特定个体动物进行自然保护区似的大片区域保护。城市规划中，更关心的是保护满足小型植食哺乳动物、鸟、鱼和虫等动物的社会序位、相互作用、空间聚群等群体行为的"小"空间环境（行为环境），这些行为环境需要保障动物的繁殖、社会和育幼等生存行为。在生态学中，这些动物行为所依赖的行为环境，被定义为生境（habitat）。生境一词，来源于希腊文 Bios（生物物种）和 Topos（地方），原义是生物物种生存的地方。生态学中，生境被认为是指一个空间区域内，其中独特的环境条件汇集的相应独特的生物群落[9]。不同于栖息地仅是作为满足一种物种生存的空间概念，生境是满足多种生物生存的空间。生境一旦与生态系统联系起来，就被赋予了作为生态系统基本空间单元的意义。相对于生态系统，生境具有如下特征：①生境不会考虑如生物圈之类的大尺度现象，而更多是在与人的日常活动密切相关的小尺度内。②生物群落垂直生态过程存在于生境单元内，如河流岸边生境，在水、小岛、水草、带果实灌木、乔木等空间环境条件中，相应的垂直生态过程为：鸟类在灌木丛中觅食果实—产生粪便—滋养微生物—肥沃水草—为水中鱼类提供食物—鱼类作为水鸟的食物—小岛作为水鸟栖息地、乔木作为鸟类栖息地。这样的垂直生态过程中，动植物各得其所，在保持多样性中，维持了生境内部环境的稳定性。③生物群落水平生态过程是指物种在生境单元之间的移动，这种移动包括局部运动（local movements）、扩散（dispersal）和迁徙（migration）[10]，正是生物为生存和繁衍所进行的移动，使得生物"由此及彼"的进化成为可能。④生境系统结构是网络状的。生境不是孤立的单元，必须在相互联系以及与外部环境的联系中获得生物多样性，从而获得持续的自然运行和存在。

引入生境的概念后，了解动物的行为与行为环境之间的关系，转化为理解动物对生境的选择行为。影响动物生境选择的行为因素主要是：食物的存在性和可利用性、隐蔽物的存在性和可利用性。这两大行为因素在物质空间层面表现为植被的存在性和可利用性。而在城市规划区范围内，气候条件相同的前提下，植被的存在主要受到地形地貌的影响，因此探寻影响动物对生境选择的行为因素，进一步转化为探索植被的供给（地形地貌对不同植被生长的影响）与需求（不同动物对不同植物利用的依赖）关系。

在实际规划中，通过建立城市规划区范围内植被的供需关系，有助于发现最大化保障城市生物多样性、生物群落稳定性的生境空间，明确人与自然和谐的自然保护地所在。

2. 人对山的行为与行为环境

随着城市化带来的城市生产从第一产业转化为第二、三产业，对于长期生活在城市化地区中的人，满足其生存的物质已不再局限于（甚至可以说是不依靠于）本地区的农业生产和狩猎，其对山的生存依赖行为几乎消失殆尽，更多的是满足精神需求的休闲行为。这些休闲行为主要包括运动、观景、农耕体验、生物观察等，其对应的行为环境可能是：沿溪沟而上的登山步道、沿山脊线的景观眺望带、地形突出处的景观眺望点、特殊的地形地貌地质（陡崖、一线天、丹霞岩石等）、梯田、森林，以及古人在上述行为环境中所留下的塔、寺、碑、石刻、塑像等。

在城市规划区范围内，为保障人对山的休闲行为及行为环境，国家公园的建立理念值得借鉴。美国国家公园在法律上的规定是：保护自然景观和野生动物，在一定条件下为人们提供休闲场所，并确保在利用中使需保护的自然景观和野生动物不受伤害[11]。城市化地区中的山，不像国家公园主要强调纯自然的保护，其中必然存在人们改造自然、利用自然的痕迹，最优化的保护方式是作为保护与利用并重的郊野公园，即在保护保障野生动物行为的原始自然行为环境的基础上，保护和创造保障人的休闲行为及行为环境。

理解了由人和动物的行为及行为环境所构成的山心物场，接下来的工作，就应该结构化判断、总结承载山心物场的地理环境。

4.3　山　的　界　定

4.3.1　地貌基本形态分类

地貌，geomorphy，由词根 geo（地理）和 morphy（外表形态、面貌）组成，是指地球表面各种形态的总和，是内、外营力地质作用在地表的综合反映[12]。地貌作为自然地域综合体，是山形成的内因（内核地壳运动）、外因（外营力地质作用）的最直观表现，不仅是山的主要识别标志，还在生态系统及生态过程中起决定性作用，在一定程度上控制着生态与环境因子的分布和变化[13-15]。长期以来，运用类型学将地貌基本形态进行分类、归类，是界定山的主要方法途径。

遵循"形态-成因"的分类原则，地貌分类的形态指标通常分为宏观地貌因子和微观地貌因子两大层面[16]。宏观地貌因子包括海拔和相对高度两大因子：海拔反映了地貌总能量的大小，一定程度上反映了内外营力强度的总体对比。海拔不同，对地貌的生产与利用改造则不同；相对高度有时又称起伏高度，在一定程度上反映地貌的发育阶段，且是决定近期浸蚀作用强度的重要因素之一[17]。

在已有的地貌基本分类中对山的界定分为海拔派、相对高度派和混合派等三种。

海拔派认为：海拔表征出的地貌和自然景观垂直地带性的差异，反映了地貌的基本特征、构造运动的性质和强度、外营力影响的持续时间等。反映自然景观垂直地带差异性的海拔是刻画地貌基本形态的最佳因子。在我国，通常认为山峰海拔 5000m 以上为极高山，这与我国冰川雪线的海拔基本相符；山峰海拔 3500（3000）～5000m 为高山，主要考虑自然景观垂直地带的剥蚀作用性质的差别，3000m 以上以寒冻风化作用为主；山峰海拔 800（500）～3500（3000）m 为中山，主要考虑我国总体海拔较低的东部地区；山峰海拔在 500～800m，且此海拔上下的自然景观差异明显：在东北地区，此海拔以上，山势陡峭，气候寒冷，风化作用强烈，如大兴安岭，部分山谷向下延伸到海拔 500～800m 逐渐尖灭转化为山麓，植被在海拔 500～800m 为灌木林，在海拔 800m 以上为草原。在我国东南部地区，海拔 800m 以上，土壤大多是黄土壤，植被为副热带常绿阔叶林；海拔 800m 以下，是黄土壤和红土壤的过渡带，植被是亚热带季雨林或常绿阔叶林[18]。基于上述事实，1959 年，《中国地貌区划》将中国陆地地貌分为山地、平原、台地三大类，并以海拔 500m、1000m、3000m 和 5000m 为标准，划分了丘陵（海拔低于 500m）、低山（海拔 500～1000m）、中山（海拔 1000～3000m）、高山（海拔 3000～5000m）和极高山（海拔高于 5000m）[19]。无独有偶，在英国和美国，海拔 985ft（300m）以上被定义为山；在欧洲大陆，定义山的海拔为 2950ft（900m）以上[20]。

相对高度派是以相对高度或起伏度为单因子对地貌基本形态进行分类。20 世纪 60 年代末，国际地理联合会地貌调查与制图委员会编制的《1∶250 万欧洲国际地貌图》，引领了相对高度派的潮流[21]。该方法，首先将地貌基本形态划分限定在局部地势的概念内，这里局部地势被定义为地面一定距离内最高点与最低点的高差，并以 16km^2 的尺度作为局部地势的地貌度量单元。在 16 km^2 的地貌度量单元内，相对高差 0～30m，为平原；相对高差 30～75m，为丘陵；相对高差 75～300m，为台原、山垄；相对高差 300m 以上为山[①]。中国科学院成都地理研究所柴宗新明确提出以相对高程划分地貌基本形态，并将我国地貌基本形态划分为平原（相对高度 0～20m）、丘陵（相对高度 20～200m）、低山（相对高度 200～500m）、中山（相对高度 500～1500m）、高山（相对高度大于 1500m）。

混合派综合考虑相对高度和海拔两个因子对地貌基本形态进行分类。在我国具有代表性的地貌基本形态混合划分法是 1956 年周廷儒、施雅风和陈述彭提出的我国最早的现代地貌分类系统[22]。该分类系统根据海拔和相对高度将我国地貌基本形态划分为平原（海拔低于 200m，相对高度小于 50m）、盆地（盆心与盆周相对高差大于 500m）、高原（海拔高于 1000m，相对高度大于 500m）、高山（海拔高于 3000m）、中山（海拔 500～3000m，相对高度 500m 以上）、丘陵（海拔低于 500m，相对高度 50～500m）等六大类型。1982 年，中国科学院成都山地地理研究所也根据海拔和相对高度两个指标对四川省进行了地貌分类区划，该区划中地

---

① 有学者认为国际地理联合会地貌调查与制图委员会编制的《1∶250 万欧洲国际地貌图》，属于相对高度与海拔并用的地貌基本形态分类混合法。但该方法是通过建立 16km^2 的局部地势区，分类出平原、丘陵、台原和山，再以海拔高度定义高、低平原，高、低山地等，所以笔者认为该方法从根本上讲属于相对高度派。

貌基本形态被分为：平原，海拔低于 1500m，相对高度小于 20m；丘陵，海拔低于 1500m，相对高度 20～200m（缓丘平坝相对高度 20～50m，浅丘相对高度 50～100m，深丘相对高度 100～200m）；低山，海拔低于 1500m，相对高度 200～500m；中山，海拔 1500～4000m，相对高度大于 500m；高山，海拔 4000～5200m，相对高度大于 500m；极高山，海拔高于 5200m，相对高度大于 500m；山间盆地与宽谷，海拔高于 1500m；高原，海拔高于 3500m（平坦高原，相对高度小于 100m；丘陵高原，相对高度 100～500m；高山原，相对高度大于 500m）[23]。2004 年，高玄或提出以相对高度为主、以绝对高度为辅的地貌类型的主客分类法，将地貌分为七大类、20 小类[24]。

近 50 年来的大量研究表明，我国现代雪线、林线等的海拔的区域差异很大，现代雪线从海拔 2800m（阿尔泰山）到 6200m（阿里地区），变化幅度达到 3400m；林线从海拔 2000m（长白山）到藏东洛隆的海拔 4400（阴坡）～4600m（阳坡），变化幅度 2400m[25]。正是由于山地地貌形态具有复杂、多样的基本特性，局限在海拔与相对高度两个因子的组合的地貌基本形态界定方法，难以形成地貌基本形态的统一分类标准，且缺乏精细化描述地表形态的能力。

4.3.2 生态交错带的启发

通过对山的心物场认知，我们发现承载山心物场的地理环境，即是生境（承载动物生存行为环境）和心境（人的休闲行为环境）的地理环境。而生境不是单一物种的栖息地，而是由多种生物组成的生物群落生存的空间；人的休闲行为，也不是单一个体的喜好，而是群体的经常性活动。可以认为：承载山心物场的地理环境，是山地中生物群落最丰富、活动最活跃的生境或休闲空间。由此，寻找承载山心物场的地理环境问题，转换为了寻找山地中生物群落最丰富的空间问题。

1933 年，美国生态学家和环境保护主义的先驱奥尔多・利奥波德（Aldo Leopold）在其著作《狩猎管理》（*Game Management*）中第一次提出边缘效应（edge effect），即景观边缘的物种丰富度高于景观内部的物种丰富度的现象[26]。随后，在行为生态学的研究中，通过对动物的领域行为研究，验证了不同动物生存领域的交汇，具有典型的边缘效应（图 4.14）。近年来，随着生物多样性丧失的加剧和环境保护意识的增强，具有比相邻生态系统更高物种多样性边缘效应的生态交错带（ecotone）受到关注。

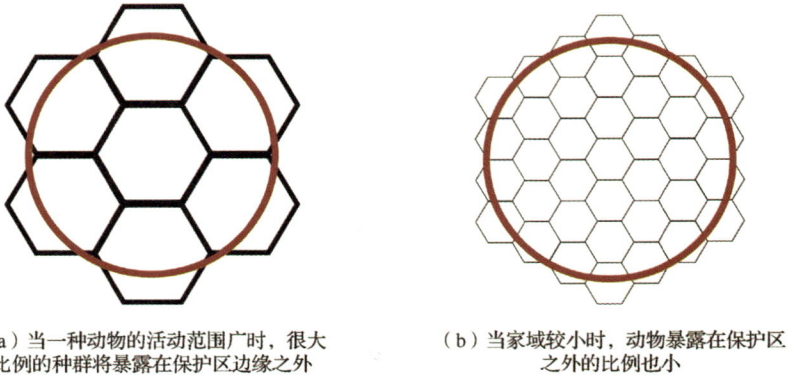

（a）当一种动物的活动范围广时，很大
比例的种群将暴露在保护区边缘之外

（b）当家域较小时，动物暴露在保护区
之外的比例也小

图 4.14　动物领域行为对边缘效应的放大作用

注：红色圆圈代表保护区；六边形代表动物的家域。
资料来源：WOODROFFE R，GINSBERG J R．Ranging behaviour and vulnerability to extinction in carnivores[M]//GOSLING L M，SUTHERLAND W J. Behaviour and conservation.Cambridge：Cambridge University Press，2000：125-140.

　　生态交错带来源于希腊语 oikos（栖息地）和 tonos（紧张），指种群竞争的紧张地带[27]。生态交错带的概念，由美国生态学家克莱门兹（Clements）于 1905 年首次提出，是指相邻群落的主要物种达到它们分布极限的应力带[28]。1971 年，奥德姆（Odum）将生态交错带定义为：两个或多个不同群落之间的交互区，不仅包括各个交错群落的许多生物有机体，还包括仅生存在生态交错带的特有生物有机体。20 世纪 80 年代，随着景观生态学斑块理论的发展，生态交错带的实质被揭示为：是多个生态系统（或景观）在相互作用、相互渗透、相互过渡的过程中，系统主体行为和结构特征发生突然转换的空间域。生态交错带叠加了多类地域景观的共同作用，具有相邻地域景观各有的特征，在景观组成结构、空间格局均具有过渡性特征，表现为边缘效应[29]。这种边缘效应表现为五大特征：①高的生物多样性；②特有的边缘物种；③频繁的物质流；④结构的异质性；⑤结构的脆弱性。

　　生态交错带之所以受到关注，源于它具有比相邻生态系统更高的生物多样性。1968 年，美国野生生物学家和保育学家雷蒙德（Ramond）在其著作《不同类型的国度》（*A Different Kind of Country*）中首次提出生物多样性的概念[30]。1975年，被称为"生物多样性之父"的世界银行首席生物多样性顾问拉夫乔伊（Lovejoy）正式将生物多样性引入生态学领域[31]。1992 年，150 多个国家在巴西里约热内卢召开的、由各国首脑参加的、最大规模的联合国环境与发展大会上签署了《生物多样性公约》。生物多样性是指地球上所有生物（动物、植物、微生物等）的物种种类，它们所拥有的基因以及由这些生物与环境相互作用所构成的生态系统的多样化程度。

　　一般认为生物多样性有四个层次，即物种多样性、基因多样性、生态系统多样性和景观多样性。物种多样性是生物多样性最直观的体现，是生物多样性概念的中心；基因多样性是生物多样性的内在形式；生态系统多样性是生物多样性的组成形式；景观多样性是生物多样性的外在形式。保护生物的多样性，最有效的方法是保护一定时空范围内的景观多样性，即生物多样性的外在景观空间格局和形式。

　　生态交错带作为相邻的相对匀质的生态系统相互过渡的转换区，具有明显不同于相邻生态系统内部核心区的环境条件，不仅含有相邻生态系统的所有物种，而且形成了某些特有物种和边缘物种[32]，是物种多样性和基因多样性的集中地，是生态系统组成最多样的区域。同时，生态交错带作为通道（conduit）、过滤器（filter）、障碍（barrier）、源（source）和库（pool），控制和调节着相邻生态系统之间的生态流（物质、能量、有机体的流动）[33, 34]。另外，相邻生态系统的物种因为边缘效应，形成了斑块化的生境、多种群落并存的景观，景观结构的镶嵌性、异质性明显，但也导致生态交错带成为最脆弱的生态系统和生境、最易受到破坏的景观。

　　正是由于生态交错带所具有的生物多样性边缘效应特征，使其成为反映一定地区生态环境良莠、生态系统稳定的指示器，可以说保护好生态交错带，基本上就保护好了该地区的整体生态环境。由此，山的界定问题进一步转化为寻找一定地域（山）中的生态交错带。

4.3.3　以生态交错带界定山

1. 山地生态系统基本单元

　　中科院成都山地所的钟祥浩认为，山地生态系统是生态环境具有垂直分带性、斜坡不稳定性等山地属性的生态系统的泛称，是一个地貌性生态系统，"在这样的地貌性生态系统内，环境特质（包括地面形态、物质组成、物质运动方式、途径等）差异和生物种群与群落差异都很大，相应的生态系统结构、功能（物质、能量运动特征）也有明显不同。据此，可以将这个地貌性生态系统划分成一个个基本或基层单元山地生态系统，即可以识别和具体操作的（硬）边界系统；并根据其中的环境异质性的分异界线和生物群落种类差异，进一步将基本单元山地生态系统划分成许多具有特质的亚生态系统，这在人们开发利用山地自然资源、保护山地环境的实践中具有重要理论意义"[35]。

　　生态系统基本单元具有明确的边界且具有尺度转换能力，能缩影式地反映生态系统完整的生态要素构成、生态功能、生态过程和生态结构。在山地地貌性生态系统中，由斜坡地貌组合形成的集水区是水文发生的最小地域尺度，集水区组合形成小流域，小流域再在更高层次上组合形成流域[36]，反映了相对完整的山地生态系统物质、能量的流动过程。其中，山区小流域是缩影式地完整反映山地生态系统的最佳地域尺度。

山区小流域，是以分水岭为界，以小溪为地貌特征的一个将径流汇到一个共同点的、完整的、相对独立和封闭的自然集雨面或集流区域。山区小流域，既是降雨径流汇集的最小单元，又是水土流失发生发展过程和河流水系产水产沙的最小单元，是具有独立生态系统功能和性质的自然地理单元。山区小流域的边界容易辨识和控制，是具有可操作性的山地生态系统。

山区小流域能准确反映山地生态系统物质、能量流动的单向性和半封闭性，是研究物质-能量运动的天然实验室。山区小流域的单向性和半封闭性体现为：输入的物质能量除太阳能和人工能外，主要是小流域内自身基底——基岩、母质风化释放，在水和风等外力作用下，流到谷底汇集成富含营养物质的细小泥沙，随着水的流动，经小流域出口（沟口或溪、河口），输出到下游系统即更大的流域系统。山区小流域的物质-能量流动的单向性和半封闭性完整地反映出山地生态系统通过一个区域汇集含有生态系统营养库的全营养物质，通过一个固定出口单向输出富含营养的物质（水、沙）的生态功能和过程。

同时，山地小流域所具有的山脊与山谷互锁规律，完整地反映出山地地貌基本形态，并能反映整体山地地貌生态系统的植被垂直带分布、聚落分布特征，按照山地小流域系统，引导林业、农业等经济活动，能最大化保障山地生态系统的稳定，持续性、沉积性地获得山地所能提供的全营养物质；按照山地小流域系统，进行城乡聚落建设实践，能最大化协调人工环境建设与自然的互适发展；按照小流域系统对城乡聚落进行社会组织和管理，能最大化协调社会过程与自然生态过程的契合。

总之，山区小流域作为山地生态系统的基本单元，不仅是一个地貌形态基本单元、一个水文过程基本单元、一个完整的生态过程基本单元，同时还是一个社会-经济-政治单元，是一个资源管理和规划的综合单元[37]。

2. 山地亚生态系统

在山区小流域内，山地亚生态系统通常分为：分水岭亚生态系统、山坡亚生态系统、沟谷亚生态系统和山麓亚生态系统等四大亚生态系统。

分水岭亚生态系统位于山区小流域边界山脊，是典型的生态源输出型生态系统，既是自身营养物质的原始来源和补给源，又向其他山地亚生态系统持续输送物质和能量。可以说，分水岭亚生态系统是山区小流域生态系统的"源系统"和生态屏障。

山坡亚生态系统位于山区小流域的坡面，是最为复杂多样的山地亚生态系统。

其复杂多样的特性主要来自于坡度、坡向、坡层构造的复杂多样而导致对太阳辐射能的接收、对从分水岭亚生态系统输入物质的驻留能力差异。阴坡、阳坡、半阳坡、半阴坡就是对不同坡向太阳辐射能接收能力差异的形象概括；陡坡、缓坡、平直坡、梯形坡、不规则形状坡及石质坡、土质坡、石灰岩坡、花岗岩坡就是对不同坡度和坡层构造对分水岭亚生态系统输入物质的驻留能力差异的示例性总结。斜坡亚生态系统对太阳辐射能接收能力强、对输入物质的驻留能力强，且生态活力大。

沟谷亚生态系统位于山区小流域中的常年溪河流或季节性冲沟，是典型的"生态汇"输入型生态系统，对水分、养分具有明显的聚集性和综合性，是山地小流域的全营养库。

山麓亚生态系统位于山坡与平缓地区的过渡地带，是斜坡亚生态系统和沟谷亚生态系统的交汇系统，是山地水分、营养向平缓地区沉积的边缘地带，通常地势高低适宜、土壤养分适中，水源充足且易排涝，具有优越的农业生产条件[38]。

3. 地貌结构线的生态交错带意义

在对山的地貌认知中，测绘科学领域往往会运用地图综合的结构化认知原理，通过对地貌结构的认知，认识山的整体地貌状况，好比绘画，画出物体的轮廓结构，基本就能表达出物体的整体，其后的工作主要是按照表现的意境丰富细部。这种称之为地貌综合的认知方法，对寻找山中的生态交错带具有重要的启发作用。

地貌综合方法认为：尽管山的表面形态错综复杂，但都可以看作是不同坡面的组合，这些坡面的交线，形成了山脊、山谷、山顶、鞍部等最易被人认知的地貌结构，有了这些地貌结构，就能控制整个地貌的轮廓。地貌学中，这些反映地貌结构并控制地貌轮廓的点或线，称之为地貌结构线[39]，又称地性线。

在山区小流域这一相对完整的山地地貌生态系统中，地貌当仁不让地承担起了作为山的心物场（生境和心境）承载体的责任。而地貌结构线作为结构性反映地貌整体的空间实体，本身就是相邻的、相对匀质的山地坡面生态系统相互过渡的转换区，是反映山地生态环境良莠、生态系统稳定的指示器。

地貌结构线包括山顶点、山脊线、鞍部、沟谷线、山麓线和斜坡变换线等。其中，山顶点、山脊线和鞍部，结构化表征了山地小流域中的分水岭亚生态系统；沟谷线，结构化表征了山地小流域中的沟谷亚生态系统；山麓线，结构化表征了山地小流域中的山麓亚生态系统；斜坡变换线，则是山地小流域中山坡亚生态系统的结构化表征。

1）分水岭亚生态系统中的生态交错带

山顶点，是构成正地形轮廓骨架的关键特征，是山的最高部位，就其形态可分为尖山顶、平山顶和圆山顶[40]。尖山顶，又称山峰，多见于石质山地，有些甚至成壁立悬崖状，极难攀登。平山顶和圆山顶，又称山岭，圆山顶多由火成岩组成，平山顶多由层状岩石组成[41]。山顶点虽作为点状要素存在，但其本质上是山的个体在地理空间的抽象。作为控制山的个体的关键，山顶点通常占据相应的空间面积[42]。山顶点，除具有分水岭亚生态系统中最突出的"生态源"生境功能外，在心境层面，一方面，山顶点在聚集力和凸显山势中，给人以高高在上、神秘莫测的心理暗示，常常被信奉为"神"加以崇拜，或作为具有聚集力和凸显山势的场所，如风水塔的建设地址；另一方面，山顶点具有一览无余的开阔视野，具有登高眺望"一览众山小"的心理诱惑。

山脊线，是两个坡向相反、坡度不一的斜坡相遇组合而成条形脊状延伸的凸形地貌形态，是山脊最高点的连线，是地形起伏最大值点的骨架线，它与山谷线共同显示出地形的整体走势[43, 44]。山脊线处于地势的最高点，使水向两边分流，又称分水线。山脊线是山谷线对应的正地形，勾勒出了沟谷线对应流域的边界，两条相邻山脊线间存在着一条沟谷线，两条相邻沟谷线间也存在着一条山脊线，二者交错存在，拓扑关系明确。如同沟谷线的分级存在，山脊线有着相似的树状分支结构，有主干与支干的等级层次，在二维平面上，山脊线与相邻的山谷线呈现出一种互为对偶的平行形态，这种对偶性被称为互锁结构（图4.15）[45, 46]。山脊线，除承担分水岭亚生态系统中界定山地小流域边界的"生态源"生境功能外，在心境层面，是人最易认知的山体走势线，沿着山脊线，易于观察山的整体外向环境，感受山外景观的变化之美。

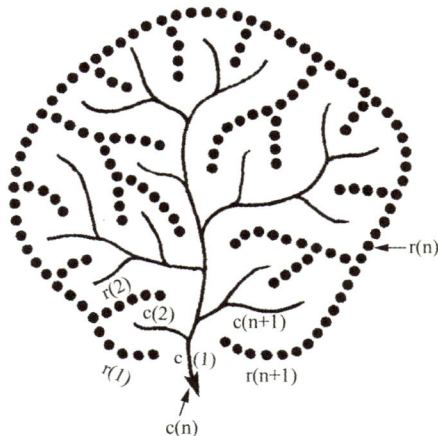

图4.15　山脊线与山谷线互为对偶的互锁结构

资料来源：WERNER C. Formal analysis of ridge and channel patterns in maturely eroded terrain[J]. Annals of the Association of American Geographers，1988，78（2）：253-270.

鞍部，是两山顶之间呈马鞍形的低凹部分，相对于山谷而言，其相对高度较高，不容易发育成沟谷地貌，通常位于相邻两山之间山谷线和山脊线的相交处（图 4.16）[47]。通常，鞍部与山顶点都位于山脊线上，相互组合界定流域边界，并形成表征流域中正地形地貌形态的地形特征点，是感受山脉起伏的重要节点，也是山区道路在翻山越岭时可以选择通过的隘口[48]。

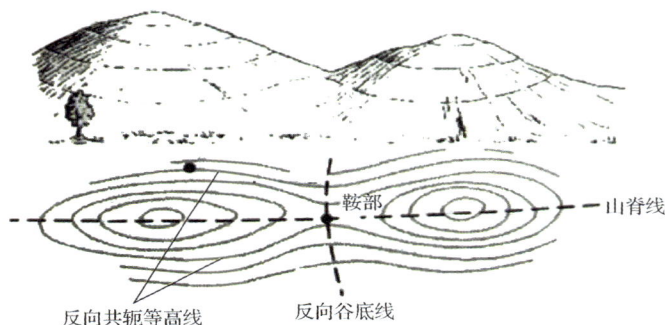

图 4.16　鞍部示意图

资料来源：钟业勋，魏文展，李占元. 基本地貌形态数学定义的研究[J]. 测绘学报，2002，27（3）：16-18.

2）沟谷亚生态系统中的生态交错带

沟谷线，是两个坡向相反、坡度不一的斜坡相遇组合而成条形脊状延伸的凹形地貌形态，是地形起伏最小值点的骨架线。沟谷线处于地势的最低点，是四周雨水的汇集处，又称集水线。沟谷线附近，除承担沟谷亚生态系统中水分、营养物质移动路径和最富集的全营养库生境功能外，在心境层面，具有封闭、私密、沿水自然移动的心理环境，是深层次领略山地景观、探寻山地奥秘的天然通道。

3）山麓亚生态系统中的生态交错带

山麓线，又称山脚线，是山坡与周围缓平地面的交界线。山麓，可以理解为平坝逐渐过渡到山地的转折，往往呈一狭长的地带，而不是一条线，这个地带被称为山麓带。山麓亚生态系统中的山麓带，一般是被剥蚀作用产生的碎屑物（如沙砾、黏土等）所形成的厚层松散沉积物覆盖，坡度和缓、起伏不大，往往是冲击锥、冲积扇和山麓平原分布的地带[49]。不同气候条件下，山麓带具有不同的特点：高寒地带，山麓带往往为滚石或冰雪所覆盖，景象荒寒；在温带，山麓带或泉水露头、溪流汇集，或田畴梯布，植被繁茂。山麓带，在生境功能层面，作为地势高低适宜、自然资源条件最优越的山地生态系统，是山地中人类活动和栖息的主要场所，在心境层面，山麓带属水平过渡地带，与沟谷、山坡等地貌交汇形成不同的层次丰富的空间感受，是山地空间中被塑造和利用的最大部分[50]。

4）山坡亚生态系统中的生态交错带（表 4.1）

斜坡变换线，是不同坡度山坡的交界线。山坡是与水平面具有倾角、坡度的面，这些面统称为斜坡。由于不同坡度的山坡对山地物质稳固的能力不同，斜坡变换线，即是表征山坡水分、营养物质稳固能力变化的转折线。斜坡变换线，可分为山崖变换线、峻坡—陡坡变换线、陡坡—缓坡变换线等。山崖变换线，是坡度在 70° 以上的山坡变换线，其水分、营养物质稳固能力最弱，往往形成断崖式的流失状态，如瀑布，山崖往往融入分水岭亚生态系统，强化"生态源"的提供，在心境层面，往往给人以紧张和危险的心理感受，激发人的征服感。峻坡—陡坡变换线，是坡度 25° 的山坡变换线，通常认为坡度大于 25° 为峻坡，其水分、营养物质的稳固能力较弱，不适宜农业生产，需通过"退耕还林"等方式，辅以林地加强山地的水分、营养物质的稳固能力。陡坡—缓坡变换线，是坡度 15° 的山坡变换线，坡度小于 15° 的缓坡地带，水分和营养物质的稳固能力最强，富集水分和营养物质最多，是农业生产的最佳地带；坡度 15°～25° 的山坡，对水分和营养物质具有一定的稳固能力，是人类对山地利用最多的地区。除山崖外的山坡，通常形成相对整体的景观，是人们感受山地景观的基面。

表 4.1　地貌结构线与生态交错带

生态交错带	地貌结构线	生境功能	心境功能
分水岭亚生态系统	山顶点	最突出的分水岭"生态源"	在聚集力、凸显山势中，给人以高高在上、神秘莫测的心理暗示，常常被信奉为"神"加以崇拜；山顶点具有一览无余的开阔视野，具有登高眺望"一览众山小"的心理诱惑
	山脊线	分水岭"生态源"	是人最易认知的山体走势线，沿着山脊线，易于观察山的整体外向环境，感受山外景观的变化之美
	鞍部	分水岭"生态源"	表征山地小流域中正地形地貌形态的地形特征点，是感受山脉起伏的重要节点，也是山区道路在翻山越岭时可以选择通过的隘口
沟谷亚生态系统	沟谷线	山地小流域中水分、营养物质的移动路径和最富集的全营养库	具有封闭、私密、沿水自然移动的心理环境，是深层次领略山地景观、探寻山地奥秘的天然通道
山麓亚生态系统	山麓线	地势高低适宜、自然资源条件最优越的山地生态系统，是山地中人类活动和栖息的主要场所	属水平过渡地带，与沟谷、山坡等地貌交汇形成不同的层次丰富的空间感受，是山地空间中被塑造和利用的最大部分

续表

生态交错带	地貌结构线		生境功能	心境功能
山坡亚生态系统	斜坡变换线	山崖	坡度在 70°以上的山坡变换线，其水分、营养物质稳固能力最弱，往往融入分水岭亚生态系统，强化"生态源"的提供	给人以紧张和危险的心理感受，激发人的征服感
		峻坡—陡坡变换线	坡度大于 25°的峻坡，水分、营养物质的稳固能力较弱，不适宜农业生产，需通过"退耕还林"等方式，辅以林地加强山地的水分、营养物质的稳固能力	形成相对整体的景观，是人们感受山地景观的基面
		陡坡—缓坡变换线	坡度 15°~25°的山坡，对水分和营养物质具有一定的稳固能力，是人类对山地利用最多的地区	

参 考 文 献

[1] SMITH B，MARK D M．Do mountains exist? towards an ontology of landforms[J]．Environment and planning B：planning and design，2003，30（3）：411-427.

[2] FRANK A U．Spatial ontology：a geographical point of view[D]．Dordrecht：Kluwer Academic Publishers，1997.

[3] MACARTHUR R，WILSON E．The theory of island biogeography[M]．Princeton：Princeton University Press，2016.

[4] GIBSON J J．The ecological approach to visual perception[M]．Hillsdale，New Jersey：Lawrence Erlbaum Associates，1986.

[5] British Columbia, Canada: British Forestry-Commission & Ministry of Forests, visual landscape design training manual[S]. Canada：Recreation Branch Publication，1994.

[6] 郭庆胜，黄远林．空间推理与渐进式地图综合[M]．武汉：武汉大学出版社，2007.

[7] 库尔特·考夫卡．格式塔心理学原理[M]．黎炜，译．杭州：浙江教育出版社，1997.

[8] 蒋志刚，李春旺，彭建军，等．行为的结构、刚性和多样性[J]．生物多样性，2001（3）：265-274.

[9] KATARINA LÖFVENHAFT，CRISTINA BJÖRN，MARGARETA IHSE．Biotope patterns in urban areas：a conceptual model integrating biodiversity issues in spatial planning[J]．Landscape and urban planning，2002，58（2-4）：223-240.

[10] CAUGHLEY G，SINCLAIR A R E．Wildlife ecology and management[M]．Boston，MA：Blackwell scientific publication，1994.

[11] 安和麦克尤恩，孙平．英国国家公园的起源与发展[J]．国外城市规划，1992（3）：40-43.

[12] 吴正，黄少敏．地貌学导论[M]．广州：广东高等教育出版社，1999.

[13] BAILEY R G．Mesoscale：landform differentiation（landscape mosaics）in: ecosystem geography[M]. New York：Springer, 2009：127-144.

[14] 迪维诺. 生态学概论[M]. 李耶波, 译. 北京: 科学出版社, 1987.

[15] RENSCHLER C S, DOYLE M W, THOMS M. Geomorphology and ecosystems: challenges and keys for success in bridging disciplines[J]. Geomorphology, 2007, 89 (1): 1-8.

[16] 汪禹芹, 李艳, 刘爱利. 基于面向对象思想的中国地貌形态类型划分[J]. 遥感信息, 2012 (1): 13-18.

[17] 李钜章. 中国地貌基本形态划分的探讨[J]. 地理研究, 1987 (2): 32-39.

[18] 裴善文, 李风华. 试论地貌分类问题[J]. 地理科学, 1982 (4): 327-335.

[19] 中国科学院自然区划委员会. 中国地貌区划[M]. 北京: 科学出版社, 1959.

[20] Encyclopedia. "Mountains." Science of Everyday Things[EB/OL]. http://www.encyclopedia.com/topic/Mountains.aspx.

[21] DEMEK J, EMBLETON C, International geomorphological map of Europe (1 : 2500000) [M]. Praha: cartography, lithography and printing: Geodetiky a Kartograficky Podnik Praha, 1976.

[22] 周廷儒, 施雅风, 陈述彭. 中国地形区划草案[M]. 北京: 科学出版社, 1956.

[23] 中国科学院成都地理研究所. 四川省地貌区划[R]. 成都: 四川省农业区划办公室, 四川地貌区划办公室, 1982.

[24] 高玄彧. 地貌基本形态的主客分类法[J]. 山地学报, 2004 (3): 261-266.

[25] 李炳元, 潘保田, 韩嘉福. 中国陆地基本地貌类型及其划分指标探讨[J]. 第四纪研究, 2008 (4): 535-543.

[26] LEOPOLD A. Game management[M]. New York: Charles Scribners, 1933.

[27] KENT M, GILL W J, WEAVER R E, et al. Landscape and plant community boundaries in biogeography[J]. Progress in physical geography: earth and environment, 1997, 21 (3): 315-353.

[28] YARROW M M, MARÍN V H. Toward conceptual cohesiveness: a historical analysis of the theory and utility of ecological boundaries and transition zones[J]. Ecosystems, 2007, 10 (3): 462-476.

[29] 鲜骏仁, 胡庭兴, 王开运, 等. 川西亚高山针叶林林窗边界木特征的研究[J]. 林业科学研究, 2004, 17 (5): 636-640.

[30] RAYMOND F. DASMANN. A different kind of country[M]. New York: Collier Books, 1968.

[31] SOULE M E, WILCOX B. Conservation biology: an evolutionary-ecological perspective[M]. Sunderland MA: Sinauer Associates Inc., 1980.

[32] 夏红霞, 朱启红, 宫渊波. 生态交错带物种多样性研究综述[J]. 福建林业科技, 2013, 40 (1): 221-226.

[33] 朱芬萌, 安树青, 关保华, 等. 生态交错带及其研究进展[J]. 生态学报, 2007 (7): 3032-3042.

[34] FORMAN R T T, MOORE P N. Theoretical foundations for understanding boundaries in landscape mosaics [M]//HANSEN A J, DI CASTRI F. Landscape boundaries: consequences for biotic diversity and ecological flows. New York: Springer, 1992: 236-258.

[35] 钟祥浩. 山地学概论与中国山地研究[M]. 成都: 四川科学技术出版社, 2000.

[36] 严登华, 何岩, 邓伟. 流域生态水文格局与水环境安全调控[J]. 科技导报, 2001 (9): 55-57.

[37] 卢剑波, 王兆骞. GIS 支持下的青石山小流域农业生态信息系统 (QWAEIS) 及其应用研究[J]. 应用生态学报, 2000 (5): 703-706.

[38] 余国忠, 陈涛. 论我国聚落的生境模式[J]. 信阳师范学院学报 (自然科学版), 1994 (2): 212-216.

[39] 国家测绘总局. 地图制图[S]. 北京: 国家测绘总局, 1980.

[40] 张同生. 论地性线在地形测绘中的重要作用[J]. 价值工程, 2012 (1): 300-301.

[41]　金京模. 地貌类型图说[M]. 北京：科学出版社，1984.

[42]　罗明良，汤国安. 地貌认知及空间剖分的山顶点提取[J]. 测绘科学，2010（5）：126-127.

[43]　PINHAS YOELI，万晓霞，朱海红. 数字地形模型中的山谷线和山脊线的机助确定[J]. 地图，1986（2）：27-32.

[44]　张小木. 山区地貌的测绘[J]. 科技致富向导，2010（21）：279-280.

[45]　彭瑾，董有福. 基于 DEM 脊点跟踪的山脊线编码与分级[J]. 山地学报，2017（1）：95-101.

[46]　WERNER C. Formal analysis of ridge and channel patterns in maturely eroded terrain[J]. Annals of the association of american geographers，1988，78（2）：253-270.

[47]　孔月萍，易炜，张跃鹏. 利用拓扑关系快速提取鞍部点[J]. 计算机工程与应用，2013（16）：165-167.

[48]　熊礼阳，汤国安，宴实江. 基于 DEM 的山地鞍部点分级提取方法[J]. 测绘科学，2013（2）：181-183.

[49]　中国人民解放军测绘学院制图系. 地图编制学[M]. 北京：地图出版社，1962.

[50]　张晨日. 基于山地自然空间特征的风景区景点规划设计研究[D]. 西安：西安建筑科技大学，2011.

第 5 章　山水空间形态信息提取的循水理山技术

5.1　山水空间形态信息提取技术的历史趋势

在人类对土地资源争夺、管理、利用，经历从粗放向精细转变的历史进程中，对山水空间形态信息提取的内容和表现手法提出了"既能定量化反映山水形成、功能等特征，又具有较强可视性"的需求，促进了山水空间形态信息提取技术的进步。可以说，山水空间形态信息提取技术的发展史，就是支持人类对土地资源争夺、管理、利用，从粗放向精细转变的进步史。

5.1.1　地表起伏形态的形象描述：历史上的山水空间形态信息提取技术

历史上很长一段时间，受知识、技术水平的限制，对山水空间形态信息提取的内容局限在对地表起伏形态的描述。由于可度量能力较弱，对山水空间形态信息的表现主要是运用形象化的符号、风景画、透视写景等手法，以突出地表起伏形态的视觉效果。

最早对地表起伏形态描述的需求来自于对土地资源争夺中的军事活动。"凡兵主者，必先审知地图。轘辕之险，滥车之水，名山、通谷、经川、陵陆、丘阜之所在，苴草、林木、蒲苇之所茂，道里之远近，城郭之大小，名邑、废邑、困殖之地，必尽知之。地形之出入相错者，尽藏之。然后可以行军袭邑，举错知先后，不失地利，此地图之常也"[1]，公元前 640 年的我国古代巨著《管子·地图》，第一次阐明了"水、山、川、陵陆、丘阜"等地表起伏形态信息的提取，对军事行动具有"举错知先后，不失地利"，以保证胜利的重大作用。但《管子·地图》中的地图尚未流传于世，学者普遍认为，管子对地表起伏形态信息的描述有一部分可能出于作者想象，未必实有[2]。

我国第一套有图可考的地表起伏形态描述记载于 1973 年长沙马王堆三号汉墓出土的三张古地图，分别被后人命名为《地形图》《驻军图》《城邑图》。三图绘制的目的是满足汉初统治长沙国南部及潇水流域一带的南越王赵佗对辖区内土地资源管理，特别是军事防守的需求。我国历史学家谭其骧曾建议将《地形图》命名为《西汉初期长沙国深平防区图》[3]，可见当时地图绘制在军事上的重要性。《地形图》在对水系的描述中，运用画线的粗细，表达水系流向及水面增宽信息，如图5.1中最大支流潇水，画线粗细从源头0.1cm逐步加粗到近河口地区的0.8cm；水系的自然弯曲，表达与山脉的地貌-水文过程关系；将水道的标注置于支流注入主流的河口处，强化水系的主次关系。这种对水系形态明确的描述，便于掌握明确的水资源来源和分布信息。在《地形图》对山岳的描述中，区别表现了山脉、山簇、山峰、山头、山谷等分类信息。并首次运用闭合山形线，在大范围内表示山脉的坐落、山体的轮廓范围及其延伸方向；在小范围内的九嶷山图中，不仅用正射投影的较粗的山形线表示山体的范围，还用鱼鳞状图形表示其峰峦起伏的特

图5.1　马王堆出土的西汉初期长沙国深平防区图（上南下北）

资料来源：湖南省博物馆，长沙马王堆汉墓陈列. http://www.hnmuseum.com/gallery/node/32/34.

征，并向南绘了九个柱状符号，向东绘了七个柱状符号，描绘从侧面所能望见的主要山峰，表示各山峰的排列和高矮信息（图5.2）[4]。学者认为，这种俯视与侧视相结合表示九嶷山区耸立峰丛的方法，与现代地形图上利用等高线配合山峰符号的画法是相似的[5]。

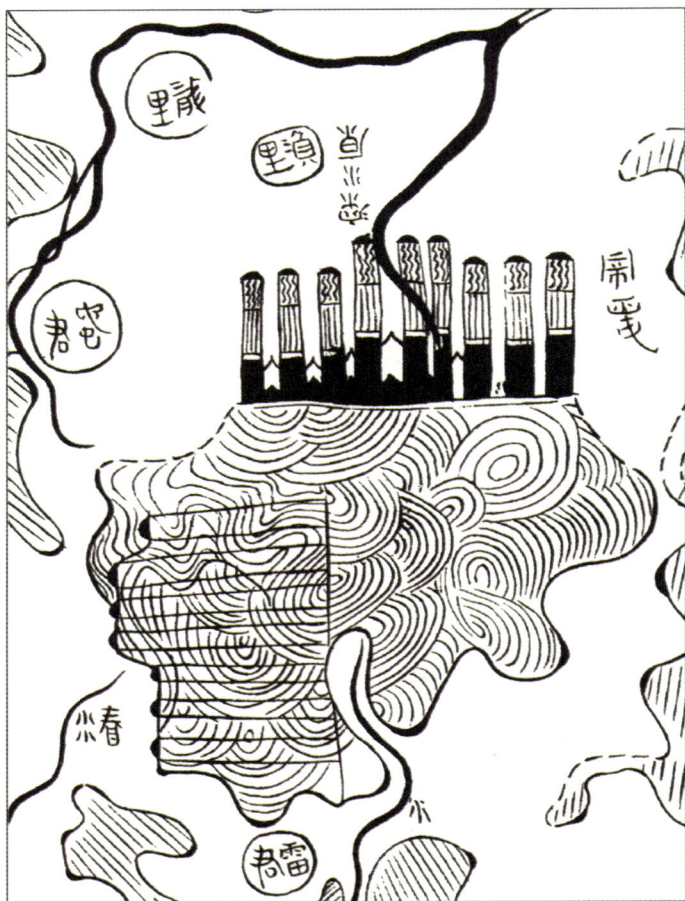

图5.2　长沙马王堆出土的汉代《地形图》九嶷山部分中对山岳信息的提取描绘（上南下北）

资料来源：姜生. 论马王堆出土《地形图》之九嶷山图及其技术传承[J]. 中国历史地理论丛，2009，24（3）：108-114.

　　除满足土地资源争夺、管理、利用的需求外，我国古时候对地表起伏形态信息的提取，不仅支持对自然知识的理解，也包括文化价值的传输和政治权利的保持；对地表起伏形态信息的描述，除要求尽量准确外，还要重视人文价值的传递[6]。总体来说，我国对地表起伏形态提取描述的技术经历了"符号化—写景法—透视法"的过程[7]。

"符号化—写景法",在提取山岳水系自然信息的同时,展示人文信息;在追求准确的同时,凸显艺术效果,是我国在地表起伏形态提取描述方面对世界的贡献。自南北朝魏晋时期,"制图六体"的创立者裴秀将山水画引入地表起伏形态描述以来,绘有大量地图的唐朝宰相贾耽、作为宋使出使契丹而绘《使辽图钞》的沈括、身为帝师绘制《地理图》的黄裳、《广舆图》(图 5.3)的作者罗洪先等文人士大夫,在地表起伏形态描述中加入了"水面之上波光粼粼,水草丰茂;渔舟唱晚,白帆点点"的人文情景[8]。

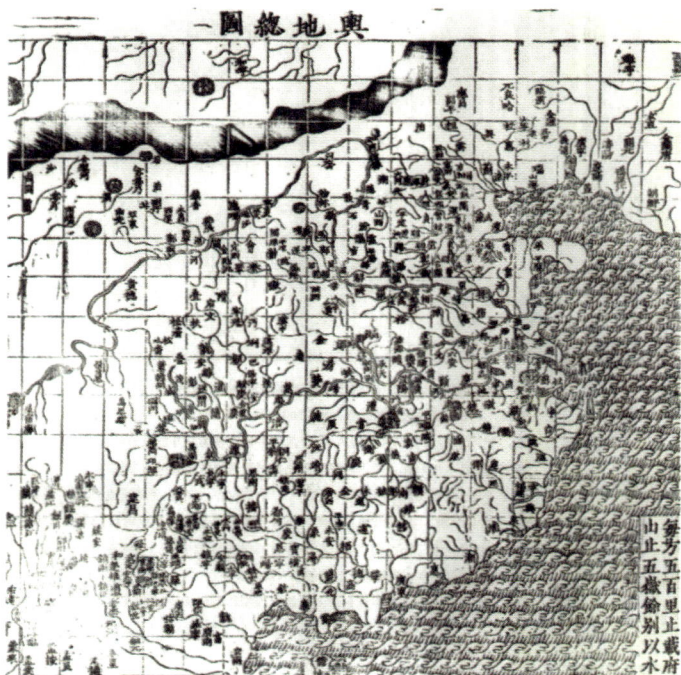

图 5.3　明代《广舆图》

资料来源:高顺祥. 中国古代地图中河流的图例运用[J]. 中国测绘,2009(2):76-77.

"写景法—透视法"是将我国山水画中发展起来的散点透视与焦点透视相结合的方法引入对地表起伏形态描述。我国山水画在大局上使用散点透视,即绘画者的观察点不固定在一个地方,也不受一定视域的限制,而是移动观察点进行观察,不同观察点上所看到的景象,都可组织进画面;在小范围内则使用焦点透视,即只将一个观察点的景象组织进画面[9]。在我国古代对地表起伏形态的描述中,首先重视表达主次,对不同层次需表达的地貌形态信息内容进行斟酌筛选,突出表达不同层次需要强调的地貌形态信息,完成相应的信息取舍,而后用墨色的深浅变化突出主次，最终强调了其所需重点传达的地貌起伏形态信息。大局上使用散点透视，表达"高、深、远"等主要地貌起伏形态信息，在叙述一幅宏大的地貌-水文过程场景中，展示出丰富的、步移景异的地貌起伏形态；在对小范围内的地貌起伏形态描述中，则使用焦点透视，辅以"勾、皴、擦、点、染"等程式化的图式手法，用墨勾勒地形，用线条表达空间上的远近，用水纹表达空间的深浅，用山形表达空间的高低，形象细致地表达峰峦叠起、波涛汹涌等纹理结构信息，且美感十足（图5.4）。

图 5.4 冷枚（清）《避暑山庄图》中对地表起伏形态信息的山水画描述

资料来源：故宫博物院官网：http://www.dpm.org.cn/collection/paint/228126.html.

5.1.2　从形象斜视到精准平面：山水空间形态信息提取技术的科学化转型

　　相比中国的地大物博，有"蓝色文明"之称的欧洲，资源相对缺乏。以武力或非武力的形式，探索欧洲以外的世界，以争取资源，曾经是其历史发展的主旋律。服务于对欧洲以外资源的寻求，地理信息的提取内容主要集中在通往全世界的"航海指南"上，地理信息提取的准确化要求，促进了墨卡托投影、三角测量法、经纬度、子午线等测量技术的发展，并促使山水空间形态信息的表达方法从形象化的透视写景图、斜视图或鸟瞰图转化为信息准确的平面图（图5.5）。

图5.5　一张1764年欧洲形象鸟瞰与平面相结合表达的地图

资料来源：杰米里·布莱克. 地图的历史[M]. 张澜，译. 太原：希望出版社，2006：104.

但对山水空间形态信息的关注最先集中在军事的需要，军事行动计划的制定，要求精准且直观地表示水道和地貌，表达山岳的切割程度，能够判断斜坡的坡度、河床的宽度、水流的湍急程度，以决定军队行动的可能性。随着工业化发展带来的环境污染问题加剧，在认为"人类与生态环境之间存在密切联系"的社会达尔文主义的影响下，"将自然与社会综合起来，并关注它们之间的相互关系"以解决环境问题的环保主义正在兴起。环境保护的信仰再次激发了人们对河流和山脉信息的提取，以破译自然法则的冲动[10]。军事和环境保护对山水空间形态信息的精准和形象需求，促进了在平面上提取和表达山水空间信息技术的发展。

1. 晕滃技术

最早在平面上对山水空间信息提取的技术是晕滃法（hachuring），即由不同长短、粗细和疏密的线条表示地表起伏形态的方法[11]。晕滃法首创于法国天文学家雅各布斯·卡西尼（Jacques Cassini）的地图中，用来表示台地的陡坡[12]。1799年，奥地利陆军少将约翰·列曼（Johann G. Lehmann）详细提出了晕滃法的理论依据及实践方法[13]。

晕滃法是用近于平行的短线符号（因顺着坡度绘制，又称斜坡线）的粗细疏密程度来表示地面坡度的陡峭缓急——用细长而稀疏的线条表示坡度低平和缓的地方，用粗短而密集的线条表示坡度陡峭急峻的地方。这使得在平面图中，坡度低平的地表形态看起来颜色明亮，而坡度陡峭的地表形态则颜色阴暗[14][图5.6（a）]。晕滃法在平面上除能准确提取出地表起伏形态信息外，还能获得近似立体效果的形象表达[图5.6（b）]。

约翰·列曼在其著作《一个用倾斜法在平面图中表示地形的新理论的介绍》中明确阐述了晕滃技术对地表起伏形态信息提取及平面化准确表达所依据的原则是：假定地面受到垂直照射并且光线被完全吸收，则地面与水平面构成的照射角度越大它接受的光线就越少，如果让水平面的光照度等于1（全照射），则坡度 α 的倾斜面上的受光量为 $H=1\times\cos\alpha=\cos\alpha$，即倾斜面上的受光量与该表面倾角的余弦成正比，当表面倾角为90°时，受光量为0。因此，在平面上，随坡度适当变暗，就能产生地表起伏形态的立体感。这一原理又可简单表达为"越陡越暗"[15]。

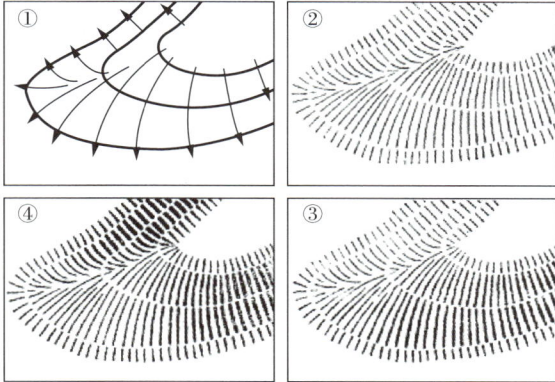

①起始等高线和斜坡线；②配置晕滃线；③描绘陡坡晕滃线；④描绘阴影晕滃线。
（a）晕滃法表达地形起伏形态的制图次序

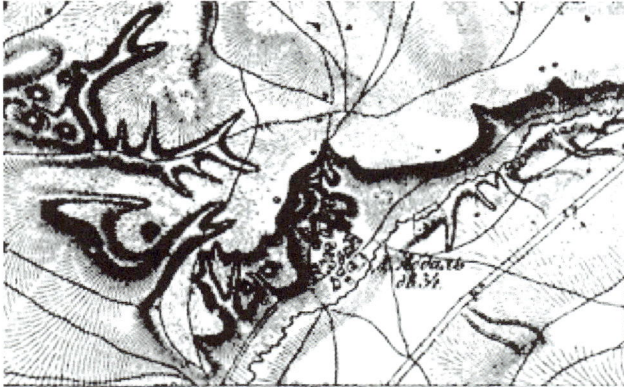

（b）18世纪用晕滃法表达的俄罗斯三俄里地形起伏形态

图 5.6 地形起伏形态的晕滃法表达

资料来源：萨利谢夫．地图制图学概论[M]．李道义，王兆彬，译．北京：测绘出版社，1982：99-100.

晕滃法虽能将地表起伏的坡度缓急表示得很清楚，立体形象感强，但也存在一些缺点：①不能表示高度；②主要形态不能明显地从地貌碎部中凸显出来；③用少量距离较远的晕滃线表示平缓的地表起伏形态时，难以辨别各地貌要素之间的相互关系；④晕滃出的陡坡较黑，会遮盖地貌起伏形态的其他要素；⑤在小比例尺地图上，只能表示山脉的位置而不能表示坡度；⑥在大比例尺地图上，山区会布满晕滃线，导致其他符号混淆不清；⑦大于 45°的坡，统一被表达为黑色，无法区分[16]。

针对晕滃法的缺点，历史上出现了"阴影晕滃法"，即变晕滃法的垂直照射为斜照射。在表达切割地形，特别是山脊时，阴影晕滃线能表示各个方向上斜坡的相对高度和阴影程度，能很好地从次要形态中区别出主要形态，形成极好的地表起伏形态立体效果，且阴影晕瀚法使图面变暗的程度低，对于高山区的表达特别有利。但不论是晕瀚法还是阴影晕瀚法，在平面上表达地表起伏形态信息时，都需要表达者具有很高的技艺且费时费力。19 世纪中叶，由于石印术的应用，经济且容易表达的晕渲法取代阴影晕瀚法，被广泛运用于对地表起伏形态信息的表达。较之阴影晕瀚法，晕渲法最大的不同在于用面状的符号替代阴影晕瀚线，从而使图面表达的符号负载量小且直观易读，便于强调地表起伏形态的特征、山脉和高地的主要方向以及陡坎等。

但采用斜照射的阴影晕瀚法和晕渲法最大的缺点是：在平面上，造成了地表起伏形态位置的位移，使位置不准确，地表起伏形态信息的提取难以度量化。

2. 等高线技术

为促进地表起伏形态信息的提取可度量化，19 世纪下半叶，用等高线作为地表起伏形态信息提取的技术被普遍承认和运用。等高线，英文名 contourline，法国叫 courbes de niveau，德国叫 hohenlinen，其概念最早来源于 1584 年荷兰土地测量员伯留艾恩斯（Bruinse）用等深线表示了斯帕尔恩河的河床深度，1730 年克留克维斯（Cruquius）在梅尔维吉河、1737 年菲利普·比约阿什在英吉利海峡均采用了类似方法。1971 年法国人在法国安鸠宾-特里耶里地区才真正将等高线用来表示陆地地表起伏形态[15]。

等高线是一种等值线，它是由若干平行的、间隔相等的水平表面穿过三维地表面并将其正射投影于平面上得到的迹线。例如，海潮后退，在海岸上留下的海滩线就是一条天然的等高线。等高线具有以下基本特点：是一条封闭连续的曲线、与实地保持集合相似关系、同一等高线上的高程相同、等高线的疏密对应坡度的缓陡等。

为便于提取并表达地表起伏形态信息，通常采用美国地质测量局使用的 6 种不同粗细、不同样式的等高线[17]（图 5.7）。

（1）计曲线，又叫加粗等高线，为了便于判读等高线的高程，自高程起算面开始，每隔四条首曲线加粗描绘的等高线，通常在此标出高程。

（2）首曲线，又叫基本等高线。在相邻计曲线之间，按照基本等高距划分的有一定间距的 3 条或 4 条等高线，其粗度为计曲线的一半。

（3）间曲线，又叫半距等高线，是按照基本等高距的 1/2、1/4 或 1/5 来表示的虚线或点线。

（4）助曲线，又叫辅助等高线，是按 1/4 等高距描绘的细短虚线，用以显示间曲线仍不能显示的某段微型地貌。

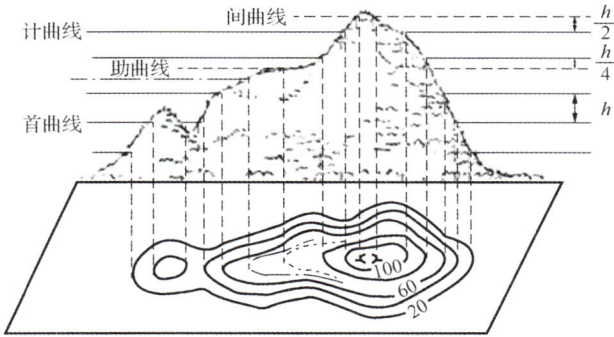

图 5.7　基本等高线

（5）洼地等高线。闭合等高线内部比外部低时，即盆地或封闭洼地，应在闭合等高线内缘加绘示坡线。

（6）合并等高线。在描绘悬崖、路坑、路堑等垂直或者几乎垂直的地面特征时，以一条线代表几条等高线。

（7）拟构等高线。又称形态线，不代表具体的高程值，用于显示不适宜用精准等高线表示的某些形态，通常用虚线表示。

在平面上，具有具体高程值的等高线法具有测量学和统计学的基础，可提取并表达丰富和准确的地表起伏形态信息，如可直接判读出高度和相对高度，还可判断出坡度，甚至可间接地判断出与等高线走向正交的地表径流方向，因而得以广泛应用。

但等高线法，根本上是一种不连续的"分级"表示方法，具有以下缺点：①不能表达地表起伏形态的"渐进式断裂"，即地貌的急剧破坏，例如石山、断崖、构造裂缝、悬岩等；②也不能很好地表达微地貌形态或者高度小于等高距的一些地貌要素；③同时，它的立体形象效应不如晕渲法，往往要融合等高线装饰法，如分层设色、等高线注记等，提高立体形象表达的直观性。

5.1.3　结构化综合：山水空间形态信息提取技术的发展趋势

针对等高线技术难以提取并表达地表起伏形态的特征信息问题，地貌符号和高程注记技术融入了等高线技术，在特征化地表起伏形态信息的过程中，展现出结构化综合山水空间形态信息提取技术的发展趋势。

1. 高程注记

高程注记，简言之就是用数字注记地面起伏形态信息。高程注记本身并不能建立明确而直观的地表起伏形态概念，其作用是通过对地表起伏形态的特征点进行高程数字的注记，在强化地貌特征中，与等高线一起完成对地表起伏形态的描述。相比等高线技术，高程注记还能完成对等高线不能表示的微地貌的描述。甚至在地物稀少的地方，高程注记还兼具名称标注的作用，如军事行动中，通常以高程数字命名某高地。19世纪德国地图制图学家别切尔曼（Becherman）甚至认为："只有注出高程标记，整个地貌图甚至绘得非常好的地貌图才算最后完成；高程注记为地貌图提供了可靠的基础，就像整幅地图需要绘出坐标格网一样。[18]"

高程注记所表达的地表起伏形态特征，包括地表起伏的最高点和最低点（图5.8）。例如，山或高地具有开阔视野的制高点、盆地底部、流动和静止的水涯线等；还包括地表起伏变换的特征处，如山隘、鞍部、洼地等。但对于绝壁、断崖、冲沟、喀斯特凹坑等坡度大但面积小的地表起伏形态，高程注记也难以表达，只能转向求助于地貌符号。

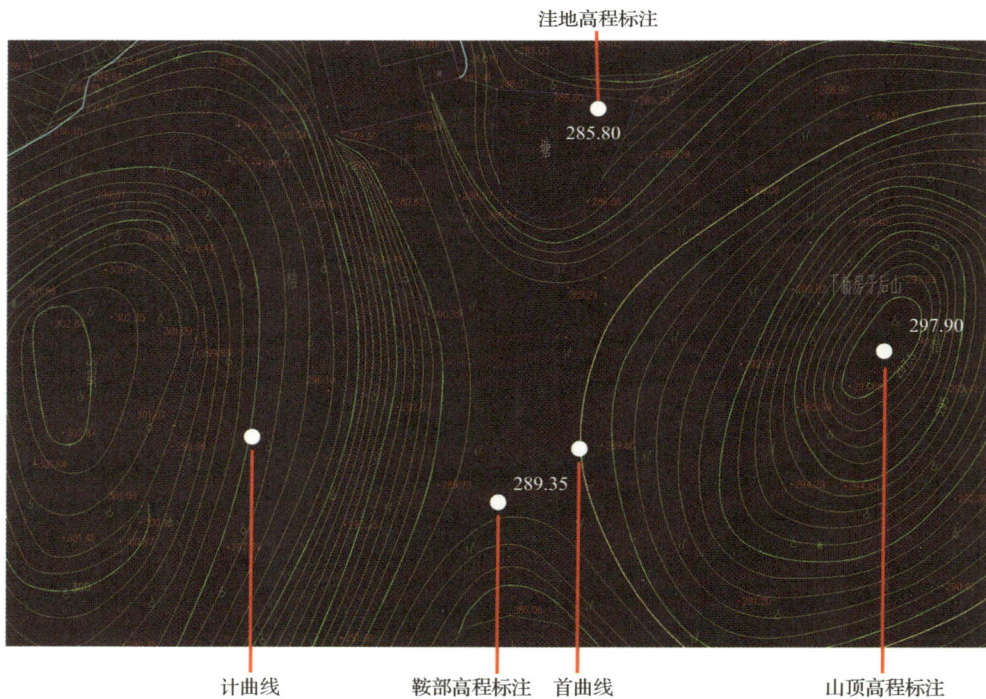

图 5.8 典型高程标注

2. 地貌符号

作为辅助等高线提取与表达地表起伏形态信息的辅助方法，地貌符号主要辅助表达等高线难以表示的独立微地貌、激变地貌和区域微地貌等[19]（图5.9）。

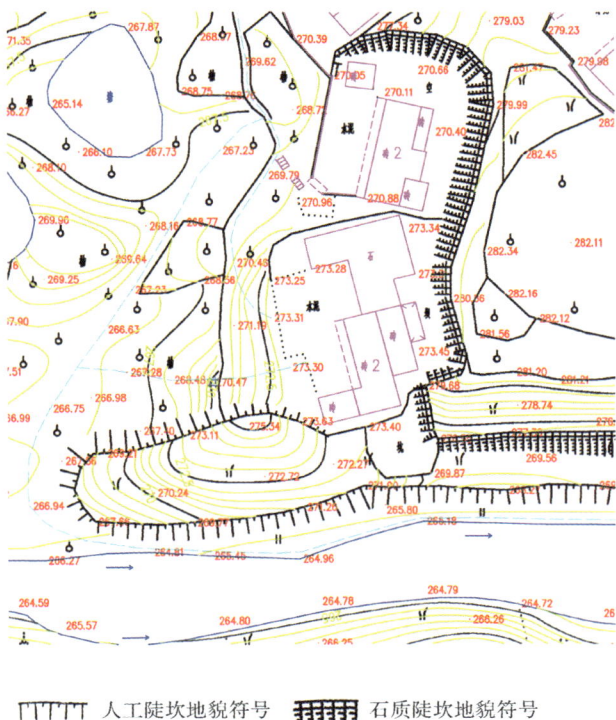

图 5.9　典型激变地貌符号

独立微地貌：包括坑穴、土堆、溶斗、独立岩峰、隘口、火山口、山洞等形态微小且独立分布的地貌。

激变地貌：是指冲沟、陡崖、冰陡崖、陡石山、崩崖、滑坡等在较小范围内产生急剧变化的地貌形态。

区域微地貌：是指如小草丘地、残丘地等高度虽小，但起伏不平且成片分布的地貌形态；或沙地、龟裂地等土质类型成区域分布，但地表起伏甚微的地貌形态。

显而易见，地貌符号的加入使等高线方法提取的地表起伏形态信息更加丰富、多样。

3. 结构化综合

在等高线的不连续"分级"方法提取出的大面积地表起伏形态中，高程注记和地貌符号的辅助，将对地表起伏形态信息的提取引向了对地表起伏形态特征信息的关注。

但如何改进等高线法缺乏特征化和高程注记、地貌符号法缺乏整体性的缺点，形成兼具整体性和特征化的地表起伏形态信息提取技术？测绘工作者对地貌形态的实际测绘流程，给了人们极大启示。正如地图综合理论中提出的"结构化认知"概念一样，测绘工作者先测定山顶、鞍部、坡度变化点等地貌起伏形态特征点的高程，标出分水岭、汇水线、山麓线、坡折线等地貌形态结构线，再根据坡面形态描绘等高线（图 5.10）。"结构化综合"，似乎成为破解这一难题的有效途径。这一途径所秉承的原则是：提取反映地表起伏形态整体性的骨架结构信息，凸显骨架结构信息中的地表起伏形态特征信息，反映出兼具整体性和特征性的地表起伏形态。

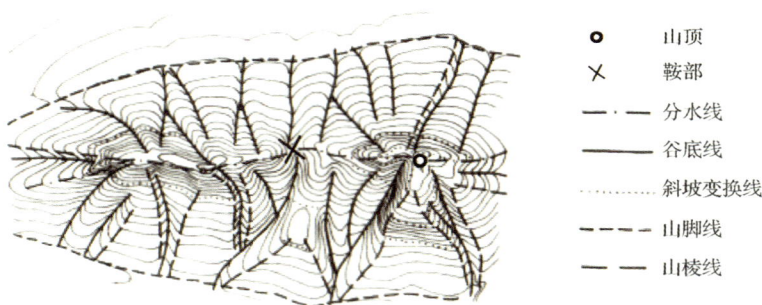

⊙	山顶
✕	鞍部
—·—	分水线
——	谷底线
······	斜坡变换线
- - -	山脚线
— —	山棱线

图 5.10　地貌的主要结构线

实际上，地表起伏形态整体性的骨架结构信息可分为：正向地貌和负向地貌两大类。正向地貌是指山脊比谷地宽大的地貌；负向地貌，就是宽谷、窄脊地貌。分水线是正向地貌形态的基本骨架线，它串联起山顶、鞍部、山隘等正向特征地貌形态。主要河谷汇水线连接次要溪谷汇水线、冲沟、谷地等，共同构成整个负向地貌形态的分岔网，是负向地貌形态的基本骨架线[20]。

正向地貌形态信息的结构化综合提取，就是在提取出主要和次要分水岭的平面形态、方向和分岔程度的基础上，凸显山顶、鞍部、山隘等正向特征地貌形态，同时提取出等齐斜坡、凹形斜坡、凸形斜坡和台阶斜坡四大类斜坡表面形态。分水岭信息提取的正确性，决定了正向特征地貌形态和斜坡形态信息提取的正确性。

同样，负向地貌形态信息的结构化综合提取，则是提取出主要河谷汇水线与次要溪谷汇水线、冲沟、细沟等的分岔网络结构，在此基础上，以横断面的形式，提取溪河谷周边的斜坡形态，即盆地、洼地等负向特征地貌形态信息。

地表起伏形态信息的结构化综合提取法，以地貌形态的基本骨架线信息提取为基础，拉开了整体性和特征化提取地表起伏形态信息的大幕。

5.2　山水空间形态信息的自动结构化综合提取原理

随着信息技术的发展，传统以人工为主的山水空间形态信息的结构化综合提取法，急迫需要获得在计算机环境中的自动化提取生命和能力，这一迫切需求在催生出数字高程模型和地理信息系统后，获得了极大的满足，并派生出自己的自动化提取逻辑。

5.2.1　空间数据库结构化综合：山水空间形态信息自动提取的概念基础

山水空间形态信息的提取离不开地图科学中制图综合技术的发展。而"摆脱繁重费时的人工操作，实现自动化提取山水空间形态信息"，是近百年来地图科学以及以地图科学为基础的地貌学、生态学、城市规划学等相关应用科学的理想和追求。但自从"地图科学"的提出者，德国地图学家艾克特（M. Eckert）在 1921年首次提出制图综合的概念后[21]，直到 1978 年，还有学者提出"制图综合的许多部分尚不能直接算法化。……对于制图地物综合体进行自动化选取，肯定更为困难"[22]。山水空间形态属于制图地物综合体范畴，相比对单条等高线孤立进行处理要困难得多。

在信息技术（特别是地理信息技术）的发展中，这些困难被一一化解。对山水空间形态的提取远远超越了"从图到图"的综合，而成为在数字环境中通过可视化地貌相关空间数据库中的海量数据揭示可视化地貌空间中内含的本质信息并加以提炼的过程。在数字环境中，由于地貌相关空间数据库的存在，不仅使地貌及其相关要素的海量数据能够自动地按类别、等级等进行分类存储，更能使地貌与相关要素之间建立必要的空间关系，为山水空间形态的自动化提取提供详细扎实的信息保证。所以，数字环境中，山水空间形态信息的自动结构化综合提取，不仅仅是空间上的结构化综合表达描绘，更重要的是地貌相关空间数据库的结构化综合。

山水空间形态信息提取的地貌相关空间数据库的结构化综合，建立在对数字环境中空间概念的再认识的基础上。

空间的概念有多种内涵，如哲学空间、物理空间、数学空间和地理空间等。

"埏埴以为器，当其无，有器之用。凿户牖以为室，当其无，有室之用。故有之以为利，无之以为用"，老子这段著名的文字论述了从实体与空间的辩证关系中引出的哲学空间概念。

现代物理学证实，宇宙中的空间不是宇宙在笛卡尔坐标系中三个方向上所具有的广延性，不是牛顿所描述的"处处均匀、永不移动，其自身特性与一切外在事物无关"的绝对空间，也不是爱因斯坦广义相对论中所描述的"空间未必能被看作是一种可以离开物理实在的真实客体而独立存在的东西，空间是物质的广延和物质的属性"的属性空间。空间是客观存在的物理客体。物质可以转化为空间，空间可以转化为物质；空间是一种特殊形态的物质，物质是一种特殊形态的空间；空间是物质的展开，物质是空间的凝聚[23]。

在数学中，空间被看作是带有结构的数字集合，这种结构就是数字集合中各元素之间的关系和度量。数学上，把具有结构的数字放在一个集合中，其目的就是通过对集合中元素之间关系和度量的推理，发现数字的空间形态，这个过程，又被称为空间推理。虽然数学中有许多空间形态，但能运用于山水空间形态推理的主要是拓扑和度量空间。拓扑空间所具有的连通性和连续性概念适宜对山水空间形态关联关系的推理；度量空间具有距离的概念，且可包含在拓扑空间中，意味着可为任何度量空间配备拓扑结构。

在数字环境中，山水空间属于地理空间的范畴，是地貌的存在形式，是在形态、结构、过程、功能关系上的分布方式，也是物理空间中的自然地理空间。山水空间具有数学空间的拓扑和度量关系，甚至还具有哲学空间的意义（图5.11）。

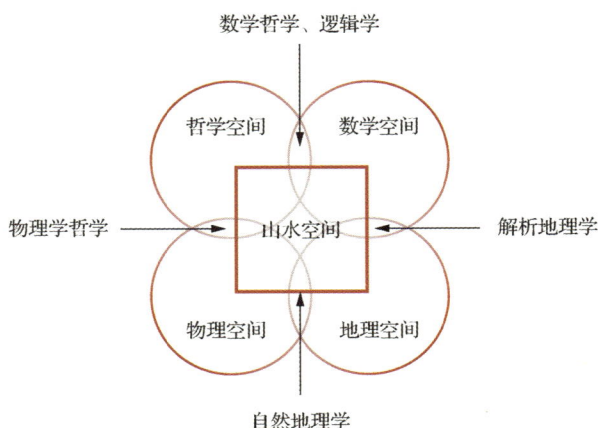

图 5.11　数字环境中山水空间与物理空间、数学空间、哲学空间及地理空间的关系

资料来源：毋河海. GIS 与地图信息综合基本模型与算法[M]. 武汉：武汉大学出版社，2012：101.

　　数字环境中，山水空间的数据是反映地貌过程、现象及其相互关系的数据。山水空间数据库，通常由四大类海量数据组成：①包括水网、交通、居民点等的地理基础数据，②数字地形模型（digital terrain model，DTM）数据，③包括土地利用现状、植被类型、土壤侵蚀等的资源与环境数据，④包括人口、人口密度、居民收入、农业机械化程度等的社会与经济数据。

　　数字环境中，山水空间形态信息自动提取的过程是围绕对地貌及其相关要素之间拓扑和度量关系的空间推理，对山水空间数据库进行结构化综合，将海量数据转化为"知识增值"的信息，进而发现山水空间形态规律。例如，通过测绘，将原始调查出的高程点作为数据，很难直观地看出高程点数据所表示的地形地貌；但在山水空间数据库中，将高程点数据结构化综合成等高线图形，就可以形象表示地表图景，这就完成了从高程点数据向等高线图形信息转化的知识增值过程。

5.2.2　DTM：山水空间形态信息自动提取的介质

　　DTM 数据，作为山水空间数据库中最核心的"知识增值"信息，最早由美国麻省理工学院的米勒（Miller）和拉夫拉姆（Laflamme）提出[24]。其产生的背景来自于航空摄影测量技术出现后，美国土木工程部门和交通部门，希望将计算机与航空摄影测量技术结合起来，解决以计算机取代繁重、不精准的人工作业，进行如道路选线、土石方计算等道路工程计算机辅助设计问题。

　　在米勒的眼中，DTM 是利用一个任意坐标场中大量的具有 X、Y、Z 值的坐标点对地表连续表面的统计描述[25]，表达 DTM 的关键词是"数字"和"模型"。

1. 关键词"数字"

　　针对"数字"这一关键词，DTM 的概念可表述为用数字表述地表形态[24]，原因在于计算机只认识数字，只有将模拟数据转化为数字，才能被计算机接受。

　　等高线、地貌符号、高程标注、影像等，都是在二维环境中对真实三维地表形态的模拟表达，被称为模拟数据。模拟数据，虽然可以实现对地表形态的二维量测，但由于缺乏利用三维同时进行量测的能力，难以整体、形象地表达真实的三维立体地表形态。写景、透视、晕渲、晕滃等虽能形象地表达地表形态，但缺乏承载精确数据的能力，也不能真实地描述和表达三维立体地表形态。曾经出现过的地貌晕渲与等高线相配合的方法，将立体表达与数据相结合，虽具有可三维量测和整体、形象表达真实三维立体地表形态的能力，但地貌晕渲仅仅作为一种修饰，不具有承载数据的能力，与等高线数据只是修饰上的配合，在实际应用中制作工艺复杂、耗时耗力，且场景固定，不具有任意场景量测、形象表达真实三维立体地表形态的能力。

在计算机的数字世界中，地表形态首先被转换为数字，并被相应的空间承载。例如 DTM 中的数字高程模型（digital elevation model，DEM），高程数据以数值的数字形式附着于空间上的点，DEM 成为附着了高程数值的点的集合。

这些附着了高程数值的点除可通过地面测量和地形图数字化获得外，更多的是通过数字摄像测量自动化采集获得。其原理来自于基于人造立体视觉原理的立体摄影测量方法，即仿生人的双眼观察远近物体所形成的不同交会角给人以远近前后立体感觉的"双象立体观察"原理，对同一景象分别进行代替两单眼位置的两张摄影像片，再现双眼同时观察到的立体形状（图 5.12）。在数字摄像测量中，DEM 高程数值的自动化采集，就是在利用影像匹配方法获取左右影像的视差后，在特定点的平面坐标（X，Y）已知的情况下，运用铅垂线轨迹（vertical line locus，VLL）法，即延过点（X，Y）的铅垂线到左右影像上的投影直线匹配出该点的高程值（图 5.13）[26]。

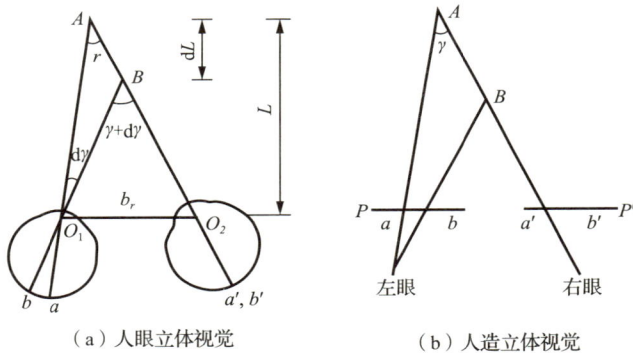

（a）人眼立体视觉　　　　　（b）人造立体视觉

图 5.12　DEM 数据采集的立体测量法原理

（a）单眼观察景物，感觉到的仅是景物的中心构像，而不是立体构像，不能判断景物的远近。当双眼凝视某物点 A 及其临近点 B 时，两眼视轴分别本能交会形成交会角 γ 和 $\gamma+d\gamma$，并通过眼球的水晶体在两眼的视网膜中央，分别得到物点 A 的构像 a 与 a'，物点 B 的构像 b 与 b'。在左右眼视网膜各设一平面坐标系，则 A 点的左右坐标差 $P_A=X_a-X_{a'}$，B 点的左右坐标差 $P_B = X_b-X_{b'}$。两点的左右视差之差 $\Delta P=P_A-P_B = X_a-X_{a'}-X_b+X_{b'}=aa'-bb'$，这就是双眼的生理视差，表现为 B 点的交会角大于 A 点，则物点 A 较 B 点远。这就是交会角不同而引起的生理视差分辨远近的人眼立体视觉原理。

（b）对于实物 A 和 B 的观察，首先在双眼前面各放置一块毛玻璃片（P、P'），观察玻璃片，把所看到的影像分别记在玻璃片上（a、b 和 a'、b'），然后移开物体 A 和 B，此时观察玻璃片上 a、b 和 a'、b'的影像，同样可以交会出与实物一样的空间 A 点和 B 点。在 P 与 P'处分别用摄像机拍摄同一景物的两张像片（称为立体像对），当左眼看左片、右眼看右片时，就能在双眼中产生生理视差，分辨出景物的远近。这种观察立体像对，获得地面景物影像的立体感觉，称为人造立体视觉

资料来源：张剑清，潘励，王树根. 摄影测量学[M]. 武汉：武汉大学出版社，2009：46-49.

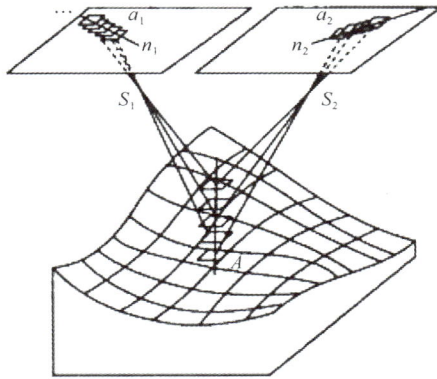

图 5.13　DEM 数据自动化采集的铅垂线轨迹法原理

资料来源：张祖勋，张剑清. 数字摄影测量学[M]. 武汉：武汉大学出版社，2012：204.

2. 关键词"模型"

对于关键词"模型"，DTM 的概念可表述为是描述地表形态的多种信息空间分布的有序数值阵列[27]，即通过计算机的模型化（将数字按一定的规则进行组织）表达地表形态。

在 GIS 环境中，DTM 属于基于场的镶嵌数据模型（tessellation modules），又称栅格数据模型（raster modules）。镶嵌数据模型源于"空间对象可用相互连接在一起的网络来覆盖和逼近"的思想，适合于表达三维离散空间数据。附着了高程数值的点的集合的 DTM，就是一个典型的具有 X、Y、Z 数值属性的三维离散空间数据，其镶嵌数据模型建构的关键是：用什么样的网络将这些离散的点空间数据转化为最逼近真实地表形态的曲面数据？

韦伯（Weibel）和赫勒（Heller）认为，这种网络通常只有规则格网（rectangular grid）和三角网络（triangular irregular network，TIN）两种（图 5.14）。

构造规则格网 DTM 的方法是：将区域进行网格划分，然后让具有 X、Y、Z 数值属性的离散点空间数据落在网格上，再通过内插计算，给网格中的任意点附上 X、Y、Z 数值属性，形成具有 X、Y、Z 数值属性的连续地表曲面。在大多数计算机程序语言都具有的矩阵处理功能中，规则格网 DTM 可以非常方便地以二维矩阵数据结构对进行组织和管理，每个格网单元都能方便地利用简单的数学公式进行访问、查询和计算。规则格网 DTM 的缺点是：一方面，规则格网的点密度不能适应复杂的地形，因此，为保障地表形态表达的准确性，规则格网 DTM 对采集的具有 X、Y、Z 数值属性的离散点空间数据的量要求非常大；另一方面，规则格网 DTM 的格网均匀性，导致它无法描述地形的结构性特征，需要一些其他基本模型的辅助[28]。

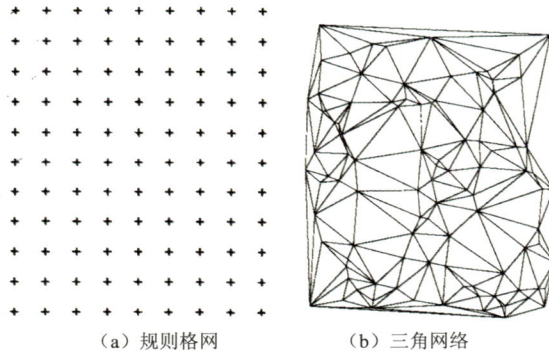

(a) 规则格网   (b) 三角网络

图 5.14　建构 DTM 空间模型的两种网络形式

资料来源：WEIBEL R，HELLER M. Digital terrain modeling[M]//MAGUIRE D J，GOODCHILD M F，RHIND D W，et al. Geographical information systems：principles and applications. London：Longman Scientific and Technical，1991：269-297.

TIN 是将具有 X、Y、Z 数值属性的离散点生成连续的三角面来表达地表形态。它可以弥补规则格网 DTM 的缺点，在特定分辨率下能用更少的空间和实践更精准地表示更加复杂的地表形态，特别是当地表形态中包含如断裂线、构造线等结构性特征时。TIN 模型的构造原理是：具有 X、Y、Z 数值属性的离散点可以落在三角形的顶点、边或三角形内任意地方，如落在三角形顶点上，则直接赋值其上；如落在三角形的边上，可通过三角形的两个端点按比例进行内插；如落在三角形内，内插函数为过三角形三顶点的线性平面。因此 TIN 模型是三维空间上的分段线性模型，整个区域内连续但不可微[29]。

对建构 TIN 模型的三角网的基本要求是：①TIN 是唯一；②每个三角形尽量接近等边形状；③保证最邻近的点构成三角形，这三角形的边长之和最小。通常采用狄诺尼三角网（Delaunay triangulation）和泰森多边形（Voronoi diagram）构造 TIN 模型。其中，泰森多边形是由一组由连接两邻点直线的垂直平分线组成的连续多边形组成的；狄诺尼三角网是由与相邻泰森多边形共享一条边的相关点连接而成的相互邻接且互不重叠的三角形集合，其外接圆圆心是与三角形相关的泰森多边形的一个顶点（图 5.15）。狄诺尼三角网具有四大特性：①任一三角形的外接圆内不包含其他的点，即空圆特性；②在构网时，总是选择最邻近的点形成三角形并且不与约束线段相交；③不论从区域何处开始构网，最终都将得到一致的结果，即构网具有唯一性；④遵循最大化最小角原则，即如果将三角网中的每个三角形的最小角进行升序排列，则狄诺尼三角网的排列得到的数值最大。所以说，狄诺尼三角网是"最接近于规则化的"的三角网[30]。

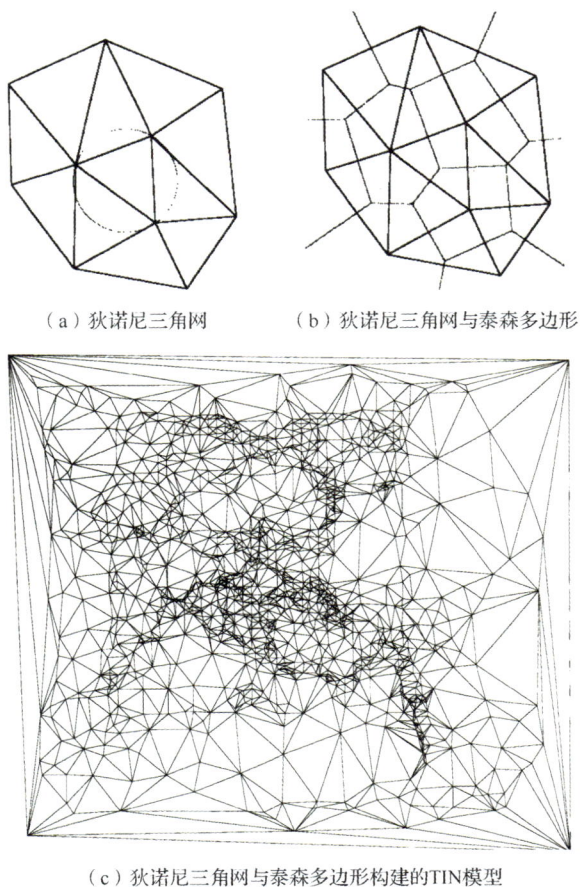

（a）狄诺尼三角网　　　　（b）狄诺尼三角网与泰森多边形

（c）狄诺尼三角网与泰森多边形构建的TIN模型

图 5.15　构造 TIN 模型的狄诺尼三角网与泰森多边形

资料来源：WEIBEL R，HELLER M. Digital terrain modeling[M]//MAGUIRE D J，GOODCHILD M F，RHIND D W，et al. Geographical information systems: principles and applications. London: Longman Scientific and Technical，1991：269-297.

5.2.3　循水理山：山水空间形态信息自动提取的流程逻辑

DTM 的建立促成了以地形属性计算和特征提取为内容的数字地形分析（digital terrain analysis）的兴起与发展。

自英国学者伊万斯（Evans）创建出由 DTM 自动提取出高程（elevation）、坡度（slope）、坡向（aspect）、剖面（profile）和切线曲率（tangential curvatures）

这五大地表形态参数组成的地貌计量学（geomorphometry）以来[31, 32]，数字地形分析的方法与技术在基本地形因子分析、特征地形要素提取、水文分析、可视化分析以及地形统计分析等领域日趋成熟，基本地表形态参数也延展为由特征点、特征点域和流动汇集三大方面、十二大参数。其中，特征点包括高程、谷底点、山顶点、山隘或鞍部点、水平面点或水平面等五个具有独立点位特征的地表形态参数；特征点域包括坡度、坡向、剖面曲率、切线曲率、变坡点等五个具有点域特征的地表形态参数；流动汇集包括山谷线或水道线（valley line or drainage line）、山脊线或流域分界线（ridge line or watershed divide）两个表征水流产生、汇集、流动的地表形态参数。其自动提取的基本思路是通过特征点的提取，推导到特征点域的提取，最后再提取出表征流动汇集的山谷线与山脊线[33]。这种思路来自于单纯的数字化计算机思维，仅适用于计算机计算的步骤思维，尚不能有效支持人们对地表形态形成与功能的理解。

对照第 4 章第 4.3 节的内容，地表形态的十二大参数实际上就是通过地貌综合表征山水空间生态交错带意义的地貌结构线。在 GIS 环境中，地表形态十二大参数的自动提取被界定为坡面地形因子提取和特征地形要素提取[34]。坡度、坡向、剖面曲率、切线曲率、变坡点等坡面地形因子之间的地貌与生态交错带关系可以说是相对独立的，不存在着"你中有我，我中有你"的互锁关系，其自动提取可通过 DEM 格网，对空间向量进行差分运算获得（图 5.16）[35]。

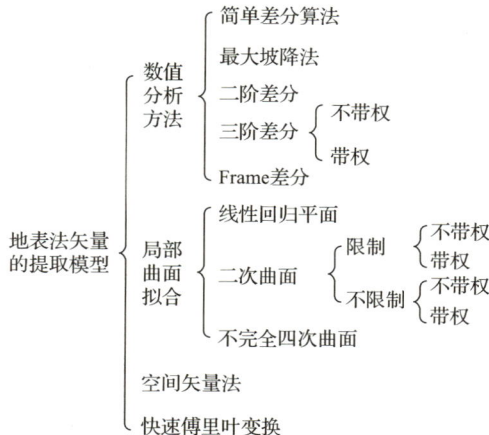

图 5.16　坡面地形因子自动提取的差分算法

资料来源：刘学军. 基于规则格网数字高程模型解译算法误差分析与评价[D]. 武汉：武汉大学，2002.

特征地形要素中，山顶点、山隘或鞍部点、谷底点等地形特征点分别依附于山脊线与山谷线等地形特征线上，而山脊线与山谷线应界定出一个相对独立封闭的流域，并表征流域内水流的产生、汇集、流动状况。单纯通过数学运算自动提取出地形特征点，再推导出的地形特征线，对流域的界定误差大，对流域内水流产生、汇集、流动的描述不准确。所以，我们认为遵循"阐释山水空间生态交错带意义"原则的特征地形要素自动提取的出发点应是：界定出相对独立封闭的流域，即首先提取出界定流域的山脊线与山谷线等地形特征线，而不是先提取出地形特征点，再差值出地形特征线。但山脊线与山谷线之间存在着的等级互锁结构关系，引发了山脊线与山谷线自动提取孰先孰后的问题。

"利用成熟的技术解决新的问题"是解答"山脊线与山谷线自动提取孰先孰后"问题的最佳思路。对比山脊线与山谷线的自动提取，在流域内对山谷线进行自动提取的技术方法，既达到了理解水文过程的目的（运用霍顿-斯川勒水系等级结构定律），又便于数字化计算相应的地表形态参数，是相对成熟的自动提取方法。所以我们提出，具有阐释山水空间生态交错带意义的特征地形要素自动提取可以运用"流域尺度、水文过程及数字化地表形态参数一体化"的山谷线综合集成法，首先对山谷线的自动提取进行总结，然后再寻找山脊线等其他具有生态交错带意义的山地特征线（点），即遵循"循水理山"的方法流程。

5.3　山水空间形态信息提取的循水理山方法

5.3.1　循水：水空间形态结构线的提取

作为负地貌表征的山谷线，实际上就是水系线。山谷线的提取，就是提取出因循水文过程且具有生态功能意义的水系线。

霍顿-斯川勒水系等级结构定律已描述出了准确的水文过程，D8 算法能够相对准确地计算出水流产生、汇集、流动的地表形态参数，流域界定出了水文过程计算的范围尺度，山谷线几乎可以实现在计算机中的自动提取。但与实际对照，自动提取出的山谷线只是一个可能的水系体系结构，并不意味着模拟出的每条山谷线都是实际存在且有生态意义的水系线，还需要通过实际水系的生态表征加以认定。可以说，在山谷线的提取中，基于 D8 算法的自动提取是基础，人工的知识对照才是对水系的最终认定。

1. 山谷线的自动提取

在 Arcgis 平台中，将 1：10000 数字地形图转化为 DEM，然后运用 Arc Hydro Tools 对水系进行模拟（图 5.17），步骤如下。

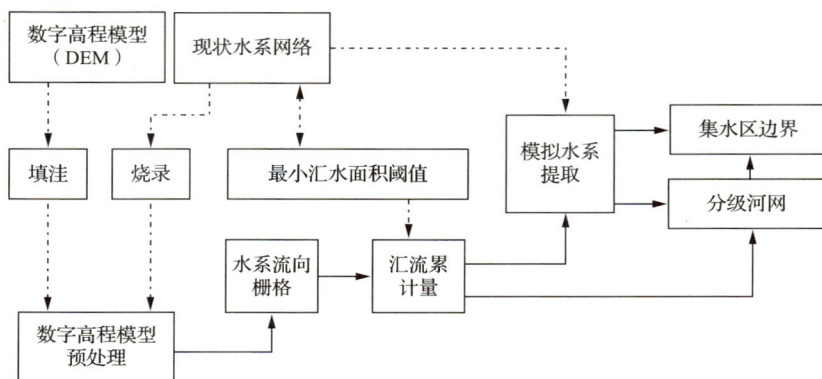

图 5.17　Arcgis 中的水系模拟流程

（1）对 DEM 进行预处理，形成水文 DEM。

（2）调用 Flow Direction 函数，根据 D8 算法，生成水系流向栅格图。

（3）调用 Flow Accumulation 函数，在流向栅格图内搜索水流路径，从集水区出口栅格开始，递归搜索每一个栅格单元的上游栅格并计算上游集水面积，生成汇流累积栅格图。

（4）调用 Stream Definition 函数，对照现状常年水系，设定水系最小汇水面积阈值，生成水系栅格图。

（5）调用 Stream Segmentation 函数，建立栅格水系的上下游拓扑关系。

（6）调用 Catchment Grid Delineation 函数，生成集水区栅格图。

（7）调用 Catchment Polygon Processing 函数，生成集水区边界。

（8）调用 Drainage Line Processing 函数，以水系流向栅格图和栅格水系的上下游拓扑关系为输入条件，对栅格水系矢量化，生成水系矢量线。

为避免因为 DEM 的精度导致模拟产生不连续或平行伪水系，对 DEM 的预处理包括填平虚拟洼地和常年水系烧录两大部分。

DEM 是以连续地表曲面对地形进行表达的数据模型，在对地形突变点或线（如悬崖、喀斯特地貌等）进行数据模型化表达时显得无力，这就会使 DEM 存在着一些凹陷的虚拟洼地，导致水系模拟时产生的水流流向不合理，因此，需要先调用 Arc Hydro Tools 中的 Fill 命令，扫描 DEM 找出虚拟洼地，然后将虚拟洼地点的高程值设为与其相邻的点的最小高程值，这样迭代直到填平所有的虚拟洼地。

为避免出现与现状水系不相符合的平行伪水系，可将从 1 : 10000 数字地形图中提取出的现状常年水系烧录进 DEM，即强制性降低现状常年水系所在栅格的高程，强制周边栅格水流流向现状常年水系所在栅格。

基于 DEM 自动提取的山谷线如图 5.18 所示。

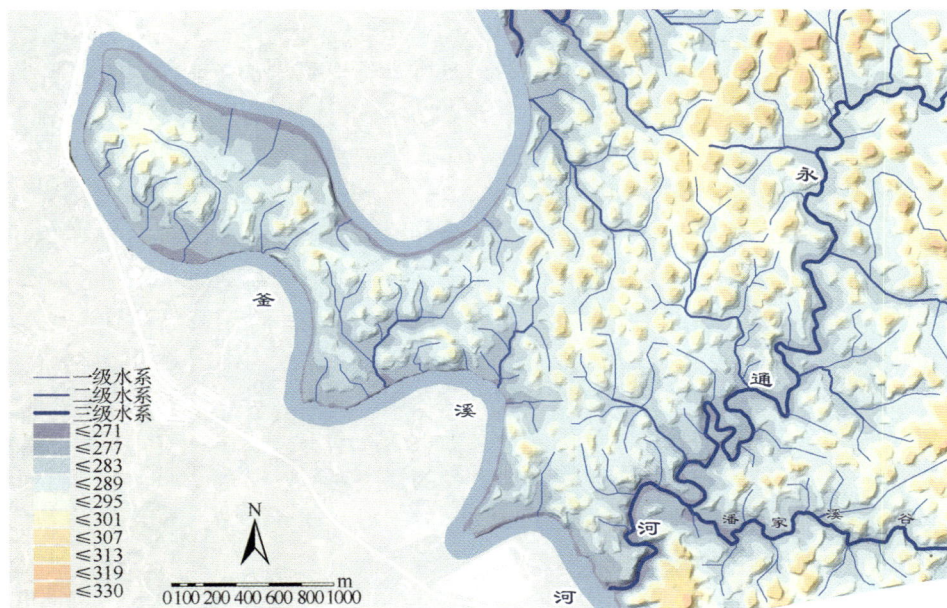

图 5.18　基于 DEM 自动提取的山谷线

2. 山谷线的水系认定

基于自动提取出的山谷线，可以说是在侵蚀地貌发育到晚期的理想状况下完成的，但现实中的水系只是停留在侵蚀地貌发育的某个时期，并不是每条自动提取出的山谷线都对应于现实中存在的真实水系，需要运用对现实水系的知识，对每条自动提取出的山谷线进行水系认定。

在对山谷线的水系认定中，最困难的是对具有季节性水系特征的沟谷系统的认定。作为连接坡地系统和溪河流常年水系系统的纽带，沟谷系统是支撑地域地貌景观及生态环境的最脆弱的主要部分。沟谷系统通常可以分为沟和谷两大类。

沟，包括细沟、浅沟、切沟、冲沟和坳沟等五种类型[36]。细沟是坡面片流作用的产物，没有明显的汇水地域，在平面上不稳定，经耕种或人畜践踏等会消失，是沟谷的初级阶段。浅沟和切沟具有明显的沟型和沟床比降，但沟床与沟坡的界线模糊，还不具有储蓄地表水的能力。冲沟由切沟继续发育而成，在流水、重力共同作用下形成了特有的横剖面和沟头，完全独立于坡地，往往成为相邻坡地的分割带，在功能上是相邻坡地发育的局部侵蚀基准面[37]。坳沟由冲沟继续发育，侵蚀下切到基岩，并向两侧扩展而成，其形态已具备谷的部分特征，但发育仍不完全。

谷，包括冲谷和溪谷。冲谷又称老冲沟-坳谷，是冲沟发育到晚期的阶段，谷底开敞、谷坡平缓，沟头多为丘间垭口或具有半圆形的汇水洼地。冲谷通常具有分支，且支冲谷也都发育到晚期阶段，与老冲谷具有同样的形态特征。冲谷的沟头与低丘、缓丘及缓丘平坝的底脚相连，具有片蚀冲刷作用。冲谷两侧与丘坡相连接处受中等强度的冲刷作用，谷底部主要受细小土粒的淀积作用，土层较厚，土壤矿物质、肥料得以蓄积和保存，农民称为"上等土"。某些冲谷底部，有细小的排水道，且多分布在冲谷的下段，使主支冲谷能汇聚大量地表水。主支冲谷所汇聚的大量地表水，在开敞宽广的谷底切蚀成细小河道，而成为溪沟，溪沟两旁的老冲谷底，成为该溪沟的第一级阶地，冲谷底部又被溪沟切割者称为溪谷[38]。

通过对沟谷系统的观察，可以发现：谷是相对稳定的，是蓄积矿物质、肥料等营养物质的季节性水系，开始汇聚地表水，而沟的不稳定性、难以汇聚地表水和营养物质等特征，表征出其生态功能意义的缺失，所以对自动提取出的山谷线进行水系认定的关键是判断它们是否是冲谷或溪谷。在认定中，最主要的方法是辨识自动提取出的山谷线是否具有沟头，且沟头处是否为丘间垭口或具有半圆形的汇水洼地（图5.19）。

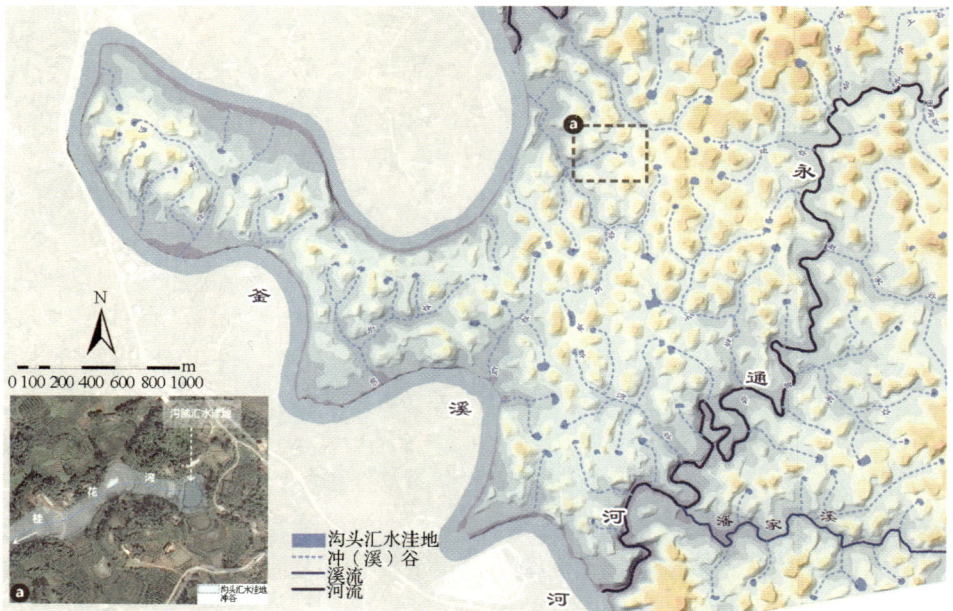

图5.19 具有生态功能的山谷线认定

5.3.2　理山：山空间形态结构线的提取

1. 基于地表形态邻域分析提取山顶点的缺失

从地表形态来看，山是有一定高度和坡度的、从一个参照面或基面隆起之地（三维地形体），它是"个体"[39]。这里的高度指的是从基面到山顶点的相对高度。按照这种对山空间的界定，人们更关注山顶点，认为山空间就是每座山的控制区域，山顶点作为山控制区域的最高点，明显起到对山控制的标识性作用[40]。

而在 Arcgis 平台中，对山顶点的提取，通常运用 3×3 邻域分析窗口，求窗口最大值高程值矩阵与原始 DEM 的差值，差值为零的作为潜在山顶点，形成点状矢量最高点图；假定需要提取的山顶点起伏度阈值，提取以阈值为等高距的面状高程分带图，基于 GIS 矢量数据拓扑分析，提取独立自封闭高程带，该高程带外轮廓线所形成的封闭多边形区域内不再包含任何高程分带，该区域即为面状山顶点分布区域图；对点状矢量最高点图和面状山顶点分布区域图做交集运算，获得实际山顶点分布图[41]。这种山顶点提取方法是典型的基于地表几何形态的方法，一方面，其前提是将相对高度转化为了起伏度的概念，而忽略了认知山顶点相对高度的基面；另一方面，希望通过统一的相对高程阈值获得对所有山体的划定标准，与现实情况存在较大差别。

2. 地貌反转：山顶点提取的循水理山原理

从地貌来看，对于个体的山体，可以说垭口就是界定山体的基面，而垭口通常表现为有水的冲谷、沟谷、溪流、河流等，所以在垭口所处流域尺度内，"自下而上"比较垭口和个体山体最高点的相对高程，很容易获得对个体山体是山还是丘、岗的感性认知。而对于连绵山体，山体最高点包括山顶点及鞍部，其中当鞍部高程与山谷基本相同成为垭口之后，垭口才成为山体自然分界线的标识，所以提取山顶点的难点在于对能成为山体分界点的垭口的判断。

通常判断山体分界点的垭口可采用将山体正负地貌反转的方法，其原理来自于几何代数在对山体正负地貌反转后的山体分界点测算的可行性分析。山体分界点几何代数测算原理认为：图 5.20（a）中为正地貌中一列相互邻接山体的剖面线，A、C、E 是山顶点，B、D 是垭口点。A 点至 B 点的垂直距离为 a，B 点至 C 点的垂直距离为 b，C、D 两点间的垂直距离为 c，而 D、E 两点间的垂直距离为 d。假定垭口与山顶点的相对高差大于 200m，则判断垭口是山体分界点的标准。假设 $a>200m$、$b>200m$、$c>200m$、$d<200m$，垭口 B 两侧山峰至该垭口点的垂直距离 a、b 均大于 200m，那么垭口 B 是山体的分界点。但垭口 D 两侧山体的山顶点与其

相对高差，一侧大于 200m，另一侧小于 200m，则垭口 D 不是山体的分界点。由此，对能成为山体分界点垭口的判断，转换为对垭口与其邻近山顶点相对高差加以比较的几何代数测算。

在实际运用中，垭口与其邻近的每个山顶点相对高差可以在计算机中自动完成，但要将垭口与其邻近的每个山顶点相对高差加以比较，在计算机中难以自动实现。如果将山体正地貌转化为负地貌，如图 5.20（b）所示，测算准则非常简单地变为了只判断垭口与邻近山体之间的相对高差 a、b、c、d 是否小于 200m，如果有小于 200m 的相对高差，则邻近的垭口不能作为山体分界线。这种将山体正地貌转化为负地貌判断垭口是否为山体分界点的几何代数测算方法，就像山谷线模拟一样，倒转后的山体会形成一个个内流的盆地，由于在 a、b、c、d 中，d 值最小，如自上而下不断有水进入该区域，随着盆地累计水量的不断增多，淹没深度超过 d 值后，E 点处盆地中的水会向 C 点处盆地流动；同样，由于 a、b 均大于200m，因此在淹没深度等于 200m 时，A 点处盆地中的水流与 C 点处盆地中的水流仍相互独立而不连通，因此垭口 B 为山体分界点。所以，将山体正负地貌反转，可以简单方便地对能成为山体分界点的垭口进行自动判断[42]。

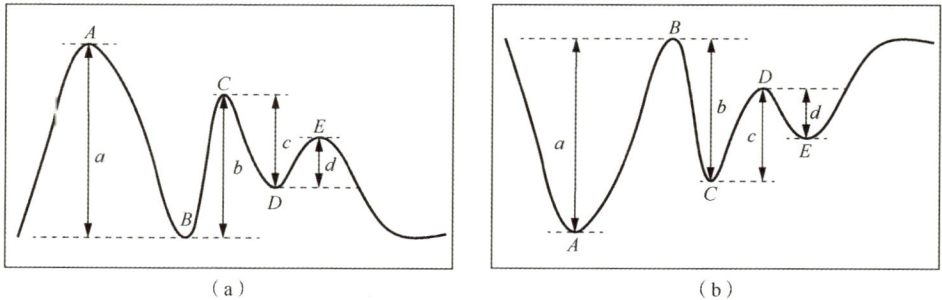

（a）　　　　　　　　　　　　　（b）

图 5.20　山体分界点几何代数测算原理

资料来源：肖飞，张百平，凌峰，等. 基于 DEM 的地貌实体单元自动提取方法[J]. 地理研究，2008，27（2）：459-466.

伒对于由若干个体山体组成的连绵山地，每个个体山体与垭口的相对高程是不同的，但又真实存在，企图通过寻找一个相对高程阈值实现对连绵山地和个体山体判断的统一，是不现实的，不可避免会误导对个体山体的真实判断。所以，在 Arcgis 平台中，进行具体的山顶点提取时，必须以已经从山谷线中认定出的水系为地貌反转后的流域边界，在一个个反转流域内，分别寻找相对高程阈值，这样提取出的山顶点才既符合对个体山体的真实判断，又与对连绵山地的认知相吻合（图 5.21 和图 5.22）。

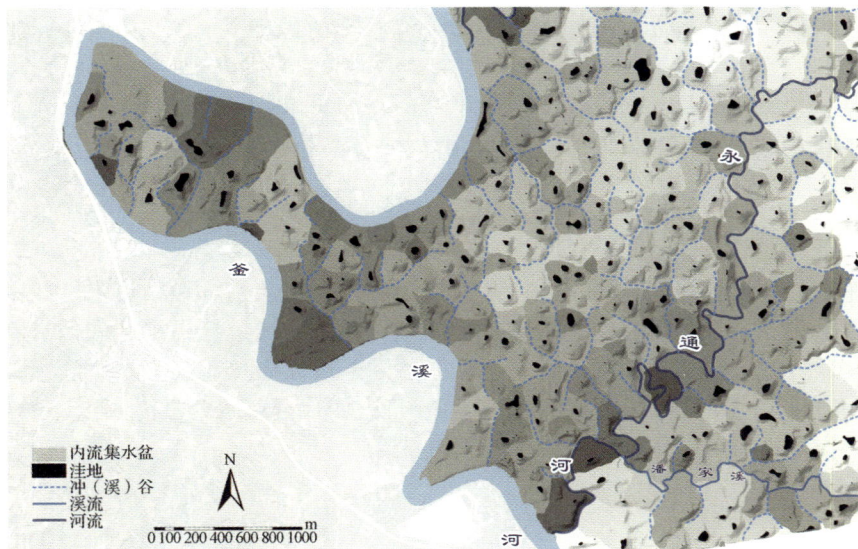

图 5.21　地貌反转提取出的内流集水盆

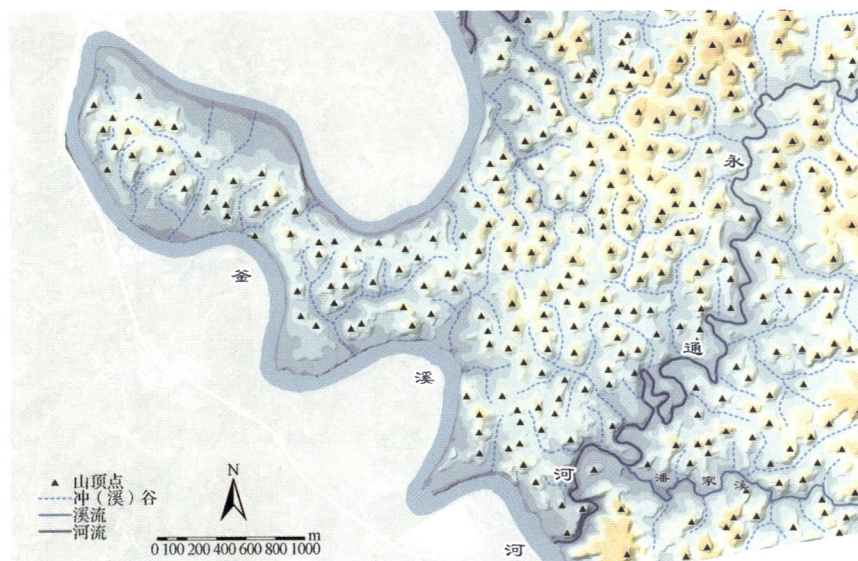

图 5.22　运用山体正负地貌反转方法提取的山顶点

山顶点提取的具体步骤为：

（1）计算反地形：InvertDEM = DEM（-1）。

（2）给定填充阈：FillDEM = Fill（InvertDEM，ΔH）。

（3）计算反地形的流向矩阵：fdir = Flowdirection（FillDEM）。

（4）在流向矩阵的基础上，得到反地形的洼地，对应于原始地形候选山顶点：fsink=Sink（fdir）。

（5）剖分得到山体控制区域：fsinkwater = Watershed（fdir，fsink）。

（6）计算剖分区域最大值：ZonalMax$H$ = ZonalMax（fsinkwater，DEM）。

（7）山顶点所在像素单元格：CandidatePeak=（ZonalMax$H$−DEM=0）[40]。

3. 三相综合：山脊线的提取

理论上，山脊线就是分水岭，是流域边界，似乎从山谷线中认定出的水系所在的流域边界，就可以认定为山脊线，无须再对山脊线进行模拟提取。事实上，对于具有多方向鞍部且鞍部高程基本相同的断断续续山丘，虽然水系的模拟结果与实际吻合，但其流域边界与山脊线却存在较大的偏离（图 5.23），需要进一步从对山脊线本身的地学认知中寻觅其模拟方法。

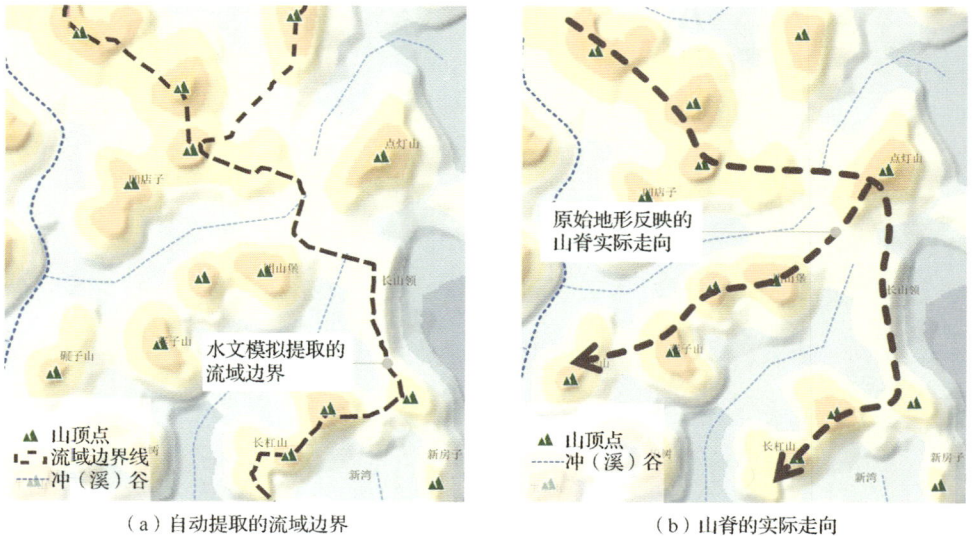

（a）自动提取的流域边界　　　　　　（b）山脊的实际走向

图 5.23　水系模拟提取的流域边界与实际山脊走向的差别

从地貌形态结构来看，毫无疑问，山脊线是山体最高点之间的连线。山体最高点中的山顶点可以通过地貌反转加以提取。但对于山体最高点中的鞍部，已有的方法大多是建立在山脊线提取出来之后的再提取[43, 44]，这无疑陷入了先提取山脊线还是先提取鞍部的"鸡生蛋、蛋生鸡"迷局。既然提取出的流域边界不是实际的山脊线，在山脊线中提取出鞍部点的真实性可想而知。也有学者认为鞍部点具有坡度 β = 0、最大曲率 C_{max} > 0、最小曲率 C_{min} < 0 的地表形态参数特征[45]，可以通过对 DEM 的地表形态参数进行计算，提取出鞍部点。但这种方法提取出的鞍部点，二则误差较大，可能平坝中的细微地形起伏处也会被提取出来；二则结

果是离散的，难以准确判断它们与山脊线之间的吻合关系。

　　我们不妨从独立提取鞍部点的困境中跳出来，在反映山脊线的根本地表形态参数和水文特征中，寻找山脊线提取的方法。这个根本地表形态参数就是处于正地形的最大曲率之间的连线［图 5.24（a）］，其水文特征是汇流累积量为零［图 5.24（b）］。所以，可以通过剔除负地形，计算正地形最大曲率连线和汇流累积量为零的区域，并对照已提取出的山顶点［图 5.24（c）］，三相综合，提取出与实际情况吻合的山脊线［图 5.24（d）］。该方法在 Arcgis 中的具体步骤如下。

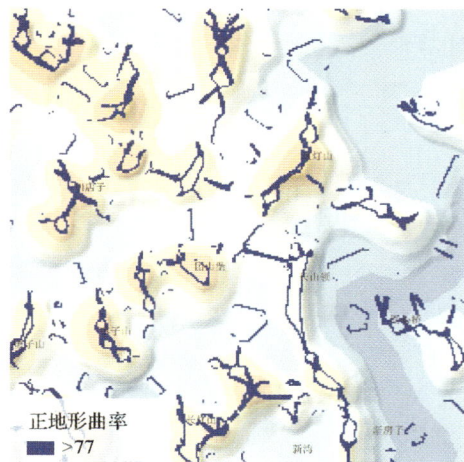

（a）正地形最大曲率连线，能大致反映出
山脊的地表形态特征

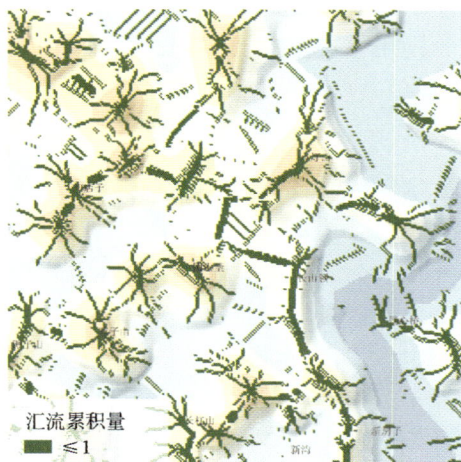

（b）零汇流累积量区域，能反映出山脊的
水文特征

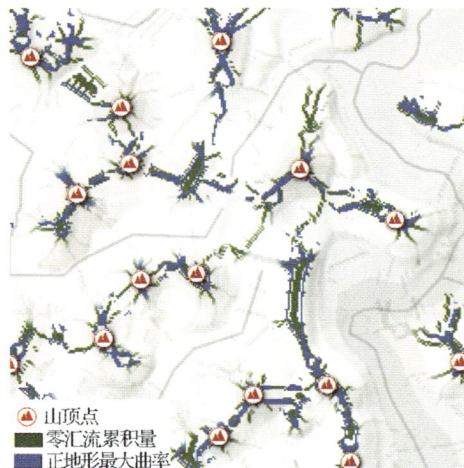

（c）三相综合：即比对正地形最大曲率
连线、零汇流累积区和已提取出的山顶点

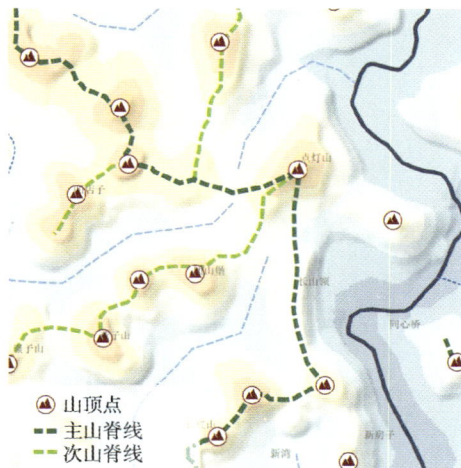

（d）在"三相综合"的基础上，确定山脊线
主次，建立与水系线之间的互锁关系

图 5.24　三相综合提取山脊线过程

２）正地形最大曲率连线提取山脊线

（１）剔除负地形。使用 Neighborhood Statistic 工具，设置 Statistic type 为平均值，邻域窗口为 3×3 的矩形，求出平均地形（MeanDEM），选取［DEM］-［MeanDEM］> 0 的区域为正地形。

（２）计算最大曲率连线。利用 DEM 计算坡向变率 SOA（Slope of Aspect），选取 SOA 阈值，进行连线。

２）汇流累积量为零区域提取

运用水文模拟工具 Arc Hydro Tools，计算汇流累积量，提取汇流累积量为零的区域。

３）三相综合

比对正地形最大曲率连线、汇流累积量为零的区域和已提取出的山顶点，修正山脊线走向，确定山脊线主次，建立与水系线之间的互锁关系（图 5.25）。

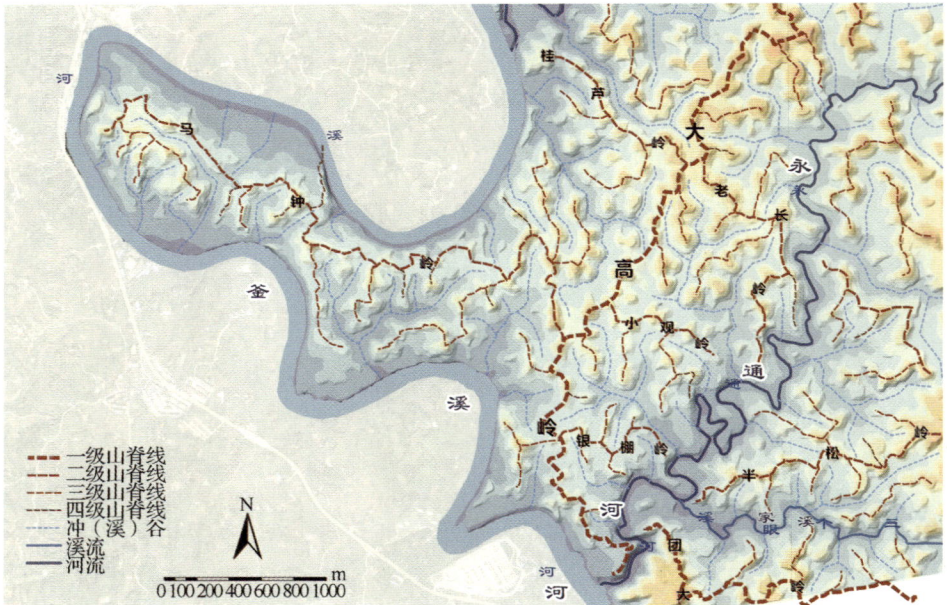

图 5.25　三相综合提取并修正后的山脊线

5.3.3　定边：山的控制区域边界的提取

山的控制区域可分为整体控制区域和山顶控制区域两大部分，其边界分别对应美国地貌学家鲁赫（Ruhe）对山体部分分类中的山脚和山肩。山控制区域边界的提取，即是提取出山脚线和山肩线，其提取的原理是：在厘清能对其进行准确描绘的地表形态参数的基础上，运用相应的地理信息模拟技术和图像细线化手段加以实现。

1. 山控制区域边界的地表形态参数描绘

山肩（对于沟谷，是沟缘）是坡度比较平缓的山顶区（梁峁地）和坡度较为陡峭的山背坡（坡地）之间的分界线，山脚（对于沟谷，是坡脚）是坡度较为陡峭的山背坡与坡度较为平缓的冲积地（沟底地）之间的分界线（图 5.26）。

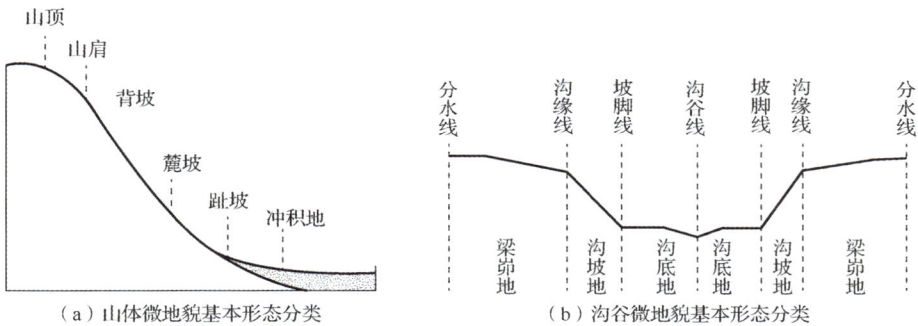

图 5.26　山体（沟谷）的微地貌基本形态分类

（a）资料来源：周访滨，刘学军. 基于 DTA 山体部位分类决策方案的改进与微观地形自动分类研究[J]. 西北农业学报，2008（3）：343-346.

（b）资料来源：李小曼，王刚，李锐. 基于 DEM 的沟缘线和坡脚线提取方法研究[J]. 水土保持通报，2008（1）：69-72.

在山的地貌结构中，山肩（沟缘）和山脚（坡脚）具有如下地貌形态特征：①它们都具有局部最大坡度变化的坡折线；②山肩（沟缘）以下、山脚（坡脚）以上的坡度应大于某一坡度值，具体值根据实际情况而定，一般在 20° 左右；③山肩（沟缘）大多位于凸坡（正地形），山脚（坡脚）大多位于凹坡（负地形）[46, 47]。

由此，可以用坡度和剖面曲率这两个地表形态参数来描绘山控制区域边界，并用边界所处的正负地形状态区分山肩（沟缘）和山脚（坡脚）。其中，坡度是地表曲面的切平面与水平面夹角的正切，描绘的是地表的倾斜程度；剖面曲率是地表曲面的法向量且与坡度平行的法截面与地形曲面相交的曲线的曲率，描绘的是坡度的变化，即坡度的坡度（slope of slope，SOS）。

2. 山控制区域边界点的 DEM 提取

在 Arcgis 平台中，山控制区域边界的提取即是先计算坡度，再计算坡度的坡度（剖面曲率），找出局部最大坡度变化的坡折点，区分出正负地形，区别坡折点的山肩（沟缘）和山脚（坡脚）归属，判断坡折点附近（山肩以下、山脚以上）的坡度阈值，删除部分伪坡折点。具体的流程如下。

（1）运用 Focal Statistic 工具，设置领域窗口为 3×3 的矩形，平滑 DEM，以消除微小地形对分析结果的影响。

（2）运用 Spatial Analysis-Surface Analysis-Slope 命令，提取 DEM 的坡度（Slope）。

（3）运用上述命令，对提取出的坡度再做一次坡度提取，得到剖面曲率（SOS）（图 5.27）。

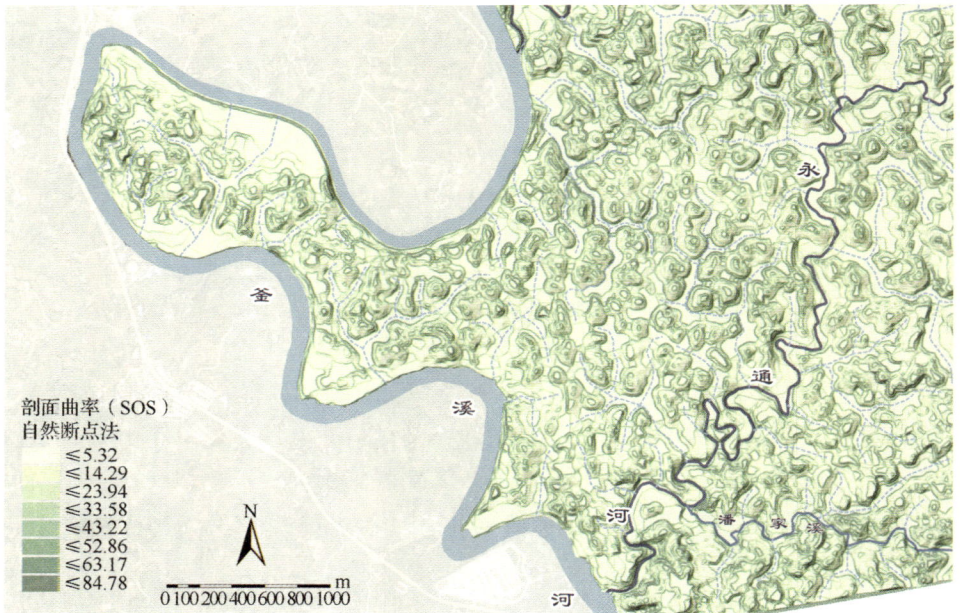

图 5.27 剖面曲率（SOS）提取

（4）运用 Reclassify 工具，对坡度（Slope）进行重分级，选取山肩（沟缘）以下，山脚（坡脚）以上的地貌区，将 20° 以下的地貌赋值为 "NODATA"，将 20° 以上的地貌赋值为 "1"，得到重分级后的坡度（ReSlope）。

（5）对剖面曲率（SOS）使用 Focal Statistic 工具，设置 Statistic type 为最大

值，邻域窗口为 3×3 的矩形，筛选出临近栅格中坡面曲率变化最大的坡折点（MaxSOS）。

（6）使用 Focal Statistic 工具，设置 Statistic type 为平均值，领域窗口为 3×3 的矩形，求出平均地形（MeanDEM），选取［DEM］-［MeanDEM］>0 的区域为正地形（Convex Dem），[DEM]-[MeanDEM]>0 的区域为负地形（Concave Dem），分别使用 Reclassify 工具赋值为"1"，其他区域赋值为"NODATA"。

（7）运用 Raster Calculator 工具，计算公式为（MaxSOS×Convex Dem），得到正地形区域中的坡折点（Convex SOS）。

（8）运用 Raster Calculator 工具，计算公式为（Convex SOS×ReSlope），得到山肩的最终数据（Shoulder）。

（9）运用 Raster Calculator 工具，计算公式为（MaxSOS×Concave Dem），得到负地形区域中的坡折点（Concave SOS）。

（10）运用 Raster Calculator 工具，计算公式为（Concave SOS×ReSlope），得到山脚的最终数据（Piedmont）（图 5.28）。

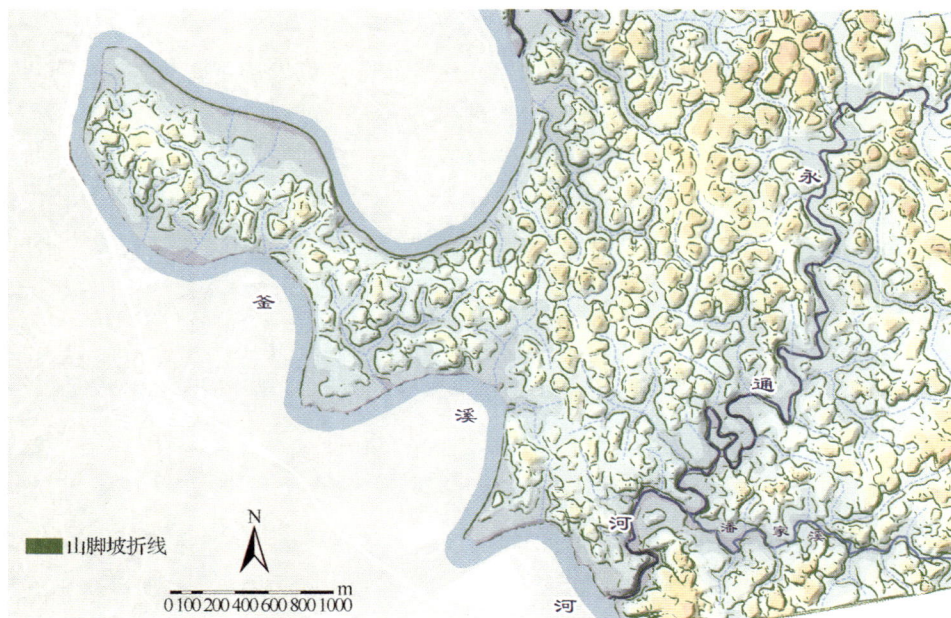

图 5.28　山脚坡折线（栅格图像）提取

3. 山控制区域边界的细线化生成

由于 DEM 是栅格数据格式，在 Arcgis 平台中提取的山控制区域边界是具有一定带宽的栅格数据（二值图像），需要对其进行细化，寻找到山控制区域边界的骨架并连线。

对于二值图像细线化，可通过距离变换（distance-transform）算法提取骨架线[46, 47]，二值图像距离变换是将二值图像分为目标图像和背景图像，并设定目标图像像素值为 1、背景图像像素值为 0，通过距离变化后每个像素点的像素值即转换为其到背景像素的最近距离。基于距离变换算法的二值图像细线化生成基本步骤为（图 5.29）：①将栅格图像二值化并通过距离变换得到距离变换栅格；②对距离变换栅格再次二值化，将距离大于 1 的栅格设定为 1，小于等于 1 的设定为 0，并将再次二值化的栅格图像进行距离变换，获得栅格图像；③将再次距离变换后的栅格图像中，距离大于 1 的栅格设定为 1，小于等于 1 的设定为 0，获得二值化栅格；④重复以上三个步骤，直到下一次栅格图像二值化结果全部为 0 为止。在 Arcgis 平台中，可应用细化工具，该工具基于距离变换算法，实现二值栅格细线化。

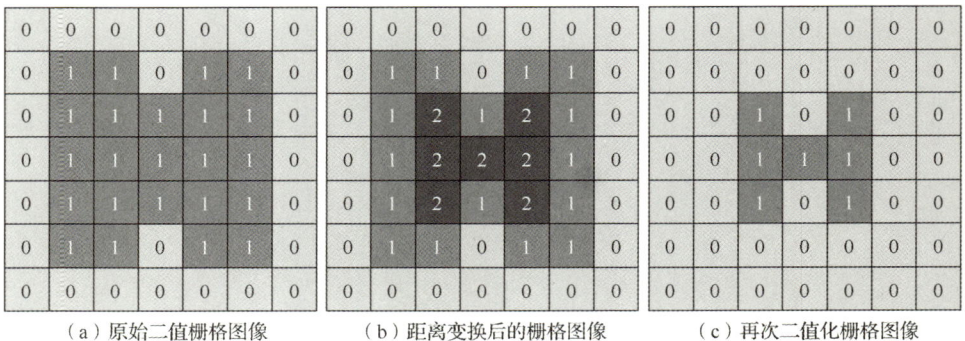

（a）原始二值栅格图像　　　　　（b）距离变换后的栅格图像　　　　　（c）再次二值化栅格图像

图 5.29　基于距离变换算法的二值图像细线化

山控制区域边界具体细线化流程如下。

（1）运用 Reclassify 工具，将山脚（山肩）线栅格图像中的控制线像素值设置为 1，控制线栅格以外区域像素值设置为 0，得到山脚（山肩）控制线二值图像（rehill）。

（2）运用 Thin 工具，细化山脚（山肩）控制线二值图像（rehill），背景值（background value）设置为 0，获得山脚（山肩）控制线细化栅格（skeletonhill）[图 5.30（a）]。

（3）运用 Raster Calculator 工具，计算公式为 Con（"%skeletonhill%"，1），得到仅包含山脚（山肩）控制线的栅格图像（rasterhill）［图 5.30（b）］。

（4）运用 Raster to Polyline 工具，输入图层为山脚（山肩）控制线的栅格图像（rasterhill），得到矢量化的山脚（山肩）控制线（linehill）［图 5.30（c）］。

（5）结合已提取的山脊线、山谷线、山顶点，对提取的山脚（山肩）控制线矢量数据进行修正，删除冗余线段，获取与实际地形较为吻合的山脚线［图 5.30（d）］。

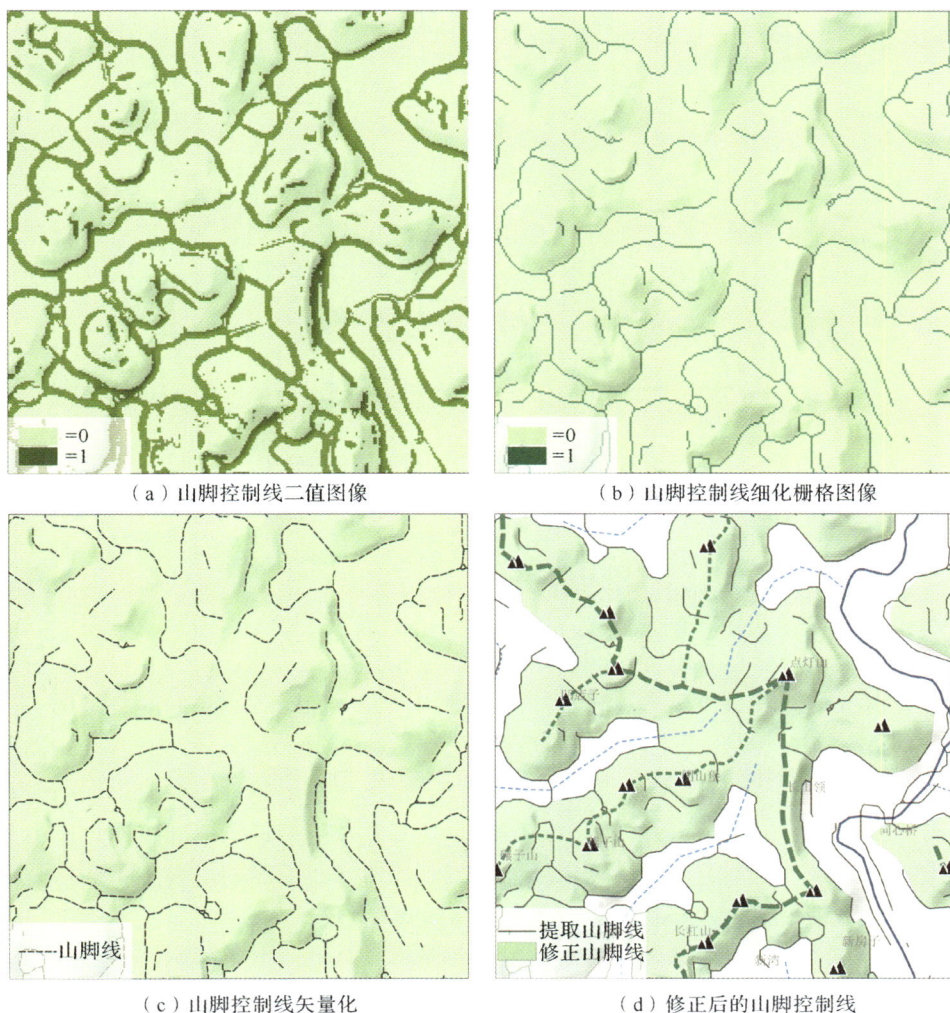

（a）山脚控制线二值图像

（b）山脚控制线细化栅格图像

（c）山脚控制线矢量化

（d）修正后的山脚控制线

图 5.30　山脚控制线细线化

（6）运用 Smooth 工具平滑处理山脚线，再通过 Polyline to Polygon 工具，获取山体（山肩）控制面（图 5.31）。

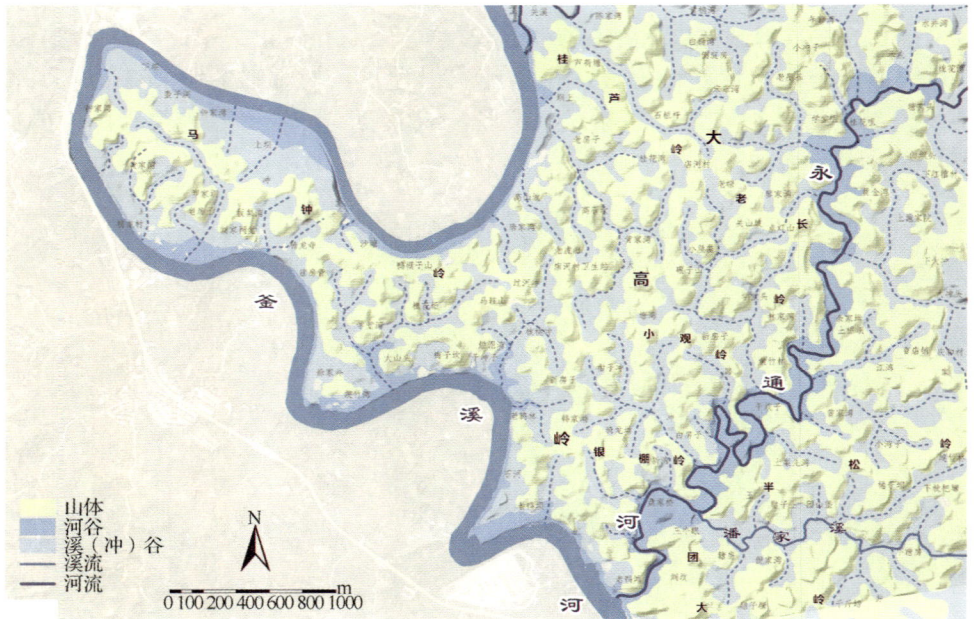

图 5.31　控制区域边界（山脚）的提取结果

参 考 文 献

[1] 黎翔凤，梁运华. 管子校注[M]. 北京：中华书局，2009.

[2] 谭其骧. 《中国古代地图集》序[J]. 文物，1987（7）：68-71.

[3] 余斌霞. 马王堆汉墓《地形图》研究综述[J]. 湖南省博物馆馆刊，2013（1）：64-75.

[4] 姜生. 论马王堆出土《地形图》之九嶷山图及其技术传承[J]. 中国历史地理论丛，2009，24（3）：108-114.

[5] 马王堆汉墓帛书整理小组. 长沙马王堆三号汉墓出土地图的整理 [J]. 文物，1975（2）：17-24.

[6] 余定国. 中国地图学史[M]. 姜道章，译. 北京：北京大学出版社，2006.

[7] 郭庆胜. 古地图符号的分析[J]. 地图，1989（2）：19-22.

[8] 高顺祥. 中国古代地图中河流的图例运用[J]. 中国测绘，2009（2）：76-77.

[9] 赵希，朱大明，李严. 宋代山水画对古地图绘制的影响浅析[J]. 测绘科学，2012，37（3）：150-151，180.

[10] 杰米里·布莱克. 地图的故事[M]. 张澜，译. 太原：希望出版社，2006.

[11] 测绘学名词审定委员会. 测绘学名词[M]. 北京：科学出版社，2002.

[12] NORMAN J W T. Maps and civilization：cartography in culture and society[M]. 3rd ed. Chicago：University of Chicago Press，2008.

[13] 海野一隆. 地图的文化史[M]. 王妙发，译. 北京：新星出版社，2005.

[14] 张佳静. 地图晕渲法在中国的传播与流变[J]. 中国科技史杂志，2013，34（4）：485-501.

[15] 萨利谢夫. 地图制图学概论[M]. 李道义，王兆彬，译. 北京：测绘出版社，1982.

[16] 吴泗璋. 地图学概论[M]. 上海：新知识出版社，1956.

[17] 罗宾逊 A H. 地图学原理[M]. 李道义，刘耀珍，译. 北京：测绘出版社，1989.

[18] 萨利谢夫. 地图制图学概论[M]. 李道义，王兆彬，译. 北京：测绘出版社，1982.

[19] 祝国瑞，尹贡白. 普通地图编制（下）[M]. 北京：测绘出版社，1983.

[20] 斯特拉吉 И M. 地貌的立体描绘[M]. 李道义，译. 北京：测绘出版社，1956.

[21] 陈楠，汤国安，刘咏梅，等. 基于不同比例尺的 DEM 地形信息比较[J]. 西北大学学报（自然科学版），2003，33（2）：237-240.

[22] 毋河海. 地貌形态自动综合的原理与方法[J]. 武汉测绘学院学报，1981（1）：44-51.

[23] 禹业茂. 物理学的空间概念辨析[J]. 长江大学学报（自科学版）理工卷，2010，7（3）：446-448.

[24] WEIBEL R，HELLER M. Digital terrain modeling[M]//MAGUIRE D J，GOODCHILD M F，RHIND D W，et al. Geographical information systems: principles and applications. London: Longman Scientific and Technical，1991: 269-297.

[25] MILLER C，LAFLAMME R A. The digital terrain model: theory and application[J]. Photogrammetric engineering，1958，24（3）：433-442.

[26] 张祖勋，张剑清. 数字摄影测量学[M]. 2 版. 武汉：武汉大学出版社，2012.

[27] DOYLE F J. Digital terrain model: an overview[J]. Photogrammetric engineering and remote sensing，1978，44（12）：1481-1487.

[28] EBNER H，REINHARDT W，HÖßLER R. Generation，management and utilization of high fideility digital terrain model[R]. International archives of photogrammetry and remote sensing，1988.

[29] 汤国安，李发源，刘学军. 数字高程模型教程[M]. 3 版. 北京：科学出版社，2017.

[30] 李志林，朱庆. 数字高程模型[M]. 武汉：武汉测绘科技大学出版社，2000.

[31] EVANS I S. General geomorphometry，derivatives of altitude，and descriptive statistics[M]//CHORLEY R J. Spatial analysis in geomorphology. London: Methuen & Co. Ltd，1972: 17-90.

[32] EVANS I S. An integrated system for terrain analysis for slope mapping[J]. Heterocycles，1980，36（1）：274-295.

[33] JORDAN G. Digital terrain analysis in a GIS environment: concepts and development[M]//PECKHAM J，JORDAN G. Digital terrain modelling: development and applications in a policy support environment. Berlin: Springer，2007: 20-21.

[34] 汤国安，刘学军，闾国年. 数字高程模型及地学分析的原理与方法[M]. 北京：科学出版社，2005.

[35] 刘学军. 基于规则格网数字高程模型解算法误差分析与评价[D]. 武汉：武汉大学，2002.

[36] 左大康. 现代地理学辞典[G]. 北京：商务印书馆，1990.

[37] 郭跃. 沟谷系统结构理论和实践意义的探讨：以川中丘陵区沟谷系统为例[J]. 重庆师范大学学报（自然科学版），1995（2）：5-13.

[38] 穆桂春，杜子荣，刘安明，等. 四川省自贡地区 1：50 万地貌图分析[J]. 西南师范学院学报（自然科学版），1982（4）：66-79，146.

[39] 钟祥浩. 山地学概论与中国山地研究[M]. 成都：四川科学技术出版社，2000.

[40] 罗明良，汤国安. 地貌认知及空间剖分的山顶点提取[J]. 测绘科学，2010（5）：126-127.

[41] 贾旖旎，汤国安，杨昕，等. 基于 DEM 的山顶点提取方法及其属性空间分异规律研究：以陕西省为例[C].口国地理信息系统协会 GIS 理论与方法专业委员会 2007 年学术研讨会暨第 2 届地理元胞自动机和应用研讨会，广州，2007.

[42] 肖飞，张百平，凌峰，等. 基于 DEM 的地貌实体单元自动提取方法[J]. 地理研究，2008（2）：459-466.

[43] 张维，汤国安，陶旸，等. 基于 DEM 汇流模拟的鞍部点提取改进方法[J]. 测绘科学，2011（1）：158-159.

[44] 熊礼阳，汤国安，宴实江. 基于 DEM 的山地鞍部点分级提取方法[J]. 测绘科学，2013（2）：181-183.

[45] WOOD J. The geomorphological characterization of digital elevation model[D]. Leicester：Department of Geography University of Leicester，1996.

[46] 周访滨，刘学军. 基于 DTA 山体部位分类决策方案的改进与微观地形自动分类研究[J]. 西北农业学报，2008（3）：343-346.

[47] 李小曼，王刚，李锐. 基于 DEM 的沟缘线和坡脚线提取方法研究[J]. 水土保持通报，2008（1）：69-72.

第 6 章　循水理山中的自流井南部片区生态本底寻觅

6.1　自流井南部片区的概况

6.1.1　自流井南部片区的历史发展

位于四川盆地南部的自贡市，是一个因盐设市的城市，早在一千多年前的东汉章帝时期（76～88 年），就开始了井盐的开凿，素有"千年盐都"的美誉。自贡在逐盐卤资源的发展、迁建过程中，明嘉靖十八至三十三年（1539～1554 年），原旧井盐卤枯竭遭废弃，在富顺县以西的釜溪河边开凿了以自流井为代表的一批盐井，井盐集中产区从原富顺县转移到现自流井地区。清咸丰三年（1853 年）太平天国占领南京，淮盐难以上运，川盐济楚，自流井盐场在咸丰同治年间得以飞速发展，进入历史上井盐生产的鼎盛时期。1937 年，抗战军兴，海盐停滞，川盐崛起，再度济楚，自流井盐场再次兴盛。1939 年 9 月 1 日始，自流井和其西边的贡井分别被从富顺和荣县划出，合并建立四川省管辖的自贡市，市治所在地定在自流井区。

作为自贡市的城关区，原自流井辖区实际上就是自贡市的中心城区。在盐业鼎盛状态消逝后，为增强自流井区自给自足发展的能力，2005 年 6 月 15 日，国务院批准将沿滩区的仲权镇、舒坪镇、高峰乡、农团乡、漆树乡和贡井区的荣边镇等乡村腹地，划归自流井区管辖。自流井南部片区，就是处于自贡市中心城区南部的仲权镇、农团乡、漆树乡、荣边镇等四个乡镇及舒坪镇金鱼河边部分区域。

自流井城区最先在釜溪河边选址建设，随后沿着浅切丘陵，向南部的尖山地区扩张。在其扩张过程中，铲平了一切地表的不平，同时也带来了金鱼河、朱公河、釜溪河等溪河流水质污染、水资源日渐匮乏等问题。2016 年，在自贡市确定的"绿色发展、乡村振兴"发展战略中，自流井南部片区作为离自贡市城区最近的生态屏障和生态涵养地，被确定为自贡市破解"要生态就难要发展"困局的绿色发展示范区（图 6.1）。

图 6.1　自流井南部片区与城区关系

　　决定走绿色发展之路的自流井南部片区，迫切需要在对山、水空间界定的基础上，厘清生态资源要素的构成、功能和过程，在确保各生态资源要素的功能中，因循兦态过程，保障与自然和谐演进发展的生态本底。

6.1.2　自流井区域地貌特征

　　在 2.10 亿～2 亿年的三叠纪时期，印支运动使扬子准地台中的川中古陆核周边的地槽及地槽褶皱回返，由广阔海洋变为山地，但大部分由花岗岩–绿岩结晶体构成基底的川中古陆核，坚不可摧，任凭推挤，岿然不动，形成了四川盆地的雏形。在 1.996 亿～1.455 亿年的侏罗纪时期，燕山运动和喜山运动使周边山脉进一步上升，四川盆地范围收敛成型，地质学上将其定义为四川台拗构造[1, 2]。

但不是所有川中古陆核的基底都是那么坚硬，能保证四川台拗像成都平原一样都是平地。在四川台拗的南缘，基底不坚硬的川中古陆核，在燕山运动、喜山运动等造山运动的推挤下，形成不同程度的隆起和拗陷，其中，最典型的隆起就是离自流井不远的荣威穹隆。荣威穹隆在四川盆地的丘陵中突起成为一个高点，是沱江的大支流釜溪河、岷江的大支流越溪河的源区，并且成为岷江水系和沱江水系的一个分水岭[3]。

正如四川台拗并非是自身拗陷而成的，而是因四周相对升起了山地，它自身沦落为堆积盆地一样，荣威穹隆的存在，在自流井地区反衬出了自流井拗陷。穹隆构造是一种特殊的背斜构造，岩层由中央向四周外倾，当地壳下部的岩盐成塑性状态侵入其周围的沉积岩中，或者岩浆侵入到上部地壳中，都能使地壳上部岩层上拱，形成穹隆构造（图 6.2）。穹隆状背斜构造在地貌上形成了十分特殊的以砂岩方山群为特征的穹状山群，以及与此共生的放射状和环状水系。

自流井南部片区地貌正是荣威穹隆构造和自流井拗陷的集中反映，具体体现为最南部受荣威穹隆构造影响形成的尖山小穹隆方山台地和北部受自流井拗陷影响形成的浅切丘陵。

图 6.2　自流井区域地貌特征

6.1.3 自流井南部片区生态环境概况

1. 气候

自流井南部片区地处亚热带湿润季风气候区，气候温和，冬暖夏凉，雨量充沛，四季分明。

自流井南部片区中，尖山小穹隆方山台地与浅丘区气候略有不同：在气温方面，多年平均气温、多年平均相对湿度和极端最低气温几乎相同，但方山台地的极端最高气温比浅丘区低 3℃（方山台地，多年平均气温 17.6℃，极端最低气温 -2.7℃，极端最高气温 39℃；浅丘区，多年平均气温 17.8℃，极端最低气温 -2.8℃，极端最高气温 42℃）；在风速方面，几乎相同，多年平均风速 1.6～1.7m/s，年平均最大风速 15.0～15.2m/s，最大风速 20～21m/s；在降雨方面，都具有冬干春旱夏洪秋多绵雨（降雨集中在 6～8 月占年降雨量 50% 以上，12 月到次年 2 月雨量最少，不到年雨量的 5%）、降雨量年季度变化大、丰水年雨量约为枯水年雨量的 2.27～2.5 倍的特点，但方山台地多年平均降雨量 982.5mm 低于浅丘区的 1047mm，两地蒸发量都约为 1231mm，并随地势的逐渐升高而降低。

自流井南部片区的气候提示我们应反季节、分地貌蓄留利用当地水资源。

2. 水文地质

自流井南部片区内地下水可分为第四系松散堆积层中的孔隙性潜水和基岩裂隙水两大类。第四系松散堆积层孔隙水主要埋藏于坡洪积层、残坡积层中，其透水性及富水程度受岩性和地貌单元的影响，差异性较大，主要为大气降水补给，排泄于沟谷。基岩裂隙水主要埋藏于砂岩的裂隙中，其构造裂隙、风化裂隙、卸荷裂隙成为地下水运动的主要通道。地下水主要受大气降水、地表水的补给，以降泉的形式排泄于冲沟或河流中。

3. 土壤

尖山小穹隆方山台地的土壤，属缓丘红棕紫泥水稻土，其成土母质是侏罗纪遂宁组的红棕紫色页泥岩，岩性较单一，颜色为红棕紫色，先天性缺磷，吸放热量大。土壤母质的基本特点是：富含钙盐，属微碱性土壤。氮元素挥发损失量大，土壤薄瘦，植被稀少，冲刷严重导致光坡秃顶多，养分不足，微量元素硼、锰、锌等在该土属上效果显著。耐旱力差，水源缺乏，后劲不足。作物产量不稳定，一般较低。本土属主要有石骨子土、石骨子夹沙土、泥土三个土种。

浅丘地区的土壤由第四系土和基岩组成。第四系土又以黏土为主，地表分布有薄层耕土，冲沟地带已有填土堆积。自流井南部片区内土壤主要成分以泥岩为主，间杂有砂岩、页岩、灰岩。岩块比例约占50%，岩块尺寸为30～50cm。主要分布在山包中间低洼地带及边缘地带。黏土主要分布于缓坡区，相对较薄弱，成因为残坡积，成分以黏土为主，含粉砂质较重，呈可塑-硬塑状，厚度0.1～1.5m，平均0.6m左右。

基岩由侏罗系中统上沙溪庙组砂岩与泥岩互层组成，按其分布自上而下：泥岩，夹泥质砂岩和砂岩层，分布于上层，残厚5m左右；砂岩，中粒块状长石石英砂岩，分布于中间层位，厚度约10m（泥岩，亦夹泥质砂岩层，未揭穿该层）。泥岩特征：为紫红色或暗红色，多为浅灰绿色砂质条纹，局部含钙质结核，强风化层厚0.8～1.5m，泥质砂岩物理特征与泥岩相近。砂岩特征：两层砂岩中粒块状长石石英砂岩，浅灰绿色，风化面为黄色，风化后可形成松散状黄沙，强风化层厚1～2m。砂岩易组成悬崖陡壁，垂直裂隙发育。

4. 生物多样性

自流井南部片区，属川中盆地，亚热带偏湿性常绿针叶林（位于盆地底部丘陵低山植被区、沱江上游丘陵低山植被小区），主要包括203种（含亚种、变种）维管植物，分属于75科169属。其中，蕨类植物7科8属9种，裸子植物6科10属10种，被子植物63科151属184种，种子植物62科151属184种，主要包括马尾松、杉木、杨树、刺桐、樟木、柏树、慈（黄）竹等50多种常规林木；香附子、淡竹叶、牛牛草、一面箩、鸡儿花、杜仲、黄檗等50多种药用植物，核桃、柑橘、桃、梨、李、桑、茶叶等经济林木，水葫芦、水花生、水浮莲、过江藤和各种藻类等水生植物，品类较齐全。

自流井南部片区内的动物属于农田-亚热带林灌动物群，以小型兽类、鱼类和鸟类为主，有少量的两栖爬行类动物。共有野生脊椎动物58种，分属于16目34科。其中，鱼类2目3科7种，两栖类1目3科5种，爬行类1目3科10种，鸟类7目15科22种，兽类5目10科14种，主要有松鼠、花面狸、野兔、蝙蝠、野鸭、白鹭、野鸡、虎斑山鸠、画眉、家燕、老鹰、猫头鹰、青蛙、多种蛇类等。在这些动物中，有国家Ⅰ级重点保护的黑颈鹤，国家Ⅱ级重点保护的有苍鹰、黑鸢、灰林鸮等3种。

6.2 自流井南部片区生态过程解译

6.2.1 自流井南部片区水文过程解译

1. 整体地貌

《自贡市自流井区志》[4]中记载：自流井整体地貌分为尖山小穹隆和浅切丘陵。尖山小穹隆，是自流井拗陷中保留的荣威穹隆东北方向背斜的痕迹，突起于自流井南部，从西南向东北推挤，在地表水侵蚀下，发育出浅切丘陵，一直延续到自流井拗陷的底部——釜溪河。

尖山小穹隆，是典型的砂岩方山台地。浅切丘陵位于尖山小穹隆东北方向，连绵起伏，切割深度 30～60m。浅丘地带地层主要为侏罗系中下统自流井组（J1-2Z）及中统上沙溪庙组（J2S），岩层平缓，不良物理地质现象少见，多为浅丘谷池。浅丘地层以泥岩为主，同时夹有不等厚砂岩、灰岩和页岩，为较平缓的单斜地层。

2. 水文过程

雨水落在自流井南部片区，一部分被植物根系吸收并锁在土壤中；另一部分沿着第四系松散堆积层中坡洪积层、残坡积层的孔隙以及构造裂隙、风化裂隙、卸荷裂隙等基岩裂隙，向地下渗透，直到遇见不透水岩石，而形成地下水，以降泉的形式缓慢排泄于冲谷或溪河流；再一部分则在重力作用下，在自然形成的汇水区内，通过对地表的冲刷浸蚀，逐渐发育出树枝状水系网络（图6.3）。

在尖山小穹隆的方山台地地貌和砂岩地质条件下，雨水及地下水利用褶皱带的横张破裂和层理构造差异，沿层面、断裂面节理裂隙面等可溶性岩层的各种构造面，向下渗透，经过长期的浸蚀和溶蚀作用，切割出深邃的峡谷。在实际生活中，为蓄留丰水期的水资源，一些峡谷被改造为水库。在分水岭中有集水盆的地方，往往被改造为小型水库；在有多条冲谷（沟）交汇的溪河流处，常常将该段溪河流直接改造为中型水库。

3. 水空间的认定

水空间是指常年有水或有能力常年蓄积水的地表空间。根据雨水冲刷浸蚀地表留下的痕迹，自流井南部片区内与水相关的空间基本上可以分为溪流、沟谷（溪谷和冲谷）、坑塘（水库）三类（图6.4）。

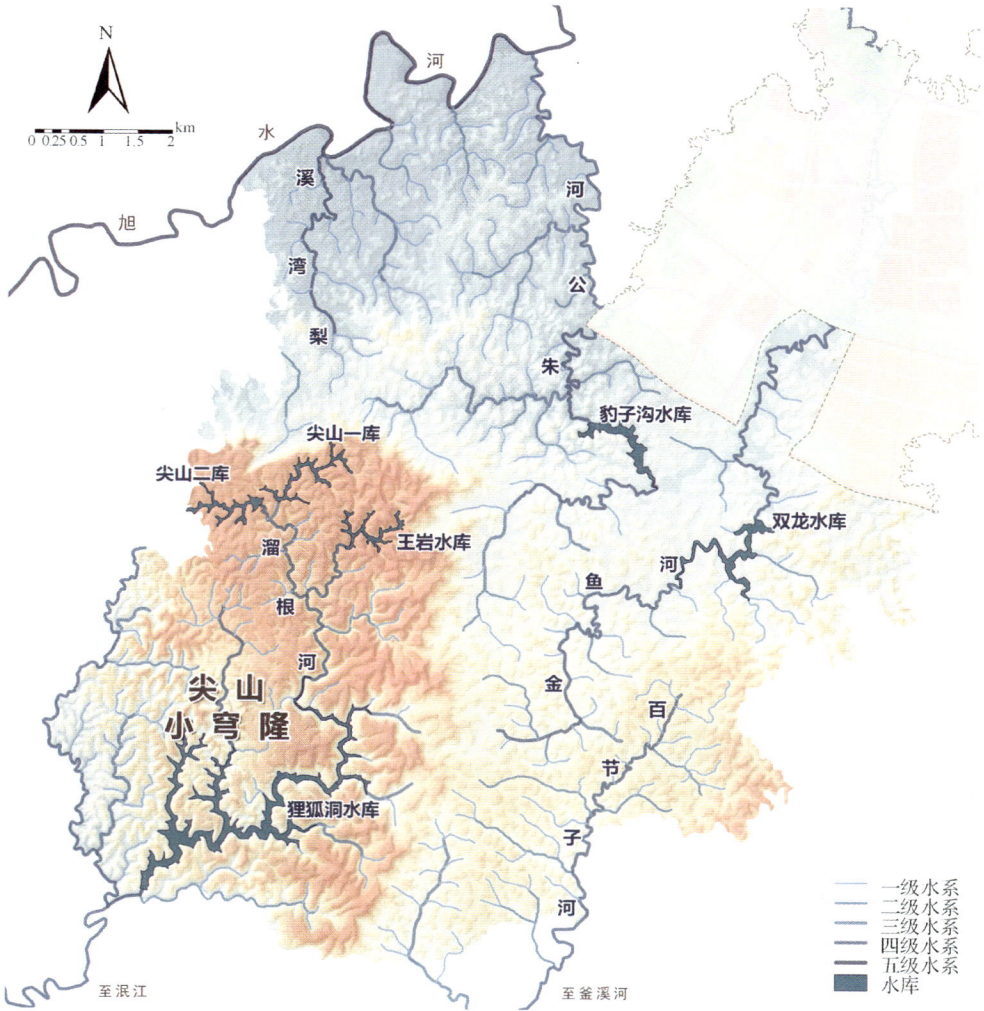

图 6.3　基于斯川勒-霍顿定律提取的南部片区水系网络

　　溪流，除旭水河发源于南部片区外的九宫山余脉、百节子河发源于凤凰山之外，其余河流皆发源于尖山小穹隆，受到蓄积在山体中的地下水补给。

　　自流井南部片区内，在雨水冲刷浸蚀下形成的微沟、细沟，处于土壤层，极其脆弱，甚至人或者牲畜的践踏都可能使其消失，明显不具备储蓄地表水的能力；冲沟浸蚀已穿过土壤下切到基岩，虽然已形成了独立于坡地的沟槽和沟头，但离富含地下水的含水层还有一段距离，得不到地下水的补给，虽能蓄积一时的地表水，但不具有常年蓄积水的能力；当浸蚀下切到基岩与含水层交界的地方，冲沟发育为冲谷，原冲沟的沟头受微量的地下水补给，演变为半圆形的汇水洼地，沟槽进一步开敞，具备了蓄积常年水的能力。冲谷与冲沟的区别在于：冲谷往往具有半圆形的沟头汇水洼地、沟槽开敞有一定的宽度、沟坡平缓，在除尖山小穹隆以外的地区，冲谷（沟）通常被改造为梯田，以蓄留雨水。溪谷，是一种受地下水的降泉补给、常年有水的沟谷。它与溪流的区别在于不具有阶地的形态。

在自流井南部片区内，溪流、溪谷和冲谷这三种常年有水或有能力常年蓄积水的水系空间，被认定为水空间。

坑塘是指常年有水或能常年蓄积水的洼地。在自流井南部片区内，冲谷的沟头、溪河流（溪谷）的集水盆既是洼地，又能受到地下水的补给，是典型的自然坑塘形态。在尖山小穹隆方山台地的峡谷、分水岭附近的洼地，因易受到地下水的补给且地势低洼，往往被人工改造为水库，是自流井南部片区内的另一种坑塘形态，我们将其命名为高地水库，说它与自然坑塘同属于源头坑塘，只是人工和自然形成的区别。还有一种人工水库，位于有多条冲谷（沟）交汇的溪河流处，以保障尽可能多地蓄积丰水期的水，以备旱时使用，我们将其命名为溪河流水库。坑塘、高地水库和溪河流水库共同构成了自流井南部片区中的湿地空间。

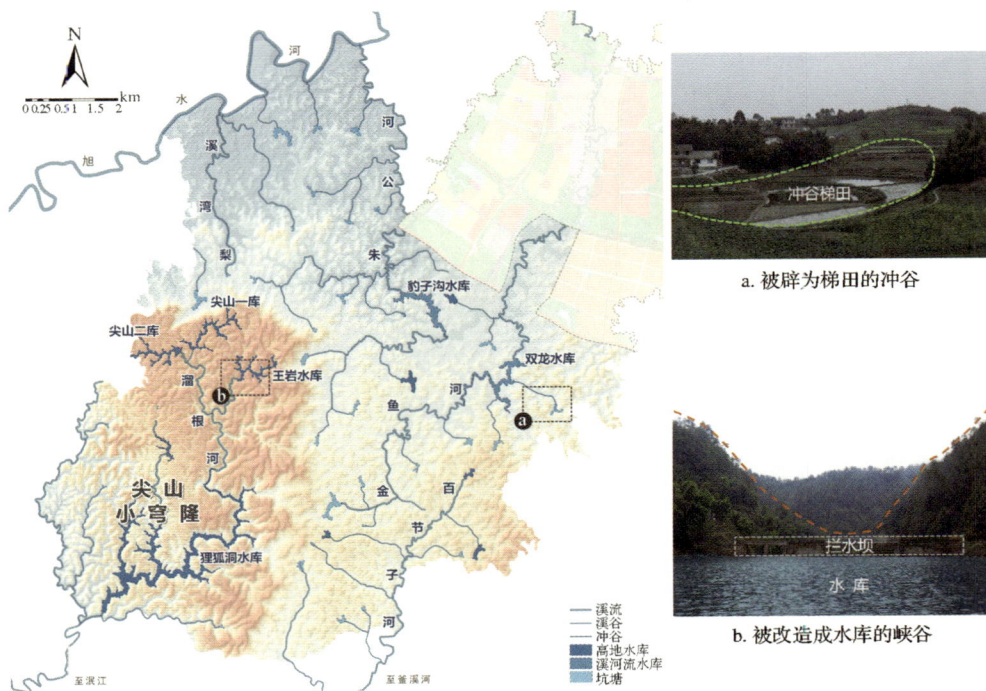

a. 被辟为梯田的冲谷

b. 被改造成水库的峡谷

图 6.4　自流井南部片区水空间现状

4. 水环境影响状况

自流井南部片区内现状水环境状况不容乐观，除尖山小穹隆上的水库勉强保持在Ⅲ类水质外，其余水空间普遍污染严重。其中，百节子河及朱公河中段达到中度污染（Ⅴ类），金鱼河、朱公河源头段、朱公河入旭水河段、旭水河的水质更是达到了重度污染（劣Ⅴ类）。

自流井南部片区水环境污染主要来自于城镇污水的点源污染和农业面源污染两大方面。点源污染，主要是各城镇虽已建成污水处理厂，但污水管网还在建设中，城镇污水尚未进入污水厂，直接排入了溪河流。面源污染，一方面是农业种植中使用的大量农药化肥直接排入水体所致；另一方面，当地人喜食兔肉和鱼肉，大量的家禽粪便未经过处理，直接沿着自然溪谷排入水体，在冲谷处，无序地堤筑鱼塘并且高密度地水产养殖，大大超出了水体的自净能力。

此外，对水道的侵占、"乔-灌-草"的水岸结构的破坏，使溪河流逐渐失去了自然生境空间结构，引发生物多样性降低、溪河流的自净能力减弱，也是水质污染的重要原因。

6.2.2　自流井南部片区地貌过程解译

1. 小地名描述的居民心境山体

世代相传留下的小地名，是当地居民在长期的社会生产生活过程中，为确定自身所处方位及特征，对与其生产生活密切相关的特定空间，赋予的真实且高度精练的自然或人文特征描述。小地名通常可分为自然小地名和人文小地名两类[5]。其中，自然小地名主要来源于地形地貌、水体、气候、生物、土壤（地表物质）等要素[6]。而来源于地形地貌要素的自然小地名，通常真实地描述了居民对山体的形态、大小、高度、走向和分布规律的感受，是认知当地地貌最真实的参照。

从字面意义来看，自流井南部片区中可能与山相关的小地名关键字有"山""丘""岭""背""咀""坡""岩""顶"等。从海拔来看，该区域海拔为300~497m，从东北向西南逐渐升高。其中，靠近旭水河的区域海拔较低（300~330m），其余大部分区域海拔为330~370m，呈现典型的浅切丘陵地貌，大概到尖山咀的位置出现陡升（海拔440~497m），呈现为尖山小穹隆方山台地。

自流井南部片区中，小地名为"山"的有77个，大部分处于浅切丘陵（55个），仅有22个位于尖山小穹隆方山台地［图6.5（a）］。这是因为生活在尖山小穹隆方山台地中的居民能看见的较大凸起不多；而生活在浅切丘陵中的居民大多选址在临水的阶地居住，与水的相对高差在30m以上的凸起都显得特别突出，他们更愿意将这些凸起命名为山。小地名为"丘"的有10个，全部位于浅切丘陵，它们亦比居民居住地凸起，但凸起的体量或与居民居住地之间的高差与山存在一

定的差距 [图 6.5（b）]。小地名为"咀"的，同样是浅切丘陵中的数量大大多于尖山小穹隆方山台地，与小地名为"山""丘""岭""背"的地方没有相关性，多位于地势变化处，表征一种地貌向另一种地貌过渡时的形态 [图 6.5（c）]。小地名为"坡"的分布比较广泛，表征地形比较陡峭 [图 6.5（d）]。小地名为"岩"的位于山、丘或岭背处（图 6.6），表征非常陡峭，从手爬岩、老鹰岩、陡岩等小地名可见端倪。

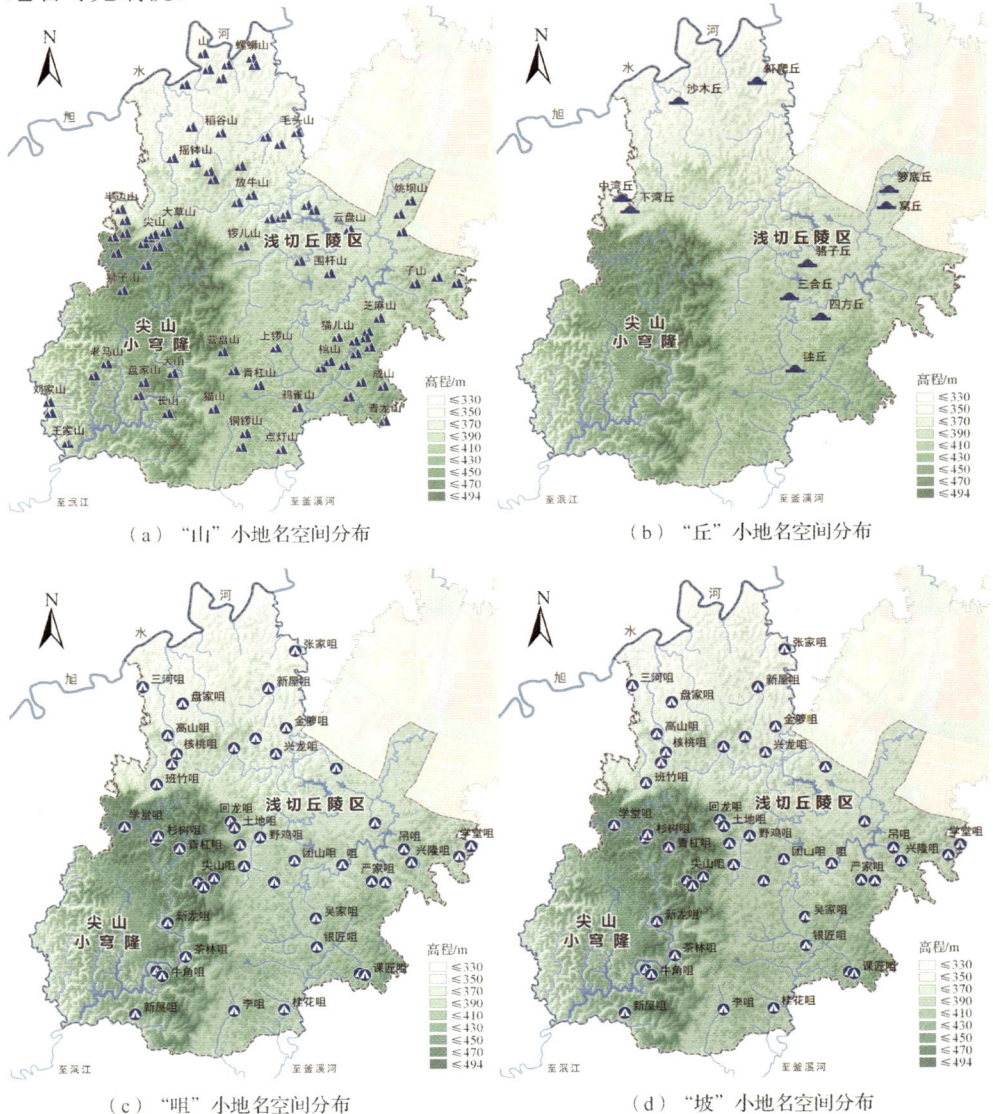

（a）"山"小地名空间分布　　　　　（b）"丘"小地名空间分布

（c）"咀"小地名空间分布　　　　　（d）"坡"小地名空间分布

图 6.5　山相关小地名对地形地貌特征的解译

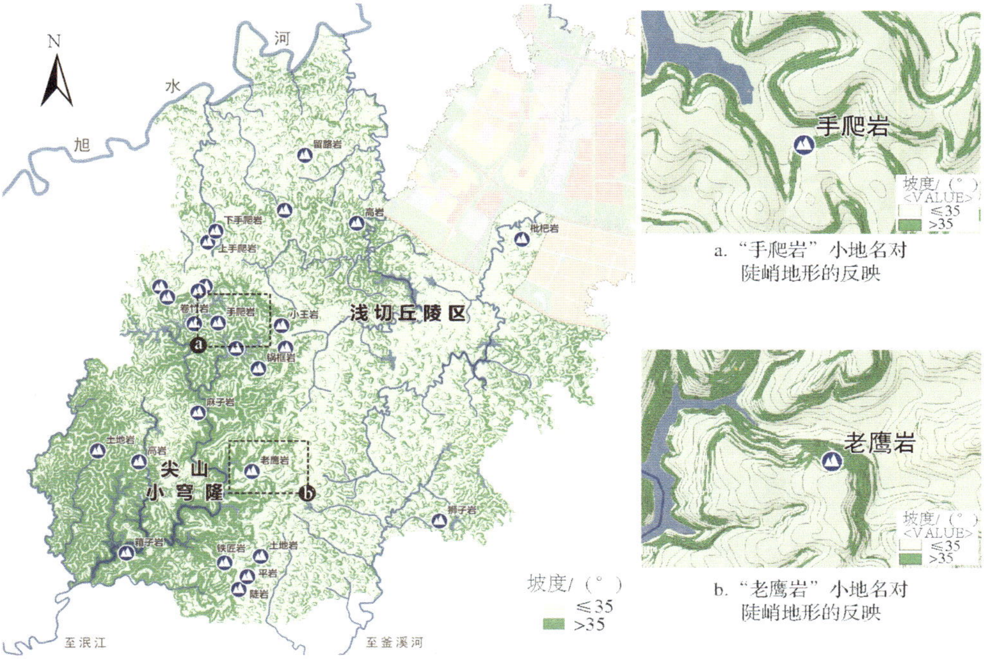

a.“手爬岩”小地名对陡峭地形的反映

b.“老鹰岩”小地名对陡峭地形的反映

图 6.6　“岩”小地名对地陡峭地形反映

从自流井南部片区尖山小穹隆方山台地中多“坡”，少“山”“丘”“岭”“背”“顶”，有“咀”“岩”的小地名分布状况中，可基本解译出该方山台地具有相对陡峭、少独立凸出的山（丘）体、地形形态丰富的特点。从浅切丘陵中多“山”“丘”“岭”“背”“顶”，有“坡”“咀”“岩”的小地名分布状况中，可基本解译出该地区具有平缓、多独立凸起的馒头状山丘（具有圆形山顶）、局部成岭、呈现出相对简单的沟谷浅丘地形形态。

将反映居民心境中的山丘体存在的小地名“山”“丘”“岭”“背”“顶”同时展现在 1∶10000 地形图生成的 DEM 中，可以凸显出地形的高程激变处。小地名和高程激变处的叠合初步可以解译出居民心境中的自流井南部片区内山（丘）体集中区及山岭，但解译结果尚未揭示出山（丘）存在的规律，相对粗略，难以边界化（图 6.7）。

2. “循水理山”解译的山空间

“循水理山”解译山空间，即是运用“循水理山”的山水空间提取技术，以认定出的水空间为参照，反找出控制产水过程与水系具有互锁关系的山脊结构，提取出山脚和山肩，结合居民心境中的山、丘感受，界定山和丘空间实体。

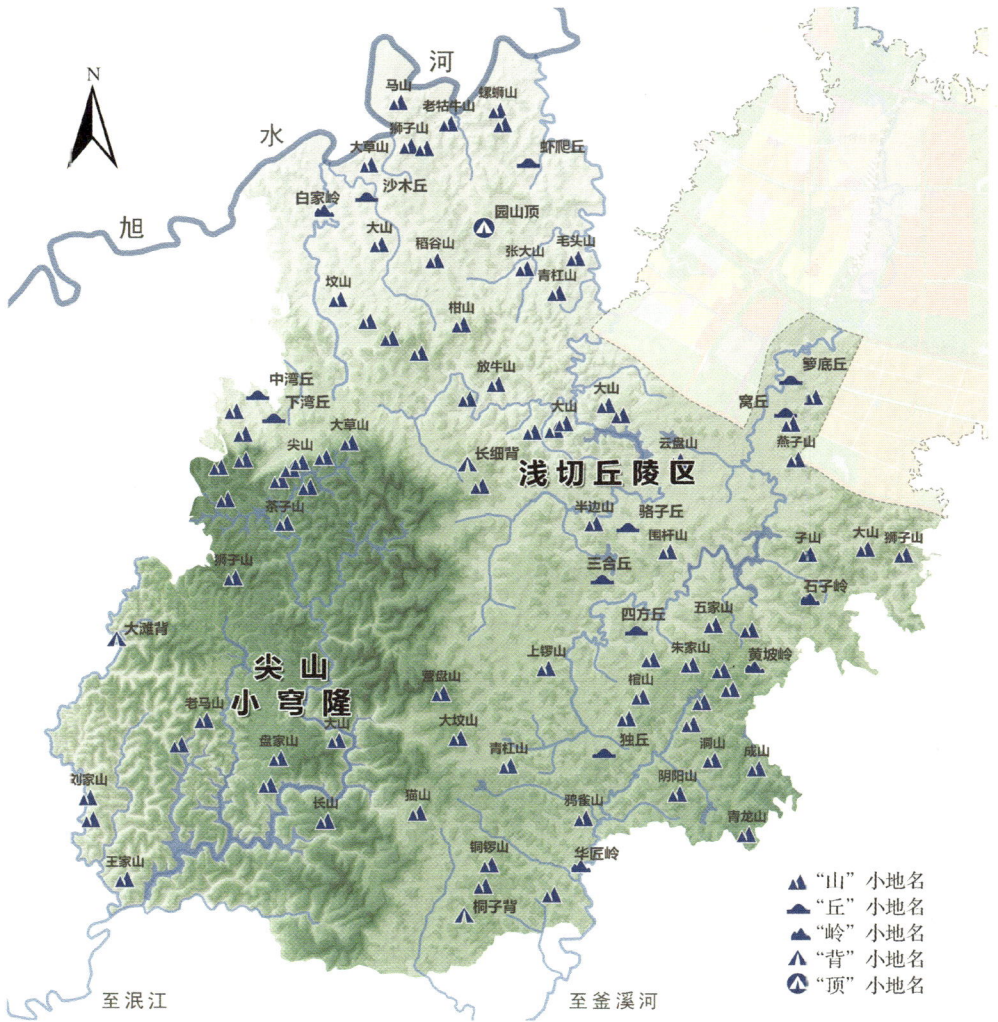

图 6.7　自流井南部片区解译出的山（丘）体集中区及山岭

　　依据斯川勒-霍顿水系分级结构定律，自流井南部片区认定出的"溪河流—溪谷—冲谷"水系空间类型可分为五级。溪河流中的旭水河是第五级水系，其余五条溪河流是第四级水系，溪谷是第三级水系，冲谷根据它们的发源与交汇关系，分别归位到第二级水系和第一级水系。

　　五条溪河流第四级水系分属于五个不同的小流域，在小流域范围内提取出四条与五条溪河流形成互锁关系的主山脊线（图 6.8）。DEM 所展现出的离散、无序山丘，被主山脊线联系在一起，奇迹般地揭示出自流井南部片区的主要地貌过程：受荣威穹隆东北方向背斜的影响，尖山小穹隆向东北方位推挤出观音岭、云盘岭、凤凰岭三条分水岭；推挤过程中，受自流井拗陷的影响，高程沿东北方向逐渐降低，直至达到自流井拗陷的底部（釜溪河）；在褶皱作用下，推挤过程呈波浪状，山岭高程起伏不定，甚至出现高程几乎接近山脚的垭口，使人从表面上几乎感觉不到三条山岭的存在，更像是各自独立、大小不一的馒头状山（丘）体。

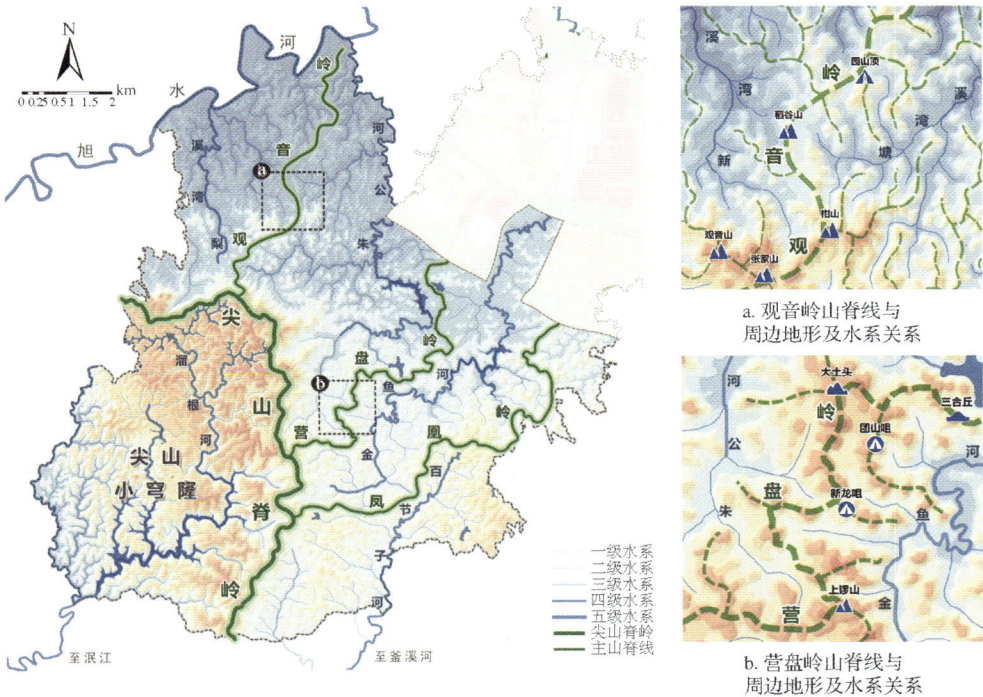

a. 观音岭山脊线与
周边地形及水系关系

b. 营盘岭山脊线与
周边地形及水系关系

图 6.8　运用"循水理山"山水空间提取技术提取的南部片区主山脊线

继续在溪谷第三级水系的次小流域范围内，提取出与溪谷第三级水系形成互锁关系的次山脊线（图 6.9）。将次山脊线、主山脊线以及与其分别形成互锁关系的溪河流和溪谷同时可视化在 DEM 中，推挤过程中，侵蚀地貌形成过程得以展现：在褶皱作用下，波浪状的推挤过程在纵向上形成的山岭高低起伏，在横向上继续延展，形成总体趋势沿主山脊两侧下降、起伏不定的坡面，雨水在坡面长期冲刷，逐渐将一些坡面低洼处连通为沟壑，继续侵蚀穿过土壤、基岩，直到含水层，形成溪河流和溪谷。

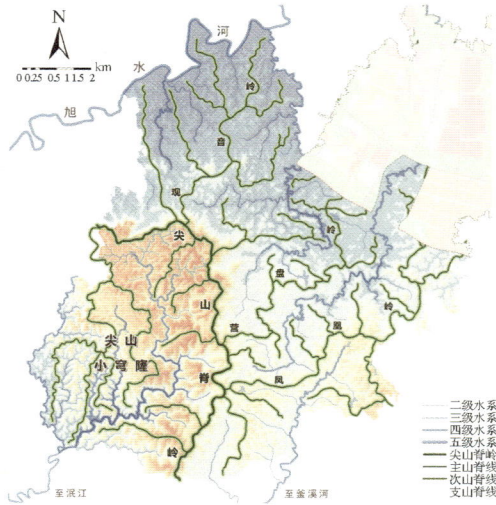

图 6.9　自流井南部片区次山脊线提取

再继续提取与冲谷第二级、第一级水系形成互锁关系的支山脊线（图 6.10），进一步揭示了侵蚀地貌形成过程的开始：雨水长期冲刷坡面，先在坡面最先变化的低洼处，利用重力势能击打出沟头，再随着重力流动，连通沟头以下的低洼地，形成冲沟，发育为冲谷。

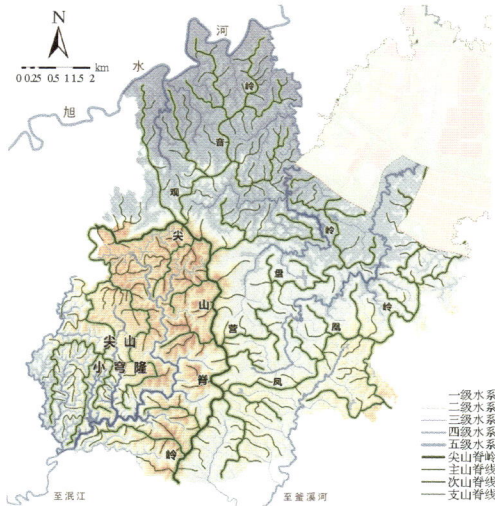

图 6.10　自流井南部片区支山脊线提取

以提取出的各级山脊线为参照，提取出山脚和山肩，结合居民心境中的山、丘感受，可以清晰地界定出自流井南部片区的山空间。但界定出的山空间不是同一尺度下的山实体空间，而是一个具有巢式嵌套等级的山空间，即在溪河流小流域尺度下，山空间是尖山小穹隆方山台地整体和观音岭、云盘岭、凤凰岭三条分水岭（图6.11）；在溪谷次小流域尺度下，山空间是两条溪谷与其互锁次山脊线所属主山脊线之间的山坡面，如金鱼河溪谷次小流域尺度下的山空间（图6.12）；在冲谷集水区尺度下，山空间是由居民心境山脚线界定出的山（丘）体。

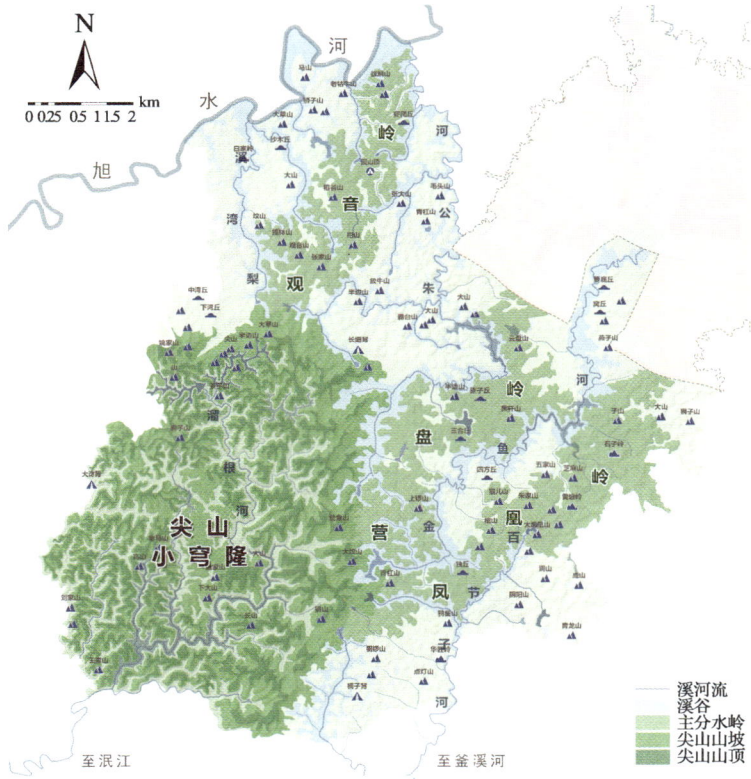

图 6.11   南部片区溪河流小流域尺度下的山空间

山空间的巢式嵌套等级界定，不仅能满足长期生活其中的居民的心境，同时还带有对自然敬畏的土地利用管理的心物场，巢式嵌套等级共同反映了完整的地貌过程，不同的嵌套等级对应不同尺度下的土地利用管理，如当要对一条贯穿自流井南部片区的快速路进行选址时，只需要在溪河流小流域尺度下，考虑山岭的走向，而不需要过多考虑冲谷集水区尺度下的山（丘）体。又如，考虑具体的房屋修建，只需要在冲谷集水区尺度下，观察界定出的具体山（丘）体，而不需要考虑溪河流小流域尺度下的山岭走向。

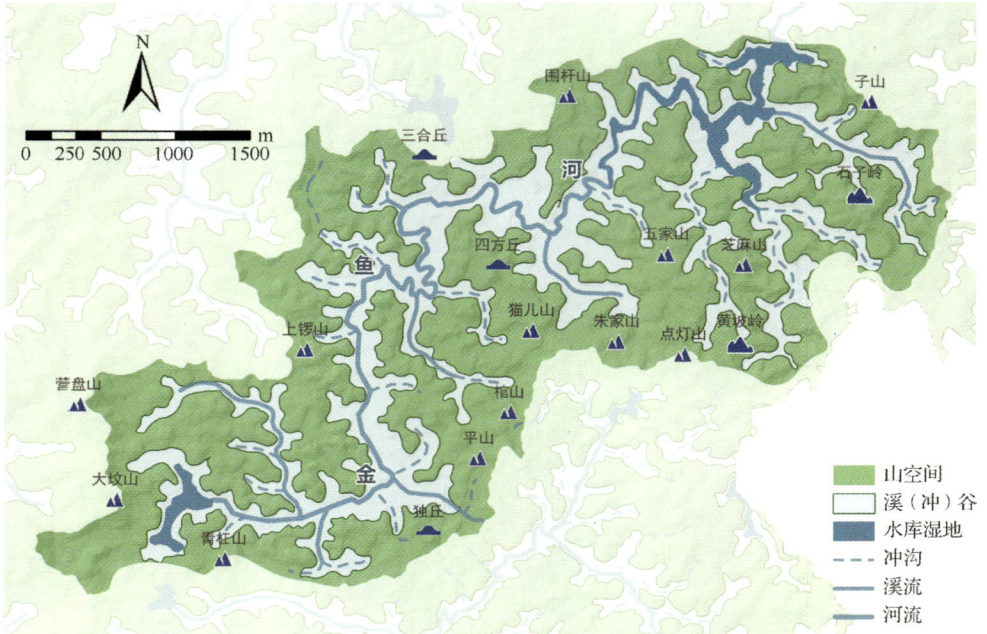

图 6.12　金鱼河溪谷次小流域尺度下的山空间

6.2.3　自流井南部片区生境过程解译

1. 农田的选择

《自流井第二次土地调查报告（2012 年）》显示：自流井全区农田总面积为 6437.95hm²，主要由水田和旱地两类构成，水浇地仅有 1.59hm²（占农田面积的 0.02%），几乎可以忽略不计；水田面积为 3210.92hm²，占农田面积的 49.87%；旱地面积为 3225.44hm²，占农田总面积的 50.11%。

将自流井南部片区的第二次土地调查结果叠合到"循水理山"技术方法界定出的山、水空间中，该片区内农田分布让山、水的关系变得清晰：农田主要分布在浅切丘陵中，尖山小穹隆仅有零星分布（图 6.13）。其中，水田分布在坡度 15° 以下的冲谷（冲沟）及溪谷、溪河流漫滩以外的区域，旱地分布在山（丘）体的山腰且坡度在 15°～25° 的地方（图 6.14）。

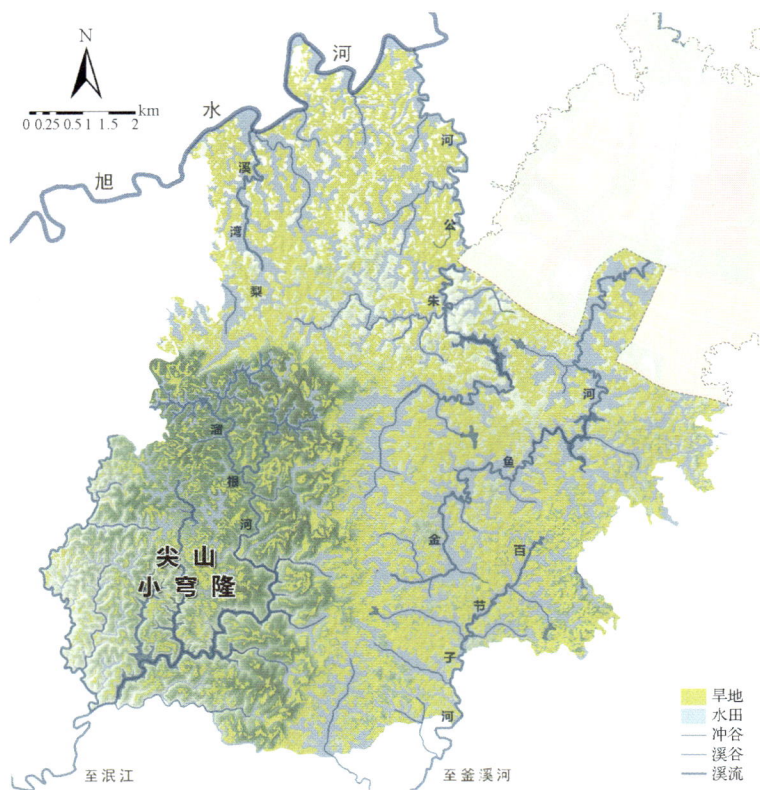

图 6.13　自流井南部片区农田空间分布现状

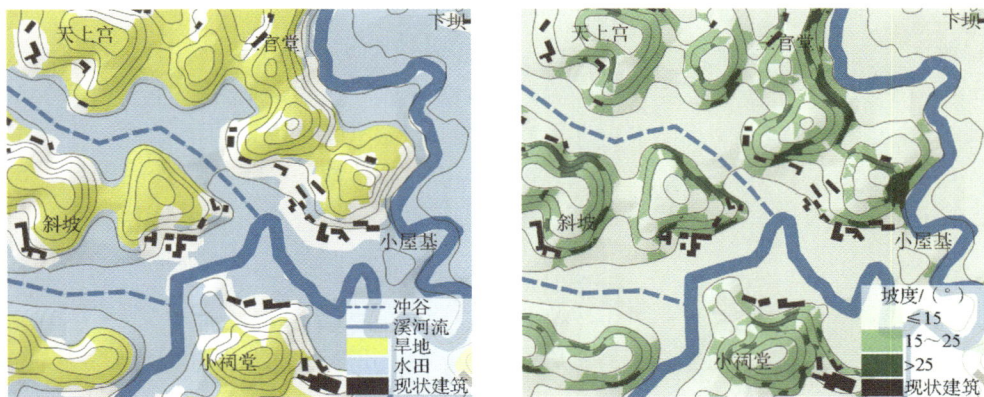

（a）自流井南部片区小屋基片区水田旱地分布　　　　（b）自流井南部片区小屋基片区地形坡度

图 6.14　自流井南部片区农田分布与地形坡度关系

再回到与农田相关的小地名来认知居民对农田的选择。自流井南部片区与农田相关的小地名有"冲""沟""坡""田""塘"等。该片区内，小地名为"冲"的有 64 个，小地名为"沟"的有 19 个，主要分布在浅切丘陵。叠合卫星影像将小地名的"冲"和"沟"与水相关的空间及第二次土地调查结果进行比对，我们不得不佩服长期居住于此的居民的生产生活智慧。实际上，"冲"[图 6.15（a）]和"沟"[图 6.15（b）]分别对应与水相关的冲谷和冲沟，是最具肥力的水田所在地。该片区内，小地名为"坡"的有 81 个，位于界定出的山（丘）体坡面，地势较高，坡度比较陡峭，主要是依靠天然降水或引洪淤灌种植旱生农作物的旱地[图 6.15（c）]。小地名为"田"的有 10 个，全部位于冲谷和冲沟处；小地名为"塘"的有 20 个，依然全部位于冲谷和冲沟处，强化了对水田的蓄水供给[图 6.15（d）]。

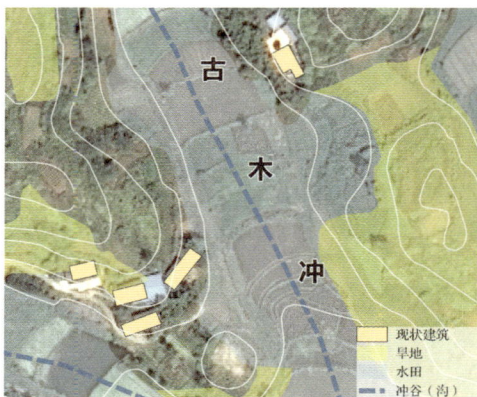

（a）"冲"小地名对冲谷水田的表征

（b）"沟"小地名对冲谷水田的表征

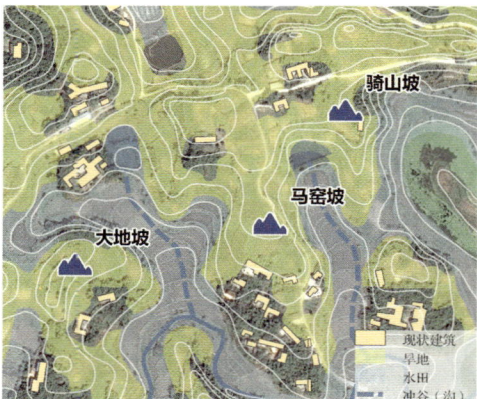

（c）"坡"小地名对山坡旱地的表征

（d）位于冲谷（沟）的"田""塘"小地名强调了
肥沃水田的所在

图 6.15 农田相关小地名对农田空间特征的解译

长期以来，在自然演替中形成的"冲谷为田（水田）、山坡为地（旱地）"的农田选择法则，保障了居民对粮油等主要农产品的获取。

2. 林地的退守

《自流井区林地变更调查报告（2016 年）》显示：自流井全区林地包括郁闭度 0.2 以上的乔木林和竹林等有林地、灌木林地、疏林地和苗圃地，总面积 3515.85hm²，占全区总面积的 23%。其中，有林地面积 3278.08hm²，占林地面积的 93.24%；疏林地面积 17.07hm²，占林地面积的 0.49%；灌木林地面积 178.1hm²，占林地面积的 5.07%；苗圃地面积 42.6hm²，占林地面积的 1.2%。

从林种及其分布来看，自流井南部片区属亚热带常绿阔叶林地带，地带性植被是常绿阔叶林，主要林种有：以马尾松为主体的亚热带常绿针叶林、以慈竹林为主体的亚热带竹林和以油茶、马桑为主体的灌丛。

马尾松林，分布在尖山小穹隆，林分郁闭度 0.6～0.8，平均胸径 12cm，最大胸径为 20cm，平均高度为 13m，最高 18m。林间纯度高，林分单一，以纯林为主，种植年限一般大于 20 年，并在林下有天然更新的小苗。林内有少量单株的樟树、楠木等乔木。马尾松林下灌木少，灌木盖度 10%左右，灌木量、种类都较少，高度约 1.5m。常见的种类有油茶、马桑、悬钩子、盐肤木等。马尾松林下草本层植物稀少，高 10～50cm，盖度 10%～20%。禾本科和菊科植被种类占绝对优势。在土壤稍肥沃处常见乌蕨、蜈蚣草、紫苏、救荒野豌豆、酢浆草、小飞蓬、千里光、黄鹌菜、鼠麹草、蒲公英、茅叶荩草、皱叶狗尾草、银莲花、醉鱼草、细柄草、苔草、麦冬、马唐、白茅等。层外植物常见有蕨草等。

慈竹林，主要分布在全区内居民居住地周边有一定坡度的区域以及浅切丘陵区内坡度较大的地方，杆高 5～8m，径粗 2～4cm。竹林郁闭度一般在 0.4～0.6。慈竹林下，灌木层盖度在 20%以下，常见种类有插田泡、盐肤木、马桑、悬钩子等。但灌木层不甚明显，草本层发育繁茂。草本层盖度在 30%～50%，分布均匀，常见种类有马唐、垫状卷柏、芒、冷水花、铁线蕨、酢浆草、蒿、鸢尾、苔草、车前、矛叶荩草、须芒草、长萼堇菜、麦冬等。

油茶、马桑灌丛零星分布于自流井南部片区，群落结构简单，种类也较单纯，多具刺，外貌绿色，呈团块状。群落总盖度 10%～20%，高 0.5～1m，丛内多藤本植物。小果蔷薇、火棘各占 15%～20%的盖度。灌木层除小果蔷薇、马桑外，还有悬钩子、盐肤木、水麻等。

将《自流井区林地变更调查报告（2016 年）》结果叠合到"循水理山"技术方法界定出的山、水空间中（图 6.16），可以清晰地发现：林地主要分布在尖山小穹隆以及其向东北方位推挤出的观音岭、云盘岭、凤凰岭三条分水岭上，零星分布在山（丘）体中坡度大于 15° 以上的坡地和"四旁"（宅旁、路旁、水旁、田旁，以带状或零星分布的经济树木，集绿化、经济、防护等功能于一体。常见的种植种类有桉树、杨树、香椿等绿化观赏树种，通常被称为"四旁树种"）。

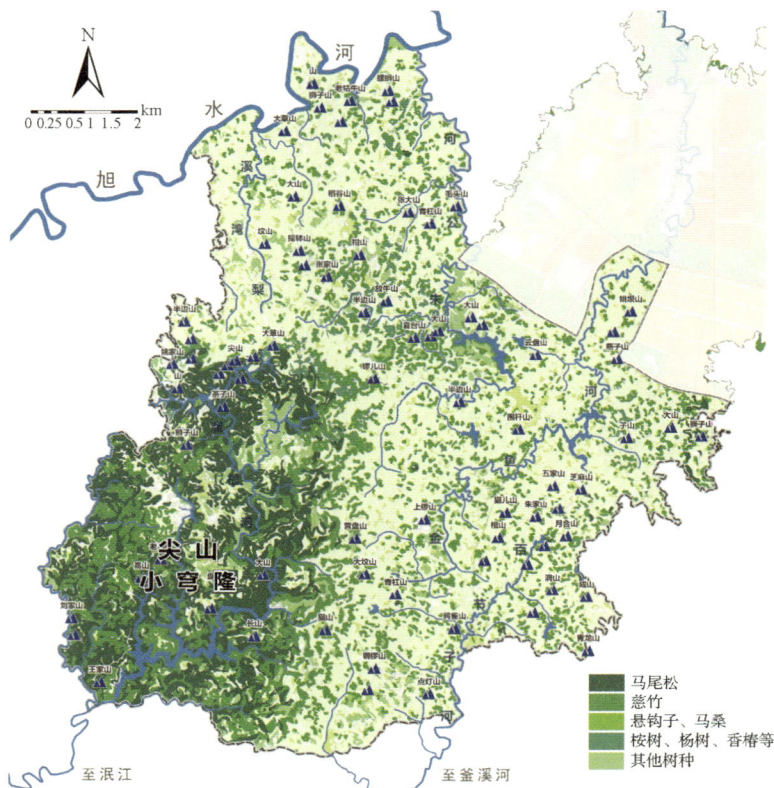

图 6.16　自流井南部片区林地空间分布现状

　　从林地的分布规律中，似乎可以看到：在山水空间中，林地占据的是资源条件最差的区域。从林地和小地名的关系来看，与林地相关的小地名基本上都是与山相关的，同时基本上没有直接描述林地的小地名，人们对林地的关心度明显低于农田。究其原因，为林地和农田的产出对居民生存的重要性以及其产出能力的稳定性。长期以来，在农田和林地的选择中，由于农田能持续、稳定地供给居民生存必需的粮油等农产品，而林地所能供给的是产量不确定的副食品，两相对比决定了居民在对土地利用时，作为农田使用优先于林地。但当林地退守到一定的状态时，林地对农田的水土保持功能得以凸显，人们才开始重视林地的生态功能，并寻求维持林地生态能力和保障农田生产能力之间的平衡。可以说，林地的退守，是以"获得最大化的农田面积并保障其可持续生产能力"为准则的。

3. 栖息地的保护

农田和林地选择的结果，营造出了自流井南部片区内的生境，动物们在由不同地势条件、水空间及农林植被构成的生境中，形成相对封闭循环的生物链，以生物多样性的表象，加强了这些生境的稳定。

自流井南部片区内有雀鹰和灰林鸮两种国家 II 级重点保护动物。雀鹰（Accipiter nisus）为中等体型（雄鸟 32cm，雌鸟 38cm）而翼短的鹰，以鸟、昆虫和鼠类等为食，也捕食鸠鸽类和鹑鸡类等体形稍大的鸟类和野兔、蛇等，主要栖息于尖山小穹隆海拔较高的森林中，秋冬季节常在流域中下游的农田、村庄附近活动。灰林鸮（Strix aluco）是一种健壮的中等体形的猫头鹰，是夜间活动的猛禽，以啮齿类、大如兔子的哺乳动物、鸟类、蚯蚓及甲虫等为食，主要栖息在尖山小穹隆上部疏林中。

华西蟾蜍、斑腿树蛙等两栖动物分布在自流井南部片区的溪河流及其两边的河漫滩；翠青蛇、乌梢蛇、菜花蛇等爬行类动物生存在河谷竹林及农田生境中；赤链蛇、黑眉锦蛇等爬行类动物分布在尖山小穹隆马尾松林及观音岭、云盘岭、凤凰岭三条山岭中的有林地内；山斑鸠、啄木鸟、灰胸竹鸡、白鹭等鸟类，分布在浅切丘陵中的水域、河滩竹林中；喜鹊、麻雀、普通朱雀、画眉等鸟类，分布在尖山小穹隆河谷两岸山坡上；家燕、普通翠鸟和山麻雀等鸟类，分布在溪河流沿岸山坡的中下部；四川短尾鼩黄鼬等兽类分布在水域及溪河流灌丛中；黄鼬、大耳蝠、松鼠、隐纹花松鼠等兽类，分布在尖山小穹隆马尾松林中。

动植物的分布，组成了自流井南部片区的七类生境（图 6.17）。

（1）以农田作物为主的栽培植被，在流域内分布面积最大，连通程度高，景观破碎度高，有规律地呈几何形状分布。该景观外观整齐，可塑性高，但人为管理不善时可退化为杂草群落。景观的组成与拼块数量受人为影响极大，是水土流失主要的来源之一。

（2）以马尾松林为主的亚热带常绿针叶林主要分布在山坡中上部。属于环境资源拼块，多为人工种植，有一定的自然更新能力，在居民聚居点附近人为干扰较严重，呈较规则的块状或带状分布。该群落植被覆盖较高，对水土保持起到重要的作用，是对本区域环境质量起到决定性作用的、具有动态控制功能的拼块类型。

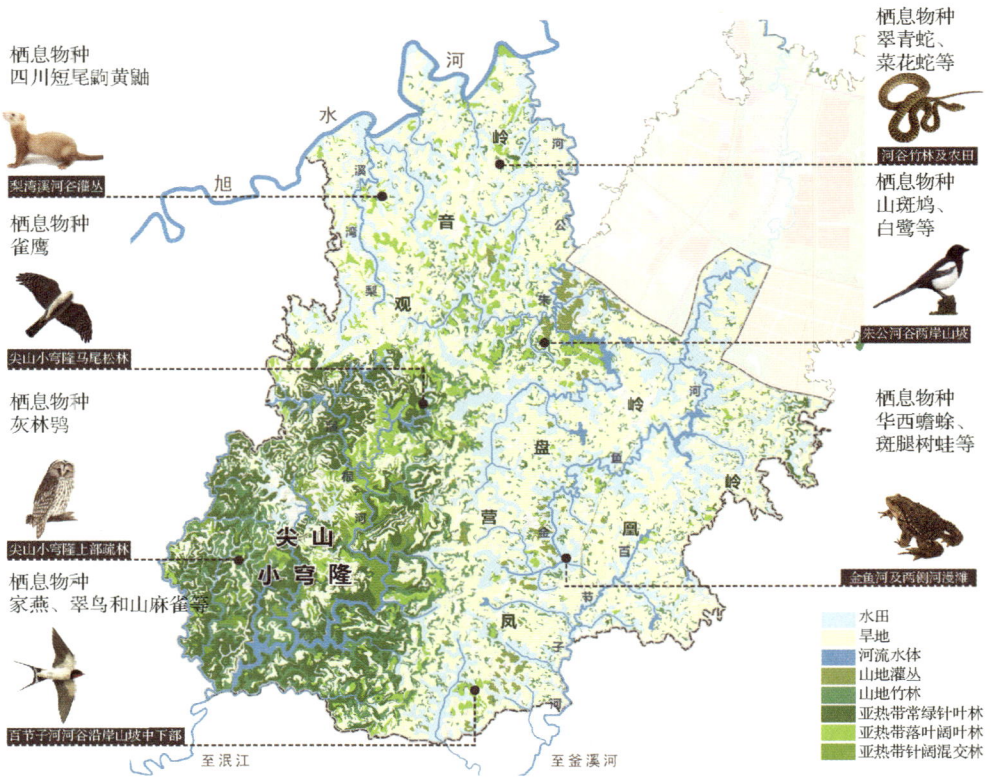

栖息物种
四川短尾鼩黄鼬

梨湾溪河谷灌丛

栖息物种
雀鹰

尖山小穹隆马尾松林

栖息物种
灰林鸮

尖山小穹隆上部疏林

栖息物种
家燕、翠鸟和山麻雀等

百节子河河谷沿岸山崴中下部

栖息物种
翠青蛇、
菜花蛇等

河谷竹林及农田

栖息物种
山斑鸠、
白鹭等

宋公河谷西岸山崴

栖息物种
华西蟾蜍、
斑腿树蛙等

金鱼河及两侧河滩

水田
旱地
河流水体
山地灌丛
山地竹林
亚热带常绿针叶林
亚热带落叶阔叶林
亚热带针阔混交林

至泯江　　　至釜溪河

图 6.17　自流井南部片区主要生境分布

（3）以马尾松林、樟树林为主的亚热带针阔混交林主要分布于尖山小穹隆灌区。群落的植物种类十分丰富，结构复杂，属于环境资源拼块，是对本区域环境质量有动态控制功能的拼块。

（4）以桉树林和樟树林为主的亚热带落叶阔叶林，受人类干扰影响较大。属于环境资源拼块，在本区域分布范围较小，连通程度较高，是对本区域环境质量有动态控制功能的拼块。

（5）由慈竹林组成的山地竹林，属于人工栽种形成的环境资源拼块类型，主要分布在农家房前屋后、河谷两边及山体的下部，土壤较湿润，生长条件较好，对生态环境有一定的调控作用。

（6）以油茶、马桑灌丛和黄荆、杜鹃灌丛为主的山地灌丛，属于环境资源拼块，零星分布于本区域，在流域中部及下部较多。群落结构简单，种类也较单纯，群落沿河谷呈带状分布，受人为干扰影响较大，种类组成丰富，在当地景观中占有一定组分，对生态环境有一定的调控作用，同时也对破碎的栽培植被拼块起缓冲作用。

（7）河流生境属于环境资源拼块类型，连接度和连通性都很高，但该类型生境相当脆弱，易受水库建设等外界影响而在结构和功能上发生巨大变化。

自流井南部片区内，生态环境质量的主要控制性组分是具有环境资源拼块功能的生境，所以维护和稳定这些生境是该区域生态环境质量控制的判定因素。

6.3　自流井南部片区的生态本底

生态本底，是地域内能最大化保障生态功能的生态空间要素组成的整体。不同于自然保护区中以划定出核心区、缓冲区等边界将人和自然逐渐隔离开来为手段的边界防御式被动生态本底保护。近城市或城市地区秉承的是"利用中保护"的积极保护原则，保障的是生态空间要素中对生态功能及潜能的发挥具有控制性作用的生态功能要素与生态潜能要素组成的结构性整体，这个结构性整体使生态本底的保护与城市建设的利用相互耦合，使自然与城市呈现出如我国古代太极图描绘的阴阳耦合关系。

6.3.1　自流井南部片区的水空间生态本底

1. 溪流生态功能要素

溪流，不仅是山空间中的营养物质向平坝地区输运的通道，还最大化联系了其他相对独立的生境，是自流井南部片区最主要也是最核心的水空间。根据河流连续体理论，溪流分为源头和中下游两部分；根据河流四维空间理论，溪流水道与其周围的河滩、湿地等水廊及富有生物多样性的水岸陆域生境，共同构成了溪流的生态空间。我们尝试在保障溪流生态功能的纵横向生态系统重构中，寻找溪流中对其生态功能起到控制性作用的生态功能要素组成。

处于尖山小穹隆的溜根河，纵向上，属于典型的源头溪流，横向上，溪谷深、水道窄、消落带窄且陡峭、树荫遮蔽高、有大量的枯枝落叶等陆域有机物输入。尖山小穹隆以外的朱公河、金鱼河等溪流，纵向上的源头部分短、水道极窄、坡降大，横向上，没有形成消落带或河漫滩，几乎被树荫完全遮蔽，保证了营养物质及水向平坝地区的供给。纵向上的中下游部分，水道较源头变宽（5～15m），且越往下游，水道越宽，侧蚀加强，凹岸冲刷与凸岸堆积形成连续河湾，并在凸岸形成 50～250m 宽的低位河漫滩，随着洪水的脉冲涨落，保证了山地物质向平坝地区的输运。低位河漫滩中偶有牛轭湖等河岸湿地，约 5m 宽的杂树林分布于河岸，低位河漫滩边缘也有宽度不等的杂树林存在，为生物栖息提供了丰富的生境。由此，可以明确自流井南部片区内溪流的生态功能要素包括源头、水道凹凸岸、河漫滩及河岸杂树林，自流井南部片区内的金鱼河溪流生态功能要素认知如图 6.18 所示。

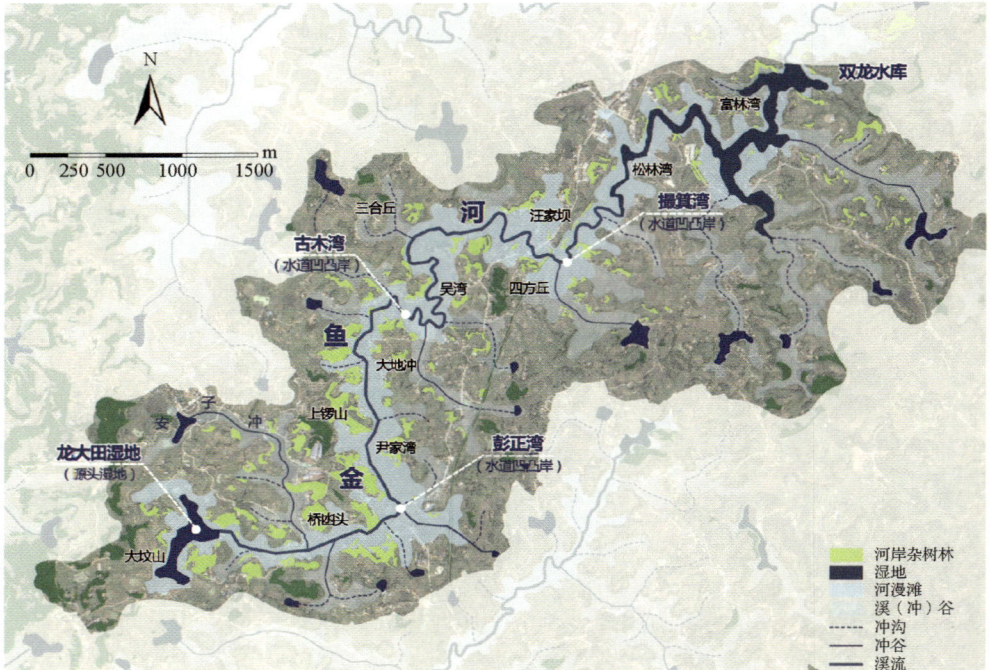

图 6.18　金鱼河（双龙水库上游段）溪流生态功能要素认知

2. 沟谷生态功能要素

自流井南部片区的沟谷，最主要的生态功能是蓄积雨水、调蓄雨水在雨旱季的供给，其生态功能要素是能蓄水的缓坡低洼地。

自流井南部片区发源于浅切丘陵山岭中的沟谷，在源头至中游处，基本上处于冲谷状态，直到即将与溪流交汇的下游处，才开始出现与溪流中下游相似的水道、河廊及河岸陆域形态，成为溪谷。因此，沟谷兼有蓄积雨水和输运山地物质、联系生境的功能，具体的生态功能要素包括：①处于冲谷中上游的缓坡低洼地，发挥调蓄雨水的功能；②处于溪谷状态的下游，水道凹凸岸、河漫滩及河岸杂树林，发挥输运物质到平坝和联系生境的功能。

3. 湿地体系的生态潜能要素

湿地体系的生态潜能，是具有对水资源调蓄、水安全防范、水环境治理、水生态维育的"自然做工"综合功能。

自流井南部片区中，坑塘、高地水库和溪河流水库，对水资源调蓄和水安全防范起到了很好的自然做工能力，但面对日益严重的水环境污染和水生态衰退问题，则显得乏力。

坑塘、高地水库和溪河流水库等都属于一种重要的生态系统——湿地。它具有保持水源、净化水质、蓄洪防旱、调节气候、美化环境和维护生物多样性等重要生态功能，与森林、海洋并称全球三大生态系统。在山地中，湿地包括《国际湿地公约》规定的沼泽、泥炭地、湿草甸、湖泊、河口三角洲、滩涂、水库、池塘和水稻田等，前六类为自然湿地，后三类为人工湿地。

地形、水源、土壤特性、地质和气候是湿地形成的主要因素。其中，洼地和广阔平地，由于排水不畅或缓慢，是蓄积水到一定量之后形成湿地的先决条件。在具有洼地和广阔平地的条件下，通过地表水和地下水两大水源的作用，湿地的形成通常有七大情形：①河流季节性浸润的洪泛区；②得到邻近区域地表径流或汇集地下水的洼地；③积水的坡脚；④泉水或地下水渗出的斜坡洼地；⑤低蒸发且所储存水能支持泥炭藓在干旱季节生长的沼泽；⑥冻土作为渗水层吸纳地表水的永久冻土区；⑦在冰川和雪地下，季节性的融雪能产生湿地的地区。此外，水力传导性低的土壤（如黏土和硬土）比多孔性土壤各更易形成湿地。地质条件通过作用于地下水而影响湿地的形成，如沙漠中的泉水湿地是区域性地下水，喀斯特地质中湿地形成的原因是地下水对石灰岩的溶解，冰川地区的冰碛沉淀引发的紊乱水系网络在分散的低透水地产生湿地等。另外，温暖潮湿的气候比炎热干旱的气候，更易形成湿地[7]。

在同一地区，气候、土壤和地质条件基本一致，决定湿地形成的主要因素是地形和水文条件。根据地形和水文条件，湿地可分为四种类型：①地下水洼地湿地，②地下水坡度湿地，③地表水洼地湿地，④地表水坡度湿地[8]。

湿地与水系网络的关系呈现为：①在一级水系的源头，泉水的出口洼地处，分布有小型湿地；②在低等级水系与高等级水系交汇处的洼地，分布有中型湿地；③在河口地区，分布有大型湿地[9, 10]。

在近城市或城市地区，单一湿地体系发挥的作用远远不及湿地体系发挥的作用，由此，在自流井南部片区，因循水文过程、重构湿地体系能提高对水安全、水生态、水环境、水资源等问题的"自然做工"综合求解能力。

自流井南部片区内水空间生态潜能要素，即是完整的湿地体系，包括：①水系源头的洼地，分布有源头湿地；②山中斜坡上的低洼地，分布有斜坡洼地湿地；③山脚处，有山脚湿地；④平坝内，支流交汇的洼地处，有平坝湿地；⑤河流沿岸，在洪泛的作用下，形成有河流湿地。自流井南部片区的金鱼河溪流生态潜能要素认知如图 6.19 所示。

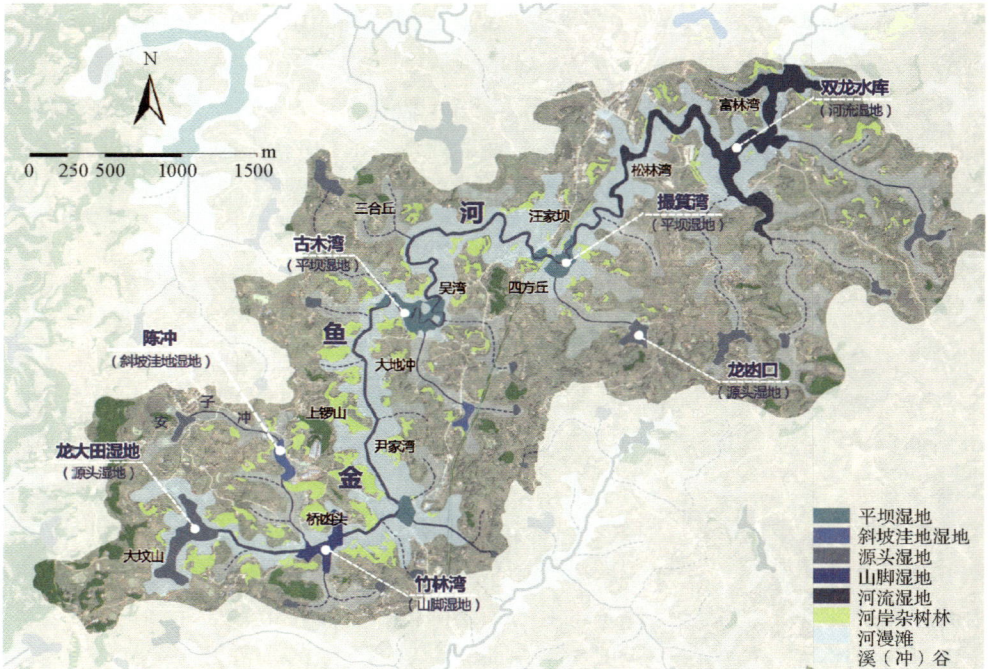

图 6.19　金鱼河（双龙水库上游段）溪流生态潜能要素认知

4. 水空间生态本底

自流井南部片区的水空间生态本底，即是由溪流、沟谷生态功能要素与完整的湿地体系生态潜能要素组成的结构性整体（图 6.20）。

溪流、沟谷生态功能要素包括：溪流中的源头、水道凹凸岸、河漫滩及河岸杂树林，冲谷中能蓄水的缓坡低洼地，溪谷上游段的缓坡低洼地和溪谷下游段的水道凹凸岸、河漫滩及河岸杂树林共同构成的生态功能要素。

完整的湿地体系生态潜能要素包括：源头湿地、斜坡洼地湿地、山脚湿地、平坝湿地、河流湿地等与山地地形契合的五大类湿地。

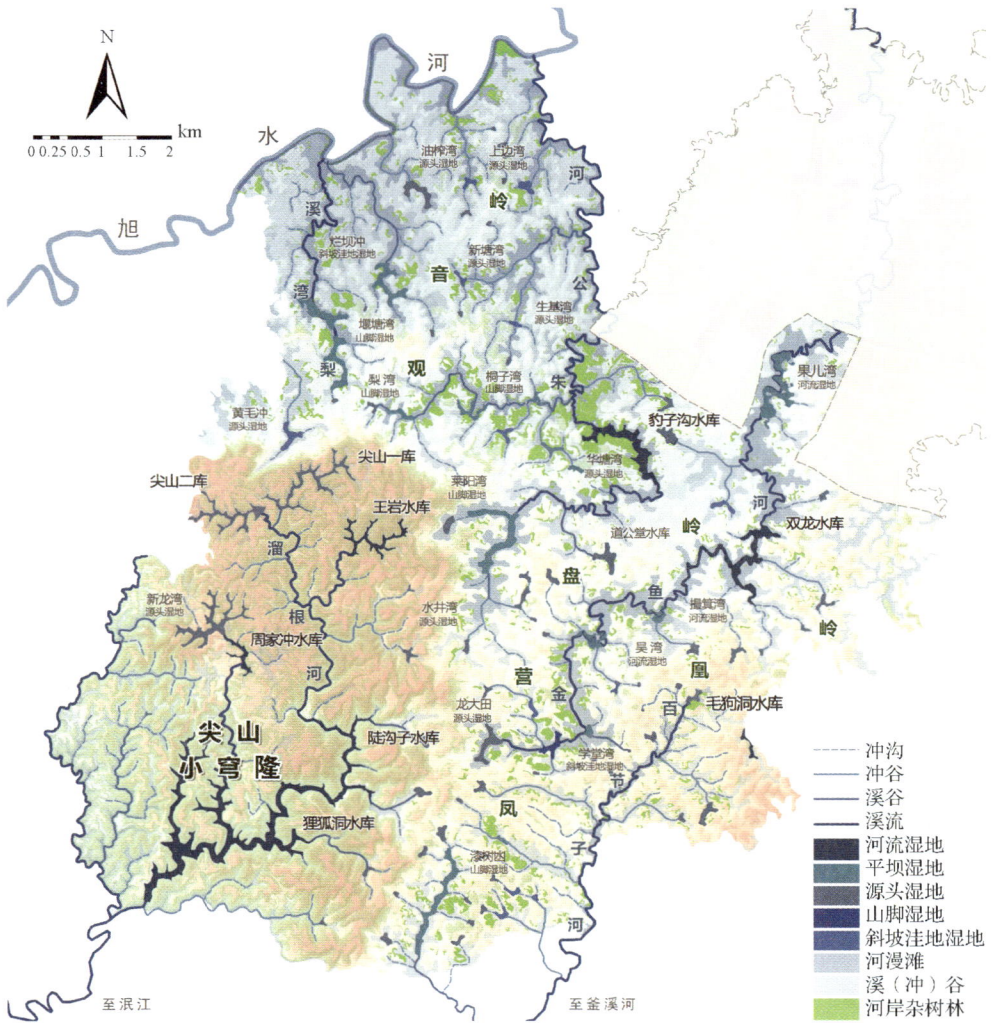

图 6.20　自流井南部片区水空间生态本底

6.3.2　自流井南部片区的山空间生态本底

自流井南部片区内山空间生态本底，即是地貌过程解译出的山岭、山（丘）体空间中的生态功能要素和展现、体验山心物场的自然景观及文化景观要素。

1.　山空间生态功能要素

山空间最主要的生态功能是生命系统的"生态源"和"生态屏障"。一方面，蓄留物质、能量和水，并在风、雨的作用下，利用重力势能，向下游、低地持续性供给这些物质、能量和水；另一方面，通过固土挡沙、降低侵蚀模数和输沙量来保护下游、低地生态环境。

山空间生态功能要素的确定，即运用"以生态交错带界定山"的理论和山空间认知的地貌结构线方法，认定出最具有"生态源"或"生态屏障"功能的地貌结构线所限定出的生态交错带。

山脊、山头、山肩、麓坡、山脚、斜坡变化线等地貌结构线，通常将山分为山顶、山腰和山麓三大部分。山顶是山肩到山头之间的部分，坡度相对平缓的山顶是山空间最核心的生态源。山腰是山麓到山肩之间的部分，其中相对陡峭的斜坡变化区是发挥山地生态屏障功能的最敏感区域。山麓是山脚到麓坡之间的部分，是山地向平坝过渡的地带，地势高低适宜，是自然资源条件最优越的山地生态系统，是山地中人类活动和栖息的主要场所，其中麓坡具有生态保障的功能（图6.21a）。

从山腰空间来看，自流井南部片区内山岭和山（丘）体的山腰中，坡度大于25°的峻坡地相对稀少，可以认定自流井南部片区内山岭和山（丘）体的山腰中不存在生态功能要素（图6.21b）。

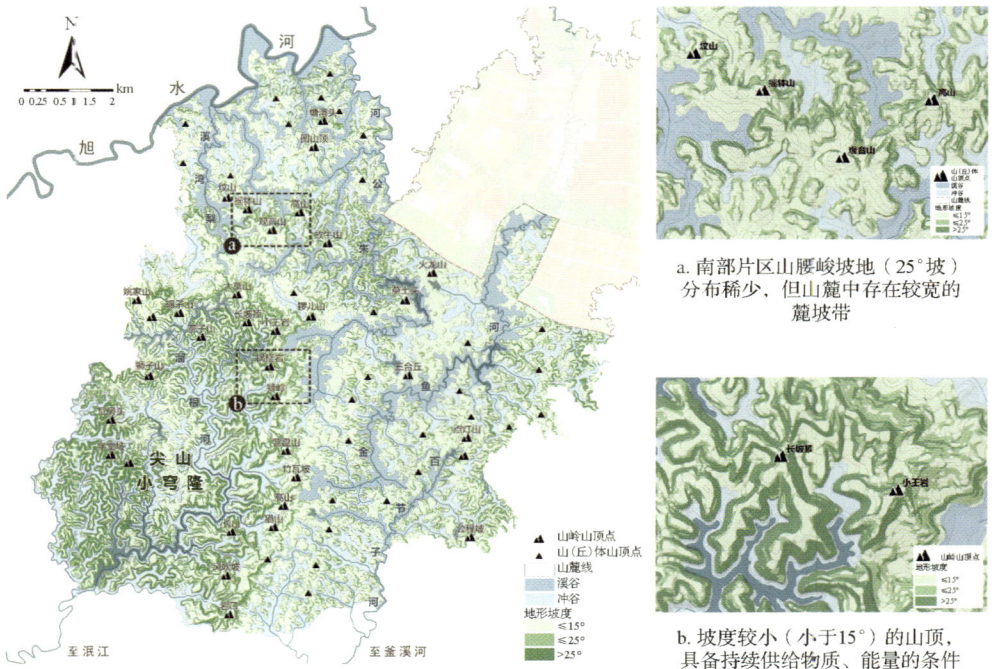

a. 南部片区山腰峻坡地（25°坡）分布稀少，但山麓中存在较宽的麓坡带

b. 坡度较小（小于15°）的山顶，具备持续供给物质、能量的条件

图6.21 自流井南部片区山空间生态功能要素认知

从山顶空间来看，尖山小穹隆本身就是方山台地，山顶面积大，观音岭、云盘岭、凤凰岭三条分水岭中的山岭和山（丘）体的山顶坡度均小于 15°（图 6.21b），它们不仅主导了自流井南部片区中溪流的发源，还是下游、低地最主要的物质、能量持续供给的生态源。主导溪谷下游段水发源的山岭和山（丘）体的山顶坡度亦小于 15°，是溪谷下游段物质、能量和水的综合持续供给生态源。而主导冲谷水发源的山（丘）体虽能为冲谷供给一部分雨水水源，但由于坡度小于 15°的山顶面积较小，物质、能量和水的供给能力有限。可以认定尖山小穹隆和观音岭、云盘岭、凤凰岭三条分水岭以及溪谷下游段水发源的山岭和山（丘）体中的山顶是自流井南部片区最主要的生态源（图 6.22）。

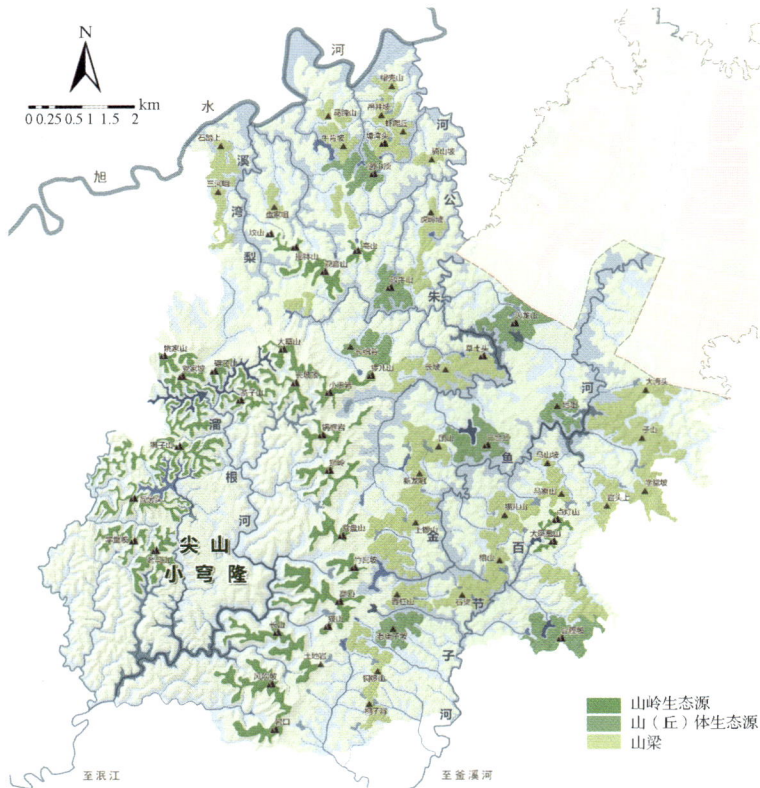

图 6.22　自流井南部片区生态源认定

从山麓空间来看，自流井南部片区内山岭和山（丘）体的山麓中普遍存在较宽的麓坡带是发挥山地生态屏障功能最主要的生态功能要素（图6.23）。

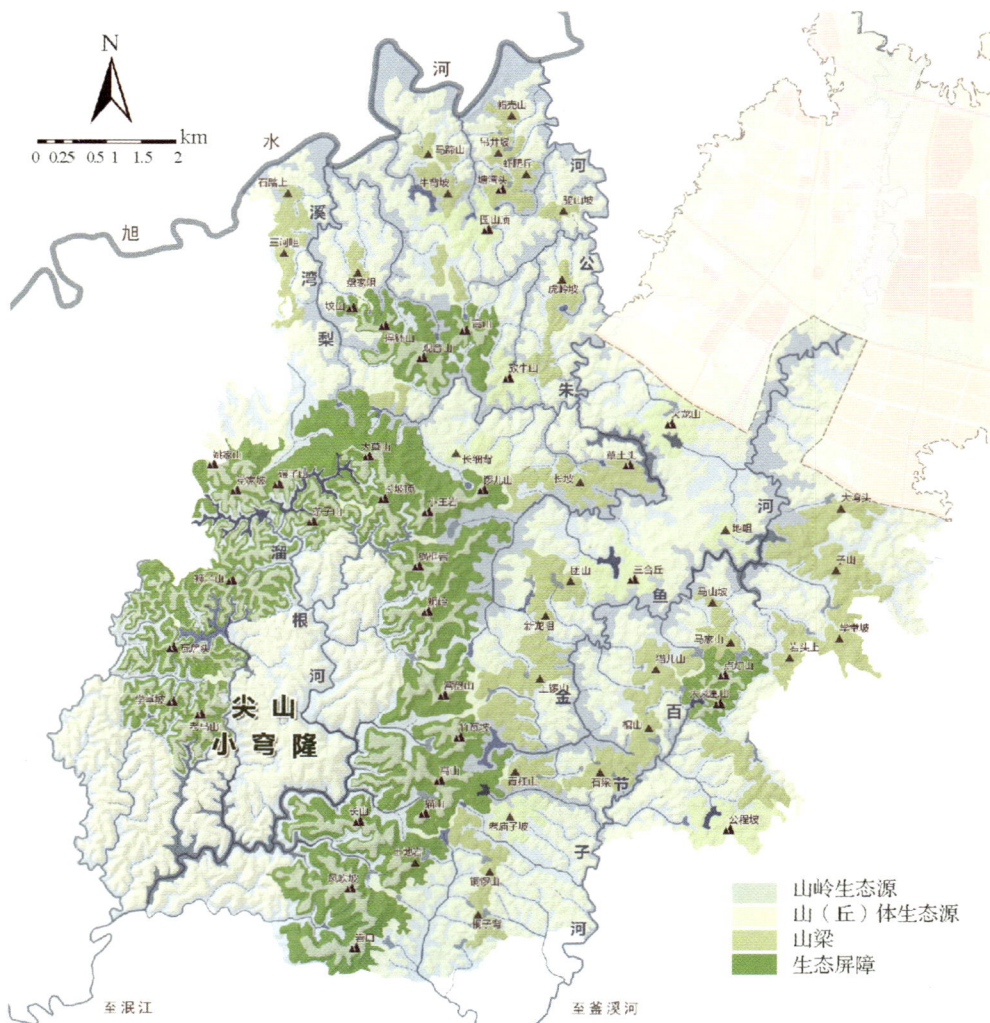

图6.23 自流井南部片区生态屏障认定

综上所述，尖山小穹隆和观音岭、云盘岭、凤凰岭三条分水岭以及溪谷下游段水发源的山岭和山（丘）体中的山顶和其他山岭和山（丘）体山麓带中的麓坡，是自流井南部片区内最核心的山空间生态功能要素（图6.24）。

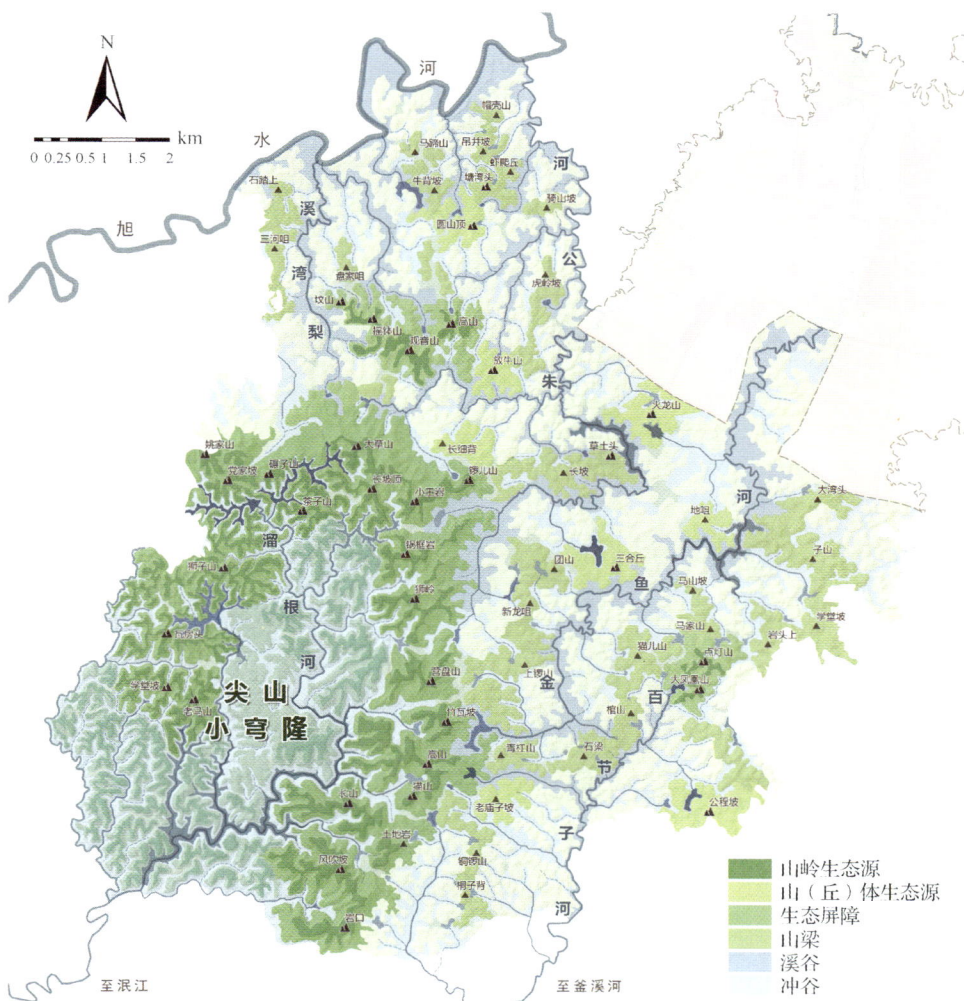

图 6.24　南部片区山空间生态功能要素空间格局

2. 山空间自然景观要素

大自然的鬼斧神工，在自流井南部片区中呈现出的自然景观，彰显了山空间存在的心物场。自流井南部片区的自然景观由地理景观、天象景观、生物景观等三大类组成（表 6.1）。

表 6.1 自流井南部片区自然景观及其山空间载体

景观类型		地名	空间载体	景观类型		地名	空间载体
地理景观	奇石洞穴	牛鼻子洞	山坡（崖）	生物景观	慈竹喜鹊景观	回龙湾	山（丘）体
		穿山洞	山（丘）体			桐坝湾	山（丘）体
		观音岩	山（丘）体			核桃咀	山（丘）体
		药师洞	山（丘）体			沙沟河	山顶
		保安寨	山顶			黑岩湾	山顶
		小王岩	山顶			铁匠湾	山顶
	山顶绝壁	点灯山	山顶			钉锈溪	山坡（崖）
		杨柳山	山顶			长田湾	山坡（崖）
		长山	山坡（崖）			杨柳冲	山坡（崖）
		塔山	山坡（崖）			大湾	山（丘）体
		盘家山	山坡（崖）			水井沟	山（丘）体
		桃花山	山坡（崖）			桂花湾	山（丘）体
		观音山	山顶			对穿湾	山（丘）体
		雨潭山	山坡（崖）			松树坡	山梁
		锣儿山	山坡（崖）			王岩水库	山坡（崖）
		阴阳山	山顶		丹桂画眉景观	雅雀山	山（丘）体
天象景观	云雾景观	飞龙滩	山坡（崖）			肖冲山	山（丘）体
		印巴山顶	山顶			马蹄山	山梁
		尖尖山顶	山顶			雨潭山	山（丘）体
		尖山西湖	山顶			青杠山	山（丘）体
		尖山山顶	山顶			水井湾山	山（丘）体
		营盘山顶	山顶			火龙山	山（丘）体
	日月星辰景观	黑湾山顶	山顶			姚坝山	山（丘）体
		长恩寺	山顶			四方丘	山（丘）体
		观音岩	山顶			糖房山	山（丘）体
		塔山山顶	山顶			双龙山	山（丘）体
生物景观	山腰茂林景观	狮岭坡	山坡（崖）		松林灰林鸦景观	老马山顶	山顶
		风吹坡梯田	山坡（崖）			凤银山顶	山顶
		长坡桃园	山坡（崖）			黑湾山	山顶
	湿地白鹭景观	旭水花海	山坡（崖）			狮子山顶	山顶
		星星湿地	山（丘）体			塔山松林	山坡（崖）
		繁湖湿地	山（丘）体				

地理景观包括奇石洞穴和山顶绝壁，主要分布在尖山小穹隆，凸显了方山台地的奇异心物场。生物景观是栖息在不同山地区域内的生物的呈现，强化了山地生态功能要素的心物场，主要包括：位于山麓带的丹桂画眉景观、位于尖山小穹隆中分水岭处的松林灰林鸮景观、位于溪流沟谷中的湿地白鹭景观、位于山脚的慈竹喜鹊景观。天象景观是山地小气候所呈现出的特殊景象，是对天地敬仰的山地心物场的反映，包括云雾景观和日月星辰景观。

地理景观、生物景观、天象景观等自然景观的山空间载体，呈现出"一带、两梁、十二山"的格局（图 6.25）。

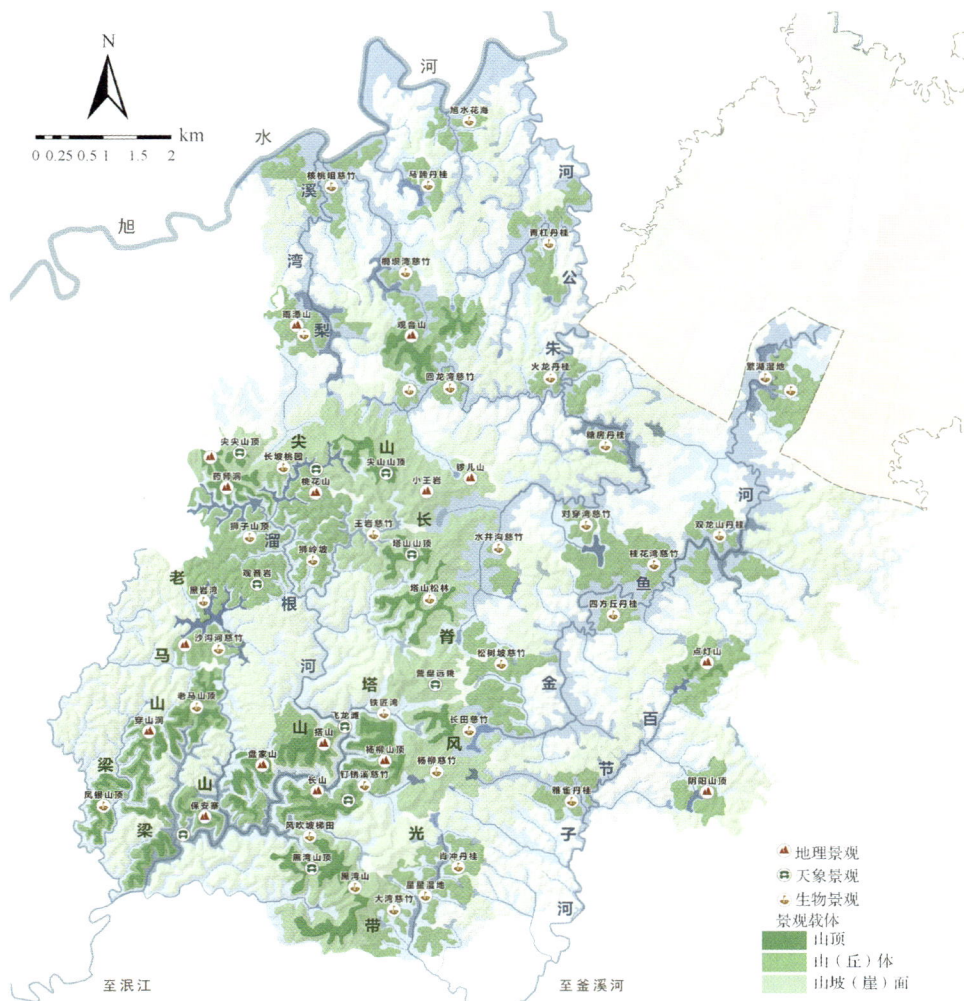

图 6.25　自流井南部片区自然景观的山空间载体

一带：尖山长脊风光带，全长11km，是自流井南部片区地理景观、生物景观、天象景观集中带。供给出：观音岩奇石洞穴、药师洞奇石洞穴、小王岩奇石洞穴、桃花山山顶绝壁、锣儿山山顶绝壁等八处地理景观；长坡桃园、王岩慈竹、水井沟慈竹、塔山松林、松树坡慈竹、长田慈竹、杨柳慈竹、肖冲丹桂、星星湿地、大湾慈竹等十处生物景观；尖尖山顶云雾、尖山西湖云雾、尖山山顶云雾、塔山山顶日月星辰、营盘山顶日月星辰等五处天象景观。凝练出多层次、多维度、多角度的万米览胜长廊：尖山长脊风光带。

两梁，即老马山梁和塔山山梁。老马山梁位于尖山小穹隆西侧，平行于尖山脊岭，由狮子山贯穿至凤银山，承载牛鼻子洞奇石洞穴、穿山洞奇石洞穴两处地理景观；狮子山顶、老马山顶和凤银山顶的松林灰林鸮、狮岭坡山腰茂林、黑岩湾慈竹喜鹊、沙沟河慈竹喜鹊等六处生物景观及观音岩天象景观。塔山山梁始于尖山脊岭中的杨柳山，沿溜根河、狸狐洞水库自东向西延伸，承载了塔山顶、长山山顶、杨柳山顶、盘家山顶绝壁和保安寨奇石洞穴等五处地理景观；铁匠湾慈竹喜鹊、钉锈溪慈竹喜鹊、风吹坡梯田、黑湾山松林灰林鸮等四处生物景观；飞龙滩云雾、印巴山云雾、长恩寺日月星辰、黑湾山顶日月星辰等四处天象景观。

十二山，即星散在南部片区浅切丘陵区的十六座承载了自然景观的山（丘）体，点缀出自流井南部片区山空间存在的心物场。观音山，主要承载山顶绝壁——观音顶一处地理景观和回龙湾慈竹、桐坝湾慈竹、水井湾丹桂等三处生物景观。四方丘，主要承载四方丘丹桂、桂花湾慈竹、对穿湾慈竹等三处生物景观。姚坝山，主要承载繁湖鹭影、姚坝丹桂等两处生物景观。其他九座山分别为：承载雅雀丹桂的雅雀山、马蹄丹松的马蹄山、彩霞鹭鸣的雨潭山、承载苍松碧水的青杠山、旭水花海的吊井坡、慈竹鹊鸣的核桃咀、溪涧丹桂的火龙山、慈竹锦鲤的糖房山、秀竹碧水的双龙山。

3. 山空间文化景观要素

千百年人类在自流井南部片区留下的足迹，攒成了一系列文化，烙印在山空间中，强化了后人对山空间存在的心物场体验（图6.26）。

盐运、书盐、尚游、禅修是古人在自流井南部片区留下的四大文化。"川盐出滇"，自流井盛产的井盐向云南供给的通道必经自流井南部片区，在运盐通道上留下了俞冲古家宅、大店铺邱家宅、富昌院、天上宫、南华宫、灵华殿、水系楼等十六处盐运文化的遗迹。"书碑流芳"，四方碑、恩流自井石碑等王处石刻连同清代的《自流井风物名实说》《自流井记》《四川盐法制》等典籍所记载的盐井、盐道、盐业、盐商活动，展示出自流井曾经的经济繁荣。俗尚游乐是自贡人的一大特点，或游江，或游山，或游寺，或游郊野，而且往往是群体出游，并与歌舞娱

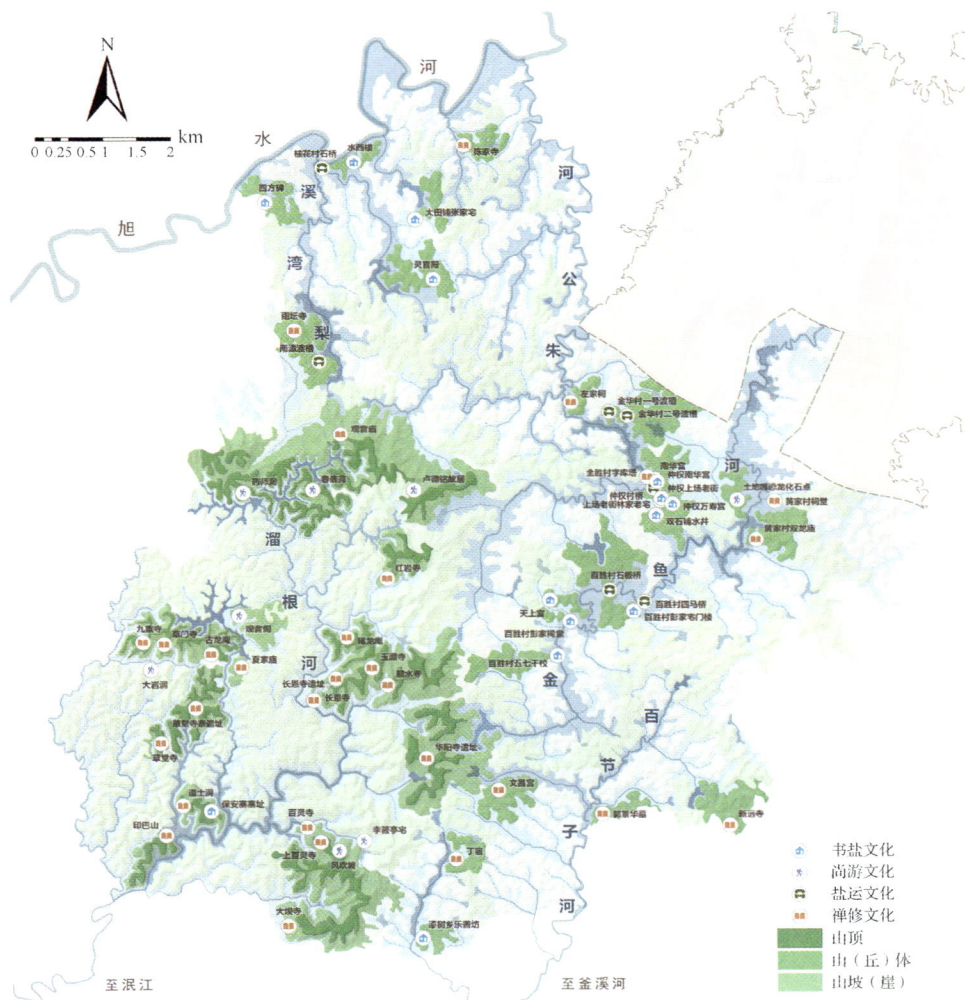

图 6.26　自流井南部片区文化景观及依存的山空间环境

乐、体育竞技、商贸活动结合在一起，形成山泉怪石、洞穴岩屋、奇峰瀑布、古藤珍木、楼台亭阁、绝壁栈道等山水文化要素，自流井南部片区内风吹坡、春鹿苑、穿山洞等八处文化景观彰显了古人对山水的理解。历史上的自流井区儒、释、道等文化集聚，自流井南部片区内的文昌宫、道士洞、红岩寺、观音庙等二十九处文化景观，彰显了自流井区历史上"聚落建祠聚人，山建寺观镇城，水修庙塔护城"的禅修文化盛景。

4. 山空间生态本底

自流井南部片区的山空间生态本底，即是尖山小穹隆和观音岭、云盘岭、凤凰岭三条分水岭以及溪谷下游段水发源的山岭和山（丘）体的山顶和其他山岭和山（丘）体山麓带中的麓坡等生态功能要素，地理景观、生物景观、天象景观等所展现出的自然景观格局所在的"一带、两梁、十六山"山空间载体，以及历史文化遗迹所依存的山空间环境（图6.27）。

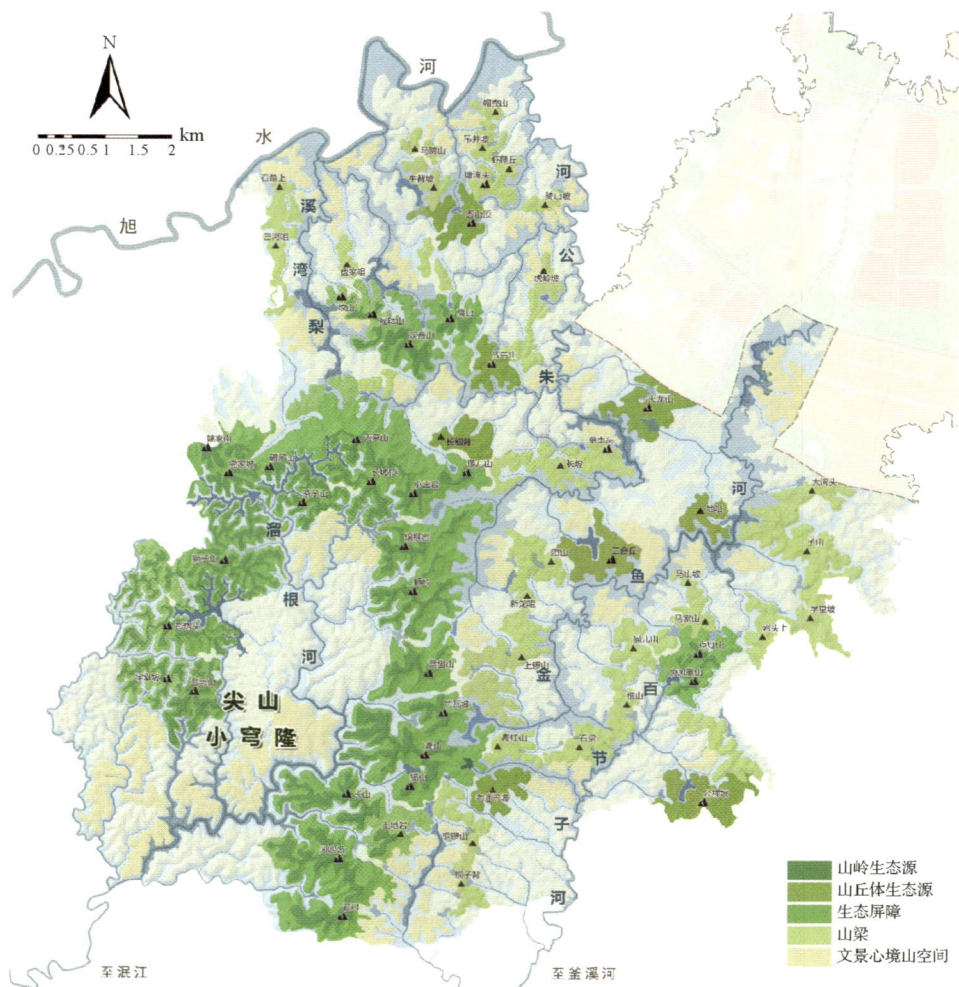

图6.27　自流井南部片区山生态空间格局

6.3.3　自流井南部片区的生境空间生态本底

自流井南部片区的生境空间生态本底，即在山水空间中寻找能充分发挥各类植被生产功能、稳定斜坡功能、蓄水功能的林地生态本底和具有生物多样性保护功能的生物栖息地。

1. 林地生态本底

功能健全、结构良好的山地生态系统的基本特征是具有持续生产能力和环境稳定机制，即一方面要促成岩石、母质中营养物质的持续不断释放、源源不断向下游输送"全营养"物质；另一方面要削弱固体物质的运动潜势，降低其向下游的输送速率[11]。

健全的山地土壤-植被系统，特别是乔木林的存在，是山地持续生产能力和环境稳定机制的保障。乔木林的根系具有强大的吸水、蓄水和缓慢释放水汽的功能，可以通过土壤植被系统调蓄水分和水流运动；乔木林遮蔽度高的树冠和枯枝落叶不但可以吸收水分、缓解径流流速、减轻和防治冲刷侵蚀，还能拦挡降雨或动物践踏、径流、滚石等对坡面物质的冲击[12]；乔木林庞大的根系网对松散的土壤可以起到机械锚固作用；乔木等植物的死体分解产生的腐殖质和有机酸可以对坡面松散物质起到化学胶结、固定作用。

自流井南部片区内，分布在尖山小穹隆、分水岭上及山（丘）体中坡度大于15°坡地的乔木林，看似占据的是经济生产能力最差的地块，实际上是维持自流井南部片区山地生态系统持续"全营养"物质生产能力和斜坡环境稳定机制的最关键部位，它们展现了自流井南部片区山岭和山（丘）体中的林地生态本底（图 6.28）。

山岭和山（丘）体中的林地生态本底也为动物的栖息、觅食、繁衍等活动提供了生境。作为消费者的动物在林地中，消耗植物光合作用合成的初级生成物的同时，通过能量转化、固定、积累而生产肉、骨、皮、毛等经济产品以及一些具有药用价值的分泌物和排泄物，分解者分解动植物死体生产出菌类经济产品以及珍贵的天然药物资源，强化了山岭和山（丘）体中林地的生产能力。

但自流井南部片区内的林地生态本底还不仅限于山岭和山（丘）体中的林地，还有一些位于溪河流岸边和湿地区域内的天然杂木林，它们与山地中的马尾松林、慈竹林以及以黄荆（杜鹃）为主体的灌丛一起，构成了自流井南部片区内支撑动物栖息、觅食、繁衍等活动的林地生境系统。

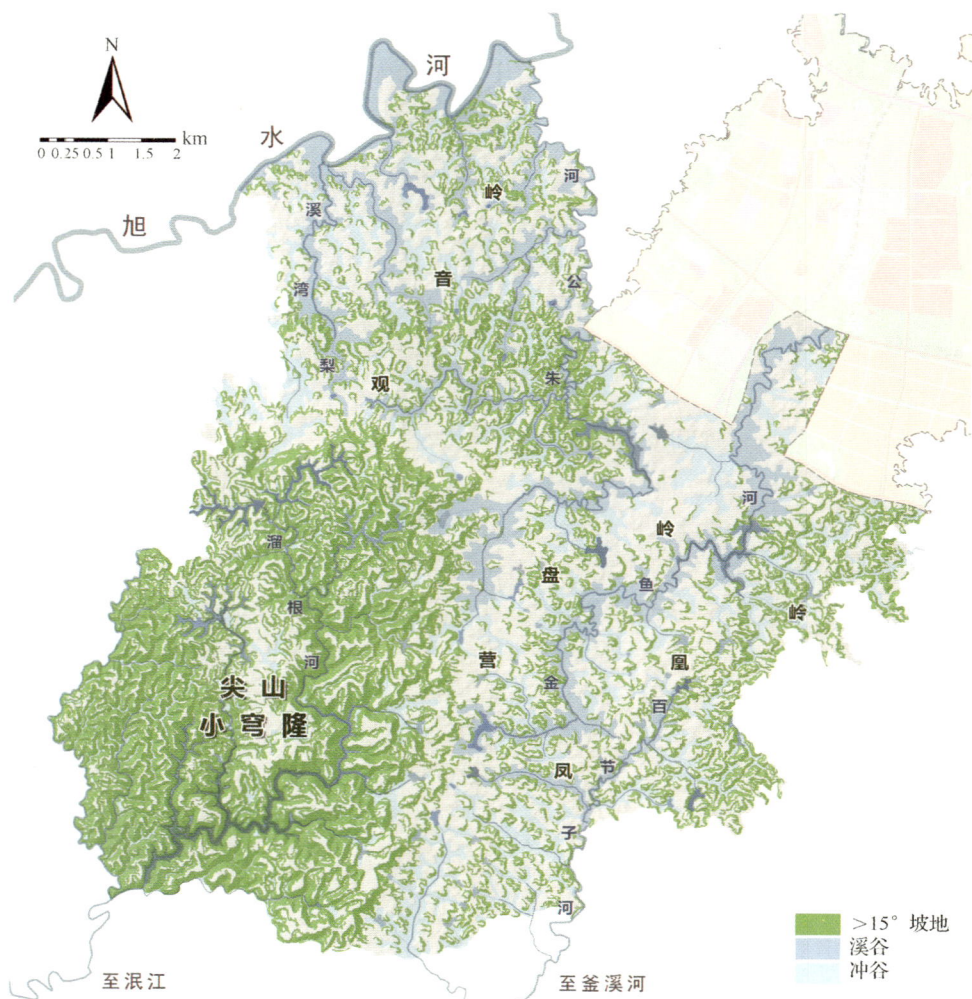

图 6.28　自流井南部片区坡度大于 15°的潜在林地

　　由此，我们可以明晰自流井南部片区内林地生态本底是由分布在尖山小穹隆、分水岭和山（丘）体中坡度大于 15°坡地的乔木林以及溪河流岸边和湿地区域内的天然杂木林共同构成的整体（图 6.29）。

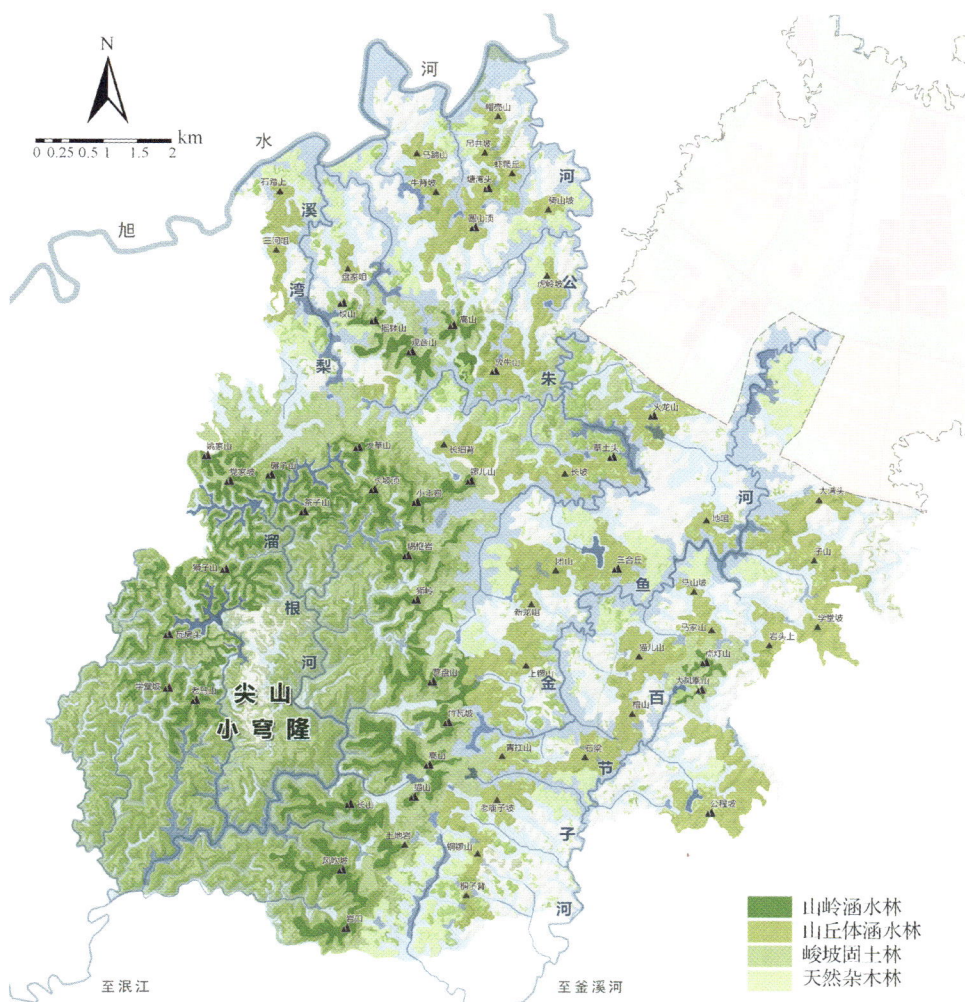

图 6.29　自流井南部片区林地生态本底

2. 农田生态本底

严格意义上来讲，农田不是山地自然生长出来的，而是人工利用自然资源的产物，只不过在传统农本位的资源空间意识中，农田对自然资源的利用恪守了最小化扰动山地自然生态环境的原则。山地中农田的生态功能，即是在最小化改造地形前提下，通过形成斜坡的环境稳定机制，获得持续的生产能力。

"用养结合"，是保障山地农田生态功能的第一条原则。农田毕竟是人工利用自然的产物，在其对自然的开发利用中，必须重视用地和养地的辩证关系：养地是为了更好地用地，以提高土地资源的潜力。《荀子·王制》中提到的司空、治田、虞师三种官职所管理的，正是与用地养地有关的事务。司空负责"修堤梁，通沟浍，行水潦，安水臧，以时决塞，岁虽凶败水旱，使民有所耘艾"；治田负责"相高下，视肥硗，序五种，省农功，谨蓄藏，以时顺修，使农夫朴力而寡能"；虞师负责"修火宪，养山林薮泽草木、鱼鳖、百索，以时禁发，使国家足用，而财物不屈"。其中，养地的工作包括：修理堤坝桥梁，疏通沟渠，排除积水，修固水库，根据时势来放水堵水；制定禁止焚烧山泽的法令，养护山林、湖泊中的草木、鱼鳖，对于人们的各种求索，根据时节来禁止与开放。用地的工作包括：观察地势的高低，识别土质的肥沃与贫瘠，合理地安排各种庄稼的种植季节，检查农事，认真储备，根据时势去整治，使农民质朴地尽力耕作而不求兼有其他技能。

"因势利用"，是保障山地农田生态功能的第二条原则。"地性生草，山性生木。如地种葵韭，山树枣栗，名曰美园茂林不复与一恒地庸山比矣。"东汉哲学家王充在《论衡·量知》中的这段话，道出了山地中的农田不仅仅是指水田、旱地，还应该根据地势条件发展园地。清代王晋之《山居琐言》中说"山田地势偏坡，硗多肥少，种谷未尽得利，而种树则无不得利"。因循地势，园田相间，是山地农田发展的正途。地势较陡的坡地种植的果树，实际上也是粮食。例如，枣、栗、柿、杏、核桃等果树被称为"木本粮食"。地势稍陡的坡地，则采取"坡改梯、陡改缓"的方式形成梯田。地势平坦的平地无疑是最好的农田所在地。

"农畜结合"，是保障山地农田生态功能的第三条原则。山地中，与农田相关的还有养殖业用地。将一些相对贫瘠的田地作为畜牧养殖用地或将一些坑塘作为鱼类养殖池，不仅可以为人类提供更多样的食物蛋白，还能提高单位土地的经济效益。但凡事有度，农畜结合应将对生态环境的影响控制在最小（甚至为零）。自流井区的人喜欢吃兔肉，如果随意将相对贫瘠的田地作为家兔散养养殖用地，家兔粪便不便于集中处理，就会对水环境带来极大的污染。可考虑将家兔散养养殖用地限定在几个完整的集水区范围内，在这些集水区汇入下一级水系的汇流处，设置湿地类生态雨水处理设施，集中处理随地表径流流入的散养家兔粪便后，再排水下一级水系，从而消解畜牧养殖对水体的污染。

　　在保障山地农田生态功能的三条原则下，自流井南部片区农田生态本底可以确定为"冲谷为田（水田）、缓坡为地（旱地）、陡坡为园（果园）、畜牧集水区封闭"（图 6.30）。

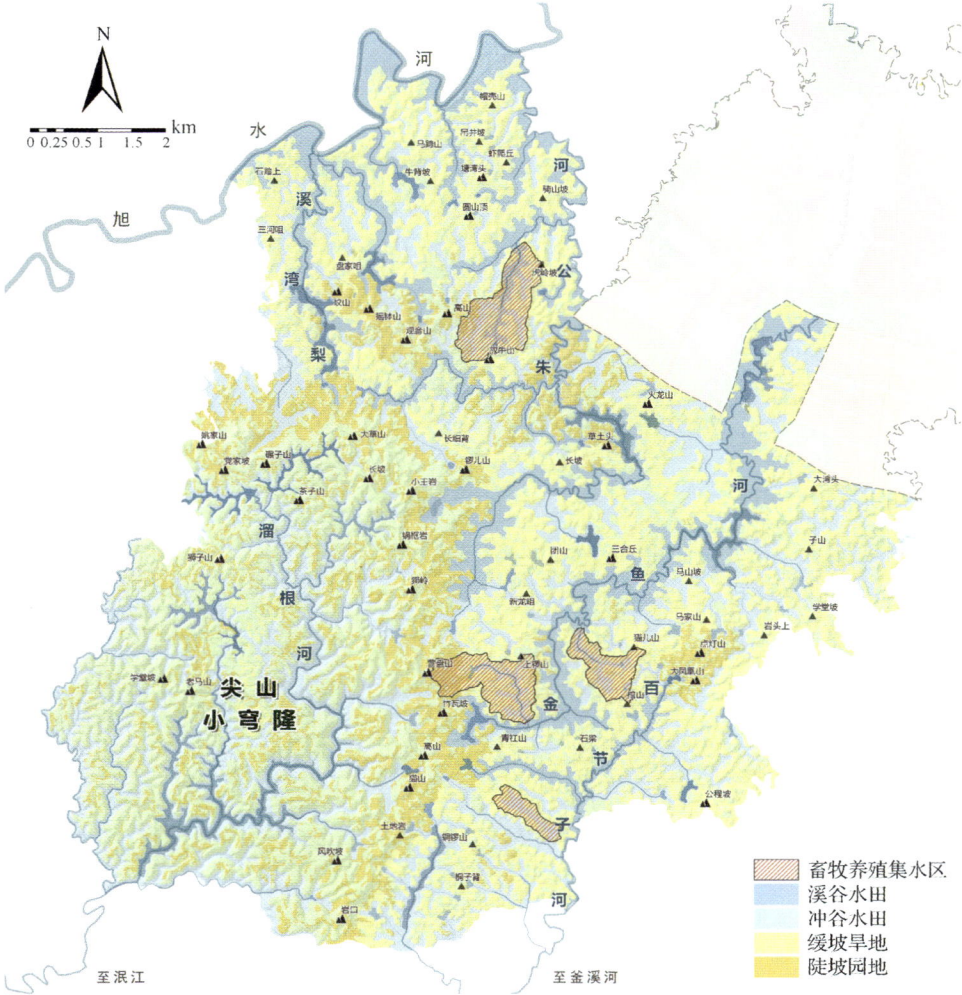

图 6.30　自流井南部片区农田生态本底

3. 生物栖息地

　　自流井南部片区内，分布在尖山小穹隆、分水岭及山（丘）体中坡度大于 15° 坡地的乔木林、溪河流岸边、湿地区域内的天然杂木林、居民房前屋后的"四旁树"、冲谷田、缓坡地、陡坡园等为生物提供了丰富的栖息空间。

为维持生物多样性，保障生态环境的"自然做工"能力，自流井南部片区内生物栖息地的寻找，即是在林田生长空间所形成的现状栖息地环境中，解译栖息地单元的组成，选取焦点物种，厘清支持焦点物种栖息、运动的空间条件，运用空间分析技术，找出潜在的栖息地，与现状栖息地一起构成需保护的生物栖息地（图6.31）。

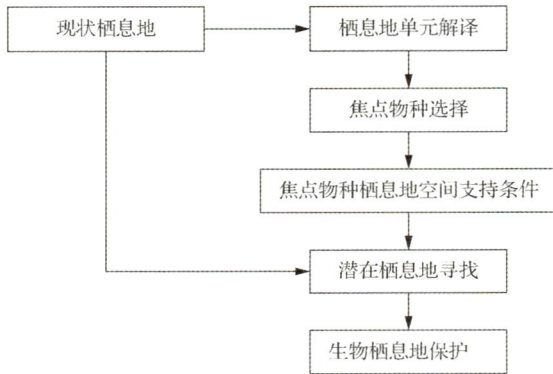

图6.31 需保护的生物栖息地的寻找路径

1）栖息地单元解译

将自流井南部片区自然保存下来的七类栖息地分别对应到山、水、林、田生态本底空间中，可具体划分出山岭栖息地、山丘栖息地、溪河流栖息地、水田等四类栖息地单元（表6.2）。

表6.2 自流井南部片区栖息地单元解译

栖息地单元类型	所在区域	植物种类	栖息物种
山岭栖息地	尖山小穹隆分水岭	马尾松林、桉树林、慈竹林等乔木林	雀鹰、灰林鸮、黄鼬、大耳蝠、松鼠、黑眉锦蛇、画眉、啄木鸟等
山丘栖息地	山（丘）体坡地	樟树林、巨桉林、慈竹林等乔木林，油茶、马桑、黄荆、杜鹃等灌木林	家燕、普通翠鸟、山斑鸠、白鹭等
溪河流栖息地	溪河流	以河岸杂树林为主	鱼、蛙、蟾蜍、蜥蜴、鸟等
水田栖息地	冲（溪）谷	水稻、小麦、玉米等作物	乌梢蛇、菜花蛇、蛙、蟾蜍、社鼠等

2）焦点物种选择

焦点物种是指能预警自然环境的变化，可指示其他物种及各类栖息地的状态的物种，通常包括关键种、顶位种、指示种等。选择焦点物种通常遵循对自然环境的变化能否提供预警、对其他物种及各类型栖息地是否具有指示作用、栖息地能否覆盖主要栖息地类型、是否引起关注、是否对人类有益等主要原则。

自流井南部片区内的物种属于农田-亚热带林灌动物群，以小型兽类、鱼类和鸟类为主，爬行动物分布较少，遵循焦点物种的选择原则，对位自流井南部片区五大类栖息地单元，可比较容易地选取灰林鸮、白鹭、山斑鸠、华鲮等四大焦点物种（表6.3）。

表6.3　自流井南部片区焦点物种选择

焦点物种	灰林鸮	白鹭	山斑鸠	华鲮
栖息地	尖山小穿隆上部阔叶林和混交林，尤喜河岸和沟谷森林地带	田野、水域、河岸附近乔木、灌木林	栖息在山地、山麓或平原的林区，一般距地面高3～7m	自然河流、溪流
取食地	稻田、河岸、树林、水中	稻田、河岸、树林、水中	主要在林缘、耕地及其附近小群活动	河流浅滩、深潭底部、湿地、河流弯道处
食物来源	啮齿类、大如兔子的哺乳动物、鸟类、蚯蚓及甲虫等	浅水中的小鱼，两栖类、爬虫类、哺乳动物和甲壳动物	高粱、麦种、稻谷、果实、部分昆虫的幼虫	浮游动物、浮游植物等
生活习性	活动于林缘疏林和灌丛地区较喜欢近水源的地方			常栖息于山涧溪流中，喜集群

3）焦点物种栖息地空间支持条件

对自流井南部片区内各焦点物种现状所在栖息地的空间进行解译，可发现各焦点物种栖息地的空间支持条件（表 6.4）：①焦点物种灰林鸮所依存的栖息地空间，在海拔 400～495m、与地表水源距离小于 300m、与人类集中居住的城乡建设用地距离大于 600m、与县（乡）道路距离大于 300m 的乔木林或易生长乔木林的地方。②焦点物种白鹭所依存的栖息地空间，在海拔 300～375m、与地表水源距离小于 150m、与人类集中居住的城乡建设用地距离大于 400m、与县（乡）道路距离大于 200m 的乔木林或易生长乔木林的地方。③焦点物种山斑鸠所依存的栖息地空间，在海拔 350～425m、与地表水源距离小于 200m、与人类集中居住的城乡建设用地距离大于 100m、与县（乡）道路距离大于 100m 的乔木林、灌木林或易生长乔木林、灌木林的地方。④焦点物种华鲮则依存在水流较急的山涧溪河流中，特别是杂木林茂密的河岸凹凸带及回水区。

表6.4 自流井南部片区焦点物种栖息地空间支持条件

焦点物种	影响因子					
	植被类型	海拔	与地表水源距离	与城乡建设用地距离	与县（乡）道路距离	其他条件
灰林鸮	乔木林	400～495m	小于300m	大于600m	大于300m	
白鹭	乔木林	300～375m	小于150m	大于400m	大于200m	
山斑鸠	乔木林地、灌木林地	350～425m	小于200m	大于100m	大于100m	
华鲮			水流较急的山涧溪河流中			杂木林茂密的河岸凹凸带及回水区

4）潜在栖息地寻找

以灰林鸮为例，在 Arcgis 平台中，通过对多边形要素属性筛选（select by attribute），提取适宜焦点物种栖息的植被空间图［6.32（a）］；运用重分类工具（reclassify），对 DEM 进行重分类，并通过栅格转面（raster to polygon），提取适宜焦点物种栖息的海拔高程区域［图6.32（b）］；运用缓冲工具（buffer），对地表水源进行缓冲分析，提取利于焦点物种获取水源的栖息空间［图6.32（c）］；运用缓冲工具（buffer），对城乡建设用地进行缓冲分析，提取受人为扰动较小的栖息空间［图 6.32（d）］；运用缓冲工具（buffer），对县（乡）道路进行缓冲分析，提取受交通扰动较小的栖息空间［图 6.32（e）］；运用叠置分析工具（intersect），将以上五类空间进行叠置，寻找出灰林鸮的潜在栖息地［图6.32（f）］。白鹭、斑鸠潜在栖息地的寻找同上。

寻找华鲮的潜在栖息地，则是运用 arcgis 平台中的缓冲工具（buffer）和叠置分析工具（intersect），以河岸杂木林斑块为缓冲条件，叠置河岸凹凸带及回水区来获得。

5）生物栖息地保护

将现状栖息地和潜在栖息地进行叠合，由六处山岭栖息地、十五处山丘栖息地和二十处溪河流栖息地组成了自流井南部片区需保护生物栖息地（图6.33）。

（a）适宜灰林鸮栖息的植被空间　（b）适宜灰林鸮栖息的海拔高程区域　（c）适宜灰林鸮获取水源的栖息空间

（d）适宜灰林鸮栖息的建设用地规避

（e）适宜灰林鸮栖息的道路距离规避　　　　　（f）潜在的灰林鸮栖息地分布

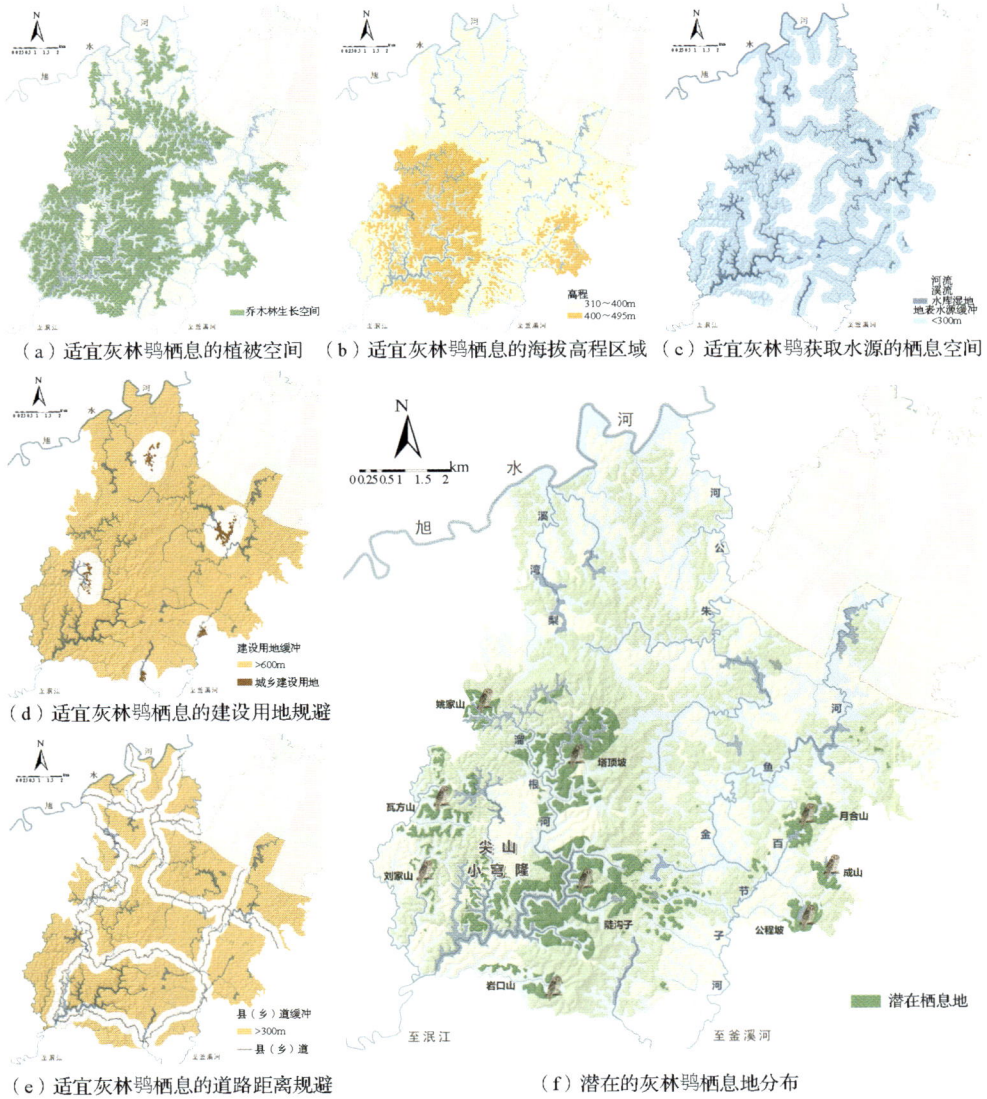

图 6.32　灰林鸮潜在栖息地寻找

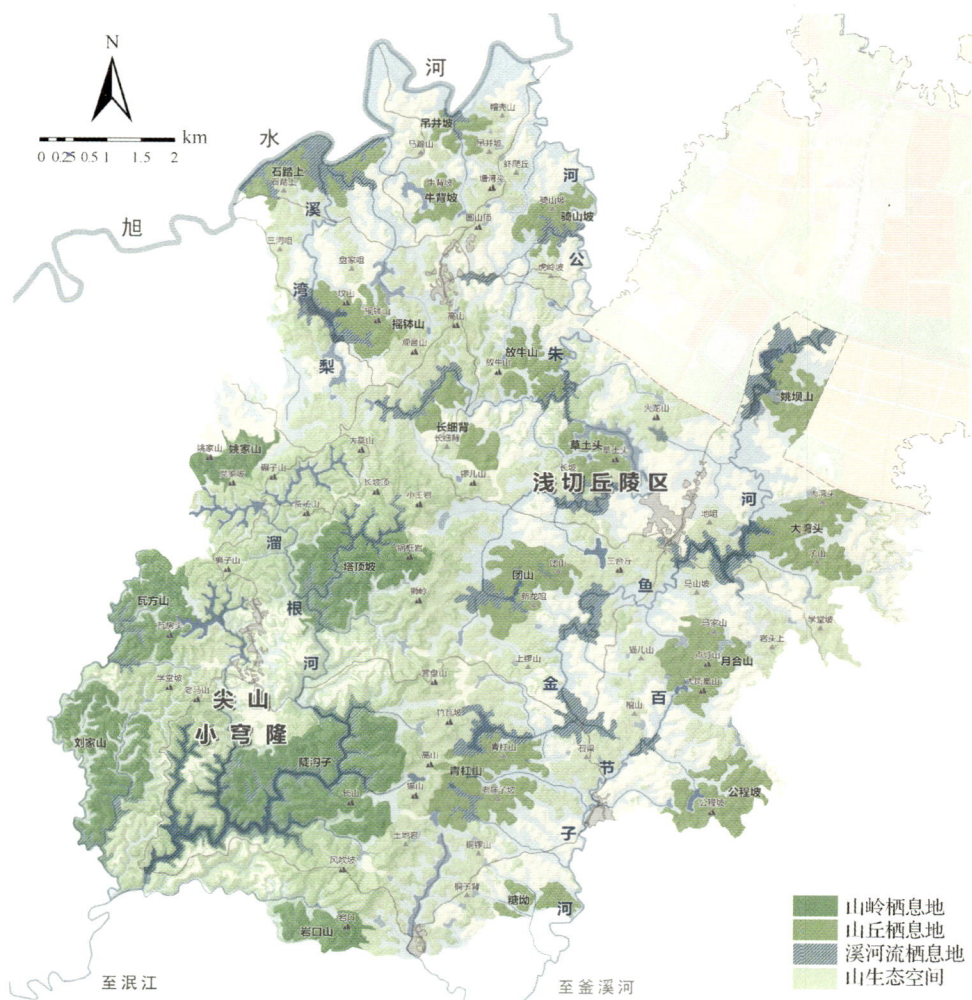

图 6.33 自流井南部片区生境空间本底

　　山岭栖息地位于尖山小穹隆，分别为姚家山、塔顶坡、瓦方山、刘家山、陡沟子和岩口山等 6 处栖息地，植被类型主要为马尾松林、桉树林、慈竹林等组成的亚热带常绿针阔混交林；山丘栖息地均位于浅切丘陵区，包括石踏上、吊井坡、牛背坡、骑山坡、摇钵山、放牛山、长细背、草土头、团山、姚坝山、大湾头、月合山、青杠山、公程坡、糖坳等 15 处栖息地，植被类型为以樟树林、巨桉林等组成的樟树林和黄荆（杜鹃）灌丛；溪河流栖息地共 20 处。其中，梨湾溪流域 3处、矢公河流域 6 处、金鱼河流域 5 处、百节河流域 2 处、溜根河流域 4 处。

参 考 文 献

[1] 赵友年，陈斌. 四川省地质构造演化简述[J]. 四川地质学报，2009（增刊 2）：95-98.

[2] 赵友年，李春生，赖祥符. 四川省大地构造及其演化[J]. 中国区域地质，1984（1）：1-21.

[3] 成都地质学院，中科院四川分院地质研究所，四川省地质局石油普查大队. 四川省大地构造轮廓：四川省大地构造图说明书摘要[J]. 成都地质学院学报，1960（1）：33-51.

[4] 四川省自贡市自流井区编纂委员会. 自贡市自流井区志[M]. 成都：巴蜀书社，1993.

[5] 杨光浴. 地名简论[M]. 长春：东北师范大学出版社，1991.

[6] 战赤嘉. 居民点地名起源分类法：以茂名市各个镇为例[J]. 湖南生态科学学报，2014（1）：43-47.

[7] TINER R W. Wetland hydrology[M]// LiKENS，GENE E. Encyclopedia of inland waters. Oxford：Academic Press，2009：778-789.

[8] TINER R W. Ecology of wetlands：classification systems[M]// LIKENS，GENE E. Encyclopedia of inland waters. Oxford：Academic Press，2009：516-525.

[9] KENDALL A L. Integrating constructed wetlands into an ecological stormwater management plan for an urban watershed in Miami，Florida[M]. Florida：University of Florida，1997.

[10] MITSCH W J. Landscape design and the role of created，restored，and natural riparian wetlands in controlling nonpoint source pollution[J]. Ecological engineering，1992，1（1-2）：27-47.

[11] 钟祥浩. 山地学概论与中国山地研究[M]. 成都：四川科学技术出版社，2000.

[12] 周跃，李宏伟，徐强. 云南松林的林冠对土壤侵蚀的影响[J]. 山地学报，1999（4）：324-328.

第7章　循水理山中的山地城乡建设用地选择

7.1　山地城乡建设用地选择的循水理山方法

7.1.1　区域地貌学视角下山地城乡建设用地选择的失效

在山地中进行建设，必须小心翼翼地利用和改造地形，以免触动敏感、脆弱的山地生态环境，引发安全隐患、环境危机，甚至资源枯竭。山地城乡建设用地的选择，就是通过地表形态认知山地形成的内、外营力以及生态与环境因子分布和变化规律，进而找出对山地生态环境扰动微小的地表形态作为建设用地。

在地理学家眼中，这种地表形态被命名为由词根 geo（地理）和 morphy（外表形态）组合成的语汇"地貌"（geomorphy），是山形成的内因（内核地壳运动）、外因（外营力地质作用）的最直观表现，是山的主要识别标志，并在一定程度上控制着生态与环境因子分布和变化，对山地生态过程起着决定性作用，是山地的自然地域综合体[1-3]。

由于地貌分类能有效地描述地表形态、地表物质的自然特征并反映生态系统的生态过程[4,5]，长期以来在山地城乡建设用地选择中，都试图通过地貌分类认知不同地貌与山地城乡人居环境建设之间的关系，以寻找最适宜人居且生态环境优良的地貌作为城乡建设用地。

当前对地貌分类的研究主要集中在区域地貌学领域，通常以海拔和相对高度两大宏观地貌因子和坡度这一微观地貌因子对地貌进行分类。

有的以两大宏观地貌因子中的单一因子进行划分，有的以两大宏观地貌因子组合进行划分：1952 年，苏联 A.N.斯皮里顿诺夫依据地形形态、海拔与相对高度三大分类标准，将地貌划分为平原、丘陵和山岳三大类，为我国地貌分类研究提供了重要借鉴[6]；1959 年，《中国地貌区划》将中国陆地地貌分为山地、平原、台地三大类，对山地类型依据海拔 500m、1000m、3000m 和 5000m 为指标划分了丘陵、低山、中山、高山和极高山，并进一步按切割深度 100m、500m 和 1000m 划分了丘陵、浅切割山地、中等切割山地和深切割四类山地[7]；在国际地理联合会地貌调查与制图委员会从 20 世纪 60 年代末开始编制的《1：250 万欧洲国际地貌图》中，用海拔和相对高度两个指标对地貌进行了分类[8]；1982 年，中科院成都山地地理研究所亦用海拔和相对高度两个指标对四川省进行了地貌分类区划[9]；1987 年，《中国 1：1000000 地貌图制图规范》中，对 1959 年《中国地貌区划》地貌分类方案进行了改进，对原方案中的切割深度改为起伏高度，起伏高度分级中增加了 >2500m 一级，将中国的地貌划分为 18 个地貌基本形态类型[10]；2004年，高玄或提出以相对高度为主、以绝对高度为辅的地貌类型的主客分类法，将地貌分为七大类、二十小类[11]。

　　有的研究人员以坡度这一微观地貌因子与土地利用、城乡建设之间的关系对地貌进行分类。1987 年，刘元保、唐克丽从土坡侵蚀、流域治理和土地类型的划分等方面着眼，研究了坡度分级[12]。1989 年，刘淑珍、沈镇兴等在四川省县级农业地貌区划及耕地分布规律研究中，运用海拔、相对高度和坡度三大指标将四川省划分为十三个农业地貌基本类型，山地和丘陵又分别以坡度为指标划分两个亚类[13]。1990 年，况明生在对典型山地城市重庆沙坪坝区地貌分类研究中，依据坡度将该地区划分为八种基本的自然地貌[14]。

　　在区域地貌学的影响下，山地城乡规划师们选择了不同的区域地貌分类结果，对应山地城乡建设用地选择。我国建立山地学的倡导者丁锡祉先生认为，山地广义上是指地球陆地上平原（或低地）以外的地区，包括丘陵、山和高原，相对高度在 500m 以上的区域为山，低于 500m 则为丘陵，而丘陵则是山地中经济最活跃的基带，是商品交换的要地[15]。黄耀志运用苏联学者里赫捷尔按 2km 距离内的地表分割深度将山地分为六级（一级地形，未分割平原；二级地形，分割深度小于 25m 的微分割平原；三级地形，分割深度 20～200m 的严重分割丘陵；四级地形，分割深度 200～400m 的低山；五级地形，分割深度 350～400m 的低、中山；六级地形，分割深度大于 400m 的中、高山），认为一、二级地形是平坦的微分割平原，而五、六级地形十分复杂，极难发展城市，山地城市所在的地形条件应是三、四级地形，即"丘陵城市"和"低山城市"统称为山地城市[16]。赵万民则认为山地城市，或是指城市选址并修建在山坡和丘陵的复杂地形之上，城市用地坡度不小于 5%，城市的各项功能在起伏不平的地形上组织和形成，构成与平原城市不同的空间形态和城市环境特征；或城市建设在平坦的地块，但山势、水域地形会对城市形态和特征产生大的影响[17]。

　　综上所述，区域地貌学的地貌分类方法，要么是以远在天边的大海平面为基准高程，以相对于海平面的高程——海拔为刻度划分出山（高山、中山、低山）、丘陵、平坝，将适宜城乡建设的用地对应到宏观的丘陵和平坝，与实际相距较大，如重庆市沙坪坝区的平顶山海拔 475m，依据 1959 年《中国地貌区划》海拔大于500m 以上才是山地的标准，平顶山不能列入山的范畴，但在重庆市民的眼中，它依然是重庆主城区中最重要的山体之一，而大海离重庆市民太远，他们无法参照它去感受地貌类型；要么是将城市规划区进行不同比例尺度的网格化，形成地貌度量单元后，再进行具体的度量划分。例如，《1：250 万欧洲地貌图》中，确定相对高度的地貌度量单元是 $16km^2$；《中国 1：100 万地貌图制图规范》中的地貌度量单元是指山脊顶顺坡向到最近大河汇流面积大于 500km² 或到最近宽度大于 5km² 的平原或台地。程维明等认为对于 1∶10 万、1∶25 万、1∶25 万、1∶100 万和 1∶250 万的比例尺度，分别存在 0.4km²、4km²、12km²、18km² 和 21km² 的最佳地貌度量单元[18]。但运用这种网格化的地貌度量单元确定出的基准高程，没有考虑居于其中的人的真实感受，所划分的地貌类型与人的真实感受存在较大差别。

究其原因，区域地貌学的视角始终是"从空中俯瞰大地"，与人直观感受的地貌往往存在较大的差别，因为"人们习惯于站在山下观山势"。在城市规划区尺度内，区域地貌学视角的地貌分类与人居的视角所存在的重大区别，自然会导致在区域地貌学视角下的地貌类型中选择城乡建设用地的逻辑错误和方法失效。

7.1.2 理想的山地城乡建设用地选择

背山面水是山地聚落选址的总体原则。在该原则的指引下，山地规划工作者在长期的实践中总结出了"留头留底"的规划技法，即将山顶和近溪河流边的一阶台地保留下来，将聚落选址在山腰至山脚的位置。

在传统农业时代，这样的选址最大化地保障了生活在聚落中的人所需的资源：溪河流可以提供水产蛋白质；近溪河流的一阶台地作为农业用地，可提供稻米、小麦等碳水化合物以及蔬菜等维生素；山顶或陡峭的坡地作为乔木和灌木林地，可提供水果、动物蛋白质及皮毛。例如，广州市增城区派潭镇东洞村传统山地聚落理想选址（图 7.1）。

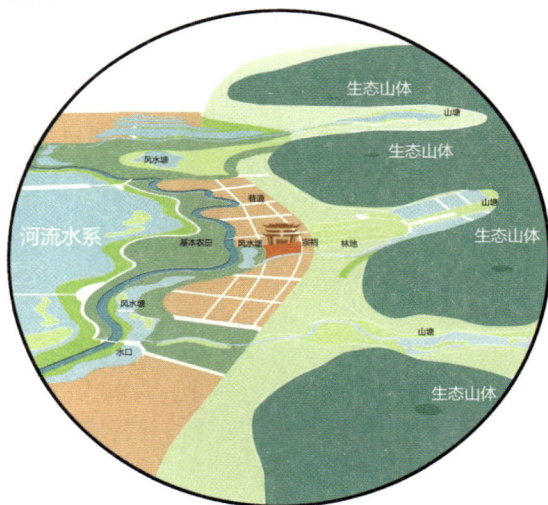

图 7.1 广州市增城区派潭镇东洞村传统山地聚落理想选址

在工业化时代，这样的选址能获得聚落所在地生态效益最大化。地处三峡库区的重庆市云阳县，老县城因三峡大坝修建淹没在 175m 蓄水位下，需另选择县城新址。新县城总体选址在老县城沿长江上游约 20km、小江和长江交汇处的双井寨，该处以一条一直延续到长江的龙脊岭为山顶，南北向形成山坡，分别延续到长江和小江一阶台地（图7.2）。在2004年云阳新县城总体规划中，湿热环境是规划中需要重点解决的问题，为此，我们对云阳新县城进行了热环境的测量与评估。运用近三年的气象数据和最湿热时间（7月份）的实测数据（图7.3），发现云阳新县城出现了随着海拔升高，气温反而升高的热岛效应，究其原因，主要是龙脊岭上的乔木大多被砍伐，太阳直射龙脊岭的热量不能被乔木枝叶吸收，而直接照在了裸露的岩石上，引发岩石产生新的辐射热。为应对该问题，划定了龙脊岭保护区，规定该区域是绿化用地，除景观小品建筑外，不能修建其他任何形式的建筑。十几年来，云阳几届政府坚持了这一铁律，"留头"的龙脊岭和"留底"的滨江公园，在改善当地湿热环境的同时，也获得了极大的社会效益和景观效益，使云阳新县城成为移民迁建城市规划建设的典范（图7.4）。

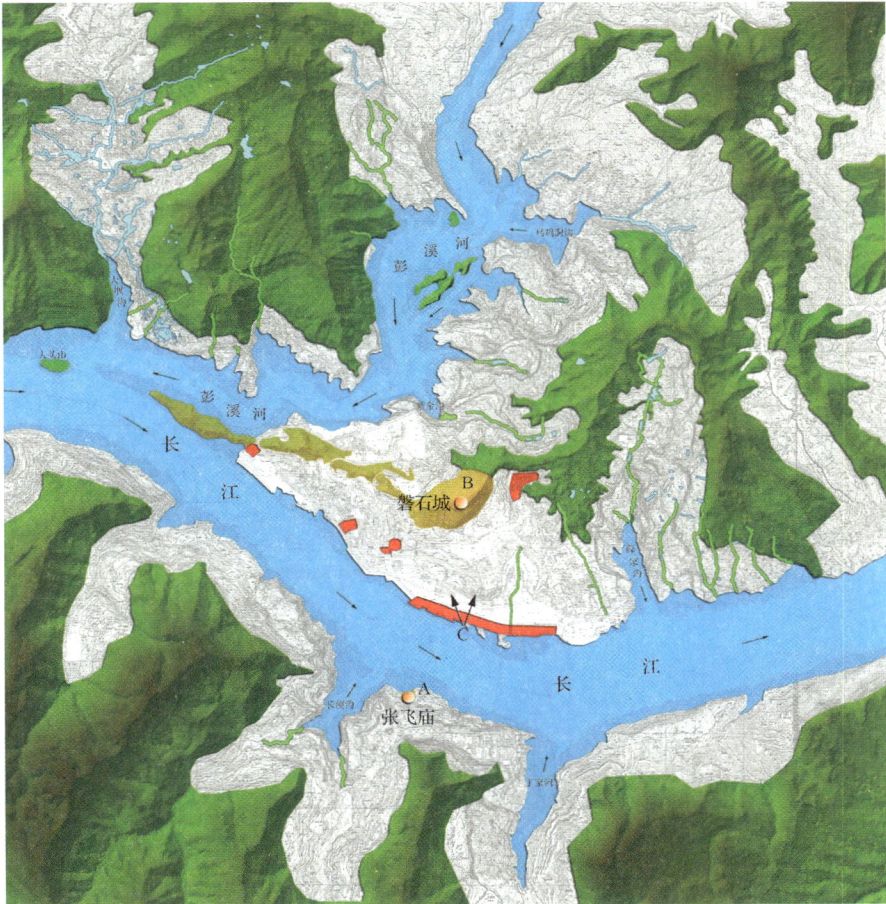

图 7.2　重庆市云阳县三峡移民新县城选址地

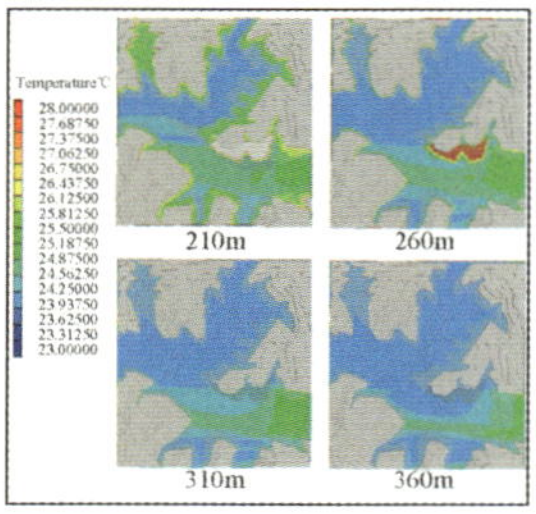

（a）夏季8:00的温度场 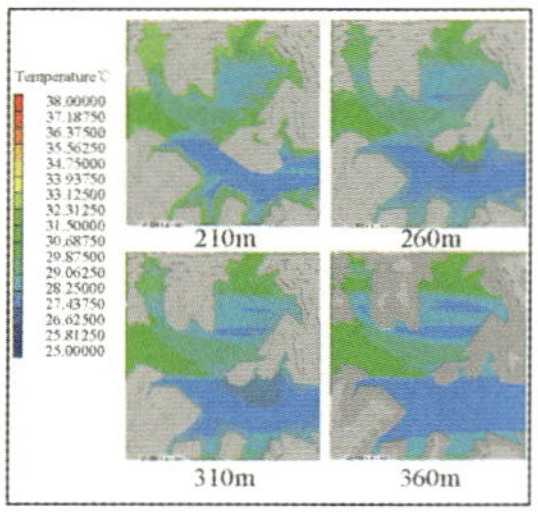　　　　　（b）夏季14:00的温度场 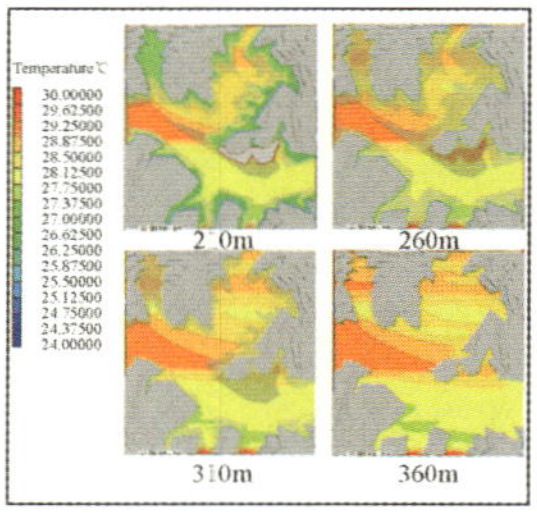　　　　　（c）夏季20:00的温度场

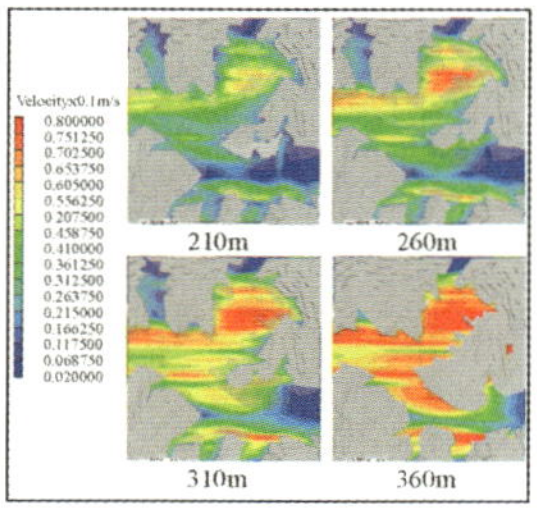

（d）夏季8:00的风速场 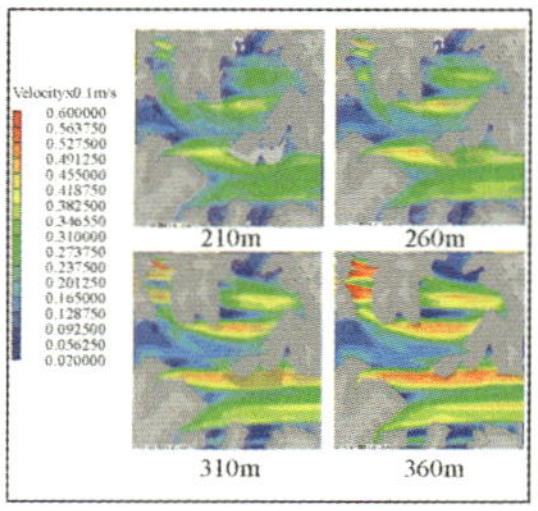　　　　　（e）夏季14:00的风速场 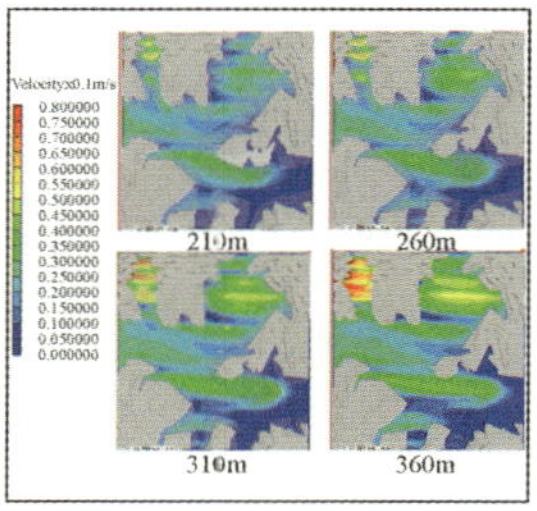　　　　　（f）夏季20:00的风速场

图 7.3　重庆市云阳县新县城选不同海拔处热环境测量

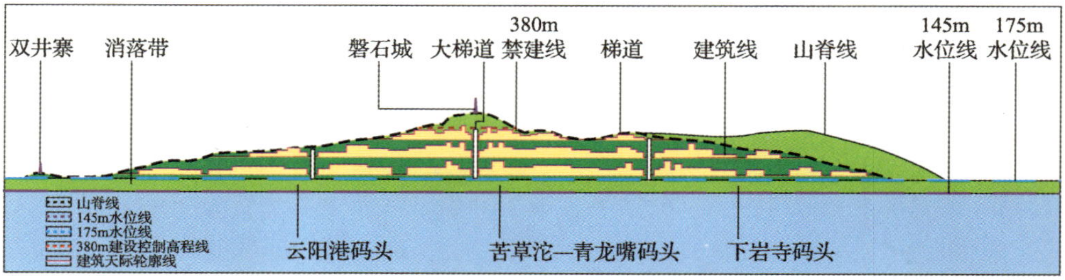

（a）云阳新县城"留头留底"规划控制策略

（b）云阳新县城"留头留底"规划控制策略实施效果

图 7.4　重庆市云阳县新县城"留头留底"规划控制策略及实施效果

在实际规划中，山地建设用地"留头留底"的规划技法还显得不够具体，依

据"循水理山"的山地城乡生态规划思路，我们不妨将眼光聚焦到一个完整小流域，探源山地聚落用地选择布局与山、水之间的理想关系和图景。

广州市增城区地处珠江三角洲平原的东北角，九连山脉和罗浮山脉的边缘，珠三角三大水系中的东江流域，其北部山区内的村庄建设用地选择与布局展现了我国传统山地聚落与山水共融的理想图景。在一个完整的小流域内，增城区内的山地聚落呈现为"依山而靠、宜田而生、水口而憩"的选址与布局特征（图 7.5）。

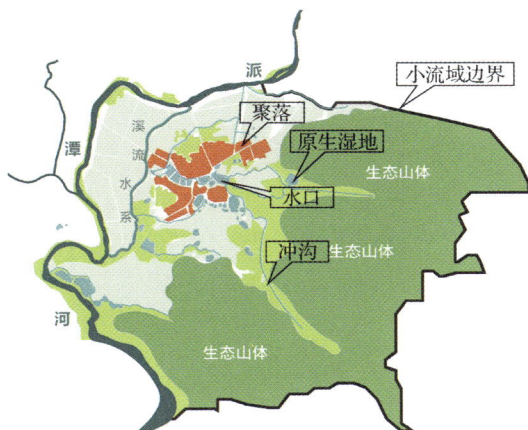

（a）车洞村聚落选址与布局

（b）腊圃村聚落选址与布局

图 7.5 广州市增城区传统山地聚落选址与布局

（c）黄塘村聚落选址与布局

图 7.5（续）

依山而靠，是指山地聚落栖居山脚、背主山而建。栖居山脚，能有效保持水土、蓄存经山体净化后的雨水或地下水；背山而建，有利于维护聚落空间内小气候的稳定性；山体中分布林地，除涵养水土外，也为村庄提供经济林种植空间。

宜田而生，是指将临水最肥沃的阶地作为农田，以农田的可持续生产力，保障村民的生产条件和生活必需农产品。

水口而憩，是指山地聚落布局中，延续所靠主山上的冲沟等自然水系通道，并以"风水塘"的水口形式将这些自然水系通道在村口交汇，不仅降低了山洪的风险，而且为旱季农业灌溉蓄留了雨水，消解村庄生活用水污染，并使水口成为村庄入口的标识和村民活动使用最频繁的空间。

为此，我们总结出增城山地聚落选址与布局的理想图景是：流域为度、以山为靠、以水为底、驱水做功、以林护山、山水定聚，这也可以说是山地聚落选址与布局的二十四字规划工法（图 7.6）。

（1）流域为度，是指在小流域这一生态系统单元尺度内考量山地聚落选址与布局。

（2）以山为靠，是指以山为生态依靠和屏障。

（3）以水为底，是指保护小流域内的溪河流水道及其河岸。

（4）驱水做功，是依据小流域内的生态水文过程，留出包括季节性和常年有水的水系通道，选择在水系源头、多条水道汇集处以及易受洪泛影响的低洼区域，留出湿地空间或风水塘，实现对水资源的生态化利用。

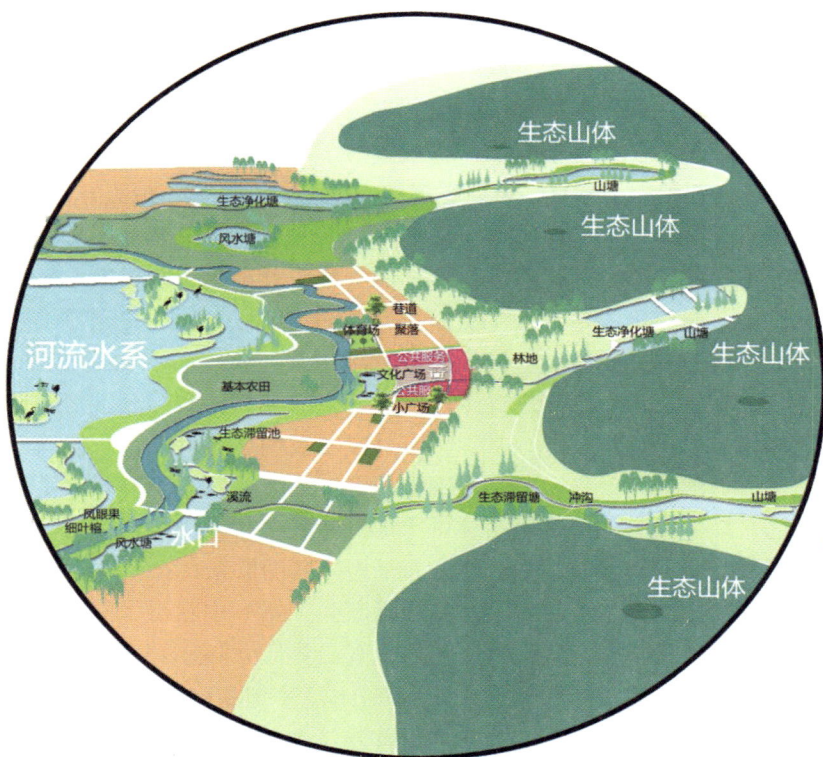

图 7.6　山地聚落理想选址与布局的规划工法

（5）以林护山，是将作为生态依靠和屏障的山体中的山顶和陡坡、峻坡地作为林地，以涵养水土，并提供林业资源。

（6）山水定聚，则是在山水林的保护框架中，在山肩到山脚的区域选择山地聚落用地并进行布局。

7.1.3　山地城乡建设用地选择的逻辑

区域地貌学视角的失效和理想山地聚落选址与布局的二十四字规划工法，提示我们需要开发出一套更符合"人的实际感受"的山地城乡建设用地选择逻辑。这套逻辑需要重点解决"视角、因子、尺度"三大问题。

1. 视角的问题

设想一下：在没有现代工程机械帮助的农业时代，在山地中生存的古人是怎么安居乐业的？最初看到满是林木的山地时，他们对山地最直接的感受是平坦或陡峭。陡峭的山地太难利用，于是他们先在临河的平坝处砍伐林木，开辟为农田，并修建房屋挡风遮雨。生活了一段时间，他们发现平坝面积小了，农田的产出不能满足温饱，于是他们将房屋修建到毗邻平坝有一定坡度的地方。虽然修建房屋费了些力气，但得到了更多的农田，极大改善了温饱问题。过上了一段不愁温饱的生活后，他们开始繁衍后代，需要更多的农田了，于是他们抬头开始观察山势，发现山上还有一些零星分布的平地（缓坡地）。一些勇敢的人挎上砍刀，在山上的林木中砍伐出一些通道直达这些零星分布的平地，开垦出一些梯田，零星修建了房屋。又过上了一段丰衣足食的生活后，累人的"爬坡上坎"交通方式限制了彼此的社会交往及与外界的物质交换，他们不能忍受零星分散生产生活带来的孤单。于是有好事者爬到山顶，希望通过"由上往下"的视野找到路径，但结果却是遥知不是最高处，"只缘身在此山中"；又有好事者发明了飞行器，想像鸟一样从空中鸟瞰山势，但他们发现鸟瞰只能观察到山形，而无法深入山势。于是他们又回到山脚下的平坝，找到能观察到山体中平地分布整体状态的最佳视角，并通过多种顺应地形的交通方式建立起了零星分布平地之间的联系。

可以说，在山地中生存的古人，是在不断"试错"中获得了安居乐业的建设经验，而这些经验获得的视角是"由下往上观山势"，即在山下临河流的平坝处，寻找到最佳视野，在对山地地貌中的平坝和山地、平坦和陡峭的真实直观感受中，综合考虑资源条件、水源供给、社会需求及建设难度，而进行建设用地选择与布局。由此，我们可以将古人由下往上观山势的视角和习惯，定义为山地城乡建设用地选择与布局的人居视角。

2. 因子的问题

人居视角山地城乡建设用地选择的重点，是找出能反映地貌过程、生态过程、生态与环境因子分布和变化规律的地貌分类类型。它既要充分考虑人的实际感受，又要秉承地貌分类的"形态-成因"基本原则。

鉴于人由下往上观山势的人居视角习惯，对地貌通常只有平坝和山地、平坦和陡峭这两种真实的直观感受，可对应于区域地貌分类中相对高度（宏观地貌因子）和坡度（微观地貌因子），即人们习惯于用山地的相对高度去认识山地的高低，而不习惯于用海拔抽象地认知高山低山这些概念。以相对高度去判断平坝和山地明显更符合人的直观感受；人们习惯于用坡度去认识地势的缓陡，以坡度去判断山地地表坡面的倾斜程度，这不仅符合人的直观感受，还能反映各种地表物质流动状况。区域地貌分类中，与相对高度同属于宏观地貌因子的海拔，作为反映地貌总能量大小和内外营力强度总体对比的要素，反映的是城乡聚落所在地的区域环境条件，但将其作为主导因子对地貌进行分类，与人的直观感受不符。从人居的视角来看，海拔仅可作为区域环境条件判断的因子，而不是地貌分类的主导因子。

明确了"相对高度是判断平坝、丘陵和山地的重要因子，坡度是判断地势平坦和陡峭的重要因子"后，再进行地貌分类时，还需建立两者之间的分级关系，即综合考虑城乡聚落建设对地貌改造的经济性、城乡聚落建设对生态环境的影响以及城乡聚落建设的适宜性等因素，以相对高度作为一级分类因子，对平坝、丘陵和山地进行分类；以坡度作为二级分类因子，再对上述三大一级分类地貌形态进行陡峭程度细分，从而完成能有效指导城乡建设用地选择的地貌基本形态分类。

3. 尺度的问题

确定度量相对高度的基准高程，并在基准高程面中寻找到由下往上观山势的最佳视野，是人居视角山地城乡建设用地选择的关键。

确定基准高程，可在溯源相对高度的概念中寻找答案。最根本的相对高度概念是指一个给定区域内最低点和最高点的差值[19]，这个给定的区域通常被定义为地貌度量单元[20]。由此，基准高程的确定可以演变为地貌度量单元的确定，人居视角山地城乡建设用地选择的关键可转化为"在什么尺度的地貌度量单元内，能寻找到由下往上观山势的最佳视野"。

作为定量定义山地的第一人，沃宋克拉（C.E.I.von Sonklar）[21]提出：观察城乡聚落和水系的关系，会发现两大规律：①"临水而居"是城乡聚落分布的普遍规律；②"从谷底到谷顶"是人观山的习惯[22]。他提示我们：相对高度的基准高程应是谷底。

在我国西南山地地区，我们进一步发现如下现象：①城乡聚落由"市—集镇—农村聚居点"三级构成，其中，以集市贸易为主导功能的集镇不仅是相对独立的镇域聚落单元经济中心，也是该单元的邻里中心[23]；②集镇大多临水而建，镇域聚落单元大多处于该水系所在的小流域内；③小流域是一个具有可识别边界、相对封闭和独立的生态系统[24]；④生活在同一小流域中的人，对地貌具有生产和生活意义上的共识。由此，在区域层面对地貌进行分类时，地貌度量单元可以认为是集镇濒临水系所在的小流域，小流域谷底是由下往上观山势的最佳视野，小流域内主水系的高程可以认为是基准高程。

7.2 循水理山中的渠县狮牌村新村建设布局

7.2.1 洪灾后的渠县狮牌村新村建设诉求

1. 渠县概况

地处四川盆地东部边缘与川东褶皱交接带、大巴山南麓的渠县，是古代巴人的分支古代賨人的发祥地，因临渠江而得名（图 7.7）。渠县现隶属四川省达州市，管辖 15 个镇、45 个乡、53 个社区、496 个行政村、666 个居民小组和 3391 个村民小组，面积 2013km²。全县城乡聚落中，除县城和 33 个集镇外，规模 50 人以上的农村聚落有 4531 处。

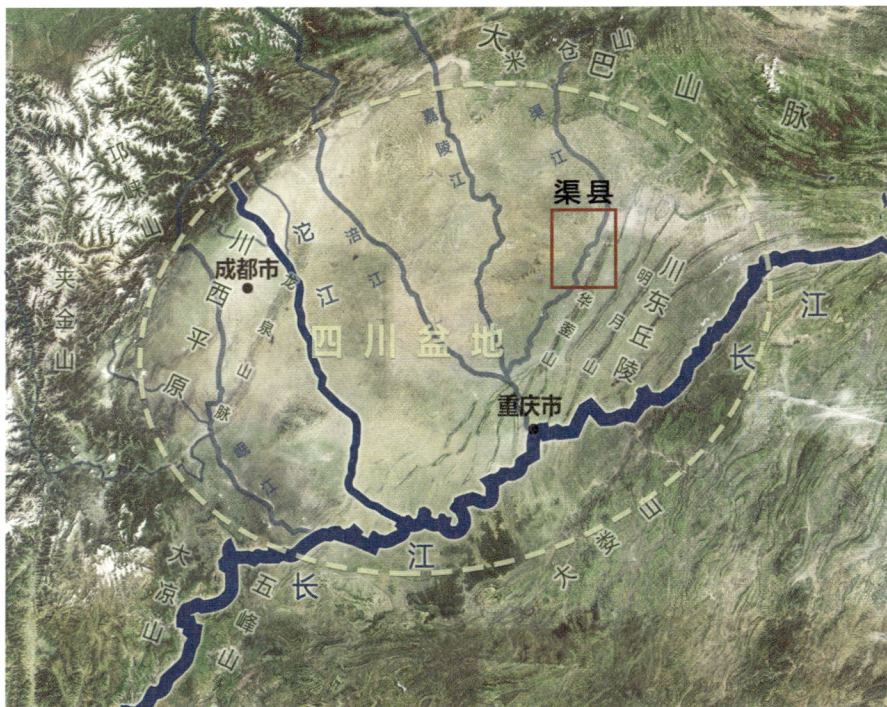

图 7.7　渠县在四川省山水关系中的区位

渠县地处华蓥山脉北段西侧，渠江上游。地质分别属于两个枞造体系，以渠江为界，东部属新华夏构造体系川东褶皱带以西；西部属旋转构造体系，龙女寺半环状构造地带。地质构造除华蓥山背斜外，主要是一系列短轴背斜，倾角较小，方向性不明显，出露地层除华蓥山背斜有三叠系外，其余均为侏罗系和第四系地层。岩层主要有石灰岩、泥灰岩、页岩、泥岩、泥质杪岩和砂岩。土质以黏土、黄壤土为主。

渠县县境地势东、西、北三面偏高，南部低平，总的趋势由北向南倾斜，在整体上呈簸箕状，大部分地区地形起伏较平缓。渠江从北至南贯穿全境，涌兴河、桂溪河、流江河与中滩河从西向东汇入渠江，将县域中西部地区横向切割为三片深丘区；河谷地带属于平坝浅丘，地势相对较平坦。县域最高点位于华蓥山主峰万里坪，海拔 1190m，最低海拔 222m 位于南部望溪乡渠江河岸，主要海拔为 220～400m，占全县总面积的 75%。其中，分布在海拔 250～300m 的地区约占全县总面积的 30%，分布在海拔 300～350m 的地区约占全县总面积的 25%，分布在海拔 350～400m 的地区约占全县总面积的 19.3%。

渠县境内河流属渠江水系，巴河、州河自巴中市平昌县及达县入境，汇合于三汇，称渠江。渠江从三汇镇开始，自东北流向西南，穿越土溪镇、临巴镇、渠江镇、鲜渡镇、琅琊镇等 16 个乡镇，10 个场镇，在望溪乡出境，流入广安境内，县境流长 139km。渠江西岸主要的支流有涌兴河、桂溪河、流江河、中滩河，均自西北流向东南，分别汇入巴河与渠江；江东岸主要支流有知县坝河、临巴溪、白水溪、琅琊河、冷水河，自华蓥山流下，分别汇入巴河与渠江。

渠江是山区性河流，洪水多由暴雨形成，涨落快、变幅大；洪峰过程一般 3～5 天，峰顶持续 2～4h，对沿岸乡镇河居民点造成极大威胁。不同重现期的洪水位分别为：十年一遇，海拔 248.85m；二十年一遇，海拔 250.20m；五十年一遇，海拔 252.50m；一百年一遇，海拔 253.14m；两百年一遇，海拔 258.33m。

渠县属亚热带湿润季风气候，气候较为温和，四季分明、雨量充沛，无霜期长，全年无霜期 315 天。年平均气温 17.8°C，最高气温 41.7℃，最低气温-2.6℃，一月最冷，七月最热。多年平均降雨量 1047.6mm，最高年降雨量 1441.7mm，最低年降雨量 730.3mm。多年平均蒸发量为 1307mm。常年平均日照时数 1376.2h，日照百分比 31%，最多年日照时数 1580.3h，最小年日照时数为 1136.6h。静风频率 25%，主导风为西北风，平均风速 1.9m/s，频率 18.4%，污染系数 8.7；次导风为北风，平均风速 2.2m/s，频率 17.3%，污染系数 7.9。

2. 狮牌村灾后重建的诉求

2011 年 9 月 18 日，渠县发生了两百年一遇的特大洪灾，渠县县城以南 7km 处的李渡乡狮牌村，大量农房被冲毁。四川省领导在视察灾情后，做出了将渠县作为探索"四川省非地震灾区灾后重建"示范地的重要指示。为在四川省非地震灾区灾后重建中解决受灾农户安居乐业的问题，渠县县委县政府决定在靠近李渡乡场镇最低海拔 273m 的地方，建设川东蜜柚种植园和生态无公害生猪养殖基地，并安置 200 多户受灾居民。

该场地呈现为典型的川东浅丘地形，最高海拔 305m，相对高差最大 32m，现状用地主要是水田和果园，水田分布在沟谷地带，而果园多位于丘坡区域（图 7.8）。该场地规划的难点在于如何根据地貌形态进行新村建设用地选择与布局，并最小化地扰动地形，最大化保障乡村产业发展用地。

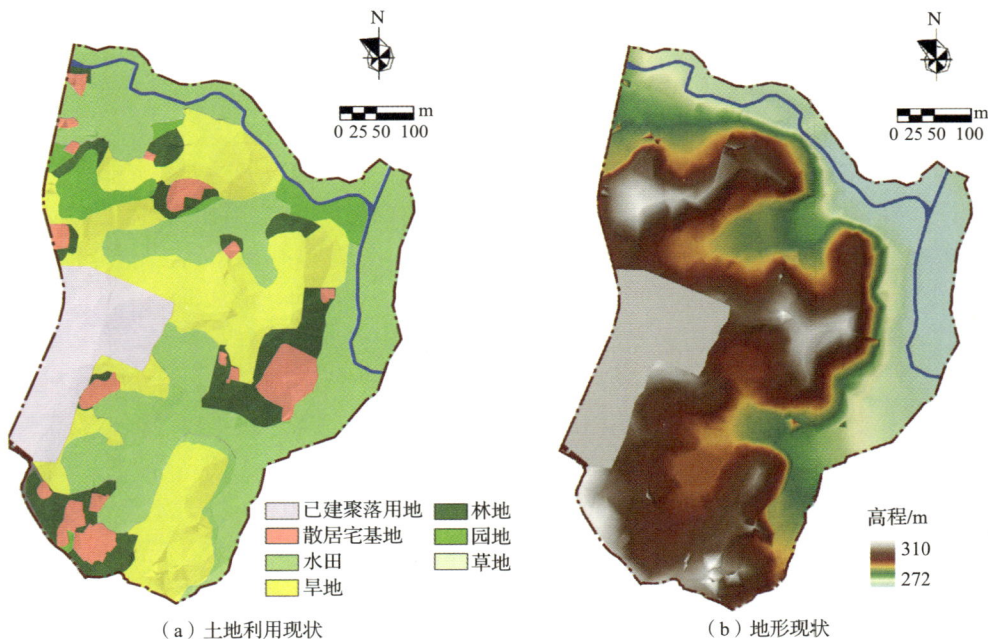

已建聚落用地	林地	
散居宅基地	园地	
水田	草地	
旱地		

高程/m
310
272

（a）土地利用现状　　　　　　　　　（b）地形现状

图 7.8　狮牌村土地利用现状与地形现状

最先，我们运用典型的区域地貌学地貌分类方法——《四川省地貌区划》（表 7.1），使用 1∶500 数字地形图，在 Arcgis 系统中，运用邻里统计工具（neighborhood statistics tool），用 100×100 的窗口计算相对高程，依据海拔和所计算的相对高度，狮牌村新村建设区内地貌基本形态的分类结果为平坝占 74.15%，缓坡丘陵占 25.85%（图 7.9）。

表 7.1　四川省地貌分类

地貌类型		海拔/m	相对高度/m
平原		<1500	<20
丘陵	缓丘平坝	<1500	20～50
	浅丘	<1500	50～100
	深丘	<1500	100～200
山地	低山	<1500	200～500
	中山	1500～4000	>500
	高山	4000～5200	>500
	极高山	>5200	>500
	山间盆地	>1500	<20

资料来源：中国科学院成都地理研究所《四川省地貌区划》，1982 年。

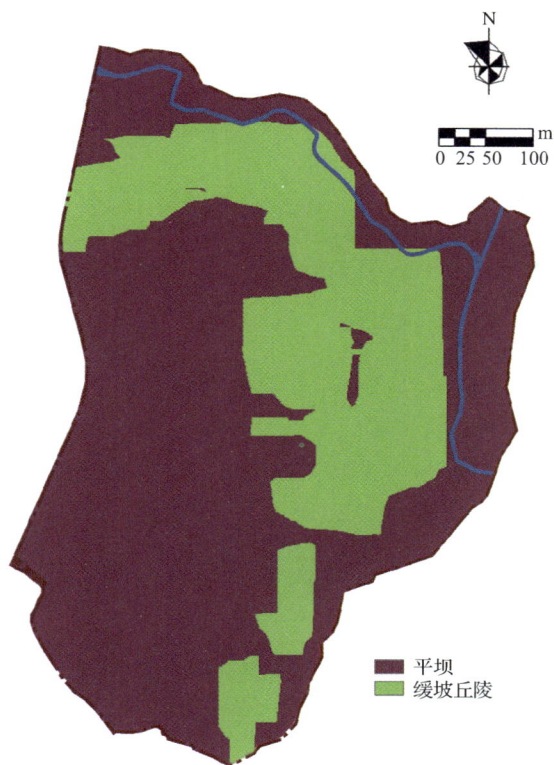

图 7.9　区域地貌学地貌分类方法下的狮牌村地貌分类

依据该分类结果，似乎该区域内所有的用地都能作为建设用地，与实际情况出入较大。为此，我们将视角从区域转向人居，尝试遵循山地城乡建设用地选择的逻辑，从人居视角对场地进行地貌分类。

7.2.2 渠县人居视角地貌分类

"如何定义相对高度的基准高程""如何确定区分不同地貌类型的相对高度和坡度阈值""如何综合相对高度和坡度这两个因子进行地貌分类"是人居视角地貌基本形态分类需要解决的三大核心问题。由此，人居视角地貌分类方法可归结为三大步骤：①确定基准高程；②寻找相对高度和坡度阈值；③运用两级法对地貌基本形态进行分类（图7.10）。

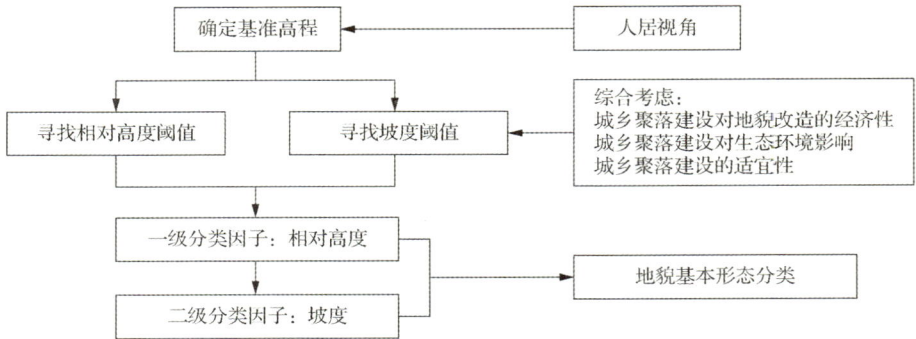

图 7.10　人居视角地貌基本形态分类总体方法框架

1. 确定基准高程

在渠县，以 33 个集镇为经济中心和邻里中心，4531 个 50 人规模以上乡村聚居点集合为 33 个相对独立的镇域聚落单元。33 个集镇濒临 21 条河流，即处于 21 个流域。在同一流域中，河流的平均高程几乎等于集镇的平均高程。由此，21 个流域可以确定为 21 个地貌度量单元，其中，河流的平均高程可以确定为所在地貌度量单元的基准高程（表 7.2）。

表 7.2　流域地貌度量单元内，基准高程与河流平均高程、集镇平均高程之间的关系

流域编号	流域面积/km²	流域内集镇数量/个	河流的平均高程/m	集镇的平均高程/m	基准高程/m
1	79.30	1	332	331.84	332
2	132.47	3	350	350.10	350
3	137.65	1	268	268.04	268
4	37.71	1	329	328.88	329

流域编号	流域面积/km²	流域内集镇数量/个	河流的平均高程/m	集镇的平均高程/m	基准高程/m
5	86.16	2	288	287.70	288
6	198.32	2	261	261.03	261
7	121.35	3	325	324.73	325
8	36.61	1	318	317.98	318
9	99.86	2	294	294.13	294
10	41.27	1	289	288.87	289
11	153.34	2	250	250.00	250
12	107.74	1	246	246.02	246
13	66.39	2	348	348.04	348
14	100.43	1	282	282.36	282
15	83.79	2	243	243.23	243
16	63.25	1	253	252.72	253
17	95.32	2	346	346.35	346
18	150.40	2	345	345.41	345
19	76.98	1	243	242.59	243
20	41.79	1	299	298.58	299
21	104.35	1	267	267.34	267

2. 相对高度与坡度阈值确定法

人居视角山地地貌基本分类的核心是确定相对高度和坡度的阈值。观察传统城乡聚落选址和地貌及自然资源环境关系，有助于寻找确定相对高度和坡度阈值的方法。

传统城乡聚落选址和地貌及自然资源环境关系往往呈现如下规律：①由于对地形改造的技术能力薄弱，传统城乡聚落选址往往能充分利用自然地貌条件，尽量避免扰动生态环境；②传统城乡聚落选址往往靠近资源集中区；③山地资源主要是农田和森林，农田集中分布在临水的平坝，森林集中分布在山地；④传统城乡聚落通常选址在对地貌扰动最小、耕地资源最丰的平坝或林地资源最丰的山间平地。其中，平坝对人口聚居的用地、用水及耕地资源承载力最大，是集聚人口最多的区域；山间平地对人口聚居的用地、用水承载力较小，林地资源承载力有限，集聚人口相对较少。由此，通过分析不同的相对高度或坡度区间中城乡聚落分布与自然资源分布之间的相关性，可寻找出地貌基本形态变化的相对高度和坡度阈值。

地理信息系统（GIS）被运用于相关空间和非空间数据的整合，以及城乡聚落和地貌及自然资源分布相关性分析。具体方法为：①从《第二次土地利用现状调查》获取农田（包括水田和旱地）、森林、城乡聚落建设用地分布等数据；②将第六次人口普查数据融合到各城乡聚落建设用地；③在作为地貌度量单元的流域内，依据所确定的基准高程，利用 ASTER GDEM 数据，计算相对高度和坡度；④以 10m 和 1°，分别作为相对高度和坡度区间划分尺度，计算每个相对高度和坡度区间内的农田、森林面积及城乡聚落人口数量；⑤分析第四步中数据之间的相关性，寻找地貌基本形态变化的相对高度和坡度阈值（图 7.11）。

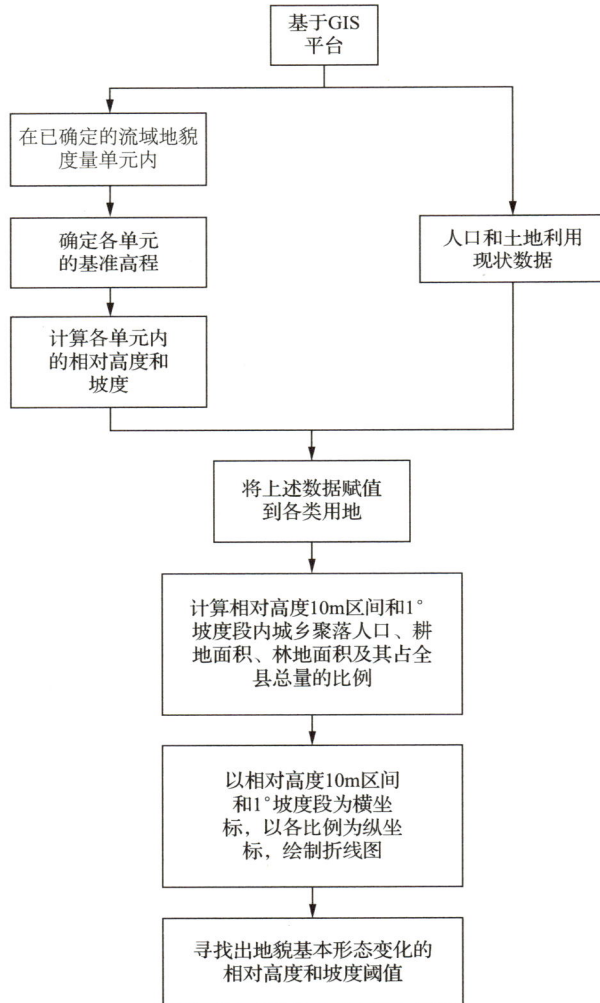

图 7.11　相对高度和坡度阈值寻找的方法框架

3. 确定相对高度和坡度阈值

在确定的 21 个流域地貌度量单元内，计算相对高度，并以相对高度 10m 为区间，分别对不同相对高度区间内，城乡聚落人口占全县城乡聚落人口的比例、耕地面积占全县耕地总面积的比例、林地占全县林地总面积的比例进行计算（表 7.3）。以相对高度区间为横坐标，分别以这三大比例为纵坐标，绘制折线图（图 7.12）。

表 7.3　10m 相对高度区间内城乡聚落人口数量、耕地面积、林地面积及占全县总量的比例

相对高度区间/m	城乡聚落人口/人	占全县城乡聚落人口比例/%	耕地面积/hm²	占全县耕地总面积比例/%	林地面积/hm²	占全县林地总面积比例/%
0~10	145616	33.86	43664	35.25	17	0.04
10~20	61189	14.23	13858	11.19	67	0.15
20~30	40160	9.34	11600	9.36	122	0.28
30~40	32688	7.60	9660	7.80	139	0.32
40~50	26389	6.14	7816	6.31	202	0.46
50~60	25100	5.84	7041	5.68	1347	3.05
60~70	23968	5.57	6150	4.96	1584	3.59
70~80	20891	4.86	4949	4.00	1726	3.91
80~90	13387	3.11	3552	2.87	1778	4.03
90~100	6766	1.57	2553	2.06	1802	4.09
100~110	5511	1.28	1955	1.58	1809	4.10
110~120	6614	1.54	1518	1.23	1879	4.26
120~130	3367	0.78	1264	1.02	1906	4.32
130~140	3488	0.81	1036	0.84	1958	4.44
140~150	2619	0.61	862	0.70	2089	4.73
150~160	1176	0.27	700	0.56	2292	5.20
160~170	1831	0.43	516	0.42	2328	5.28
170~180	685	0.16	395	0.32	2573	5.83
180~190	267	0.06	348	0.28	2737	6.20
190~200	372	0.09	291	0.23	3224	7.31
>200	8024	1.87	4139	3.34	12530	28.41

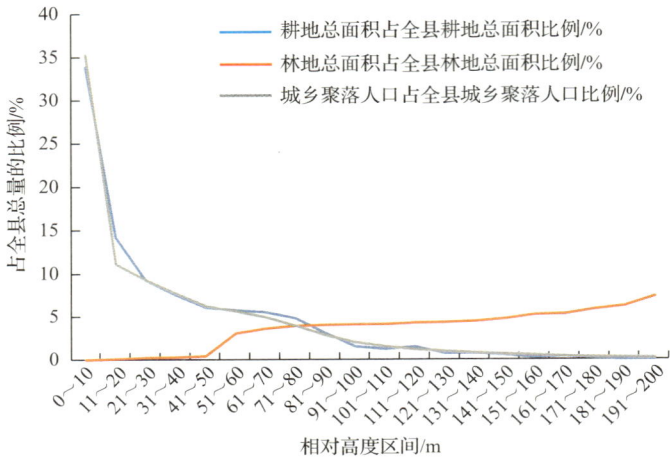

图 7.12　10m 相对高度区间内城乡聚落人口数量、耕地面积、林地面积及占全县总量的比例

图 7.12 显示出如下现象：①随着相对高度的增加，城乡聚落人口和耕地面积逐渐减少，而林地面积逐渐增大；②城乡聚落人口骤减的相对高度阈值分别是 20m、50m、80m 和 100m，且 20m 和 50m 是骤减程度较高的相对高度阈值；③耕地面积骤减的相对高度阈值分别是 20m、50m、70m 和 100m，且 20m 和 50m 是骤减程度较高的相对高度阈值；④林地面积骤增的相对高度阈值是 50m。

相对高度 50m 以下的林地面积仅占全县林地总面积的 1.25%，且以分散的、规模较小的灌木林为主。而相对高度达到 50m 时，开始出现集中的、规模较大的林地，且随相对高度的增加，集中度和规模都相应增大。总体来说，相对高度 50m 以上的地域，集中了全县 98.75% 的林地，而仅仅集中了全县 28.83% 的城乡聚落人口和 30.09% 的耕地。相对高度 50m 以上，聚落直接从河流抽水困难，必须修筑水库（池）蓄积山泉水以解决人畜用水。从城乡聚落建设对地貌改造的经济性和对地貌生态环境扰动度的角度来看，完全推平相对高度 50m 以上的独立山体或切割非独立山体，挖方或修建挡土墙成本巨大，是不经济的，且对地下水、土层、植物生态和地区的景观环境破坏较大[25]。所以，相对高度 50m 以上的地貌基本形态可视为山。

相对高度 20m 以下，为河流沟谷地带，聚落可直接从河流取水，用水条件优越，集中了全县 48.09% 的城乡聚落人口，而林地面积仅占全县林地总面积的 0.19%，且是分散的、规模较小的灌木林地。从城乡聚落建设对地貌改造的经济性和对地貌生态环境扰动度的角度来看，苏联 B.P.克罗基乌斯提出：用地的体积在其高度增加时是按几何级数增大的，当总高差不超过 20m 时，为进行城乡聚落建设而完全推平用地，是经济的，并且对周围的环境状态，如地下水、土层、植物生态和地区的景观环境的破坏较小[25]。无独有偶，《四川省地貌区划》和中科院成都地理所柴宗新确定的平原的起伏高度均为小于 20m[26]。由此，相对高度 20m

以下的地貌基本形态可视为平坝。

相对高度 20～50m，聚落用水采取从河流直接取水和修建蓄积山泉水的水池（库）相结合的方式；虽集中了全县城乡聚落人口的 23.08%，但不足相对高度 20m 以下地域内城乡聚落人口的一半；虽集中了全县耕地面积的 23.47%，但仅仅接近相对高度 20m 以下地域内耕地面积的一半；集中了全县林地面积的 1.06%，虽比相对高度 20m 以下地域内的林地面积有所增长，但还是以分散的、规模较小的灌木林地为主。从城乡聚落建设对地貌改造的经济性和对地貌生态环境扰动度的角度来看，虽然不可能完全推平用地进行城乡聚落建设，但可以采取局部平整用地、分台设置堡坎等措施，在扰动周围环境较小的同时，获得城乡聚落建设的综合经济性。由此，相对高度 20～50m 的地貌基本形态可分类为丘陵。

在渠县确定的 21 个流域地貌度量单元内，计算坡度，并以 1° 为区间，分别对不同坡度区间内，城乡聚落人口占全县城乡聚落人口的比例、耕地面积占全县耕地总面积的比例、林地占全县林地总面积的比例进行计算（表 7.4）。以坡度区间为横坐标，分别以这三大比例为纵坐标，绘制折线图（图 7.13）。

表 7.4　1° 坡度段内城乡聚落人口数量、耕地面积、林地面积及占全县总量的比例

坡度段/（°）	城乡聚落人口/人	占全县城乡聚落人口比例/%	耕地面积/hm²	占全县耕地总面积比例/%	林地面积/hm²	占全县林地总面积比例/%
0～1	13923	3.24	4870	3.93	528	1.20
1～2	50255	11.68	13346	10.77	1176	2.67
2～3	55347	12.87	16111	13.01	1311	2.97
3～4	66391	15.44	17330	13.99	1773	4.02
4～5	55408	12.88	13854	11.18	1687	3.82
5～6	53804	12.51	11725	9.47	1878	4.26
6～7	35157	8.17	9092	7.34	1972	4.47
7～8	27562	6.41	6835	5.52	2008	4.55
8～9	18584	4.32	5473	4.42	2383	5.40
9～10	13794	3.21	4462	3.60	2549	5.78
10～11	9520	2.21	3647	2.94	2578	5.84
11～12	6132	1.43	3103	2.51	2590	5.87
12～13	7173	1.67	2505	2.02	2606	5.91
13～14	4525	1.05	2108	1.70	2623	5.95
14～15	3022	0.70	1734	1.40	2678	6.07
15～16	3062	0.71	1424	1.15	3057	6.93
16～17	1411	0.33	1204	0.97	2408	5.46
17～18	1142	0.27	1021	0.82	1227	2.78
18～19	676	0.16	842	0.68	1106	2.51
19～20	798	0.19	683	0.55	982	2.23
20～21	621	0.14	557	0.45	840	1.90
21～22	416	0.10	448	0.36	775	1.76
22～23	457	0.11	353	0.29	663	1.50

坡度段/(°)	城乡聚落人口/人	占全县城乡聚落人口比例/%	耕地面积/hm²	占全县耕地总面积比例/%	林地面积/hm²	占全县林地总面积比例/%
23~24	117	0.03	275	0.22	572	1.30
24~25	350	0.08	218	0.18	547	1.24
>25	461	0.11	646	0.52	1592	3.61

图 7.13 呈现如下现象：①城乡聚落人口占全县城乡聚落人口的比例和耕地占全县耕地总面积的比例变化的坡度阈值是 4°；②林地占全县林地总面积的比例变化的坡度阈值是 15°；③城乡聚落人口占全县城乡聚落人口的比例、耕地占全县耕地总面积的比例和林地占全县林地总面积的比例变化相交点的坡度是 8°。

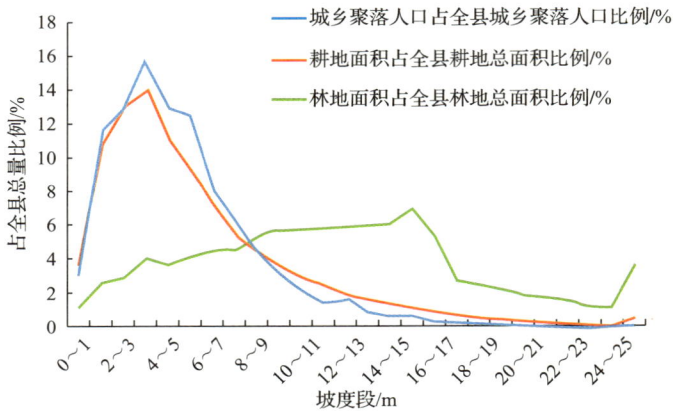

图 7.13 1°坡度段内城乡聚落人口数量、耕地面积、林地面积及占全县总量的比例

坡度 4° 以下的用地，耕地面积占全县耕地总面积的 41.70%；林业资源相对缺乏，林地面积仅占全县林地面积的 10.86%。该区域内，从土壤侵蚀、土地利用及水护措施布设、土层厚度和形状、农机具作业、农田灌溉及排水等 5 个影响农业生产的水土保持要素的临界坡度来看，都处于发展农业生产的绝佳临界坡度阈值内[27]；从城乡聚落建设对地貌改造的经济性来看，也是城乡聚落建设最适宜的坡度区域。由此带来的是大量人口的聚居，该坡度阈值内，城乡聚落人口占全县城乡聚落人口的 43.23%。

坡度在 4°~8° 的用地，耕地面积占全县耕地总面积的 33.51%；林地面积占全县林地面积的 17.10%。从农业地貌学的角度来看，该区域处于适合四轮拖拉机作业，不需要水护措施布设的农用旱地和牧草地的临界坡度阈值内；从城乡聚落建设对地貌改造的经济性来看，是城乡聚落建设较适宜的坡度区域。该坡度段内，农业生产条件较好，同时可以种植一部分经济林，对地貌改造的成本较低，亦是城乡人口聚居的地区，城乡聚落人口占全县城乡聚落人口的 39.97%。

坡度在 8°～15° 的用地，耕地面积占全县耕地总面积的 18.59%；林地面积占全县林地面积的 40.82%，城乡聚落人口占全县城乡聚落人口的 14.59%。从农业地貌学的角度来看，15° 是中小型四轮机作业的临界坡度，当坡度超过 15° 时，土壤侵蚀渐趋加剧；从城乡聚落建设对地貌改造的经济性来看，该区域依然处于城乡聚落建设较适宜的坡度区域。该坡度段内，农业生产条件欠佳，以经济林生产为主，土地资源对农村人口生存的支撑能力减弱。

坡度在 15° 以上的用地，耕地面积仅占全县耕地总面积的 6.19%，林地面积占全县林地面积的 31.22%，城乡聚落人口占全县城乡聚落人口的 2.23%。从农业地貌学的角度来看，土壤侵蚀加剧、不适宜农业机具作业、土层厚度不足、水护措施成本巨大。从城乡聚落建设对地貌改造的经济性来看，坡度 15° 以上的用地对地貌改造的经济成本巨大，对生态环境的破坏严重，不适宜城乡聚落建设。总之，该坡度段内，农业生产条件极差，林业以生态林为主，对农村人口生存的支撑能力极弱。其中，坡度 25° 以上的用地是重力侵蚀大量出现的转折点，是我国退耕还牧的界限。

4. 地貌基本形态分类

综合考虑城乡聚落建设对生态环境影响、城乡聚落建设对地貌改造的经济性以及城乡聚落建设适宜性等因素，以相对高度进行一级分类，依据相对高度阈值，将地貌基本形态一级分类为平坝、丘陵和山地。其中，相对高度 20m 以下为平坝，相对高度 20～50m 为丘陵，相对高度 50m 以上为山地；以坡度进行二级分类，依据坡度阈值，参照况明生对坡度陡峭程度的命名方式[14]，地貌基本形态二级分类为：小于 3° 为平地、3°～8° 为缓坡、8°～15° 为斜坡、15°～25° 为陡坡、大于 25° 为峻坡（表 7.5）。

表 7.5　渠县人居视角的地貌基本形态分类

地貌一级分类	地貌二级分类	分类指标		城乡聚落建设对地貌改造的经济性	城乡聚落建设对生态环境影响	城乡聚落建设适宜性
		相对高度一级指标	坡度二级指标			
平坝	河谷平地	≤20m		不需改造	最小	最适宜
丘陵	丘间平地	20～50m	≤4°	不需改造	最小	最适宜
	缓坡丘陵		4°～8°	易改造	小	较适宜
	斜坡丘陵		8°～15°	较易改造	较小	较适宜
	陡坡丘陵		15°～25°	不易改造	较大	不适宜
	峻坡丘陵		≥25°	不易改造	大	不适宜
山地	山间平地	≥50m	≤4°	不需改造	最小	最适宜
	缓坡山地		4°～8°	易改造	小	较适宜
	斜坡山地		8°～15°	较易改造	较大	不适宜
	陡坡山地		15°～25°	不易改造	大	不适宜
	峻坡山地		≥25°	不易改造	大	不适宜

7.2.3 基于人居视角地貌基本形态分类的狮牌村新村建设布局

　　运用人居视角地貌基本形态分类法再次对狮牌村新村建设区进行地貌分类。由于该场地处于渠县第 15 流域内，查阅表 7.2 中渠县各流域的基准高程，第 15 流域基准高程为 243m，该场地的相对高度为 30～62m，进一步计算场地内的坡度，参照表 7.5 分类指标标准，该场地内地貌形态可分为山地和丘陵两个一级分类，进一步细分，山地可分为山间平地、缓坡山地、斜坡山地、陡坡山地和峻坡山地五个二级分类，丘陵可分为丘间平地、缓坡丘陵、斜坡丘陵、陡坡丘陵和峻坡丘陵等五个二级分类（图 7.14）。

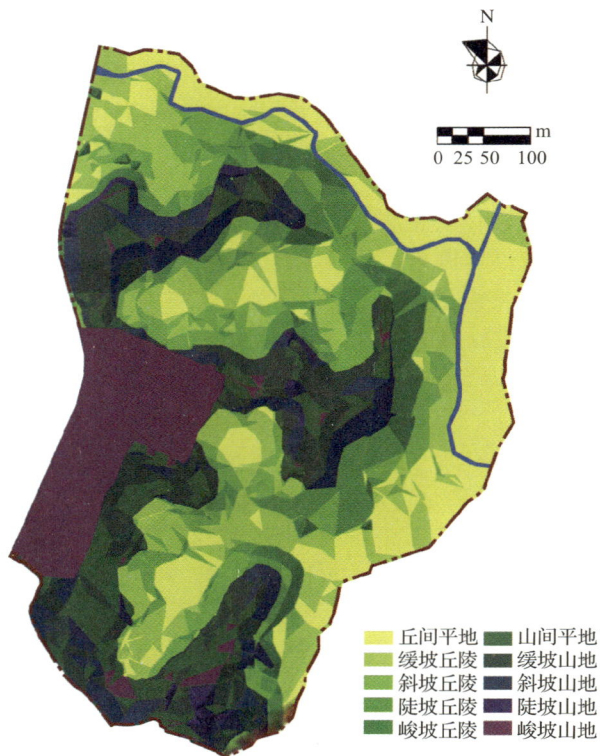

图 7.14　狮牌村人居视角地貌分类

　　进一步运用表 7.5 中各地貌类型对应的"城乡聚落建设对生态环境影响"和"城乡聚落建设适宜性"两大标准，去寻找场地适宜建设用地和不适宜建设用地（图 7.15）。

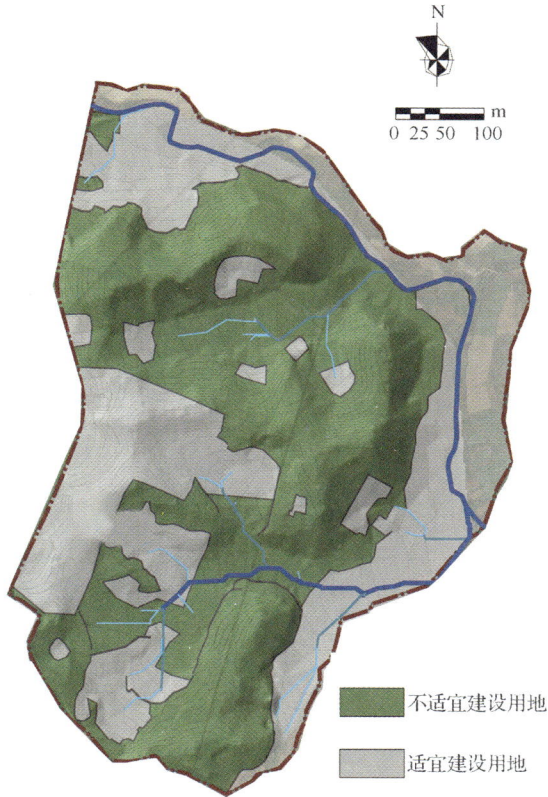

图 7.15 狮牌村建设用地选择

（1）很明显，斜坡山地、陡坡山地、峻坡山地、陡坡丘陵和峻坡丘陵等五类地貌形态为不适宜建设用地。

（2）缓坡山地和山间平地，虽对生态环境影响小，较适宜（最适宜）进行建设，但场地内的缓坡山地和山间平地分散且面积较小，仅适宜小体量景观建筑物建设。

（3）斜坡丘陵和缓坡丘陵，虽对生态环境影响较小，较适宜进行建设，但场地内的斜坡丘陵和缓坡丘陵多位于冲谷两侧，为了涵养冲谷内的水土，将其作为不适宜建设用地。

（4）丘间平地，分布集中、面积大，是最适宜进行集中建设的用地，但位于冲谷的丘间平地，土壤层深厚且松软，建设的地基成本高，将其划分为不适宜建设用地。

通过人居视角的地貌基本形态分类，可相对容易促成能有效地与自然契合、最大化保障生态环境的建设用地选择。

在新村建设中，人居视角地貌基本形态分类方法寻找出的不适宜建设用地，能在最大化保障生态环境的前提下，最大化地保障农业产业用地，拉长农业产业化链条。将不适宜建设用地中的地貌基本形态分类与现状土地利用对照，可清晰地发现农民世代传袭下来关于土地利用的生态智慧：陡坡以上的山地有大面积集中分布的可能性，多利用为果园；陡坡以上的丘陵，大多分散且面积小，多利用为柏树、香椿树等自然杂树用地，为生活提供家具用材和柴火；缓坡、斜坡丘陵，多利用为旱地，种植适宜旱地生长的油菜、红薯、玉米、蔬菜等作物；缓坡、斜坡山地，多利用为草地，可畜牧养殖；山间平地，由于分散且面积小，通常与邻近的地貌类型一起作为果园或草地；位于冲谷的丘间平地，土层肥厚，可蓄积雨水为塘，多利用为水田和水产养殖地；邻近溪河流的丘间平地，可利用为聚落建设地，既不占最好的农田，又能保证充足的水源。

通过人居视角地貌基本形态分类，在学习农民世代相袭的生态智慧中，对场地内的不适宜建设用地做出农业产业化利用的安排：①闸冲谷为湿地，顺应冲谷的缓坡地貌和丘间平地间杂规律，间闸出湿地，用于鳝鱼、泥鳅养殖和荷花种植，在适度水产养殖基础上，改善场地的环境品质；②依山顺坡建果园，在用地完整且面积较大的山地和陡坡以上丘陵，集中发展果园种植桃、柚、柑橘等作物，尽量做到四季有花、四季有果；③围合平地成林盘，将丘间平地聚落集中建设区周边的斜坡以上丘陵，利用为林盘，发展竹林、香椿产业，在营造适宜人居环境的同时，为农民提供竹林和香椿经济作物；④山间平地促休憩，将果林密布的山间平地，利用为休憩平台或景观建筑小品，为该场地区域农业产业化提供休憩、交往和细细品味场所（图7.16）。

基于人居视角地貌基本形态分类的渠县狮牌村新村建设布局，验证了人居视角的地貌基本形态分类法有以下优点：①顺应了人自下而上观山势的习惯，分类结果与人的实际感受更趋一致；②基于人居视角，用相对高度和坡度两大因子，对地貌基本形态进行分级分类，分类结果更易于指导建设与自然和谐相处的人类聚居区规划建设方案制定；③运用流域地貌度量单元、基准高程的概念，有效解决了相对高度计算尺度混乱、与人的实际感受不一致等问题；④探索了在分析城乡聚落分布与生产、生活及生态环境资源分布相关性中，寻找地貌基本形态分类的相对高度和坡度阈值的方法。

总之，人居视角的地貌基本形态分类法，遵循了城乡人居环境发展与流域生态相协调的理念，以地形、水文等自然地理条件为基础，并综合了水土保持、农林发展和城乡聚落建设经济性的要求。不仅可以在区域范围内，进行生态适宜性评价，有效引导城乡聚落的选址对林地保护、水源涵养、水土保持等生态环境的扰动最小，建设成本最低；还可以在具体的城乡聚落建设中，使建设用地的选择与生态环境相协调。

图 7.16　狮牌村用地布局方案

7.3　循水理山中的达州市经开区建设用地选择

7.3.1　达州市经开区概况

1. 地理交通区位

达州市位于四川省东北部，大巴山南麓，地处北纬 30°38′~32°21′，东经 106°38′~108°32′。北接陕西省汉中市、安康市，南邻广安市，东连重庆市万州区、涪陵区，西抵巴中市和南充市，是川渝陕三省（市）之交会地。

达州市交通区位优势明显，南到重庆 270km，北至西安 375km，历史上就是四川东北主要的物资集散地，渝陕两省重要的交通走廊。

达州市经开区位于达州市主城区南部，是达州市城市发展主要方向。经开区内交通条件优越，与达州市主城区交通联系便捷：距观音沟新机场 5km，空运直抵成都、广州等城市；水路有渠江汇入嘉陵江后与长江相连；襄渝铁路、达巴铁路从经开区内穿过，达渝高速、达营高速经过经开区边缘，并留有出入口；区内可通过南北一号干道、金龙大道等城市道路与主城区紧密联系（图 7.17）。

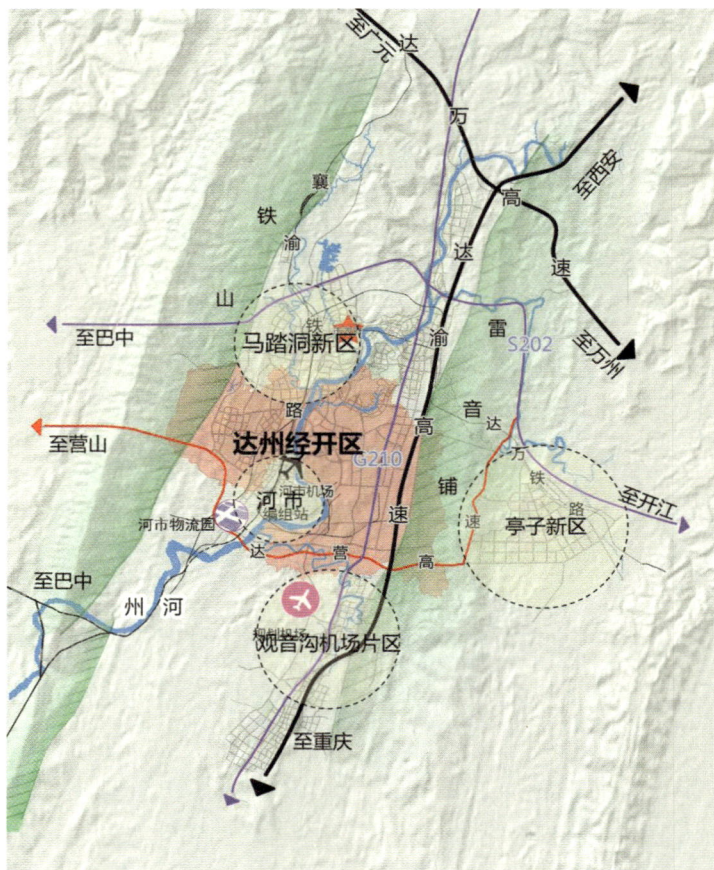

图 7.17　达州市经开区地理交通区位

2. 经济区位

达州市处于中国西三角经济圈中部：成渝经济圈东北部，北接关中都市圈，东临武汉都市圈；成都、达州和重庆呈三角形的态势，其三边线长度是成达大于成渝，成渝大于达渝；达州位于成渝城镇群的发展北轴；从经济上看，达州与重庆的联系相对密切，是四川和重庆组成的"K+1"字形城镇空间结构东北轴上的重要交会点。

达州市经开区作为四川省重点培育园区，是达州市经济发展的火车头和新引擎，是达州市在全省多点多极支撑发展战略中率先实现次级突破的核心增长极。

3. 地质地貌

达州市地处大巴山东西向弧形褶皱带及川东南北向平行褶皱带两大构造单元，形成了由一系列平行的褶皱山系与相间其间的条带状台地组成的平行岭谷区，褶皱山系由真佛山、铁山、犀牛山、五峰山等南北向平行山组成。岩层以侏罗系红色砂、泥岩为主，岭谷核心及其两翼有三叠系碳酸盐岩（石灰岩类）与砂、页岩类分布。三叠系石灰岩地区地表岩溶形态（槽谷、洼地、小型溶洞）较发育，砂、页岩层多间有煤层。

达州市地貌按成因类型，有侵蚀堆积地貌、构造剥蚀地貌和侵蚀构造低山地貌三类。侵蚀堆积地貌，断续分布于州河两岸，形态上为漫滩、一级阶地和冰水堆积高阶地。构造剥蚀地貌，形态上分为中切宽谷缓坡丘陵和浅切平谷园缓丘陵，中切宽谷缓坡丘陵分布于测区的刘家庙、徐家坝、河市镇一线以东，邱家场、何家湾、万家店及州河以西一带。由侏罗系中统上沙溪庙组地层组成；浅切平谷园缓丘陵分布于州河以东、国道 210 以西、翠屏山以南地带。属于达县—大竹向斜轴部，地层倾角平缓。侵蚀构造低山地貌，形态为深谷坪状低山，主要分布于达州城以北，州河以西及邱家场、何家湾、万家店一线以东，即凤凰山、二仙庙一带。

达州市经开区位于川东平行岭谷区的北部端头，是川东平行褶皱带中的铁山和犀牛山南北向平行褶皱山系所夹形成的槽谷地带。州河由北至南穿越槽谷，将其分为东西两部分，呈现为"低山丘陵岭谷"的总体地貌特征。其中，侵蚀堆积地貌主要分布在州河两岸的漫滩和一级阶地；构造剥蚀地貌中的中切宽谷缓坡丘陵，主要分布在州河以西除铁山和州河西岸漫滩与一级阶地以外的区域；构造剥蚀地貌中的浅切平谷园缓丘陵，主要分布在州河以东至雷音铺（位于犀牛山褶皱山系）之间除州河东岸漫滩与一级阶地以外的区域。

4. 气候水文条件

达州市经开区属亚热带湿润季风气候区，气候温和，热量充足，四季分明，多年平均气温 16～17℃，最高气温 41.2℃，防暑降温期为 7～9 月，最低气温-4.5℃，取暖期为 12～次年 2 月；最高气压为 979.2MPa，最低气压为 976.9MPa；年平均雾日 31.5～78.5 天，日照时数 1356.9h；风少且风速小（17m/s），最大风力七级；多年平均相对湿度 80%～85%，多年年平均降水量 1075～1260mm，年最大降水量 2732.3mm（1983 年），最小降水量 594.5mm（1969 年），一年中降水多集中在 5～10 月，占全年降水量的 80%，月平均降水量 220～260mm，最高可达 773mm，降水强度大的季节与降水集中季节相同，多在 6～9 月，年蒸发量与降水量数值相近，年蒸发量 1052～1351.6mm，其中 6～9 月蒸发量占年蒸发量的 42.8%～46.9%，降水强度大，暴雨时有发生，是许多地质灾害的诱发因素。

7.3.2 达州市经开区山水空间解译

1. 水空间解译

基于由 1∶500 地形图生成的 DEM，在 Arcgis 中运用 D8 原理，模拟出的水系所呈现出的清晰水系结构，便于解译水系形成的水文过程（图 7.18）。

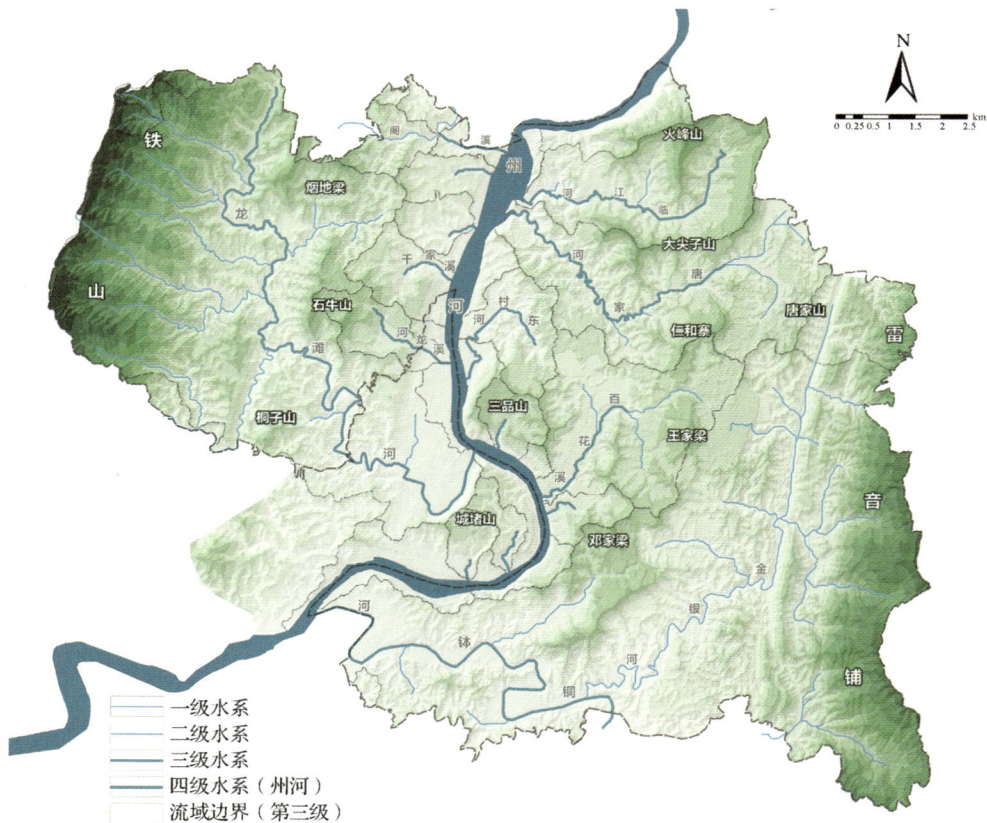

图 7.18　达州市经开区水系模拟

达州市经开区内的水系由四级构成，所有的水系都流向第四级水系——州河；三级水系，流域面积过小的除外，大多是常年溪河流；二级水系，流域面积大的除外，大多是季节性冲沟；一级水系，除发源于铁山和雷音铺外，大多发源于区内的山体。

州河以东，常年溪河流有铜钵河、临江河、唐家河、东村河和百花溪三级水系以及金银河二级水系，共六条水系。其中，铜钵河三级水系发源于达州市经开区外的犀牛山褶皱山系，是州河在达州市经开区内的最大支流，是州河流域内流域面积达 300km^2 以上的两大支流之一，在经开区内汇水面积达到 57.36km^2；铜钵河支流金银河二级水系，流域面积达到 29.8km^2，该流域内的一级水系，发源于雷音铺和"邓家梁—王家梁—仁和寨"一线的两条南北向平行山岭，呈现出平行水系结构形态；临江河、唐家河、东村河和百花溪三级水系，均发源于达州市经开区内的自然山体，流域面积分别达到 8.51km^2、13.33km^2、2.95km^2 和 9.11km^2。除流域面积较小的东村河和源头不在达州市经开区的铜钵河外，其余四条水系的源头都有利用自然的集水盆修建水库：临江河源头是梨树坪水库，唐家河源头是唐家山水库，百花溪源头是百花水库，金银河源头是洞子坛水库。

州河以西，常年溪河流有龙滩河、阁溪、千家溪和河龙溪四条三级水系，以及发源于铁山的龙滩河支流新民溪、岩耳溪、辉山溪、后溪和长溪五条二级水系。阁溪、千家溪和河龙溪三级水系皆发源于"石牛山—烟地梁"一线的南北向山岭，直接流向州河，流域面积分别达到 5.72km^2、2.47km^2 和 2.08km^2；龙滩河三级水系是州河西岸达州市经开区内最大的河流，流域面积 42.63km^2，有新民溪、岩耳溪、辉山溪、后溪、长溪五条发源于铁山的二级水系汇入（图 7.19）。

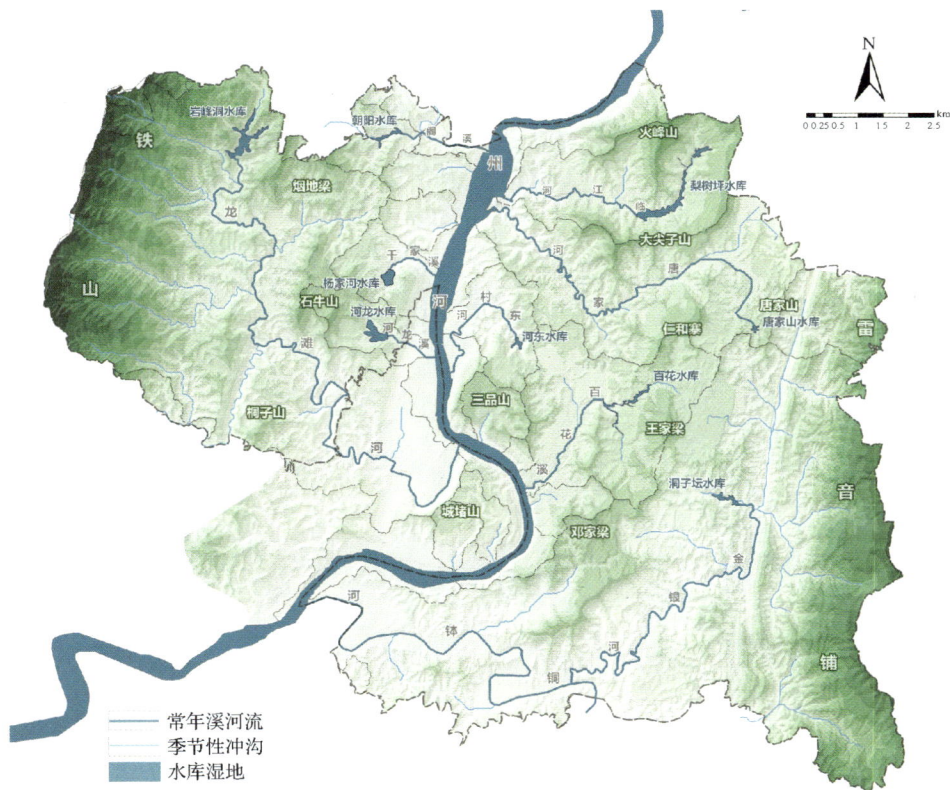

图 7.19　达州市经开区水文过程解译

2. 山空间解译

顺着水系模拟结构、十条常年溪河流、源头水库提供的线索和达州市经开区的侵蚀堆积地貌、构造剥蚀地貌特征,我们再次尝试运用"循水理山"方法在达州市经开区的水文过程中,找出主导水系形成、发育的山体。

依据解译出的十条常年溪河流,达州市经开区被划分为十个流域。十个流域中,除东村河流域面积小且源头山势陡峭难以形成源头集水盆外,其余九条常年溪河流都有由源头自然集水盆人工改造而成的源头集水盆水库。州河东岸,临江河的源头集水盆水库是梨树坪水库,唐家河源头集水盆水库是唐家山水库,百花溪源头集水盆水库是百花水库,金银河源头集水盆水库是洞子坛水库;州河西岸,龙滩河集水盆水库是岩峰洞水库,阁溪源头集水盆水库是朝阳水库,千家溪源头集水盆水库是杨家河水库,河龙溪源头集水盆水库是河龙水库。

进一步在十个流域中观察源头集水盆水库所在区域,可清晰找出主导十条溪河流形成、发育的山体位置及大致走势(图7.20)。

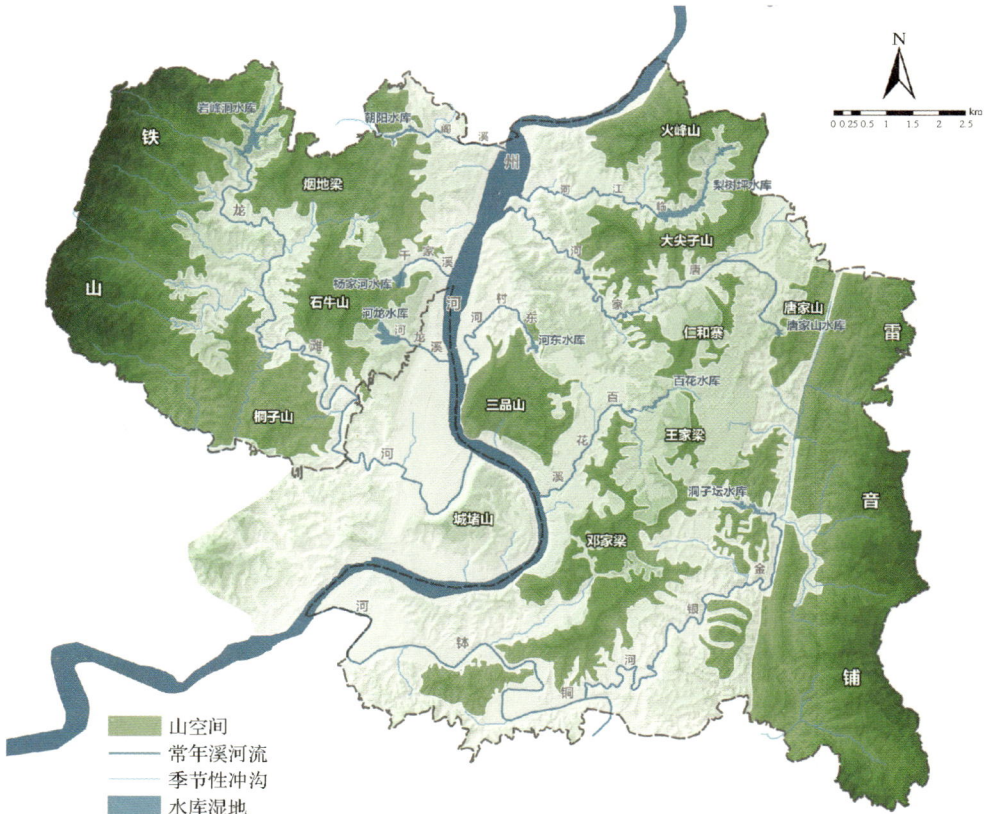

图 7.20　达州市经开区山空间解译

州河东岸，临江河的源头集水盆水库在火峰山，主导临江河形成、发育的是东西走向的火峰山和大尖子山；唐家河的源头集水盆水库在南北向的雷音铺平行褶皱带西部的唐家山，主导其形成、发育的是东西向的大尖子山和仁和寨东西向支脉；百花溪源头集水盆水库在南北向的"邓家梁—王家梁—仁和寨"平行山岭，主导其形成、发育的是南北向的"邓家梁—王家梁—仁和寨"平行山岭和相对独立的三品山孤山；东村河发源于三品山孤山，三品山地势陡峭，没有形成源头集水盆，但在东村河流域内，可清晰看到主导东村河形成、发育的是仁和寨东西向支脉和三品山孤山。

州河西岸，龙滩河的源头集水盆水库在南北向的铁山平行褶皱带，主导其形成、发育的是南北向的铁山、桐子山和"石牛山—烟地梁"一线的南北向平行山岭；阁溪源头集水盆水库在烟地梁，主导其形成、发育的是烟地梁东西向支脉；千家溪源头集水盆水库在石牛山，主导其形成、发育的是石牛山和烟地梁东西向支脉；河龙溪源头集水盆水库在石牛山，主导其形成、发育的是石牛山东西向支脉。

由此，南北向的铁山平行褶皱带、雷音铺平行褶皱带、"邓家梁—王家梁—仁和寨"平行山岭、"石牛山—烟地梁"山岭、桐子山，东西向的火峰山、仁和寨东西向支脉、石牛山东西向支脉、烟地梁东西向支脉，三品山孤山等山体，在"循水理山"过程中得以凸显，各自守护着自己繁衍并养育着的一条或两条常年溪河流。

7.3.3　达州市经开区建设用地选择

通过"循水理山"方法解译出的山空间仅限于位置和走势，尚无法确定出山空间的具体形态，需进一步在十大流域内，运用人居视角地貌分类方法，在界定山地格局的同时，进行建设用地选择。

1. 山地格局的界定

达州市经开区内山地格局，是运用人居视角地貌分类方法，在对地貌分类中，结合山空间的解译结果进行界定。由于与渠县都属于川东褶皱带，达州市经开区内的地貌分类标准可采用渠县人居视角地貌基本形态分类标准，见表7.5。

在对人居视角地貌分类中相对高度和坡度两大因子的计算中，坡度很容易从1∶500地形图转化成的 DEM 得到（图7.21），但对于相对高程，由于达州市经开区范围较小，规划的要求更精细，不能简单地运用各大流域内水系的平均高程作为基准高程，而应该以具有真实坡降的水系高程作为基准高程，以避免出现以水系平均高程作为基准高程时，存在大量低于或高于水系实际高程的情况。所以相对高度计算的难点在于：如何对一条代表水系的线附上不同的实际高程值？

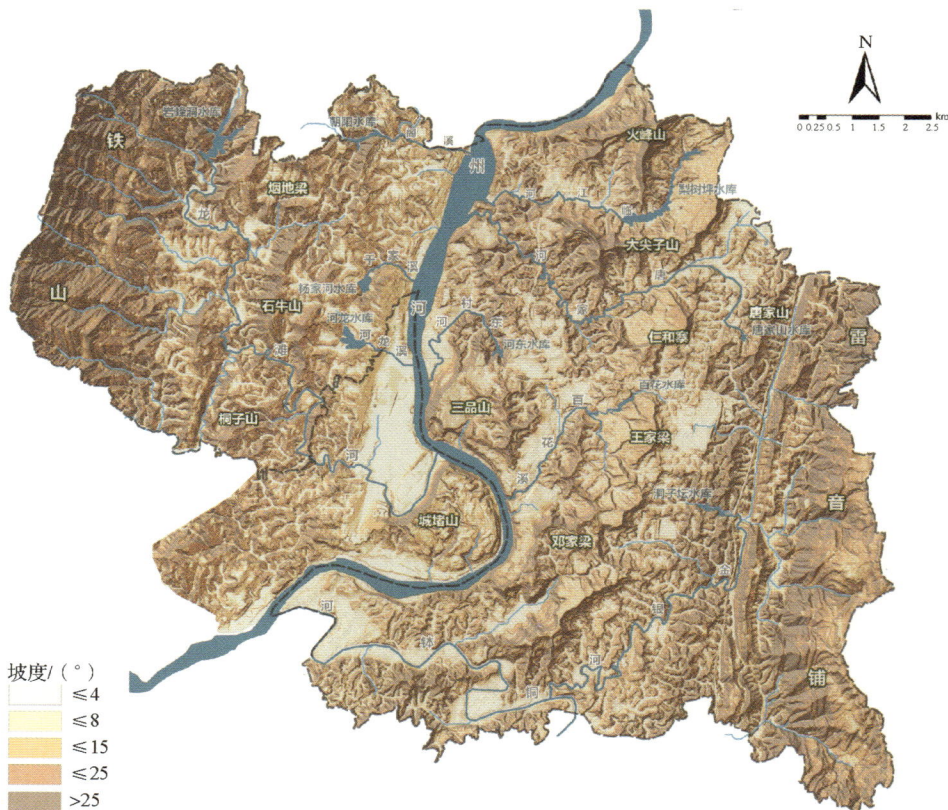

图 7.21　达州市经开区坡度分布

　　水系高程值的提取介质来源于面状的 DEM，但将面状上不同的高程值数据赋值到一条线上，从常理上来看，不具有可能性。所幸，Arcgis 给我们提供了新的思路，其原理是：将面状的 DEM 高程值转化为水系所在处的高程点，垂直于水系将高程点延展为带状的高程面，即是水系基准高程面，以此为基准，进行相对高度计算。

　　基于 Arcgis 的水系基准高程面确定原理，在十大流域内，分别完成以下具体计算步骤后，即可得到山空间：①运用 Arcgis 中的 extrat values to point 功能，提取水系所在处 DEM 的高程值，转化为高程点；②运用 Arcgis 中的 kenel density

工具，计算水系高程点的影响范围，再运用重分类工具，计算以水系为基准面的相对高度（首先，计算原高程的概率密度函数，再计算高程为 1 的概率密度函数，用 raster calculater 两者相除，得出运算结果）；③用 classify 工具重分类，计算相对高度≤20m、20～50m、50m 以上的地貌类型，进行地貌形态的一级分类，划分出山地、平坝、丘陵三类一级地貌类型（图 7.22）。

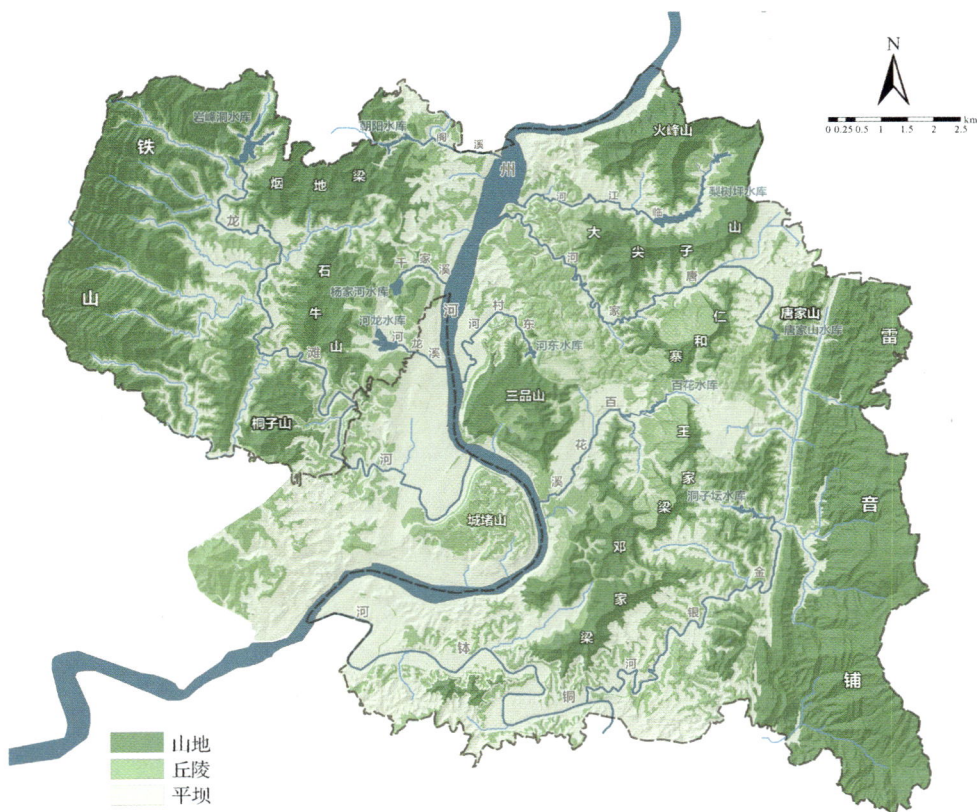

图 7.22　达州市经开区人居视角一级地貌分类

　　根据地貌分类出的山地，结合山空间的解译结果，达州市经开区"两脉五山四梁"的山地格局得以凸显：两脉是指铁山和雷音铺两大褶皱山脉；五山是指石牛山、三品山、火峰山、桐子山和大尖子山五大相对完整独立山体；四梁是指烟地梁、王家梁、邓家梁和仁和寨四大山梁。

2. 建设用地选择

在界定出山地格局后，进一步用 Arcgis 中的 raster calculater 工具，将一级地貌分类与坡度叠加，实现对地貌的二级分类，并运用渠县人居视角地貌分类的建设适宜性标准，划分出达州市经开区内的适宜建设用地和不适宜建设用地。对比土地利用现状，划分出的不适宜建设用地范围与现状水田、果园和林地的范围几乎一致（图 7.23），可以说基于人居视角地貌分类的建设用地选择，最大化地保障了生态环境。划分出的适宜建设用地，由于临近水系，我们将其定义为水边建设用地（图 7.24）。

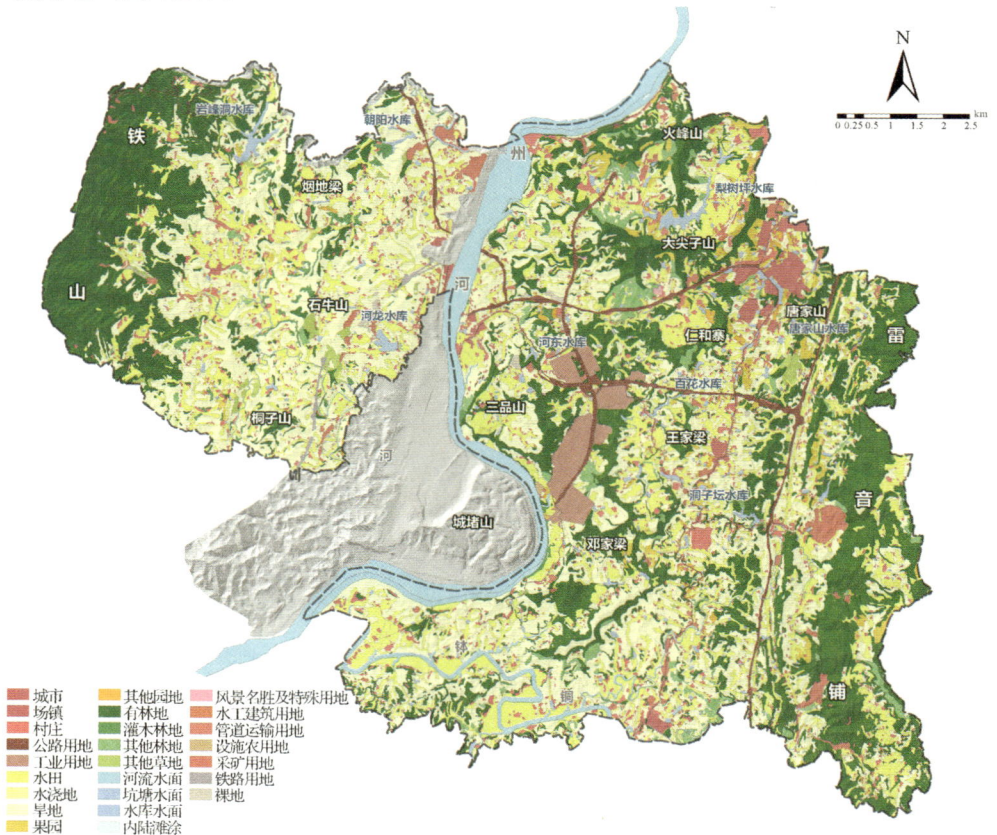

图 7.23　达州市经开区土地利用现状

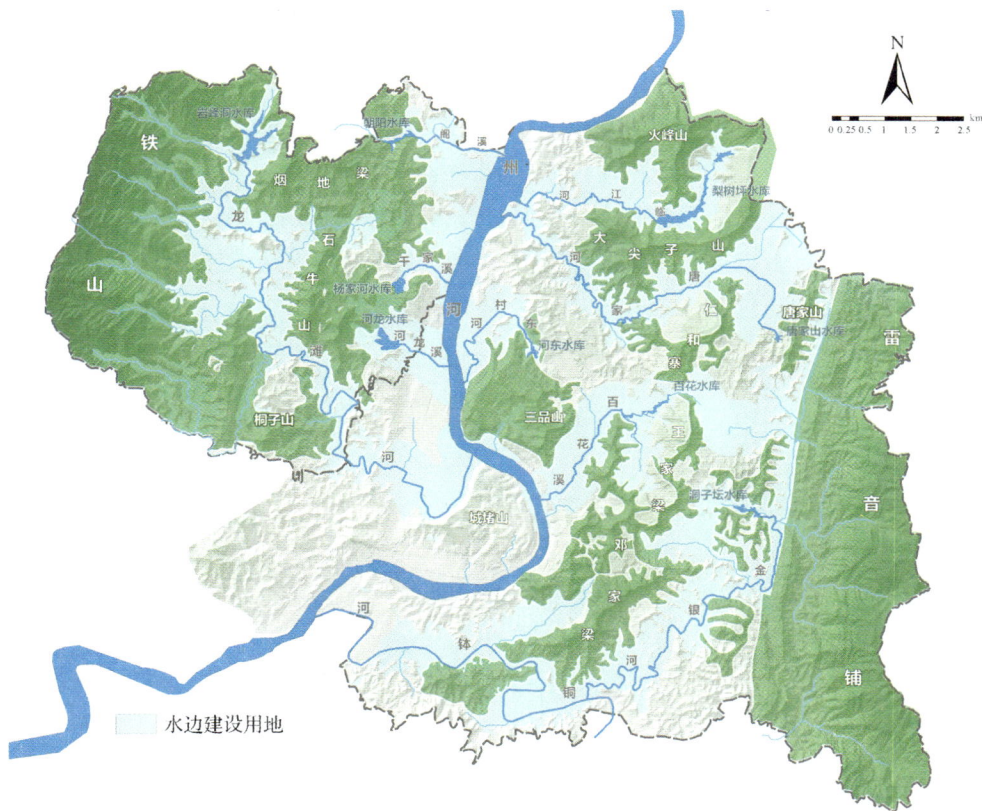

图 7.24　水边建设用地选择

　　水边建设用地的选择尚未考虑到自然灾害的影响。达州市经开区内的自然灾害主要是地质灾害和洪涝灾害。地质灾害主要有滑坡、潜在不稳定斜坡、地面塌陷、地裂缝等类型，主要分布在铁山、雷音铺两大褶皱山脉和烟地梁、石牛山、仁和寨和桐子山等山地中，已经包含在不适宜建设用地范围内。而洪涝灾害现状主要来自暴雨形成的河流洪水，具有陡涨陡落、峰高量大、历时短、过程线尖瘦等特点，例如，州河洪水过程多为单峰（约占 80%），一场洪水历时一般为 2～3 天，洪峰历时 1～2.5h。流域面积较小的临江河、唐家河等溪流，在暴雨时尚未形成陡涨的洪峰，但如果改变这些溪河流的自然水道形态或者将其暗渠化，将会提高涝灾风险，所以在对建设用地进一步选择时，需在人居视角地貌分类方法的基础上寻找出适宜建设用地，扣除洪涝灾害防治用地。

　　在十大流域内，以各自的水系为基准面，通过"循水理山"寻找出的能最大化保障生态环境、防治自然灾害的建设用地后，我们进一步发现与达州市经开区毗邻的达州市中心城区建设用地的高程高于最低水系基准面高程 30m 以上，即从与城市整体协调的建设角度来看，在基于人居视角地貌分类出的山地中也存在着适宜建设用地。我们再次以与达州市中心城区联系的达州市经开区内现状道路为相对高程度量的基准面，考虑到与道路的相对高度在 20m 以下时，不管山地陡缓与否，对山地改造的成本都较小，对生态环境的扰动相对较小，该相对高度范围内的用地可作为水边建设用地的补充，我们将其定义为"路边建设用地"（图 7.25）。

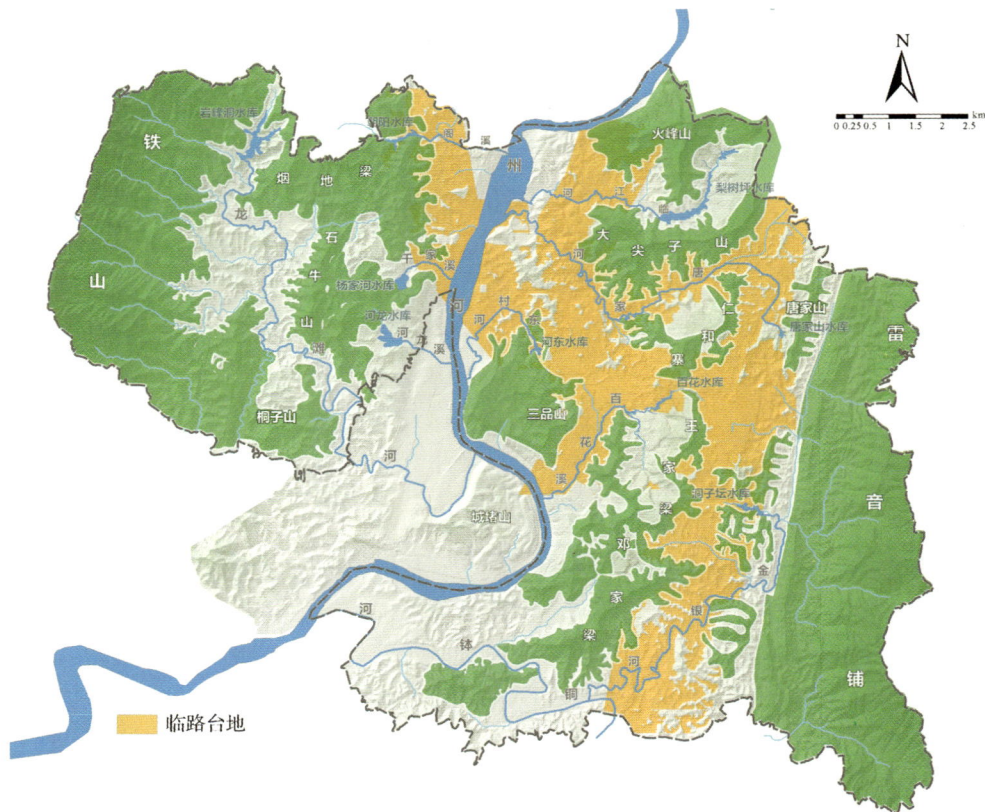

图 7.25　路边建设用地选择

在流域内的"水边建设用地"和与城市现状结合的"路边建设用地"，共同构成了达州市经开区内，能保障生态环境、防治自然灾害、分台分维的建设用地选择（图 7.26 和图 7.27）。

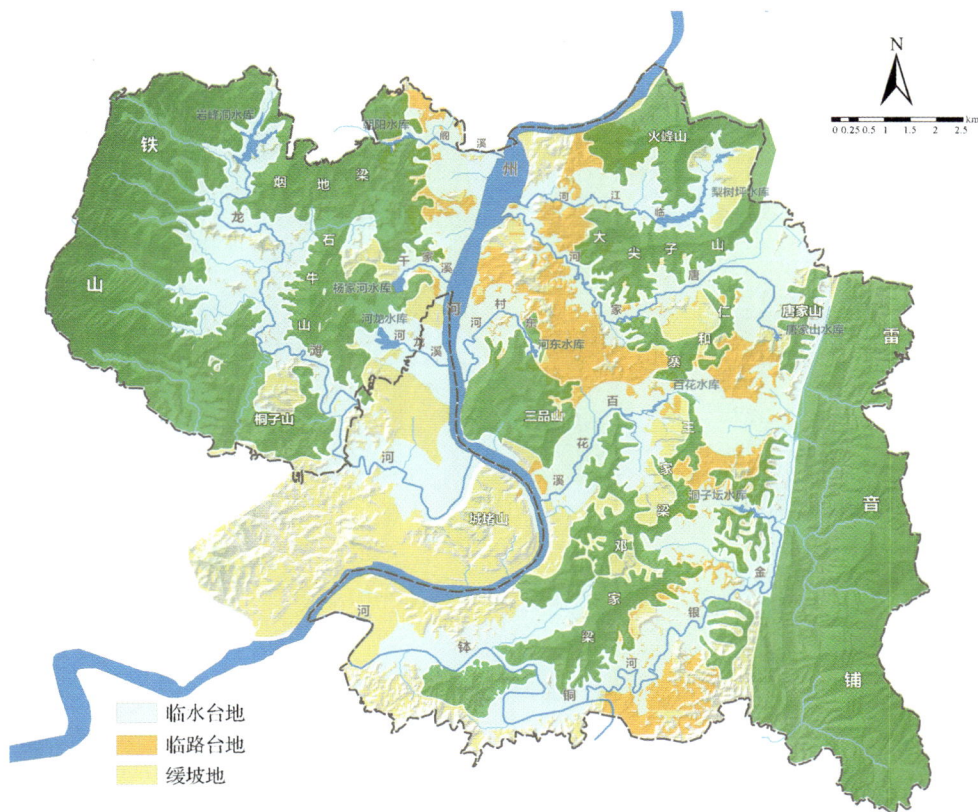

图 7.26　分台分维建设用地选择

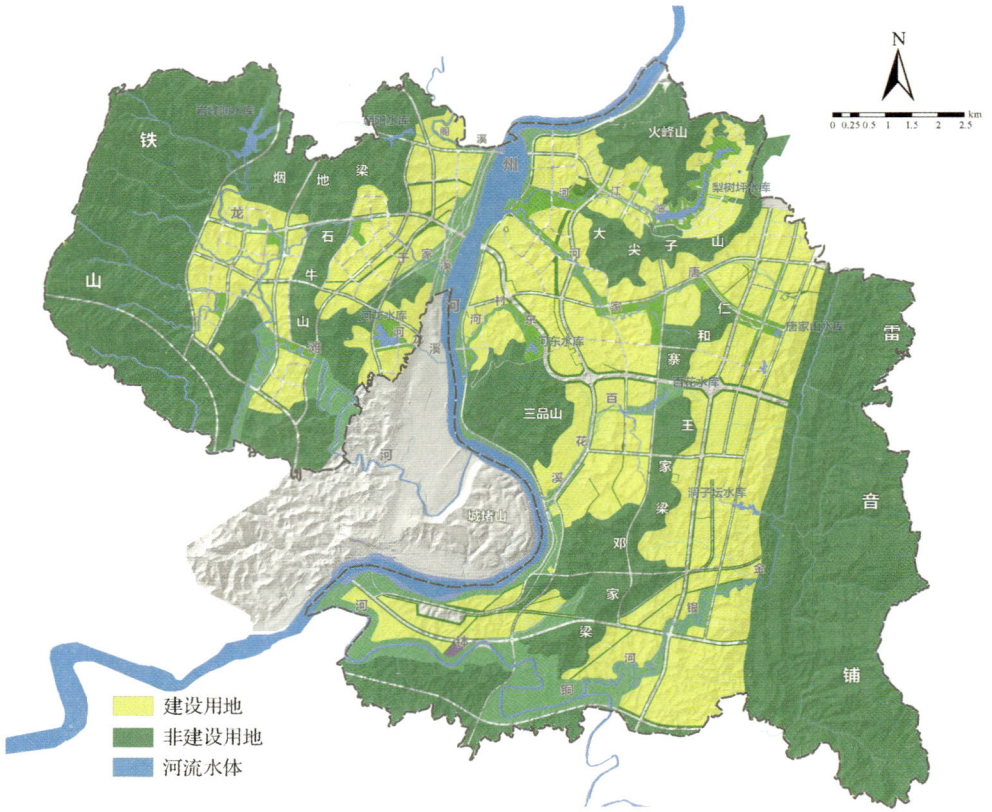

图 7.27 达州市经开区非建设用地与建设用地格局

参 考 文 献

[1] RENSCHLERA C S，DOYLEB M W，MARTIN THOMS．Geomorphology and ecosystems：Challenges and keys for success in bridging disciplines[J]．Geomorphology，2007，89（1-2）：1-8.

[2] BAILEY R G．Mesoscale：landform differentiation（landscape mosaics）[M]//BAILEY R G．Ecosystem geography．New York：Springer，2009：127-144.

[3] 迪维诺. 生态学概论[M]. 李耶波，译. 北京：科学出版社，1987.

[4] SUMMERFIELD M A．Global geomorphology[M]．Harlow：Longman，1991.

[5] MAITRA S．Landforms and geomorphological classification of part of the upper Baitarani River Basin[J]．Journal of the Indian Society of Remote Sensing，1999，27（3）：175.

[6] А.И. 斯皮里顿诺夫. 地貌制图学[M]. 北京地质学院，译. 北京：地质出版社，1956.

[7] 中国科学院自然区划委员会. 中国地貌区划[M]. 北京：科学出版社，1959.

[8] DEMEK J．International geomorphological map of Europe：on 1：2 500 000[M]．Institute of Geography，1976.

[9] 中国科学院成都地理研究所. 四川省地貌区划[M]. 成都：四川人民出版社，1982.

[10]　中国科学院地理研究所. 中国 1∶1000000 地貌图制图规范[M]. 北京：科学出版社，1987.

[11]　高玄彧. 地貌基本形态的主客分类法[J]. 山地学报，2004（3）：261-266.

[12]　刘元保，唐克丽. 国内外坡度分级和王东沟试验区的坡度组成[J]. 水土保持通报，1987（3）：59-65.

[13]　刘淑珍，沈镇兴. 四川省县级农业地貌区划及耕地分布规律研究[M]. 成都：成都地图出版社，1990.

[14]　况明生. 沙坪坝地区地貌分类与制图[J]. 西南师范大学学报（自然科学版），1990，15（4）：498-505.

[15]　丁锡祉，郑远昌. 初论山地学[J]. 山地研究，1986，3：179.

[16]　黄耀志. 山地城市生态特点及自然生态规划方法初探：全国首届山地城镇规划与建设学术讨论会，重庆，1992[C]. 北京：科学出版社.

[17]　赵万民. 论山地城市正负空间的意义：山地城镇规划建设与环境生态（全国首届山地城镇规划与建设学术讨论会），重庆，1994[C]. 北京：科学出版社.

[18]　程维明，刘海江，张旸，等. 中国 1∶100 万地表覆被制图分类系统研究[J]. 资源科学，2004（6）：2-8.

[19]　BARSCH D，CAINE N. The nature of mountain geomorphology[J]. Mountain research and development，1984，4（4）：287-298.

[20]　李钜章. 中国地貌基本形态划分的探讨[J]. 地理研究，1987（2）：32-39.

[21]　RASEMANN S，SCHMIDT J，SCHROTT L，et al. Geomorphometry in mountain terrain[M]. Berlin：Springer，2004.

[22]　VON SONKLAR C E I. Allgemeine Orographie：Die Lehre Von Den Relief-Formen Der Erdoberfläche[Z]. Wien：Wilhelm Braümuller，2010：187.

[23]　SKINNER G W. Marketing and social structure in rural China：Part I[J]. The journal of Asian studies，1964，24（1）：3-43.

[24]　ODUM E P. Fundamentals of ecology[M]. London：Saunders，1971.

[25]　КРОГИУС В Р. 城市与地形[M]. 钱治国，王进益，常连贵，等译. 北京：中国建筑工业出版社，1982.

[26]　柴宗新. 按相对高度划分地貌基本形态的建议[M]//中国地理学会. 地貌研究文集. 北京：科学出版社，1983.

[27]　汤国安，宋佳. 基于 DEM 坡度图制图中坡度分级方法的比较研究[J]. 水土保持学报，2006（2）：157-160，192.

第 8 章　山地城市生态资源的视觉景观化利用

8.1　从美学到资源：景观概念的演进

8.1.1　景观概念的多样性

"25 年以来，我努力去理解和解释那个称之为景观的环境，我写它，四处旅游去发现它，然而必须承认，我还是不理解它[1]。""景观概念是多样的[2]。"美国学者杰克逊（Jackson）和梅尼（Meinig）的上述话语引起笔者对景观概念认知的强烈共鸣，就像情人眼里的西施，景观的概念是多样的，各有所爱。

在我国，"景观"一词为舶来品。李树华认为："严格来讲，景观为日语汉字词语，是由日本植物学家三好学博士于 1902 年前后对德语 Landschaft 的译语而提出的[3]。"但在"景观"一词的引入中，我国学术界始终难以形成统一的对译，风景、园林、风景园林等词语都难以准确表达景观的意义。王绍增先生就曾论述过 Landscape Architecture 一词在中国对应翻译的举步维艰，因为该翻译对我国风景园林学科的发展及从业人士的饭碗都存在举足轻重的作用，需要特别地小心谨慎斟酌，力求表达得准确[4, 5]。既然景观一词是舶来品，我们不妨撇开我国对应翻译的多样纷争，而将目光转向景观一词的发源地，从源头观察景观概念，在多样性中找到景观概念的共性。

1. 作为自然景象的自然景观概念

在西方世界中，景观一词起源于 13 世纪早期的原始日耳曼语（Common Germanic）中的荷兰–日耳曼·斯堪的纳维亚语（Dutch-Germanic Scandinavian languages，包括丹麦语、挪威语、瑞典语、冰岛语和法罗语）lantscap（lantscep，landschap），由具有"区域和大片土地"意义的 land 和具有"开拓和产生"意义的后缀 scap 或者 scep 组成，在现代德语 Landschaft 中的后缀 schaft 仍然具有"构造（make）和组织（organised）"的意义。

荷兰–日耳曼·斯堪的纳维亚语的 lantscap 转化为英文的 landscape 时，并不是指"被组织土地（organised land）"，而是借用该词表现"不同于海洋的内陆自然景象的绘画"，特别指，一个视点视野范围内的内陆自然景象。这归功于兴起于荷兰的弗兰德斯画派（Flemish painting）。该画派通过写实景观绘画，去描绘具有社会乌托邦追求的自然景象，即尽管描绘的要素是真实的，但景观是理想的虚构或是现实景观碎片的拼贴。但由于现实主义景观绘画描绘的要素真实性，使其具有反映真实土地权属的作用，往往被土地的所有者（封建统治阶级或资产阶级）利用为地产图，并将地产描绘为具有艺术性的自然景象（图 8.1）。17 世纪，随着荷兰在大航海发现时代（Age of Discovery）成为政治经济强国，特别是来自荷兰奥瑞治家族（Orange-Nassau）的威廉三世在 1688 年光荣革命后，成为英国国王，landschap 一词随着弗兰德斯画派的写实景观绘画传到了英国，赋予英文 landscape 以"自然（nature）+景象（scenery）"的意义[6]。

1—林地景观；2—山中的农地；3—山脊处的风车，界定出地域边界；4—绿色村庄；
5—城墙内的城镇；6—湿地；7—岩石上的要塞或修道院；8—干草地。

图 8.1　《干草丰收》——荷兰弗兰德斯画派画家彼得·勃鲁盖尔（Pieter Breugel）的名作

资料来源：MARC A，VEERLE V E. Landscape perspectives：the holistic nature of landscape[M].
Dordrecht：Springer，2017：38.

在英国，景观被固定为自然景象的概念，逐渐形成了感知、描述人类世界的自然景观美学，并影响了景观建筑学的鼻祖——美国的奥姆斯特德（Olmsted）。当自称为"美国农民"的奥姆斯特德结束了他对苏格兰的访问、观察后，英国自然审美观深深烙进了他的头脑，他认为：自然美是缓解产业革命后城市环境拥挤的必要条件，秀丽的景色不仅能安抚市民受挫的心情，而且能提高他们的品德。于是，他在美国掀起了以景观为手段的城市美化运动，以"将保护自然景观美学融入人类的休憩活动"为目标，以"城市公园和开敞空间系统"为对象，以"花园城市"为图景，将自然田园引入城市并加入人文关怀[7-9]（图8.2）。

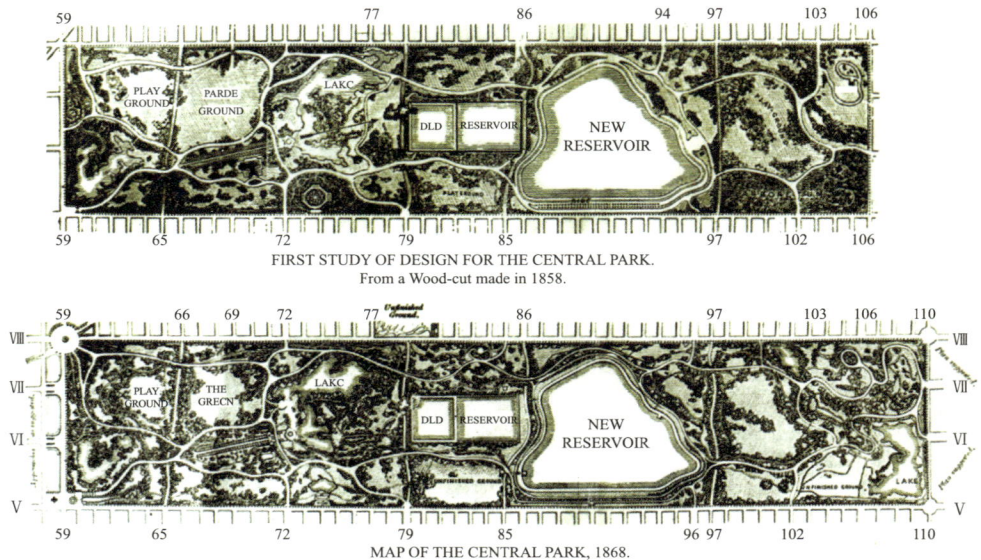

图 8.2　奥姆斯特德的纽约中央公园设计图

资料来源：MICHELLE COHEN，An archive of 24000 documents from Frederick Law Olmsted's life and work[EB/OL]. https://www.6sqft.com/an-archive-of-24000-documents-from-frederick-law-olmsteds-life-and-work-is-now-available-online/.

2. 作为自然地域综合体的生态景观概念

基于"景观"在日耳曼语系中是"地域"的意思，现代地植物学和自然地理学的伟大先驱、德国学者洪堡（Humboldt），在对自然空间中自然现象的特征、过程和分布的研究中，提出了景观是"地域综合体"的概念[10]。在洪堡的世界中，景观表达了地域的多样性，景观只能作为整体的现象被人感知。同时，受达尔文（Darwin）适者生存的生物进化论影响，德国地理学家拉采尔（Ratzel）在倡导地理环境决定论时，提出了自然景观（德文，Naturlandschaft）的概念，认为自然景观构成了整体的地理环境，是人地关系的主导因素，人不过是自然景观中的产物，进一步将景观的概念限定在"自然地域综合体"[6]。在德国地理学家眼中的"自然地域综合体"景观，是没有空间尺度的模糊整体，他们往往以类型学的视角将景观划分为诸如城市景观、乡村景观、森林景观、半岛景观等，关注不同类型景观的气候、水、土壤、植被等组成要素特征和形成过程。

坚持景观"自然地域综合体"概念的，还有景观生态学派。不同于德国地理学家眼中无空间尺度的景观，景观生态学派更希望景观是一个个具有尺度的"自然地域综合体"空间单元的组合。他们的灵感来自于同样受达尔文进化论影响的德国博物学家海克尔（Haeckel）所创立的生态学概念。海克尔认为地球上的生物有机体构成了一个个类似于家园的独立经济实体，彼此呈现为竞争与共生的关系，才导致地球的和谐运转。于是，他借用单词 economy 的前缀 eco 与希腊文中的"家园"（oikos），创造出了以运营、维护生物有机体独立经济实体的概念——生态 ecology[11]。

在生态学概念的基础上，1939 年，德国地理植物学家特罗尔（Troll）将生态引入景观，提出了生态景观的概念，即景观是作为地球表面实体存在的生态系统尺度单元，这些尺度单元彼此组合形成区域整体的生态系统[12]。生态景观的概念引导人们开始关注景观要素的分布模式，物质、生物和能量在景观要素单元之间的流动，景观形态的动态性等，希望揭示不同空间尺度下，过程如何影响形态的生态现象，探究这种生态现象扩展的规律[13]。1986 年，美国景观生态学家福曼（Forman）和法国学者戈登（Godron）进一步将景观定义为由相互作用的镶嵌体（生态系统）构成，并以类似形式重复出现，具有高度空间异质性的区域，推动了景观生态规划的发展[14]。

3. 作为文化的景观概念

景观的"自然地域综合体"概念，将人们对景观的理解放置于人和周边环境的关系之中，去阐释、理解存在于环境中的自然地理、生物和人类等组成部分之间的相互关系。景观概念指向了能被客观科学方法描述和分析的复杂现象，但忽略了景观本身所具有的人文意义。

当人们长期埋头于客观科学分析中，抬起头来打量周边环境，突然发现还有"风景这边独好"的景观美被自己忽略了。美国地理学家索尔（Sauer）无疑是最先抬起头来打量风景的人。他认为：地理学建立在自然地理背景的现实和人类文化的事实基础上，因此景观研究的内容是综合考虑自然地理背景和人文因素，发现对人具有显著意义并影响人类对环境利用的地域。在景观的演进中，文化是触媒，自然景观是媒介，文化景观是结果（图8.3）。文化景观是地域的最终意义，它的形成是人类历史长期作用于地域，使其具有的特征[15]。文化景观是在人类自然地域中的活动记录，能被主观观察和体验，因此有感知、美学、艺术的意义，而不仅仅是运用客观科学方法描述和分析复杂自然现象[16]。

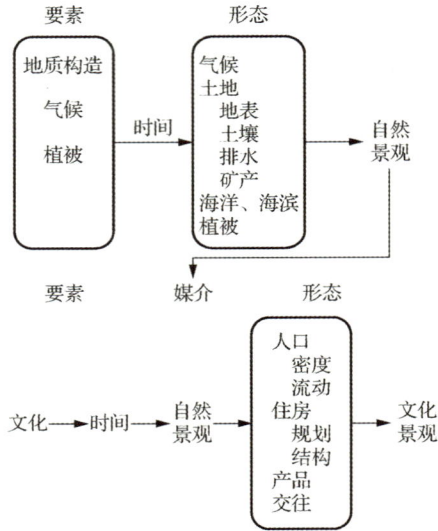

图 8.3　索尔景观形态学中的自然景观与文化景观关系

资料来源：SAUER C O．The morphology of landscape[J]．University of
California publications in geography，1925，2（2）：19-53.

　　索尔的文化景观概念在被联合国教科文组织（UNESCO）采纳后，拓展、加深了全球遗产保护的内容和内涵。1992年，"文化景观"首次被纳入UNESCO世界遗产大会的范畴。大会中，"文化景观"被描述为代表自然和人类作用的结合，阐明了长期以来人类社会和住区的进化，所受到来自于外部和内部的自然环境、持续社会、经济和文化力量影响下的限制和机遇。该大会将"文化景观"分为三类：①被设计的景观，即出于美学或政治原因，人为产生的花园或公园景观。②有机进化的景观，是响应自然环境产生的特殊文化，并通过相互作用和谐演进出的景观，可细分为：仅能展示演进过程的残存或化石景观；在当代社会依旧保持传统方式的持续景观。③联想性文化景观，自然元素对宗教、艺术和文化具有象征性的景观[17]。

　　美国学者梅尼总结三大方面景观概念的多样性为：景观与自然相关，但不是自然；每个景观是一副场景，但景观不是景象；景观与环境相关，但不是环境；

景观与地域相关，但不是地域；景观与土地相关，但不是土地；景观与文化相关，但不是文化[18]。看似富有哲理的总结，使人对景观的概念更加迷惑，似乎美国学者杰克逊永远都不可能理解景观的概念了。

8.1.2　整体大于部分：景观概念资源性的共识

景观概念的多样性引发需不需要弄清景观概念的问题。美国地理学家理查德·哈茨霍恩（Richard Hartshorne）就曾认为景观概念太过混淆，将弄清楚景观的概念作为地理研究的关键主题，是多余的[19]。的确，相对于不同的研究对象和研究目的，不同学科采用的不同景观概念，似乎也能解决各学科各自关心的问题。但对于没有置身于任何学科领域的普通人来看，这些各自独立的解决方法和结果，与事实总是存在偏差。例如，景观生态学所提出的斑块、廊道、基质"异质性自然地域综合体"景观单元组合，似乎过于考虑除人以外的动物的生存与感受，而缺乏人的美学和文化体会；基于美学的景观概念，又过于强调人的主观体会，而缺乏对世界的客观分析。

我们需要统一对景观概念的认识，综合认知存在于世界中的地理、生物和人类之间的相互关系；我们需要对景观概念达成共识，为人类生活带来美的感受；我们需要对景观概念理解一致，保障人工环境对自然的改造与扰动最小，并将其中和谐的改造活动与形式，以文化的形式流传。

1.　还原论的整体缺失

"解决多学科交叉的问题，最好的方法就是各学科都参与其中"[6]，"整体大于部分之和"，在景观概念的多样性难以统一（也没有统一的必要）的情况下，整体的景观概念似乎成为破题的有效途径。

美国学者纳维（Naveh）和利伯曼（Lieberman）就认为，整体性是景观的基本特征。他们提出"整体人类生态系统"（Total Human Ecosystem）的概念及生物圈、生态圈和科技圈的三层架构。第一层生物圈是由有机生物体所占据的全球自然或近自然系统，由呈现为自然景观和半自然景观的生物系统组成，生境是其中最小的生物系统。第二层生态圈是包括可持续生命的行星系统，由表征特定栖息地内有机体相互作用关系的生态系统组成，最小的生态系统是生境区。在生境区内，虽然可见结构中仅仅显示了植被的异质性，但地形、土壤、植被中至少有一个要素与环境是和谐的。因此，生境区是一个明确的生态空间单元，其组成和结构由当地生物、非生物以及人文条件决定。第三层科技圈由人类创造出的科技系统组成，科技系统包括乡村、郊区、城市和工业景观，也被称为人文生态系统（图 8.4）[20]。英国学者玛佐米（Makhzoumi）和庞格提（Pungetti）提出景观具有五大层面十四个维度。自然层面，主要是景观科学的维度；文化层面，包括景观艺术、景观哲学、景观心理和景观历史等四个维度；分析层面，包括景观分类、景观描述、景观评估和景观计算机模拟等四个维度；政治层面，包括景观法律和景观政策两个维度；创造层面，包括景观规划、景观设计和景观管理等三个维度（表 8.1）[21]。但这些整体性的概念，还是给人"将多样性景观简单加总"的印象，并没有达到"整体大于部分之和"的效果。总体来说，上述整体性景观概念还是近代经典科学所秉承的还原论，即把自然还原为机械运动，进而分解为基本的零部件来认识其构成和功能。但还原的每一步，实际上都是对整体、对过程、对复杂性的抽象和切割，都丧失了原有的部分关系和属性。

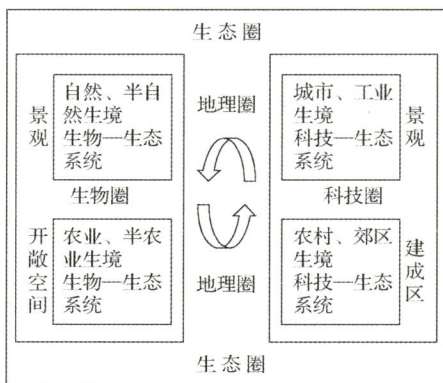

图 8.4　纳维和利伯曼的整体人类生态系统

资料来源：ZEV N，ARTHUR S L．Landscape ecology[M]．New York：Springer，1994.

表 8.1　玛佐米和庞格提的整体性景观概念五大方面十四个维度

层面	维度
自然层面	景观科学
文化层面	景观艺术
	景观哲学
	景观心理
	景观历史
分析层面	景观分类
	景观描述
	景观评估
	景观计算机模拟

续表

层面	维度
政治层面	景观法律
	景观政策
创造层面	景观规划
	景观设计
	景观管理

资料来源：MAKHZOUMI J，PUNGETTI G. Ecological landscape design and planning：the Mediterranean context[M]. London：Taylor & Francis e-Library，2005：40.

2．复杂性科学的整体观

关于对整体的认知，我们不妨求助于复杂性科学。复杂性科学思想的整体思维强调不能从整体本身开始，因为从整体本身谈本身是不可证实的空洞概念。但如果以事物性质和存在的条件性作为出发点，那么整体就可以归结为一批事物的集合，它们的性质和存在是互为条件的。整体思维的基础必须遵循的一条独特思路就是从有条件的存在，到它们相互依存的各种组合可能，再从中找到稳态，最后这些稳态中的部分才对应现实中的整体，即所有部分相加并非等于整体，必须包括部分之间的各种关系，这样的整体思维本质上才是发展的。

按照复杂性科学的整体观，景观概念整体性认知的思路转化为寻找多样性景观概念的有条件存在，正如意大利生态学家法里纳（Farina）的"系统滤网理论"（system of filters）[22]，需要自然、文化、政治等多样性景观概念之间有像接口一般的"滤网"作为中介，传递各自概念所富含的信息，并因为"滤网"的存在而关联出能达成共识的多样性景观概念的有条件存在。

拉采尔通过景观的"自然地域综合体"概念所延展出的"国家有机体"政治景观概念，将国家的成就与政治景观的空间与位置特征联系起来，提出地缘政治理论，第一次从对人有价值的视角，来审视空间及位置特征所赋予景观的资源属性[23]。虽然这种理论助长了德国纳粹党的地缘扩张思想，但它提示我们多样性景观概念的有条件存在可能就是资源。

景观概念认知的深层次目的是人们如何在保障自然景观和文化景观的可持续演进基础上，将自然环境改造为人造环境，为人所用，所以我们可以认为，在人类集聚地为主体的区域内，"为人所用的资源"就是多样性景观概念的有条件存在。只有在对景观概念的资源属性达成共识后，才可能将景观概念的自然、文化、政治及美学等多样的特性整合起来，以"资源利用"为滤网，在多维、多向、多重的景观功能、过程信息传递过滤中，明确各类景观特性能作为资源的保护及利用方式和程度。

在人类集聚地，以"为人所用的资源"为共识的整体性景观概念主导出的景观保护和利用，将围绕保障人工环境的自然、文化、政治及美学等整体性景观质量的主题，去保护自然景观、延续文化景观、提升美学价值，并加以利用，而不是单纯从野生动物视角出发的自然景观保护。

3. 欧洲景观公约的整体性景观概念

成立于 2000 年，在 2018 年 47 个欧洲理事会成员国中的 39 个都已签署的欧洲景观公约（The European Landscape Convention，ELC），给出了整体性景观概念的最好诠释。

欧洲景观公约中的景观是人文主义中心论的概念认知，而不是景观生态学中的生物有机体中心论的认知。在欧洲景观公约的解释性报告中，景观被定义为：被本地居民和外来访问者感知的区域或地域，其特征和特性是自然和人文因素作用的结果[24]。欧洲景观公约对景观的定义反映了在自然力和人类的作用下，景观得以进化的观点，彰显了景观是自然和文化要素组成的整体。

在欧洲景观公约中，人对景观的责任是：以可持续发展为目标，以激发公众参与为手段，在定义景观的品质和价值中，对景观采取保护（保存和维持）、管理（和谐）和规划（提高、修复和创造）等行动。这里的景观涵盖了自然、乡村、城市和城市边缘区（peri-urban areas），包括陆地、内陆水域和海洋地区。

景观保护是通过证实景观自然结构和人类活动的遗产价值，保存和维持景观的象征意义和特性（不同于联合国教科文组织只强调显著景观，欧洲景观公约还包括具有遗产价值的日常景观和退化景观）。

景观管理是以可持续发展为目的，确保景观的正常运行，以引导和协调由社会、经济和环境过程所带来的变化。

景观规划是通过具有前瞻性的行动，提高、修复和创造景观。

8.1.3 视觉景观管理：景观的资源化路径

"城市中，没有公园能大到通过其边界防范外界环境的侵扰……单纯划定自然保护区以保护生态环境的策略，其作用有限……景观，作为自然与文化之间的桥梁，在单纯自然保护拓展到土地、社会、经济等综合领域起着关键作用……至此，需要将公众利益从单纯自然保护地区转化到'景观资源区'。"[25]

在景观作为资源，能对自然、社会、经济等形成整体性认知的概念得到共识后，接下来的问题就是：如何利用景观资源？人们提到景观资源时，第一个念头往往是保护。但在城市中，单纯划定没有人活动参与的保护区，实际上起不到保护的效果，有时还会出现"破窗效应"：没有人活动参与的保护区边缘，缺乏相应的人为管理，在一个人扔了垃圾后，就像"第一面破窗"，可能引发整个保护区成为城市中的藏污纳垢之地，所以单纯的保护不是景观的资源化路径。

将公众利益从单纯自然保护地区转化到"景观资源区"的理念下，我们可以注意到景观的实质因素是"美"。在人与自然的和谐关系管理中，我们之所以费了九牛二虎之力但依旧难以放弃地探讨景观的概念，正是因为"美"这一景观区别于生态、环境、文化、地域等概念的实质。英国著名的女景观建筑师布伦达·科尔文（Brenda Colvin）认为：人的智力发展和精神生活与自然美息息相关，城市中"丑"的扩散对乡村景观自然美威胁最大[26]。

于是，发现和展示景观的美，逻辑性地成为景观资源化的目的。在明确这一目的后，"景观资源化路径"问题的答案才开始清晰。让我们把目光再次转向欧洲景观公约对景观的定义：被感知的区域或地域，其特征和特性是自然和人文因素作用的结果。该公约明确强调了人与景观之间的感知关系，虽然这种感知关系是人的所有感官的全面体验。但其中，视觉主导了人对景观的感知，几乎可达到所有感官对景观感知的 87%（图 8.5）[27,28]。在该公约的倡导下，人们对"景观的美主要被视觉感知"达成了共识，促成了视觉景观（visual landscape）一词的产生，并成为景观资源化的最佳路径。

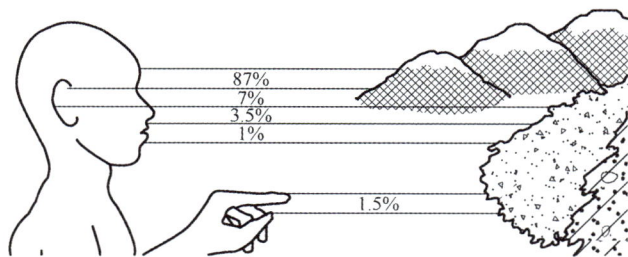

图 8.5　人类感官对景观感知的比例分析

资料来源：British Forestry-Commission & Ministry of Forests. Visual landscape design training manual[M]. Recreation Branch Publication，1994：5.

丹尼尔等认为，视觉景观是在某一特定区域能够带给观察者较强的视觉感知、视觉印象的地理实体[29-31]。笔者认为，在上述定义中，以"美"代替"较强"更为贴切。视觉景观正是具有发现和展示景观美的功效，并将这种美附着于地理实体之上，才挖掘出地理实体景观的品质和价值，并以空间资源的形式加以展示，引导对地理实体景观采取正确的保护、管理和规划等行动。

对视觉景观的重视，并不是忽略景观的生态功能，相反，由于视觉景观作为公共资源，直接联系了人类系统与生态系统，将成为保护生态环境的强有力方式[32]。因为，只有被人感知为美的景观，才可能受到人的关注而得以保存，得到保存的景观更有机会延续生态的功能性，参与生态系统的可持续性循环。福莱（Fry）等甚至提出视觉与生态两者共同构成了景观结构（图 8.6）[31]的观点。

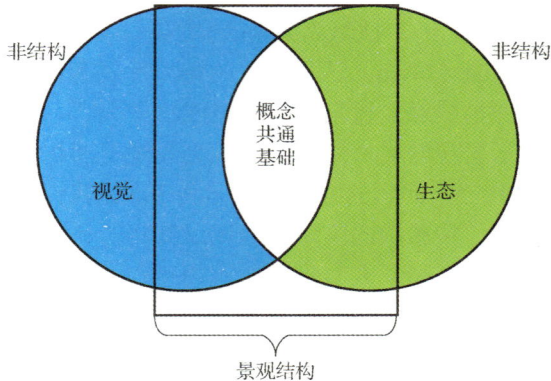

图 8.6 视觉、生态与景观结构的关系

资料来源：FRY G，TVEIT M S，ODE Å，et al. The ecology of visual landscapes：exploring the conceptual common ground of visual and ecological landscape indicators[J]. Ecological Indicators，2009，9（5）：933-947.

最早将视觉景观作为资源进行管理的主要是美国。美国的视觉资源管理（visual resource management，VRM）被定义为：确认视觉景观价值并建立管理这些价值的目标的详细调查和规划行动。其行动者主要是美国土地管理局（Bureau of Land Management，BLM）和美国农业部森林事务局（U.S. Department of Agriculture Forest Service，USFS）。美国土地管理局开发了视觉景观资源管理系统 ［visual resource management（VRM）system］，涵盖视觉景观资源详细调查、管理和影响评估等三大部分。针对森林规划，美国农业部森林事务局提出了风景管理系统（scenery management system，SMS），该系统框架由详细调查、分析和国家林地风景管理三大部分组成。掌管国家公园内土地和水的美国国家公园服务部（U.S.Department of the Interior National Park Service，NPS）虽然还没有确认视觉景观的资源价值并建立相应的视觉资源管理机制，但出于保护的目的，他们也发展出了自己的视觉景观资源调查规程。其他，诸如联邦高速公路管理局（Federal Highway Administration，FHWA）、美国陆军工兵部队（U.S. Army Corps of Engineers，USACE）、国家资源保护服务部（National Resource Conservation Service，

NRCS）、联邦能源管理委员会（Federal Energy Regulatory Commission，FERC）等，尽管不是土地管理部门，但在各自实际的管辖范围内，都进行了一些以保护为目的的视景资源相关项目探索。

美国土地管理局开发的视觉景观资源管理系统，作为美国最完整的视景资源管理系统，其目标是形成能对应可利用性和管理策略的视觉景观资源条件分类体系。相对于具体的目标，视觉景观资源条件分为以下四大层次。

Ⅰ目标层次（VRM class Ⅰ objective）：以自然生态保护为主，保护现存的景观特征，这种视觉景观资源禁止人工改造活动。

Ⅱ目标层次（VRM class Ⅱ objective）：保持现存景观特征的视觉景观资源，人工改造活动几乎不被外来观察者觉察。任何改变都必须与现存特色视觉景观资源的形态、线性、色彩和肌理等显著自然特征要素相符合。

Ⅲ目标层次（VRM class Ⅲ objective）：部分保持现存景观特征的视觉景观资源，人工改造活动可能被外来观察者觉察，但不会影响观察者对原有景观的印象。应尽量再现现存特色视觉景观资源的显著自然特征要素，审慎地对现存景观进行改变。

Ⅳ目标层次（VRM Class Ⅳ Objective）：可对现存景观特征进行大量改造的视觉景观资源，人工改造活动明显，可以改变外来观察者对原有景观的印象，但应该通过谨慎地选址、最小化扰动的施工，再现形态、线性、色彩和肌理等现存特色视觉景观资源的显著自然特征要素等方式，让人工改造活动对现存视觉景观资源扰动最小[33]。

一旦确定了视觉景观资源目标层次，所有的工程项目都必须满足其所在的视觉景观资源层次分类要求。这就促成了对作为公共资源的视觉景观，从原有的单纯封闭的分区画线保护转向通过发现景观"美"，有展示地利用景观"美"，开放地保护视觉景观资源。

8.2　美国森林视觉景观资源评价的启示

美国农业部森林事务局于 20 世纪 70 年代开发的视觉景观资源管理系统，主导了美国视觉景观管理的技术路线（图 8.7）。

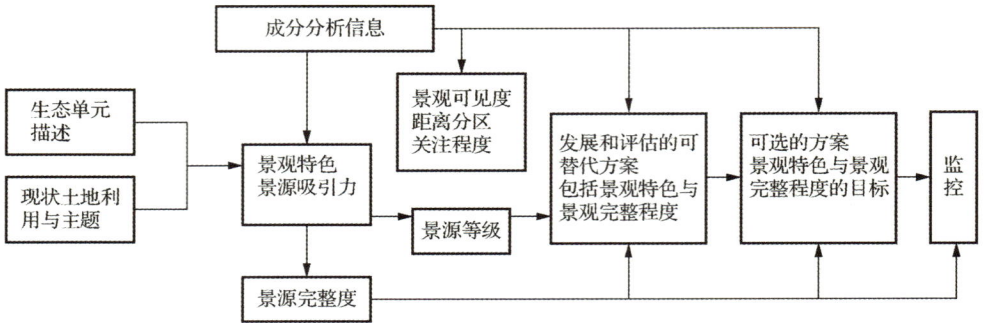

图 8.7　美国农业部森林事务局的视觉景观管理的技术路线

美国视觉景观管理的技术路线是围绕视觉景观资源价值评价展开的，而视觉景观资源价值由景观资源吸引力、景观资源能见度、景观资源整体性三大要素组成；视觉景观资源价值评价则是景观资源估值分级和公众关注度两大指标，对三大价值要素进行定量评估（图 8.8）。

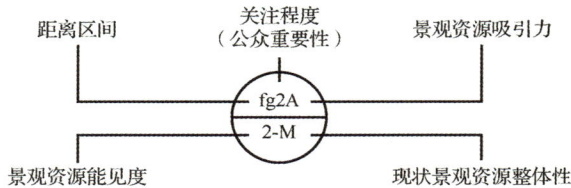

图 8.8　视觉景观资源价值评价

8.2.1　景观资源吸引力评价

1. 景观资源吸引力与景观特性

景观资源吸引力产生于地方景观特性，包括显现的自然景观特性和隐含的文化景观特性。具有这两大特性的景观才能赋予空间以场所意义，进而展现出区别于其他区域的、可辨认的独特风景吸引力。

地方景观特性描述的目的是：建立可辨识化、可场所化的全面景观印象；为现存景观和理想景观特性的比较，提供参照；为以特征化景观为导向的、遵循景观过程的景观特征改造，提供参照；建立测度风景整体性的底线。对景观特性的描述，包括以下内容。

（1）利用考古学、历史学、生态学等与景观相关学科的研究成果，描述景观的演进。

（2）从植被调查中获得潜在景观特性。

（3）现存景观的地形、植被模式、水特征和文化特质等属性。

（4）诸如声音、气味、味觉、触觉、视觉等影响美学感受的现存景观属性，包括：①野生动物栖息地中特别的绮丽声音；②野花独特的芳香；③纹理精致的植物混合群落所带来的触感；④诸如颤杨等植物发出的声音和视觉感受。

决定景观特性的七大关键要素是：地形、植被、水、色彩、相邻景象、稀缺性和文化改造。

地形，除在陡峭程度、体量、风化程度等方面可产生不朽的杰出景观外，还可以其尖顶、拱门、一线天等形式产生艺术感和象形联想，如桂林漓江的象山。

植被，通过其自然生长所产生的模式、形态和纹理形成独特的景观，可能如秋天的枫叶，是短期呈现但具有重生能力的壮观景象；也可能如黄山一棵松，是具有惊人生命力或有趣的细节所呈现的景观。

水，通过水文及边界的形态、流动或静止的状态等形成独特的景观，如黄河壶口瀑布，夏季河水奔腾时气势恢宏，冬季河水冰冻时静如处子。

色彩，如土壤、岩层、植被等都可能以色彩的形式，给人留下印象深刻的景观，如丹霞地貌的独特红色。

相邻景象，一般指相邻地方景观 5mi（1mi=1.6km）范围内的地形、植被、色彩等因素，其可能衬托出地方景观特色，也可能带来不好的效果。

稀缺性，指在人类或区域景观环境中稀缺的地方景观特性，如大的天坑地缝。在分别对各景观特性关键要素进行评估时，常常会陷入难以取舍的困境，稀缺性要素的加入，并不会舍弃任何景观特性关键要素，只会强化地方景观的珍贵特性，便于确定景观保护与利用的重点。

文化改造，指人类文化活动对地形、水、植被、色彩等地方景观要素的改变，这种改变可能是积极的，也可能是消极的。例如，风水塔往往位于河湾处的山顶，在给行船者以安全的警示、是城市入口标识的同时，通过对山顶点的强化，凸显了水急山陡的地方景观特性。

2. 景观资源吸引力评价的空间尺度

就像"鸡生蛋，蛋生鸡"问题一样，先确定看什么，还是先确定在哪里看？一直是视觉景观管理中最棘手的问题。

1994 年，美国农业部自然资源保护事务局提出的国家生态单元等级层次框架（National Hierarchical Framework of Ecological Units），成为美国农业部森林事务局破解该问题的突破口。

美国农业部自然资源保护事务局认为，生态系统的概念将地理、生物和人类纳入一个整体框架后，生态的各个系统就能被描述、评价和管理了。但生态系统存在于多种空间尺度，且呈现为小尺度嵌套于大尺度的巢式等级层次。对生态单元进行巢式等级层次建构，才能将大尺度、难以提炼翔实信息的地球分层为越来越多的、具有一致的生态潜能且日益增长的小尺度区域，对于生态系统的管理能聚焦且能提供翔实的信息支持。

在美国国家生态单元等级层次框架中，生态单元一致的生态潜能包括：①潜在的自然群落；②土壤；③水文功能；④地形与地貌；⑤岩性；⑥气候；⑦自然过程，如营养循环、生产和演替；⑧有关洪水、风或火等自然扰动。基于八大生态潜能，美国国家生态单元等级层次框架被划分为八大等级层次（表 8.2）。

表 8.2 美国国家生态单元等级层次框架

等级层次	划分原则、标准	实际尺度	图示化尺度
地域	广域的气候分区（如干旱、潮湿、热带地区）	1000000mi²	小于 1∶30000000
领域	气候、植被或土壤相似的地区	100000mi²	（1∶30000000）～（1∶7500000）
省域	占主导的潜在自然植被区，拥有复杂的"气候—植被—土壤"三维垂直地带的高地或山地	10000mi²	（1∶15000000）～（1∶5000000）
部门	地貌分区、地质构造年代、地层、岩石、区域气候数据、土壤序阶段、潜在自然植被、潜在自然群落	1000mi²	（1∶7500000）～（1∶3500000）
次部门	地貌过程、地表、岩石、土壤序阶段、次区域气候数据	10～1000mi²	（1∶3500000）～（1∶250000）
土地类型群落	地貌过程、地理形态、地表、高程、土壤亚组（族系）阶段、地方气候、植物群落	1000～10000亩	（1∶250000）～（1∶60000）
土地类型	地形（高程、坡向、坡度、方位），土壤亚组、族系、序，岩石类型，地貌过程，潜在自然植物群落	100～1000亩	（1∶60000）～（1∶24000）
土地类型相	土壤次族或序阶段，地形和坡度，潜在植物群落相	<100亩	大于 1∶24000

资料来源：CLELANDD T，AVERSPE，MCNAB W H，et al. National hierarchical framework of ecological units[M]//BOYCE M S，HANEY A，et al. Ecosystem management applications for sustainable forest and wildlife resources. New Haven：Yale University Press，1997：181-200.

由此建立的生态单元，是用于生态系统规划和管理的图示化景观分析单元。它不仅描述影响生态系统结构和功能的优势生态要素的自然关系及空间分布，还描绘相关的社会和文化要素。这些要素包括地貌、岩性和地层、土壤类型、植物群落、栖息地类型、动物群落、气候、坡度/坡向/高程、地表水特性、扰动、土地利用、文化生态等。在生态单元内，对这些要素的综合集成描述，有助于确定生态单元过去、现在和未来的景观特性。它使规划师能在多等级层次尺度及不同的时间阶段，评价资源。

在美国国家生态单元等级层次框架基础上，美国农业部森林事务局总结了与森林景观资源评价相关的其他巢式等级层次结构，针对不同的森林景观资源评价目标，选取相应的层次尺度作为分析的基础（表 8.3）。将"在哪里看"的问题，限定在一个具有巢式嵌套结构的生态系统尺度内，以生态系统的稳定为准则，确定景观资源，解答"看什么"的问题。

表 8.3   与森林景观资源评价相关的其他巢式等级层次结构

等级层次	规划和分析	陆地生态单元	水域单元
区域	地域	地域	流域
	领域	领域	
	省域	省域	
次区域	部门	部门	次流域
	次部门	次部门	
景观	自然地理地区	土地类型群落	小流域
场地	生态土地单元	土地类型	河谷断面
	群落	土地类型阶段	河段
	站点	场地	水道单元

3. 景观资源吸引力评价的测度

景观资源吸引力是判断景观本质景象美和唤起人们正能量响应的主要指标。基于对地形、植被模式、组成成分、地表水特性、土地利用模式和文化特性的普遍感受，景观资源吸引力是有助于判断具有景象美的景观的重要特性。

景观资源吸引力评价的测度，就是基于人们对地形、水特性、植被模式和土地利用的文化等内在本质美的感受，测度景象的重要性。地形、水特性、植被和文化等有价值景观要素的综合，决定了景观资源吸引力评价的测度。有价值的景观要素通常包括：①地形模式和特征，如特色地形、岩石特征及彼此的并置关系等；②地表水特性，如河流、溪流、湖泊、湿地等的相关事件和显著特性，瀑布、海湾等特征水形；③植被模式，如潜在植被群落的相关事件、显著特性和形成的模式；④土地利用模式和文化特征，如有助于形成场所图景和感受的历史和现在土地利用中的可视要素。

景观资源吸引力评价测度的结果，可分为 A 类（有特色）、B 类（典型）和 C 类（无特色）三类。有特色的 A 类景观资源，是由地形、植被模式、水特性和文化特征综合展现出的独特或杰出景象，具有多样、一致、活力、神秘、完整、秩序、和谐、平衡等强烈的正能量情绪。具有典型性的 B 类景观资源，是由地形、植被模式、水特性和文化特征综合展现出的日常或普通的景象，具有多样、一致、活力、神秘、完整、秩序、和谐、平衡等正能量情绪，但不强烈，通常它们会形成生态单元内的基质。无特色的 C 类景观资源，是地形、植被模式、水特性和文化特征综合展现出的低质量景象，经常缺乏水和岩石形态等重要的有价值景观要素，具有非常弱的（甚至是缺失的）对多样、一致、活力、神秘、完整、秩序、和谐、平衡等正能量情绪的感受，甚至可能是负能量的感受。

景观资源吸引力评价的测度通常是通过地图化获得并加以展示的。首先，地图化有特色的 A 类景观资源，具有独特或杰出景象的区域通常是有名的，非常容易辨识。其次，地图化无特色的 C 类景观资源，这类地区通常是无名的，由大面积无差别的景观所组成，非常容易在航拍影像和地形图中辨识出来。B 类景观资源可以不做调查和评价就能地图化，因为当 A 类景观资源和 C 类景观资源被地图化后，剩下的区域就是具有典型性的 B 类景观资源区（图 8.9）。

图 8.9　景观资源吸引力评价测度的地图化

8.2.2　景观资源能见度评价

景观资源能见度是指景观资源能被观察者看见的程度。景观资源能见度评价方法来自于美国加利福尼亚大学小利顿教授（Litton）基于人眼的视觉体验原理，提出的景观视觉体验六要素和七组成类型理论[34]。

1.　人眼的视觉体验原理

人眼的生理特点主导了视觉体验，通常可以用视区的概念（以角度定义的空间区域）来区分人眼不同的视觉体验效果。

影响视区的因素主要是眼球的转动能力、可见力和视觉感受力。眼球的转动角度是水平 15°、向上 25°、向下 30°，单眼视区是水平 95°，向上 50°，向下

70°。单眼所看见的物体是缺乏立体感的，只有在双眼重合的视区内，观察到的物体才是立体的，双眼重合的水平124°、垂直向上50°与向下70°的区域被定义为双眼立体视区（stereoscopic binocular vision，SBV）。在双眼立体视区内，水平60°～120°、垂直向上30°与向下40°的范围，人眼能清晰地观察到物体颜色的层次，这个区域被定义为色彩视区（colour vision，CV）。在色彩视区内，水平10°～60°范围内，人眼能观察到物体的细部，这个区域被定义为细部视区（symbol recognition，SR）；水平20°～40°范围内，人眼能观察到文字，这个区域被定义为文字视区（word recognition，WR）（图8.10）。

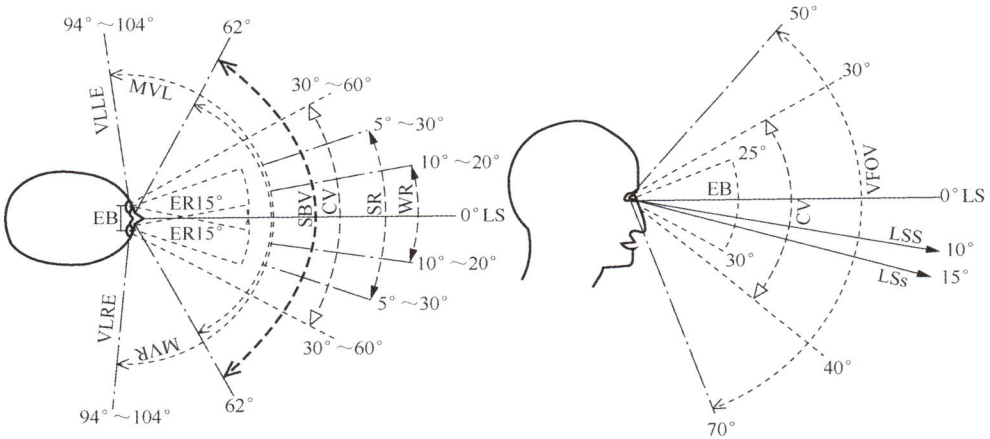

水平视觉：EB—眼底；VLRE—右眼视限；VLLE—左眼视限；MVR—右眼视区；MVL—左眼视区；ER—眼球旋转角度；SBV—双眼立体视区；CV—色彩视区；SR—标识认知；WR—文字认知；LS—视线垂直视觉；VFOV—垂直视野；LSS—站姿视线；LSs—坐姿视线。

图 8.10　人眼的视觉体验

资料来源：MARC A，VEERLE V E. Sensing and experiencing the landscape [M]//MARC A，VEERLE V E. Landscape perspectives：the holistic nature of landscape. Dordrecht：Springer，2017：108.

　　视区界定的前提是处于静止状态的人眼观察生理特性。但人眼不是一个静止的照相机，它更像融合了各种焦距镜头的摄像机，在长焦和短焦镜头的不断转换中，摇拍景象，编译快照，建立全景似乎没有干扰的三维（3D）精神图像，并不时地关注细部。因此，正如长短焦镜头的转换，影响人眼对物体观察的因素还有视距。

　　理论上，视距与人眼高度相关，德国学者格若娄（Granö）定义视距与人眼高度关系的公式为[35]

$$视距（km）=3.827\sqrt{人眼高度（m）}$$

　　例如，在平地上，1.5m 人眼高度的视距，理论上是 4.69km；在 10m 高的高岗上，1.5m 人眼高度的视距理论上是 12.98km。然而，当视距超过 1km，人眼观察物体的视角不会超过 5°，已经感受不到尺度；当视距在 1.2km 左右时，大部分人对物体已不再有立体感受了。1.2km 是人眼观察物体能获得立体感的关键视距[36]。

2. 景观视觉体验六要素

景观视觉体验六要素分别是距离（distance）、观察点位置（observer position）、空间形态（form）、空间限定方式（spatial definition）、光（light）和空间序列（sequence）。其中，空间形态、空间限定方式和光三要素与景观本身实质相关，而距离、观察点位置和空间序列三要素则与景观有关的观察者实质相关，而观察者与景观之间的关系是可以调整和调控的。

1）距离

根据人眼视觉体验的视距原理，通常将景观视觉体验的距离划分为前景、中景和背景三个层次，其距离分别是：0～（1/4mi 或 1/2mi），（1/4 或 1/2）～（3mi 或 5mi），（3mi 或 5mi）～∞（图 8.11）。

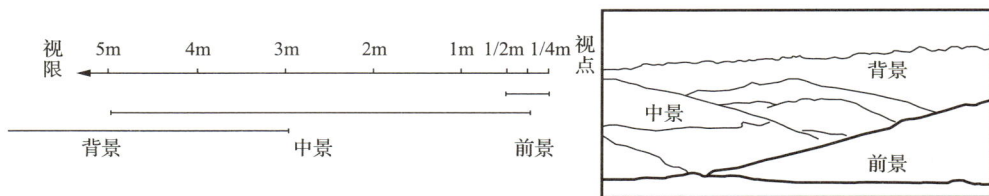

图 8.11　视觉体验的距离感

资料来源：FELLEMAN J P．Landscpe visibility mapping：theroy and practice[Z]．1979：8.

前景，不同于中景和背景的显著特点是：观察者深入其中。观察者能以自己为参照，感知前景中物体的尺度，感知物体的细部，感知色彩的强烈对比，能亲密感受到声音、气味和触觉。但前景可能遮住中景、背景，也可能由于对细部的关注而忽略更大的景观内容。

最关键的是中景，它是可见景观各个部分的联系。前景中，看见的是一座山，中景则提供看见一系列山的机会。中景中能感知的是景观的形状、模式和肌理。中景柔化了色彩对比，陪衬出前景的复杂和细节。中景的天际线轮廓（包括中景本身）是细节和整体的有趣组合体。通过观察沿天际线分布的树的形态，通常能区分出树种。虽然在（1/4 或 1/2）～（3mi 或 5mi）范围内，都可能形成中景，但根据格若娄的人眼视距原理，1.2km 是最佳的中景距离。

背景中已不能感知景观的形态、地表肌理或细节等，取而代之的是对轮廓形状的感知（水道的形状、森林的边缘），并使前景和中景更加清晰。背景中最小化了色彩对比，饱和度高的色彩被蓝色和灰色取代，并置的大面积土地显得突出。天际线和山脊线是背景中最强烈的能见性要素。

2）观察点位置

观察点位置是指观察者相对于被观察物体的位置关系，特别是指相对高度关系，通常可分为：观察者处于其中、观察者在水平位置和观察者居高临下三种。

观察者处于其中，是指观察者的平视线低于外部环境或者邻近景观。在三种观察点位置中，它受空间闭合状态和有限视景距离的影响，展现了从前景的紧密围合到背景的轻微围合的连续过程（图 8.12）。

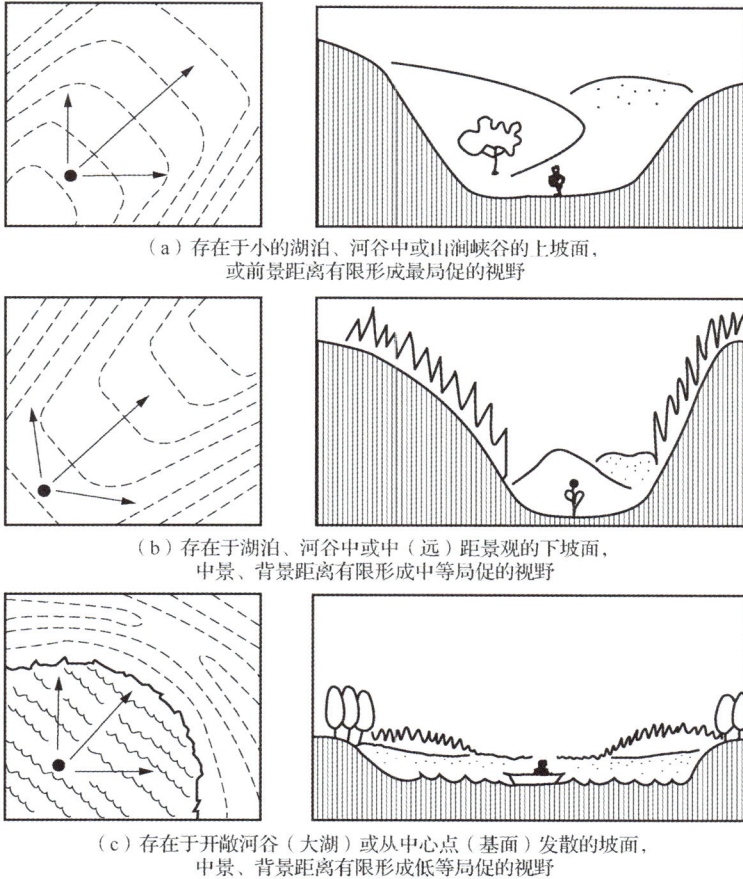

（a）存在于小的湖泊、河谷中或山涧峡谷的上坡面、
或前景距离有限形成最局促的视野

（b）存在于湖泊、河谷中或中（远）距景观的下坡面、
中景、背景距离有限形成中等局促的视野

（c）存在于开敞河谷（大湖）或从中心点（基面）发散的坡面、
中景、背景距离有限形成低等局促的视野

图 8.12　观察者处于其中，不同空间闭合状态和视景距离形成的局促的视野

资料来源：BURTON L R. Forest landscape description and inventories：a basis for
land planning and design[R]. Berkeley，California，USA，1968：6.

观察者在水平位置，是指观察者的平视线指向景观的主体。尽管天空是任何景观视野中的最显著部分，但在水平位置的观察者通常更注意景观中的固体或者水等要素。在某些方面，在水平位置的观察者可能得到的是身处其中和居高临下两种皆有的视觉体验，即虽然景观的客观存在是相同的，但对于在水平位置的观察者来说，得到的是不同的距离和空间秩序（图 8.13）。作为身处其中和居高临下两种视觉体验的混合体，水平位置是最广泛的视点选择，不仅有助于对居高临下的视点进行定位，还保持着与身处其中视点之间的密切关系，便于形成对景观的多层次认知。

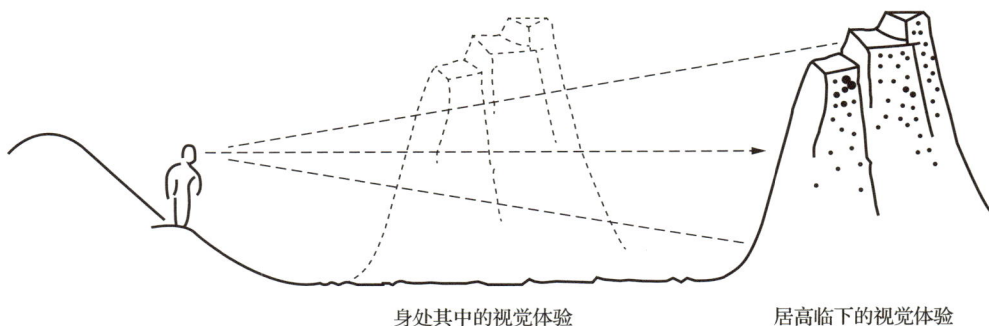

身处其中的视觉体验　　　　　　　　　　居高临下的视觉体验

图 8.13　在水平位置的观察者可能获得的身处其中和居高临下两种皆有的体验

资料来源：BURTON L R. Forest landscape description and inventories：a basis for
land planning and design[R]. Berkeley，California，USA，1968：8.

观察者居高临下，最显著的是在山顶或山脊几乎不会受到封闭、屏障、方向和距离等的限制，能获得最大的远眺和感知景观结构的机会（图 8.14）。

3）空间形态

景观的空间形态主要是指地形及山脉、山峰、火山锥、岛屿、悬崖等地貌的三维凸状要素。可通过大小、孤立状态、地表变化、等高线（陡峭度）和轮廓等的对比，揭示出主体的空间形态。

在实际中，认知空间形态首先应在地形图中，辨识出等高线突变处、孤立奇异的地标（如悬崖）、植被边界等，并列出这些不连续空间形态要素的详细清单，展示出其可能具有景观吸引力的空间形态。

4）空间限定方式

空间限定方式是指景观或景观空间中，由地貌基础、植被围合等形成的三维凹形要素。

（a）山顶、360°视域能观察到背景的无限制空间

（b）山脊边缘、180°视域能观察到背景的中等限制空间

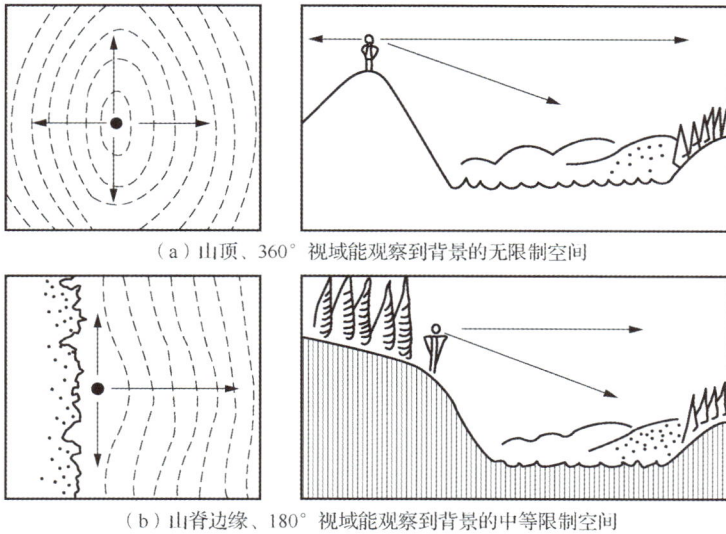

图 8.14　居高临下观察者的视野

资料来源：BURTON L R. Forest landscape description and inventories：a basis for
land planning and design[R]. Berkeley，California，USA，1968：9.

不同于有地面、墙体和天花板等明确的限定要素的建筑空间，尽管户外空间可由地面和墙体限定，但缺乏如天花板一样的顶部限定（极少数情况下有树荫和云层充当天花板），所以凹形是户外景观空间的主体限定要素，由四个方面决定其限定度：①墙高与地面延展度的比例。墙越高、地面延展度越小，空间限定越大。②墙、地面围合的自然状况。墙，可能是陡峭的岩石悬崖或坡度和缓的乔木林，边界是连续或断断续续的；地面，可能是平展的草地或者树丛，也可能是大岩石、离散的树，甚至可能是湖或池塘。这种围合更像船空间，不仅仅在洼地蓄积水，还反映光和季节变化。③地面延展，与树或地面边界交汇的形态。相比从中心发散出的树枝状大峡谷，一个小的简单椭圆轮廓草地更容易被迅速感知。④大小的不同。景观空间不同的尺度，提供了对围合进行描述的定量化界定，如袖珍峡谷、大峡谷等称谓。

5）光

了解光及其影响的实质，可预测土地利用决策带来的视觉效果。需要从光的色彩、光的距离和光的方向三个方面，了解光及其影响。

色彩是光的基本显现，通常用色相和色度两个参数加以表达。色相是色彩所呈现出的质的面貌，是色彩的最基本特征，是区别各种不同色彩的最准确的标准，

如大红、玫瑰红、柠檬黄、翠绿、钴蓝等。色度是不包括亮度在内的颜色的性质，它反映的是颜色的色调和饱和度，通常分为黑、白、灰。在景观中，像彩虹那样，能分离出各色相的彩色是罕见的，所以彩虹才显得特别。现实中，景观的色彩还受到季节的影响，如春天嫩绿的树叶到了秋天就变黄。气候也会影响色彩，如在乌云密布时候的平光，由于缺乏阴影，整体的光照和对比会消失，带来色彩细微的变化。水生植物通常具有比陆生或高地植物更亮的色彩。

光的距离影响航拍时对景观色相和色度的感知。由于光射线的分散，导致越远的物体越蓝或越灰。这种色彩随光的距离变化的效应，有助于根据景观的色彩辨别距离。

光的方向通常分为背光、侧光和顺光。通常早上和傍晚的阳光，是背光；中午，则是阳光从顺光向侧光转换。

背光获得的视觉感受是物体的轮廓剪影，而缺乏景观的细部和表面特征。侧光和顺光，通常可以同时获得，除非景观简单到只有一个在光照射中的优势面。最大的不同在于，侧光可以产生比顺光更多层次的三维效果。这是因为顺光的阴影更短，物体更多的表面暴露在光线中。鉴于上述原理，通常摄影师都会运用侧光而不是顺光去获得物体的模式和肌理。

6）空间序列

空间序列是指沿着一条路径记录不同景观特性的对比，以描述该路径上的景观资源。正如中世纪的日本园林和法国巴洛克园林一样，在设计中运用景观目标、形态、空间和尺度所构成的空间序列，为造访者在园林中最大化地体验景观的变化和对比提供条件。

3. 景观视觉体验七组成类型

基于景观视觉体验六要素的组合，可形成开敞式（panoramic landscape）、地标式（feature landscape）、围合式（enclosed landscape）、聚焦式（focal landscape）、遮盖式（canopied landscape）、细部式（detail landscape）和时令式（ephemeral landscape）七大景观视觉体验的组成类型（图8.15）。前四种类型是基本型，可运用于大尺度景观；后三种类型是支持型，可运用于小尺度或短暂的景观。每种景观视觉体验组成类型都有由维度、特性和清晰度组成的能见度框架。

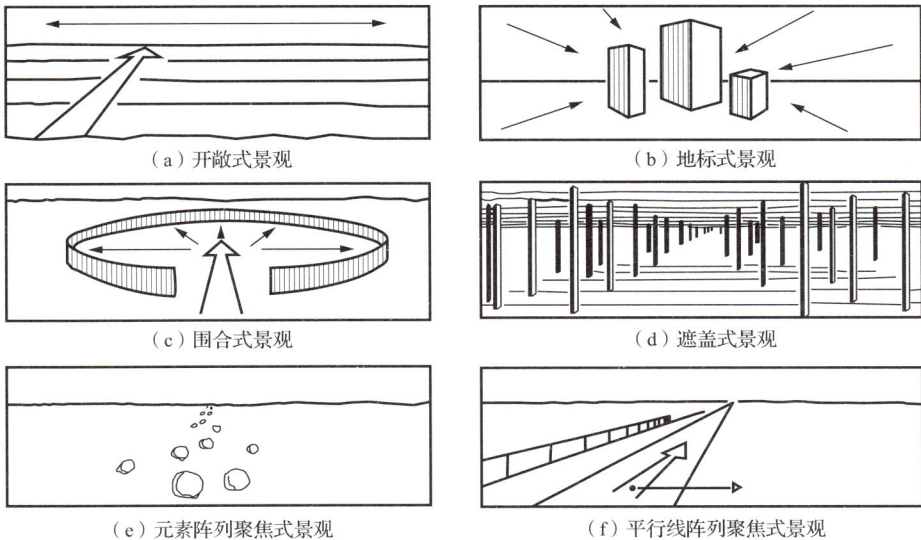

（a）开敞式景观　　　　　　　　　　　　（b）地标式景观

（c）围合式景观　　　　　　　　　　　　（d）遮盖式景观

（e）元素阵列聚焦式景观　　　　　　　　（f）平行线阵列聚焦式景观

图 8.15　景观视觉体验主要组成类型

资料来源：BURTON L R. Forest landscape description and inventories：a basis for
land planning and design，Berkeley[R]. California，USA，1968：9.

开敞式景观类型拥有 180°的视野，不能或很少能感觉到边界的限制，水平的天际线是其主要特征，缺乏距离感，难以区分前景和中景，天空和云的形态非常重要，有时甚至主导了稳定的水平特性。

地标式景观类型拥有显著的特征，有助于旅行者进行定位，通常具有可识别的描述性名称，是最具多样性的景观视觉体验组成类型，能在许多不同的尺度中被发现，也能从不同的形态和形态群落中提取，有时形态群落也可能作为一个地标式景观单元突出于周边的景观，如双峰、十湖等。

围合式景观类型拥有碗状形态或连续的环形边界。视线注意力首先会被集中到围合式景观的中心，然后才会转移到边墙，反弹出对地面的边界限定，例如，被陆地环绕的湖面，陆地形态围合出明确的水面边界。

聚焦式景观类型是一系列平行线或元素组成的队列汇集到一个焦点，引导视线探寻这些队列的起始原点。

遮盖式景观类型是通常存在于相对小的尺度中，有天篷遮盖或处于森林中的景观视觉体验组成类型。

细部式和时令式景观类型是难以用图式化方式阐释的景观视觉体验组成类型。细部式景观类型是指由微小的细节集合而成的大场景景观；时令式景观类型，受季节、天象等影响，仅持续几天、几小时、几分钟，甚至几秒钟的短暂景观。

8.3 基于视觉景观管理的山地城市开敞空间体系构建

作为承载城市居民公共生活的开敞空间体系，不仅具有保护自然生态环境的作用，还是蕴涵在自然生态环境中的"景观美"的集中体现地和展示地。由此，基于视觉景观管理的山地城市开敞空间体系的规划逻辑为：认定生态本底——寻找生态本底的"景观美"（景观吸引力评价）——明确"景观美"的展示视景（景观能见度评价）——综合生态本底"景观美"和展示视景，构建城市开敞空间体系。

在四川省富顺县新湾片区的规划中，我们尝试运用该规划逻辑，建立该片区"生态+景观美"的开敞空间体系。

8.3.1 富顺县新湾片区的生态本底

运用"循水理山"的山地城市生态规划方法，遵循"扎根生态过程、保障生态功能、保护生态结构"的逻辑，寻找富顺县新湾片区的生态本底。

1. 地貌过程

地处扬子准台地川中古陆核南部的富顺县，在华蓥山大断裂和荣威穹隆构造的存在反衬出自流井拗陷形成后，受褶皱构造作用影响，形成由构造剥蚀地貌、构造侵蚀地貌和侵蚀堆积地貌组成的全县地貌，呈现为丘陵和低山分布。

属于构造剥蚀地貌的丘陵，占据富顺县的大部分地域，分为平谷与圆缓低丘区，宽谷与塔状、桌状、斜面状中丘区和窄谷串珠状斜面高丘区及坪状台地区。低丘分布最广，为方山状或馒头状。中丘地貌零星分布于斜轴部地带和主要背斜翼部，多数谷地有小溪河发育，呈树枝状分布。高丘区中的窄谷串珠状高丘，主要分布在青山岭背斜及梯子岩背斜翼部，多深沟陡坎，为构造侵蚀地貌；高丘区中的坪状深丘也为构造侵蚀地貌，但兼有较强的剥蚀作用，多突起于向斜轴部地带，丘顶宽平，边缘陡立。

新湾片区属于圆缓低丘区，馒头状的地表丘陵错综起伏，冲、沟、谷纵横切割，看似无序，单纯依靠地貌形态难以寻找出具有主控生态功能的山丘体。而根据山丘体作为"产水产沙"的生态源和维持"产水产沙"过程缓慢持续的生态屏障两大生态功能，可以从水文过程反演出地貌过程，从而寻找出主控生态功能的山丘体生态本底。

2. 水文过程

雨水在对新湾片区内山丘体的侵蚀过程中，发育出复杂的水系网络结构，呈现为多样化的形态，粗略观察：一部分呈现为树枝状，一部分呈现为平行状，一部分呈现为格子状，呈现出似乎十分紊乱无序的水文过程（图8.16）。但这种无序并不意味着水文过程无规律可循。当我们将目光转移到所有的源头水系时，可发现一个规律，即若干的源头水系都发源于同一山体，且呈放射状发散。新湾片区的水系网络结构，实质上是若干离心状水系网络结构，即在看似高度、大小、形态相似的圆缓山丘体中，以少数的山丘体为中心，离心状地发育出若干树枝状或平行状水系，其中一些山丘体连成山岭，离心状地发育出格子状水系（图8.17）。

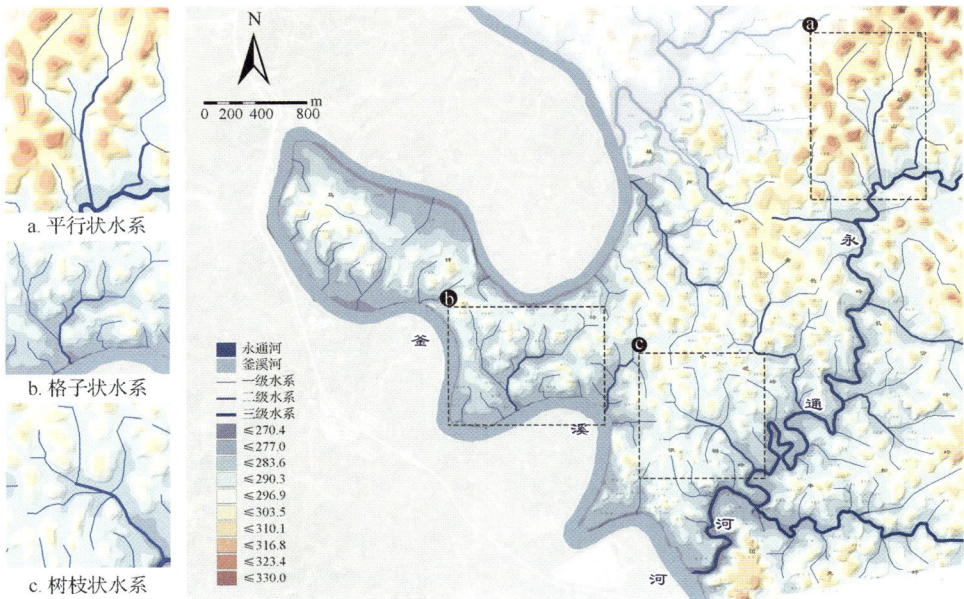

图 8.16 新湾片区看似无序的地貌形态和水文过程

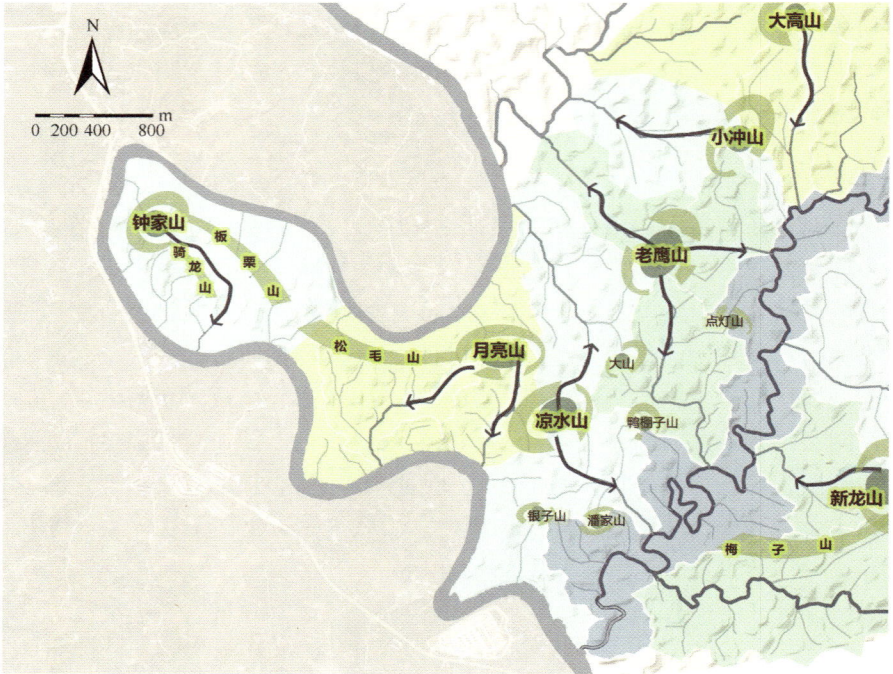

图 8.17　新湾片区离心状水系网络结构解译

3. 水生态本底

在新湾片区离心状水系网络结构中，雨水在重力和下渗作用下，经过一系列蓄渗过程，形成"冲沟—冲谷—溪谷—溪流"四种水系形态。

曾家沟、聂家湾等 112 条冲沟，虽然雨水在地表浸蚀出沟槽，下渗浸蚀已穿过土壤下切到基岩，沟槽能蓄积一部分雨水，但尚未得到地下水的补给。新湾谷、下新谷等 10 条冲谷，谷头发育为明显的半圆形集水盆，谷槽较之冲沟开阔，雨水下渗浸蚀到基岩与含水层交界的地方，谷槽受到微量的地下水补给。潘家溪谷，是雨水下渗浸蚀到含水层，谷槽受到地下水的持续补充，而能保持常年有水，有一定的溪岸形态的冲谷。永通河山地小溪流流域面积足够大，能汇集流域内的全部冲沟、冲谷及溪谷的流水，雨水下渗浸蚀到含水层，能持续保持常年有水，且有明显的河岸阶地形态。

依据水文过程，只有地表水切穿基岩到含水层，发育为冲谷以上的水系，才能具有现势生态功能的水系，可认定出新湾片区内水系为"一河流—溪流—溪谷十冲谷"（图 8.18）。其中，冲谷的生态功能是蓄积调蓄雨水，其生态功能要素是

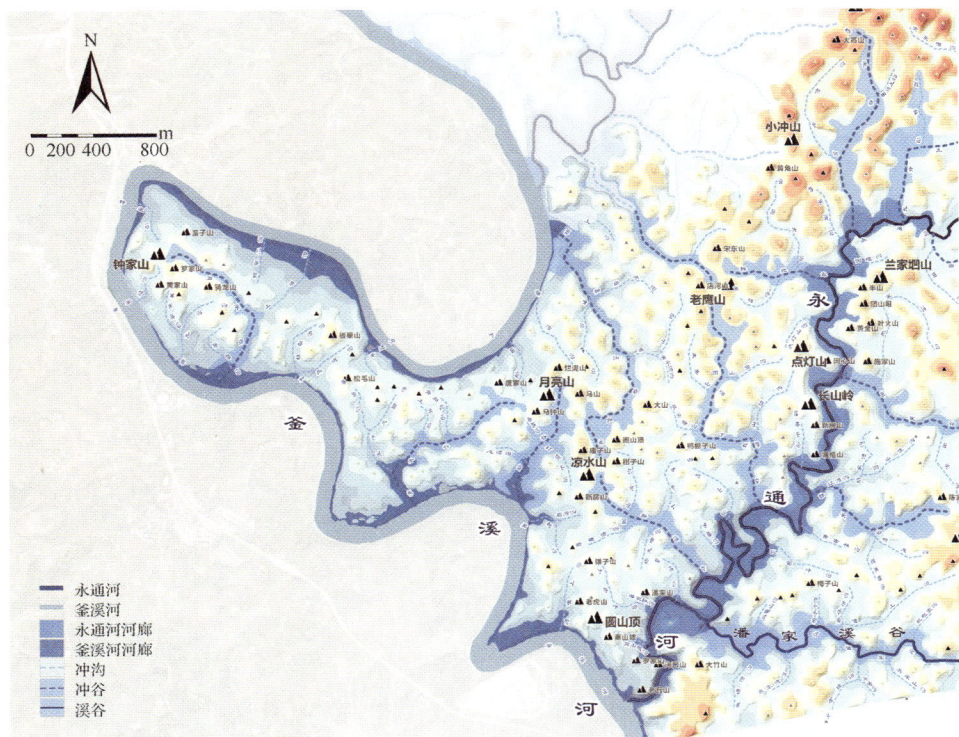

图 8.18 新湾片区内的水系

能蓄水的谷头、谷槽和谷口；溪谷兼有蓄积雨水和输运山地物质、联系生境的生态功能（在新湾片区内，溪谷的谷头蓄水功能已在城市化对地形的改变中遭到破坏，仅剩下中下游处的水道凹凸湾、河漫滩及河岸杂树林，发挥输运物质到平坝和联系生境的功能）；永通河溪流的生态功能是山空间中营养物质向平坝地区输运和联系相对独立生境的通道，其生态功能要素包括水道、水道凹凸湾、河漫滩及河岸杂树林；釜溪河河流的生态功能主要是联系相对独立生境，其生态功能要素主要是河湾。

除"一河流一溪流一溪谷十冲谷"的水系生态本底外，新湾片区内的水生态本底还包括冲沟与冲谷、溪谷交汇处，冲谷与溪谷、溪流等交汇处的低洼地及溪流河漫滩中溪流湿地构成的潜在湿地体系（图 8.19）。

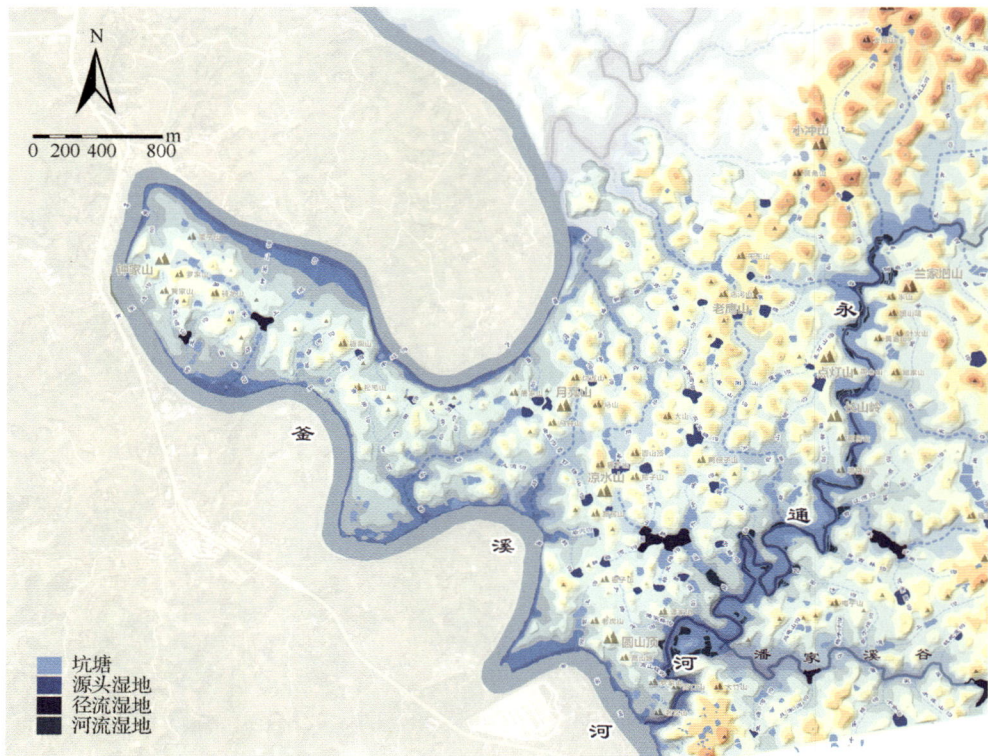

图 8.19 新湾片区潜在湿地分布

4. 山生态本底

对应"一河流一溪流一溪谷十冲谷"的水系生态本底及冲沟，新湾片区内控制和维持"产水产沙"过程缓慢持续的山丘体组成包括：离心状发源出多条冲谷水系的大高山、小冲山、老鹰山、月亮山、凉水山、钟家山等六座生态源山体，离心状发源出多条冲沟水系的大山、鸭棚子山、银子山、点灯山、潘家山等五座生态源丘体，离心状发源出多条冲沟水系的板栗山、松毛山、梅子山等三条生态源山岭和整体坡度大于 15°的兰家垇山、长山岭、圆山顶、大竹山等四座生态屏障山丘体，形成"十一源三岭四丘体"的山生态本底格局（图 8.20）。

图 8.20 新湾片区山生态本底格局

在新湾片区"十一源三岭四丘体"的山生态本底格局中，十一座生态源山体和三条生态源山岭的山顶坡度小于 5°，山麓带较窄，主要发挥生态源功能的是山顶，山麓带的生态屏障功能较弱。四座生态屏障山丘体存在大量坡度大于 15° 的山肩，山麓带亦较窄，发挥生态屏障功能的主要是陡峭的山肩。

因此，控制和维持新湾片区内"产水产沙"过程缓慢持续的山生态本底主要是生态源山体、山岭的山顶和生态屏障山丘体的陡峭山肩（图 8.21）。

5. 林生态本底

新湾片区内林的生态功能是为山（丘）体的生态源功能提供持续的全营养物质生产能力和稳定斜坡环境，为动物提供栖息的生境。

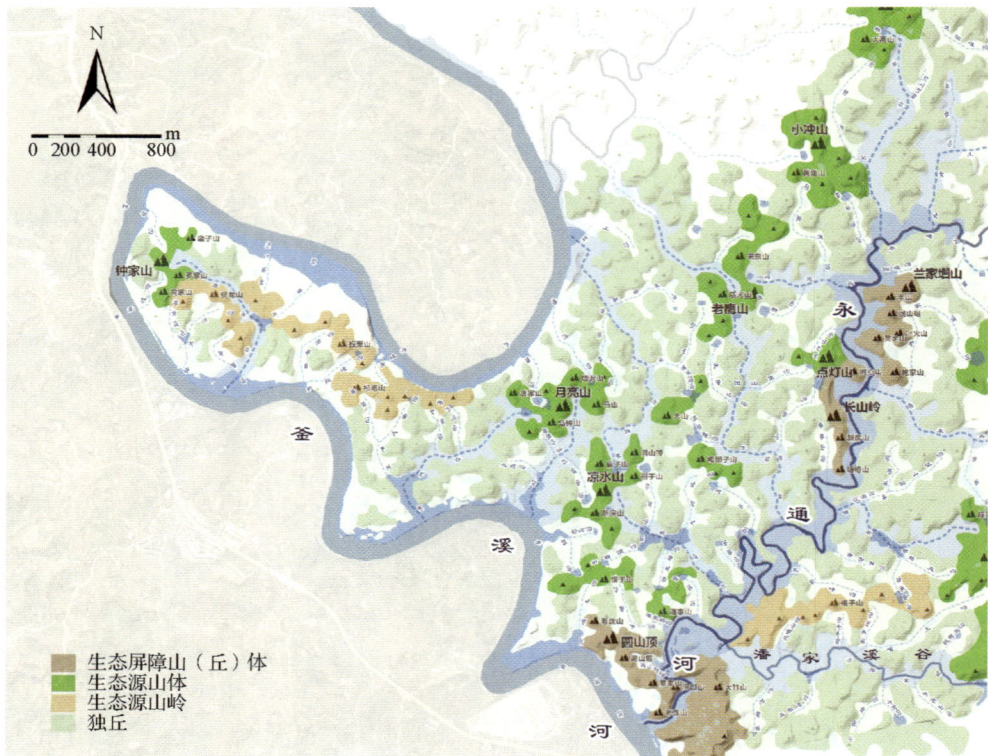

图 8.21　新湾片区山生态本底

　　新湾片区内乔木林基本不成规模，主要分布在山（丘）体中山顶部分的局部陡峭处；灌木林以柑橘等果树为主，分布在山（丘）体中坡度 15° 以上的陡峭坡面；竹林是新湾片区最主要的人工林，是经过农田和聚落建设优选条件好的用地之后退守出的林地，主要分布在聚落屋后坡度大于 15° 的山坡中；杂木林是新湾片区最成规模的自然林，主要分布在溪流、溪谷的河岸带。

　　新湾片区内，奠定林生态本底的生态功能要素包括：①位于山（丘）体中山顶部分局部陡峭处的乔木林，虽不成规模，但能涵养水源、迟缓岩石的颗粒化及母质中营养物质的快速释放；②位于峻峭坡面的灌木林和竹林，是该区域最主要的水土涵养地和生物栖息地；③位于河岸带的杂木林，是该区域最主要的生境地（图 8.22）。

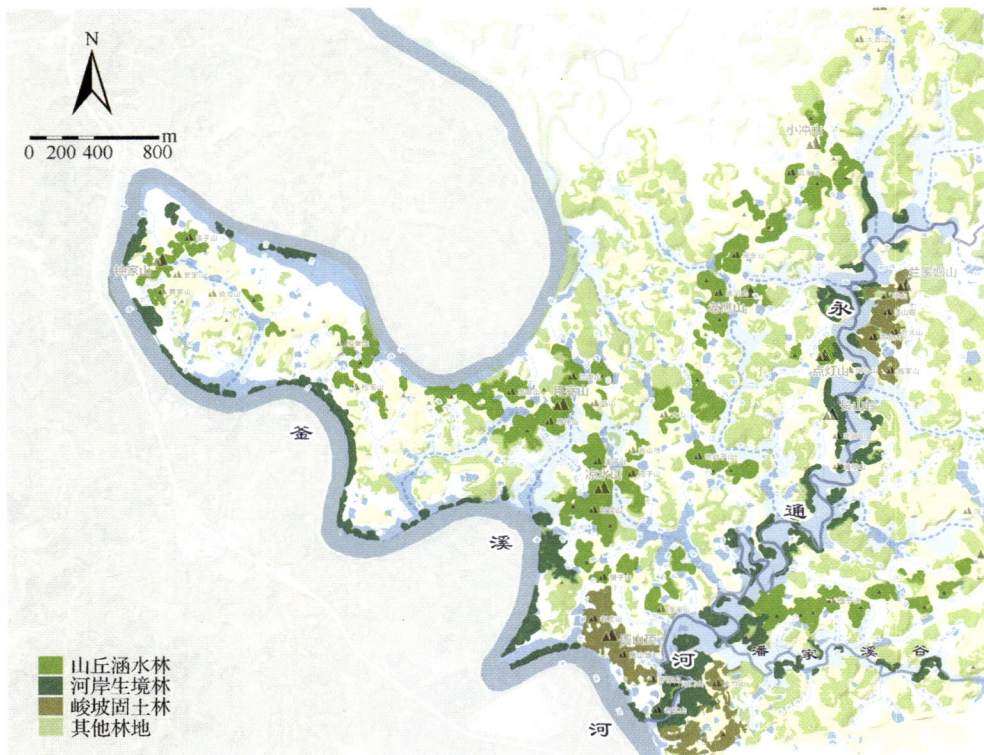

图 8.22 新湾片区林空间生态本底

6. 田生态本底

田，这种在人工利用自然资源中，恪守了"最小化扰动山地自然生态环境"准则产生的近自然生态要素，除具有支持人类生存的基本生产功能外，其最主要的生态功能是：在最小化改造地形前提下，通过形成斜坡的环境稳定机制，促成土地具有可持续的生产能力。

秉承"用养结合""因势利用"的农田选址利用原则及新湾片区内"上薄下厚、上砂下黏、上干下湿、上瘦下肥"的水稻土壤特点，新湾片区内田的生态功能要素可确定为"冲谷为田（水田）、缓坡为地（旱地）、陡坡为园（果园）"。由于沿"小冲山—老鹰山—凉水山"山脊线东侧的用地将纳入城市建设区，能构成新湾片区内田生态本底的仅仅是"小冲山—老鹰山—凉水山"山脊线西侧最富饶的冲谷水田（图 8.23）。

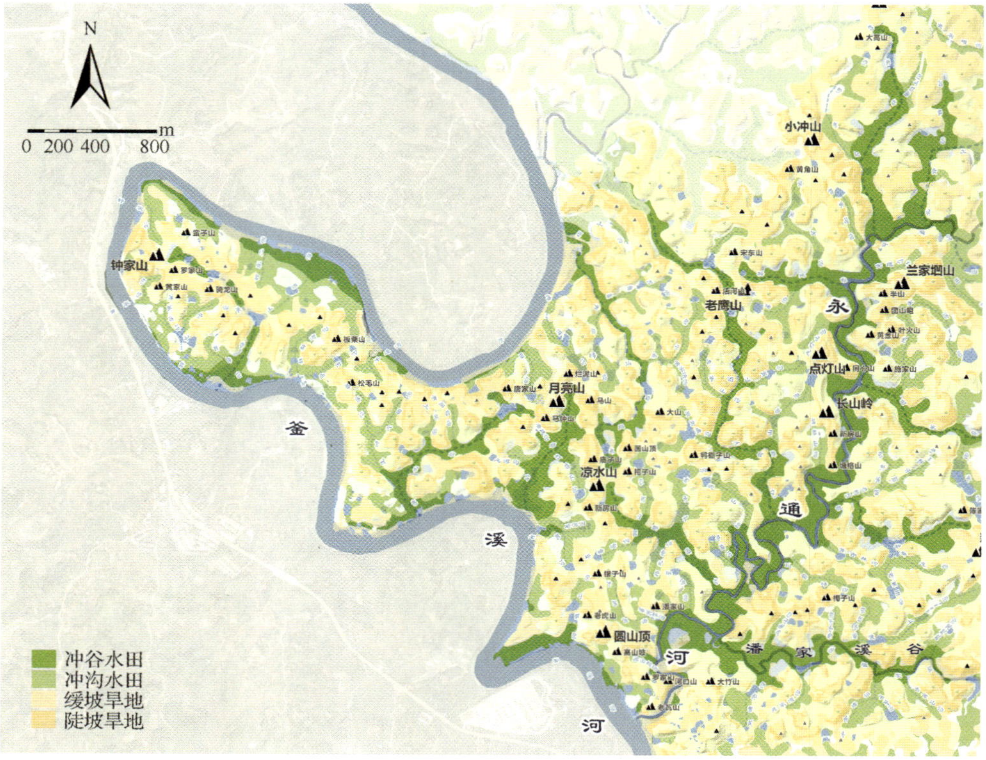

图 8.23　新湾片区田空间生态本底

7. 山、水、林、田生态本底

以"最大化保障生态系统生态功能发挥其自然做工能力"为准则，构建出保护与保障山、水、林、田中的生态要素功能的生态本底（图 8.24），其格局如下。

（1）一河流一溪流一溪谷十冲谷。

（2）十一源三岭四丘体。

（3）九十八潜在湿地。

（4）三十林地。

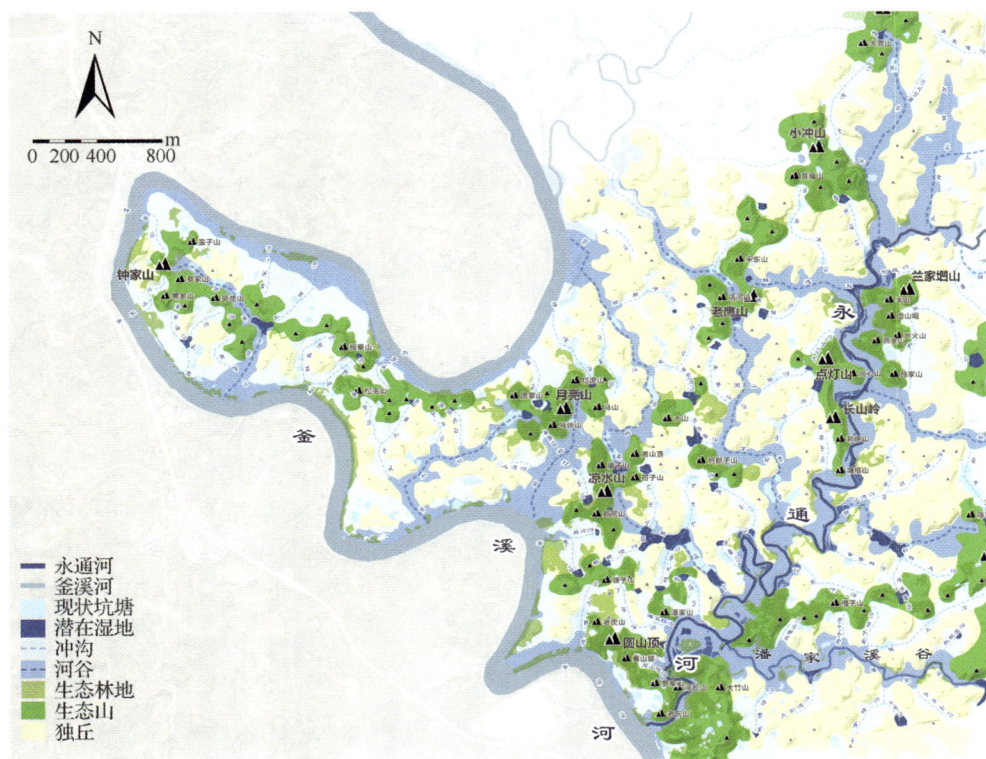

图 8.24　新湾片区山、水、林、田生态本底图

8.3.2　新湾片区的景观吸引力评价

在保障地方生态功能最大化的生态本底中，自然生态要素会以美的景象显现出地方的自然景观特性，并在其中隐含能唤起历史记忆和正能量响应的文化景观特性。对地方景观吸引力进行评价，首先是从决定地方生态本底显现自然景观特性和隐含文化景观特性的关键景观要素中，提炼出地方景观的价值；其次是明确能体现地方景观价值的各关键景观要素空间载体；然后，以展现自然生态的景象美和唤起人们正能量响应为标准，对各关键景观要素空间载体的景观吸引力分别进行评级测度；最后，以保证地方特色为准则，叠置各关键景观要素空间载体的评级测度结果，综合出地方景观吸引力图景。

1. 关键景观要素与地方景观的价值

地形、水、植被、色彩和文化等五大关键景观要素决定了新湾片区生态本底所展现出的自然景观和文化景观特性。

1）地形景观要素

位于川中古陆核的新湾片区，受周边台拱、褶皱等地质构造影响，区内呈现出典型的浅切侵蚀堆积地貌，在"十一源三岭四丘体"的山生态本底中，凸显出山体、山岭离心发散孕育出沟谷的地形关系，标明浅切丘陵演化发育的侵蚀、堆积过程，呈现为具有川中古陆核中台拱、褶皱地质构造交汇处，看似无序却有序的"丘源多谷、多丘绕塘"的自然地貌景观；另外，新湾片区历经人工农作需求的地形地貌改造，在自然山水基底上衍生出"谷生多塘、岸呈叠阶"的自然与人工交融的特色景观。

2）水景观要素

新湾片区内的釜溪河河道宽阔、水流缓慢、岸壁陡峭低矮、河岸曲线舒缓、凸岸河湾相接的沟谷与若干濒临河岸的山（丘）体，形成自然起伏的河岸天际线，呈现出"静水涟漪，碧湾映丘，冲谷连湾"的"大水小山"景观。

新湾片区内溪流和溪谷的凹凸岸交错、河湾曲率大、河漫滩宽广、沟谷都与凹岸相接，但河道较窄、水量欠丰，其景观特色不在河道，而在河道、河廊带以及相邻陆域中形成的"曲湾鱼栖、微阶蝶舞、鸟鸣堡滩"的"小水小山"水文地貌及生境景观。

新湾片区内另一水景观是沟谷中低洼地形成的田畦状坑塘，浅浅的塘水如明镜反射色彩、倒影景物。

3）植被与色彩景观要素

新湾片区内生态本底中的植被主要是分布在山（丘）顶的松树、柏树，分布在聚落"四旁"的红椿、樟树和规模较大的慈竹、麻竹等，分布在聚落庭院中的桂花、李子树、桃树、梨树、核桃树等，分布在水边的构树、枫杨、杨树等杂树，分布在陡坡上的柑橘园，分布在沟谷中的稻田和油菜，以及众多的野花野草，整体呈现出"竹荫绕丘腰、岸芷汀兰盛、溪畔映丘林、黄萼压畦田"的植被景观，烘托出山势起伏和水流缓急。

新湾片区内的色彩以春天最为丰富，金黄的油菜、碧绿的河池水、树木新绿、白色的蒲公英、五颜六色的野花；夏天，在蓝天白云的烘托下，树木翠绿、稻田金黄、河池水湛蓝；秋冬天，在叶落后，则呈现为黛青色，白天灰暗，晚上偶有明月反衬出的黑色剪影，意境连连，整体呈现为"春黄野色多姿、夏阳黄昏绿影、秋峦黛塘掩月"的色彩景观，孕育了新湾片区山水生机。

4）文化景观要素

新湾片区内重要的文化景观来自于盐业水运发展和"湖广填四川"移民在浅丘侵蚀堆积地貌中的家园营建两条线索。

富顺县是"因盐成市、因盐兴市"的城市，历史悠久。在新湾片区的老鸦滩

（永通河与釜溪河交汇处）筑石墈蓄水，开闸行舟，榫无梗碍。另外，新湾片区内釜溪河左岸尚存徐家井盐井遗址，徐家井属于釜溪河下五墁盐井（詹井、徐家井、王井、太源井、邓井）中的一处，釜溪河上也留下了"川江号子""赛龙舟"等与盐运相关的历史文化记忆。

在经历了明末清初的张献忠起义、"姚黄"之祸等兵灾之后，康熙二年（1663年）清朝首任知县统计富顺县人口仅 6 里、166 户、988 人。康熙十九年（1680年）起，大量的湖广（康熙三年改称湖北省）移民合家合族迁入富顺县，最先迁入的移民占据新湾片区的临河浅丘地区，在浅丘侵蚀堆积地貌中营建出富有浅丘聚落特色的家园。移民在家园的建设中，充分尊重自然，在追求农田最大化的前提下，选址在背山面水的山麓，房前有水、藏风纳气、对景呈轴，获得极好的用水和通风条件；聚落四旁的陡坡地则广植竹林，房前种植樟树等乔木作为风水树，庭院中种植李、桃等果树，形成与自然山、水、林、田完全契合又不失精神文化追求的浅丘聚落营建特色（图 8.25）。

潘家桥聚落文化　　　　　屋后堡聚落文化　　　　　曹家堰聚落文化

图 8.25　新湾浅丘聚落营建文化

5）地方景观的价值

五大关键景观要素反射出新湾片区不仅具有"川中古陆核台拱褶皱侵蚀堆积地貌典例"和"可利用小山小水、浅谷'田畦坑塘'构建水景观改善人居环境"的自然景观特征，还具有"以盐运见证四川盐业发展史"和"'湖广填四川'移民在浅丘侵蚀堆积地貌中的精神家园营建"两大文化景观特征，折射出"川中古陆核台拱褶皱侵蚀堆积地貌中，与小山小水多湿地自然景观镶嵌的移民家园营建文化和与釜溪河小山大水自然景观呼应的盐运文化"的新湾片区整体景观价值。

2. 关键景观要素空间载体及吸引力测评

1）地形景观要素空间载体及吸引力测评

反映新湾片区"川中古陆核台拱褶皱侵蚀堆积地貌"景观特征的空间载体是主导产水、固水、蓄水过程的地形地貌，包括附着在主导沟谷产水的山体，限定水文相对封闭循环的山岭，15°以上的陡坡陡崖，水流侵蚀而成的沟谷"田畦"状水田、坑塘等空间载体。

根据这些空间载体反映新湾片区"川中古陆核台拱褶皱侵蚀堆积地貌"景观价值的重要性，按照有特色的 A 类地形景观、典型的 B 类地形景观和无特色的 C 类地形景观三级对地形景观要素景观吸引力进行测评：新湾片区内，有特色的 A 类地形景观是"十一源三岭四丘体"山生态本底中的反映离心状水系发源特征和整体坡度陡峭的山丘体，其中最有特色的 A+类地形景观主要有大高山、老鹰山、月亮山、凉水山四座生态源山体，兰家坳山、大竹山两座生态屏障山丘体；典型的 B 类地形景观主要包括离心状发源出多条冲沟水系的板栗山、梅子山等两条生态源山岭；其余地形基本上属于无特色的 C 类地形景观（图 8.26）。

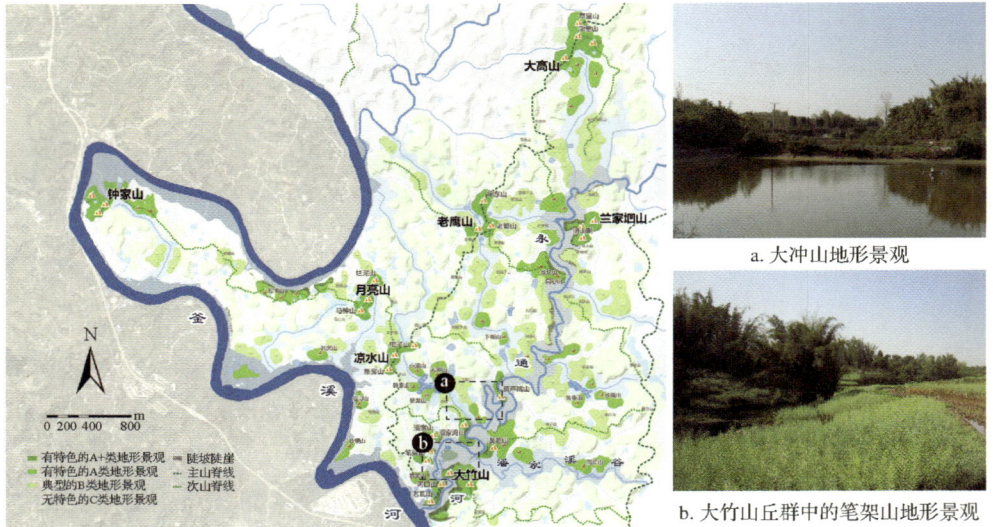

a. 大冲山地形景观

b. 大竹山丘群中的笔架山地形景观

图 8.26　地形景观要素空间载体及吸引力测评

2）水景观要素空间载体及吸引力测评

反映釜溪河"大水小山"景观的要素是限定河道的河岸形态、河岸水际线和天际线，包括由河岸限定形成的凹湾、凸湾、洄流区，带来丰富水际线和天际线的河廊带中的漫滩湿地、河口湿地、河岸、冲谷、陡坡陡崖，以及呈现河流景观主体意向的河段等空间载体。

　　反映新湾片区内溪流、溪谷、沟谷"小水小山"景观的要素是河道、河廊带以及相邻陆域中的水文地貌，包括河道中的宽阔水面、凹湾、凸湾、洄游区，河廊带内漫滩湿地、漫滩丘堡、漫滩微阶地、河岸、凹湾所接冲沟或冲谷；体现溪流、溪谷整体景观价值的河段，凸显冲沟、冲谷水景观的"畦田坑塘"，临河廊带山（丘）体、陡坡陡崖等空间载体。

　　根据这些空间载体反映新湾片区"大水小山、小水小山"水景观价值的重要性及密集程度，对水景观吸引力进行测评：有特色的 A 类水景观主要是釜溪河、永通河、潘家溪与畦田坑塘，其中，最有特色的 A+类水景观集中在釜溪河河廊的老鸭滩、沙田、下坝、石家咀，永通河河廊的鱼沟头、葫芦嘴、小沙田、半边山、沙坝滩，潘家溪谷的鱼塘湾、下糖房等十三处河段以及多处具有潜在湿地功能的畦田坑塘；典型的 B 类水景观主要是面积较大的冲谷；面积较小的冲沟则归属于无特色的水景观（图 8.27）。

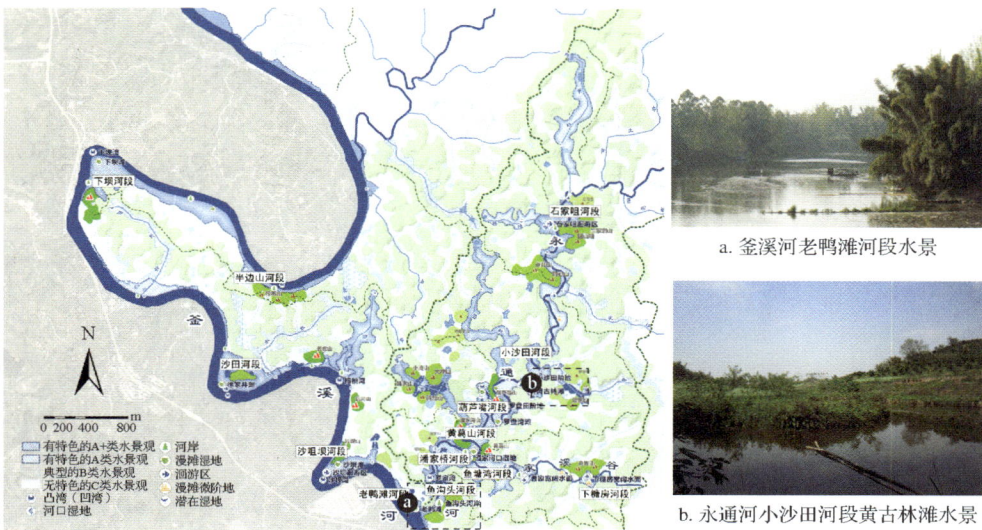

a. 釜溪河老鸭滩河段水景

b. 永通河小沙田河段黄古林滩水景

图 8.27　水景观要素空间载体及吸引力测评

　　3）植被、色彩景观要素空间载体及吸引力测评

　　反映新湾片区内"山势起伏和水流缓急、因山就水"植被景观要素的空间载体包括山顶、陡坡、沟谷、河岸、漫滩微阶地、漫滩湿地等。反映新湾片区色彩景观要素的空间载体则是烘托出不同季节的色彩情绪，根据天象条件，凸显能反

映季节色彩主题的植被空间载体。例如，春天，凸显的是丰富和明媚的色彩，适宜在午后，阳光普射大地的时候，其植被所在的地形空间载体主要是平面上展开的沟谷油菜花、溪河流岸边及河廊带内争奇斗艳的野花野草。夏天，凸显的是夕阳西下时，蓝天白云一抹红中的翠绿和金黄，强调的是朝向西方地形中的植被。秋冬天，最美的是明月下的剪影，在沟谷与凹岸相接处，最适宜观赏的是山峦起伏中的黛青色和沟谷中坑塘所反射的明亮月光。

根据反映新湾片区"山势起伏和水流缓急、因山就水"植被景观价值的重要性，对新湾片区内植被景观吸引力进行测评：有特色的 A 类植被景观主要是分布在山顶、陡坡的松柏，分布在漫滩微阶地、漫滩湿地中的构树、枫杨、杨树等杂树及花草，其中，有特色的 A+类和 A 类植被景观分布在老鹰山、兰家垇山、凉水山、松毛山、钟家山、后河山、黄葛山、大竹山等山丘体中，以及永通河、潘家溪等溪河流沿岸；典型的 B 类植被景观主要是规模较大的慈竹、麻竹；其余聚落四旁植被及果树，均可归于无特色的 C 类植被景观（图 8.28）。

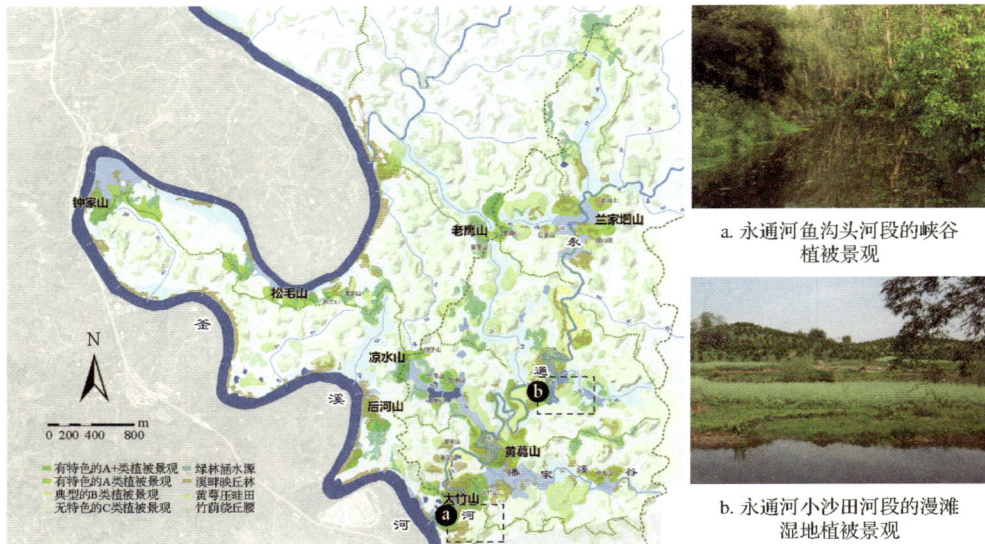

a. 永通河鱼沟头河段的峡谷植被景观

b. 永通河小沙田河段的漫滩湿地植被景观

图 8.28　植被景观要素空间载体及吸引力测评

在植被景观空间载体中，为体现"山水生机"色彩景观价值的突出性，对新湾片区内色彩景观吸引力进行测评：最能反映"春黄野色多姿"景观特性的 A+类和 A 类色彩景观，主要分布在永通河沿岸的漫滩微阶地；最能反映"夏阳黄昏绿影"景观特性的 A+类和 A 类色彩景观，主要分布在老鹰山、凉水山、松毛山、

钟家山、后河山等山丘体中；最能反映"秋峦黛塘掩月"景观特性的 A+类和 A
类色彩景观，主要分布在兰家坳山、黄葛山、大竹山等山丘体（图 8.29）。

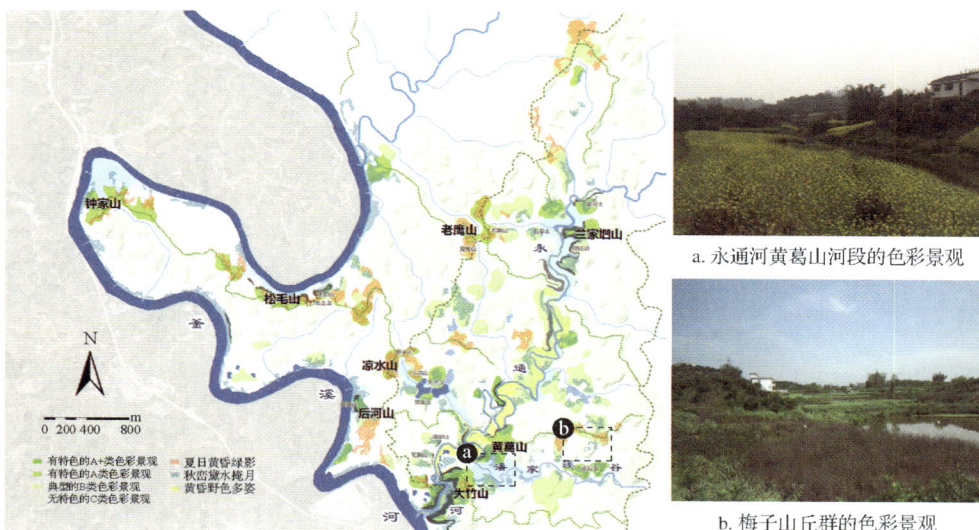

a. 永通河黄葛山河段的色彩景观

b. 梅子山丘群的色彩景观

图 8.29　色彩景观要素空间载体及吸引力测评

4）文化景观要素空间载体及吸引力测评

反映盐运相关的文化景观要素，是盐运相关的运输路线、设施及文化活动，
其空间载体除附着于反映釜溪河"大水小山"景观的要素载体外，还有盐井及文
化遗迹。

反映"移民在浅丘侵蚀堆积地貌中的精神家园营建"文化景观要素是凸显新
湾浅丘精神家园建设的"背山面水、藏风纳气、对景呈轴"的景观格局，其空间
载体是具有"藏风纳气"能力的山形、弯曲的河道、层次丰富的背景与对景山、
均衡对称的景观轴线。

根据这些空间载体反映"浅丘聚落精神家园建设"文化景观价值的重要性，
对新湾片区文化景观吸引力进行测评：有特色的 A 类文化景观，主要分布在釜溪
河、永通河沿线以及大高山、老鹰山、月亮山、钟家山、凉水山、沙嘴山、屋后
堡等山丘体中，其中，有特色的 A+类文化景观，主要分布在釜溪河沿线的老鸭滩
和徐家井，永通河与新湾谷、下新谷、桥地谷等冲谷交汇处，并以永通河为"面
水"，以凉水山、老鹰山等丘群为"背山"，以新湾谷、下新谷、桥地谷等冲谷两
侧丘堡为"护山"，以黄葛山、干坝子、点灯山、龙背土等山丘体为"对景山"，
形成典型浅丘聚落与山水相融格局；典型的 B 类文化景观，主要分布在冲谷及其
发源的山丘体中；无特色的 C 类文化景观，主要是相对独立的山丘体（图 8.30）。

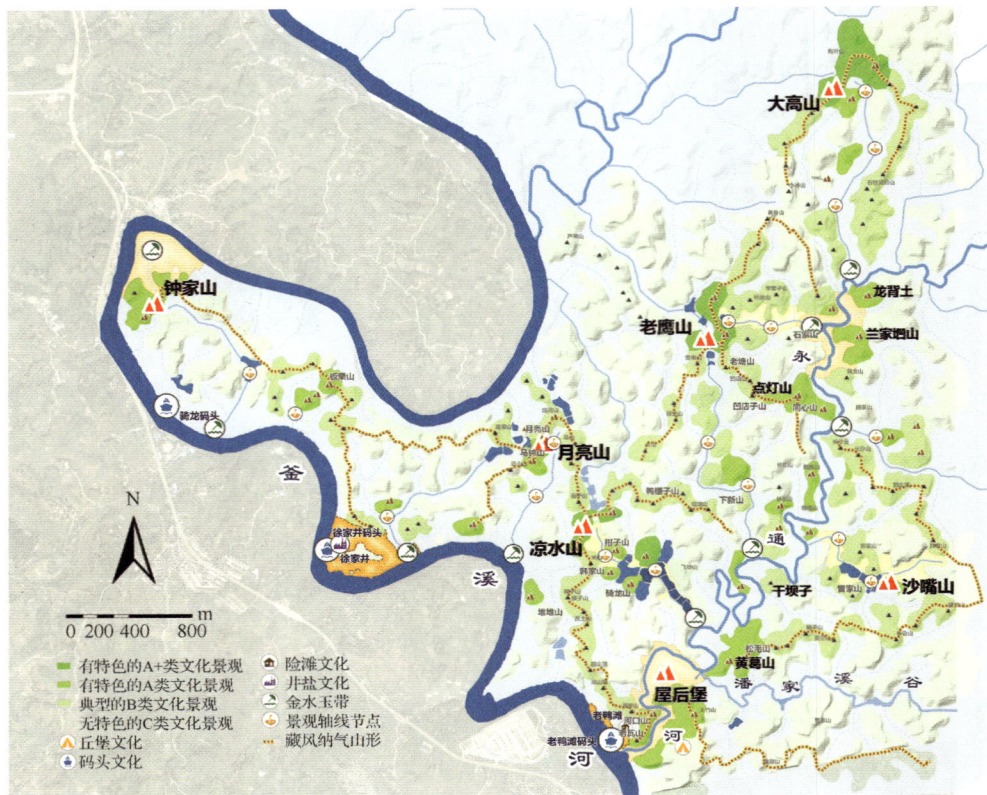

图 8.30 文化景观要素空间载体及吸引力测评

3. 景观吸引力综合评价

景观吸引力综合评价，是在对各关键景观要素的吸引力评价结果进行叠合的基础上，选取具有"较大重合度"和"虽然重合度较小，但具有反映景观特征和价值的重大意义"两类关键景观要素的空间载体，形成整体的景观吸引力空间载体图景。

综合出的新湾片区最具景观吸引力的空间载体呈现为"十一山显文载景、七谷藏风纳气、四谷通河连滩、一滩三码头忆盐运、两溪十三河段鱼草盛"的图景（图 8.31）。"十一山显文载景"，包括以大高山、老鹰山、兰家坳山、凉水山、松毛山、钟家山、大竹山、大冲山、老虎山、后河山、葫芦嘴山等为主体的山丘群；"六谷藏风纳气"，包括新湾谷、下新谷、桥地谷、杨家谷、沙坝山、谢家谷、曾家谷等七条冲谷；"四谷通河连滩"，包括后谷、清水谷、罗家谷、徐家谷四条河岸冲谷；"一滩三码头忆盐运"中的一滩指老鸭滩，三码头指徐家井、老鸭滩和骑

龙三处码头；"两溪十三河段鱼草盛"，是永通河与潘家溪两溪和最有特色的 A+
类水景观中的釜溪河与永通河十三河段。

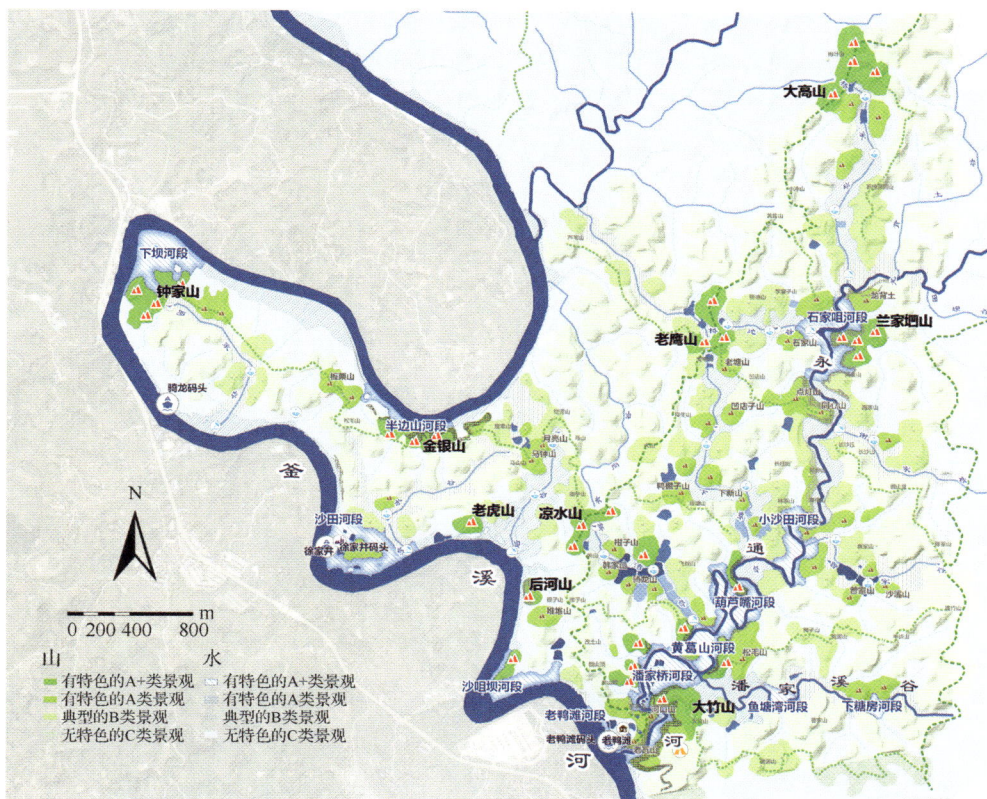

图 8.31　景观吸引力综合测评后的景观空间载体图景

8.3.3　新湾片区视景能见度评价中的开敞空间体系构建

　　景观吸引力综合评价的结果测度出了新湾片区内凸显景观价值的空间载体图
景，解决了"看什么，在看哪里"的问题。然而，这些具有高价值的图景能否被
人们看到，在哪里看才是最佳的观测位置，能唤起人们怎样的观感享受仍然需要
进一步的评价，视景能见度的评价为景观资源能被观察者看到的程度提供了具体
的方法和准则。

　　视景能见度评价，首先要解决"在哪里看"的问题，即明确观察点位置。位
于山脊和山顶的居高临下观察点，拥有广阔的视域，是显而易得的观察点位置（可
称之为显性观察点），需要寻找的是处于溪河流和冲谷中的观察点（可称之为隐性
观察点）。

视景能见度评价，即是在寻找出隐性观察点后，根据隐性观察点所处的景观视觉体验组成类型，综合考虑空间形态和距离、空间限定方式等景观视觉体验要素。首先找到隐性观察点与其视域范围内的有特色 A 类及 A+类景观之间的最佳视觉体验关系；再在最佳视觉体验关系中，凸显出能见度高的有特色 A 类及 A+类景观，认定为具有实际视景意义的显性观察点；最后，在相互距离处于中景尺度的显性观察点之间，建立视景通廊，最终构建区域内能见度最大化的整体视景管理体系（图 8.32）。

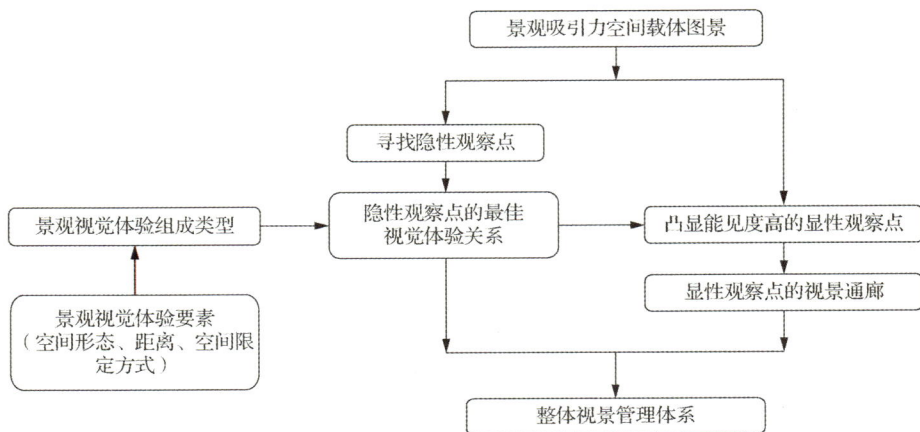

图 8.32　视景能见度评价方法

1. 隐性观察点寻找

"临水而居"和"沿溪河流移动"的人类活动本能和习惯，总是在溪河流与支流的交汇处，诱导人们展开对支流景观的探奇，似乎从河口（谷口）观察溪河流河廊（冲谷）及其周边的限定山丘体，能获得对该小流域内整体的视觉景观（包括沟头山丘体处的景观），所以河口（谷口）即是隐性观察点。这种论断最大的缺点是忽略了溪河流谷（冲谷）自身具有的高程变化及谷弯变化，当出现急剧的高程及谷弯变化时，就会阻挡从河口（谷口）到沟头山丘体的视线，使谷口隐性观察点难以获得小流域内整体的视觉景观，而需要将高程及谷弯突变处作为过渡性隐性观察点，实现视景能见度的过渡（图 8.33）。

以永通河及其支流新湾谷和下新谷为例，我们可以认为冲谷中的隐性观察点，不是谷口这唯一的观察点，而应是从谷口开始，沿冲谷谷底上溯到沟头山丘体一线中的若干点，包括冲谷与其支系冲沟交汇的沟口（往往是空间限定由封闭向围合转换的地方）与遮挡谷口观察点视线的高程突变点、谷弯突变点三类（图 8.34）。

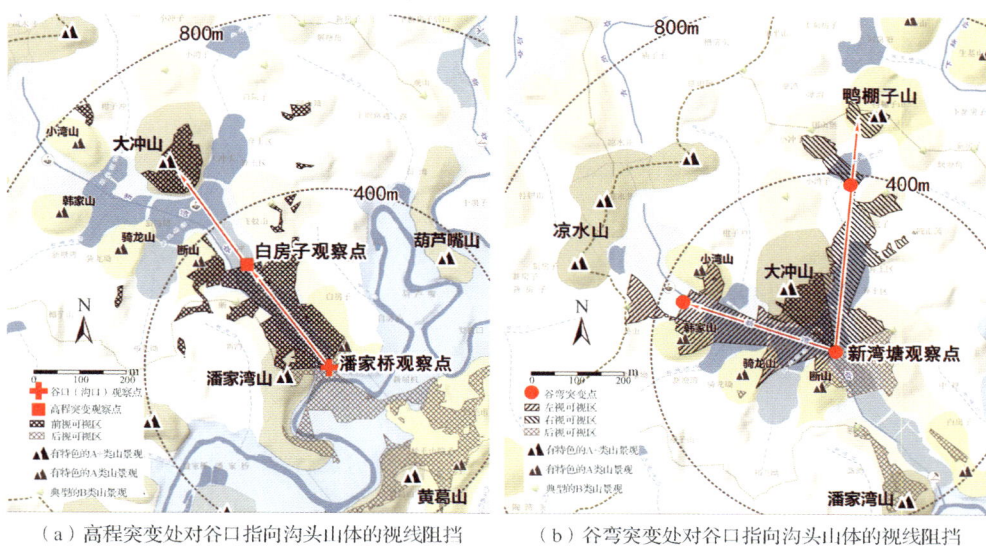

（a）高程突变处对谷口指向沟头山体的视线阻挡　　　　（b）谷弯突变处对谷口指向沟头山体的视线阻挡

图 8.33　高程、弯曲突变处的过渡性隐性观察点

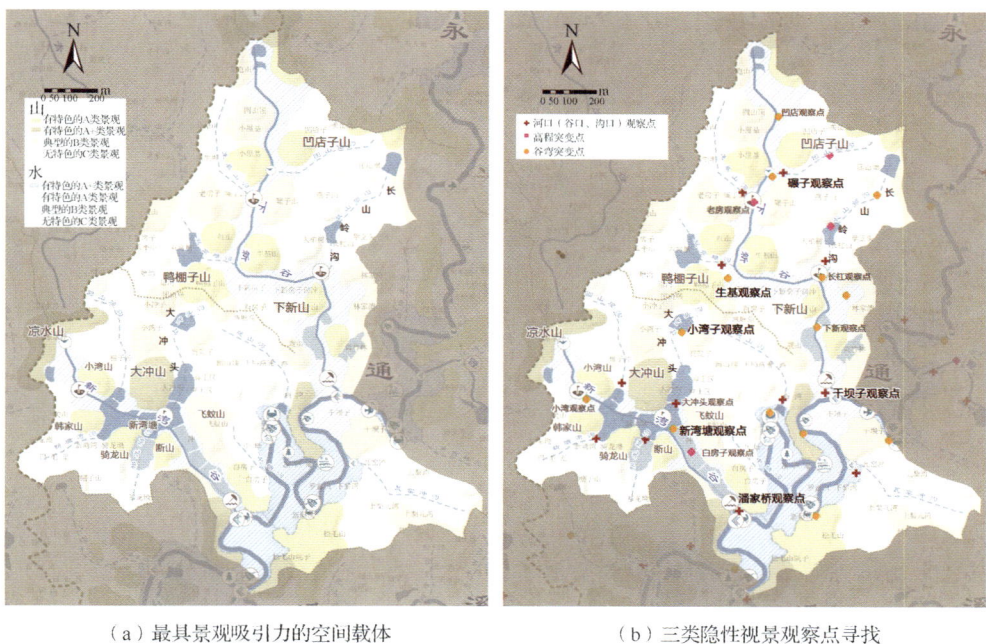

（a）最具景观吸引力的空间载体　　　　　　　　（b）三类隐性视景观察点寻找

图 8.34　新湾谷、下新谷内隐形观察点寻找

2. 隐性观察点的最佳视觉体验关系

隐性观察点的最佳视觉体验关系，即是在隐性观察点所处的空间限定方式中，在不同的视距尺度内，欣赏有特色 A 类及 A+类山景观的最佳视觉方式。

以新湾谷为例，谷内的隐性观察点分别是谷口的潘家桥观察点、谷中高程突变处的白房子观察点、小湾子观察点和谷弯突变处的新湾塘观察点、小湾观察点以及与新湾谷交汇冲沟沟口处的骑龙观察点、韩家观察点、圆山观察点、大冲头观察点等。有特色的 A 类及 A+类山景观空间载体分别是新湾塘、大冲山、凉水山、骑龙山、韩家山、小湾山、断山、鸭棚子山等。各隐性观察点的视觉体验如图 8.35 所示。

（1）谷口的潘家桥观察点，沿冲谷直抵沟头大冲山 A+类山景观的视线受阻于高程突变处的白房子观察点，两大观察点之间由周边山体围合出封闭的空间限定方式，最佳的视觉体验是前视，通过欣赏中景中高程突变处的白房子观察点的景色，实现对沟头 A+类山景观大冲山欣赏的过渡；次要的视觉体验是左视，可欣赏近景中的断山 A 类山景观。

（2）谷中高程突变处的白房子观察点，依然处于封闭式空间限定中，最佳的视觉体验是前视，经高程突变继续沿着新湾谷，对中景中的焦点景观 A+类山景观大冲山进行观赏；次要的视觉体验是左视，可欣赏近景中的断山 A 类山景观。

（3）谷弯突变处的新湾塘观察点，处于由周边远近山丘体形成的围合式空间限定中，最佳的视觉体验是左视，经新湾谷的弯曲突变转折，继续沿新湾谷，展开对韩家山、小湾山 A 类山景观的欣赏，同时通过弯曲突变处的小湾观察点过渡，展开对谷头凉水山 A+类山景观的探寻；次要的视觉体验是右视，通过沟口的大冲头观察点、高程突变处的小湾子观察点的过渡，中景中，可展开对大冲头沟头山体的景观感知，远景中，可实现对鸭棚子山 A 类山景观的欣赏。

视觉体验分析清晰地展示出新湾谷内的最佳视觉体验关系为：从潘家桥观察点上溯，经高程突变处的白房子观察点，过渡到大冲山，在向左经谷弯突变处的小湾观察点，过渡到凉水山的主视觉体验；从新湾塘观察点，经沟口的大冲头观察点与高程突变处的小湾子观察点，过渡到大冲头沟头山体，实现对远景鸭棚子山的次视觉体验；与新湾谷交汇的冲沟沟头处的骑龙观察点、韩家观察点、圆山观察点等沟头观察点，形成了对各自所在冲沟（骑龙坳沟、新塘湾沟、圆山顶沟）的局部视觉体验（图 8.36）。

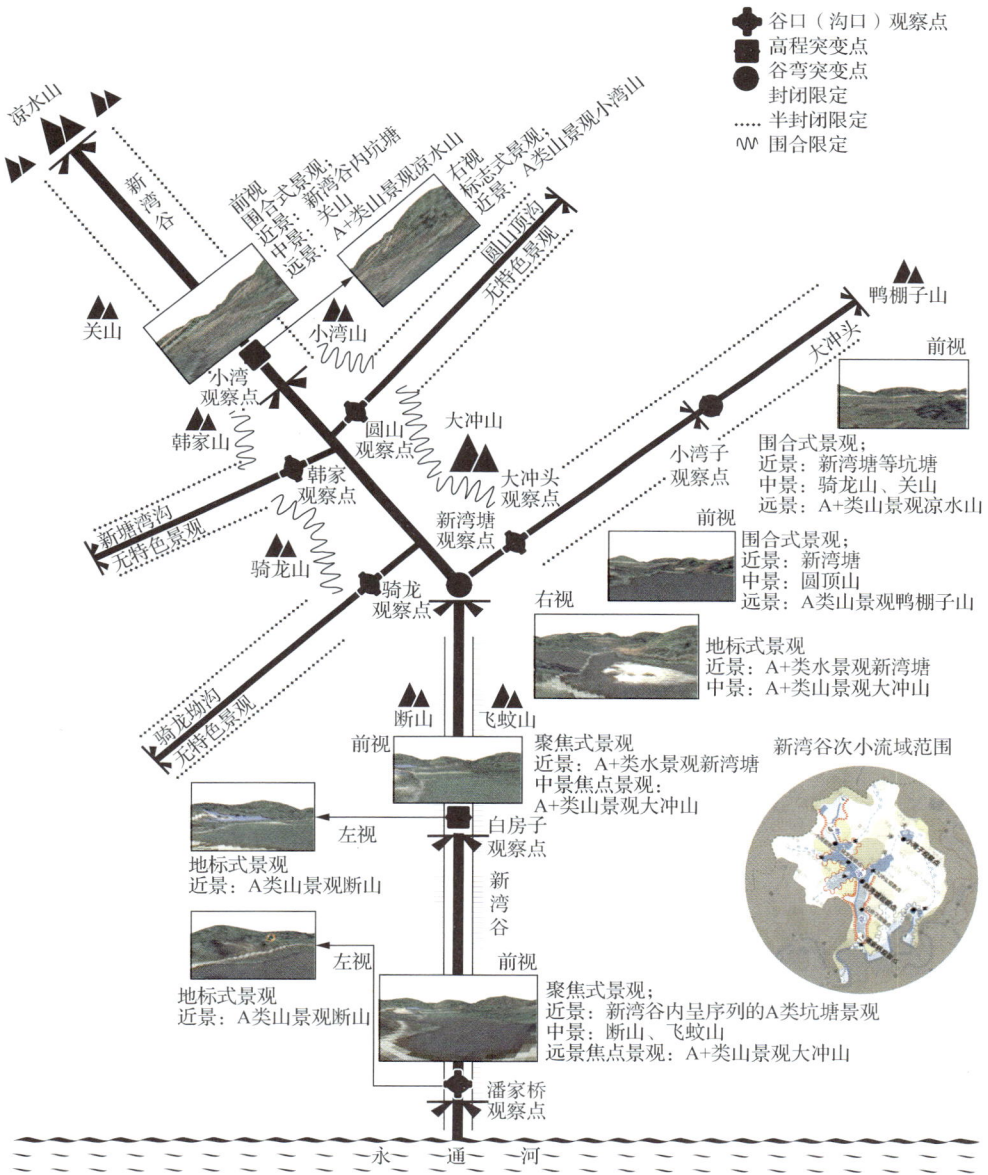

图 8.35　新湾谷内隐性观察点的视觉体验分析

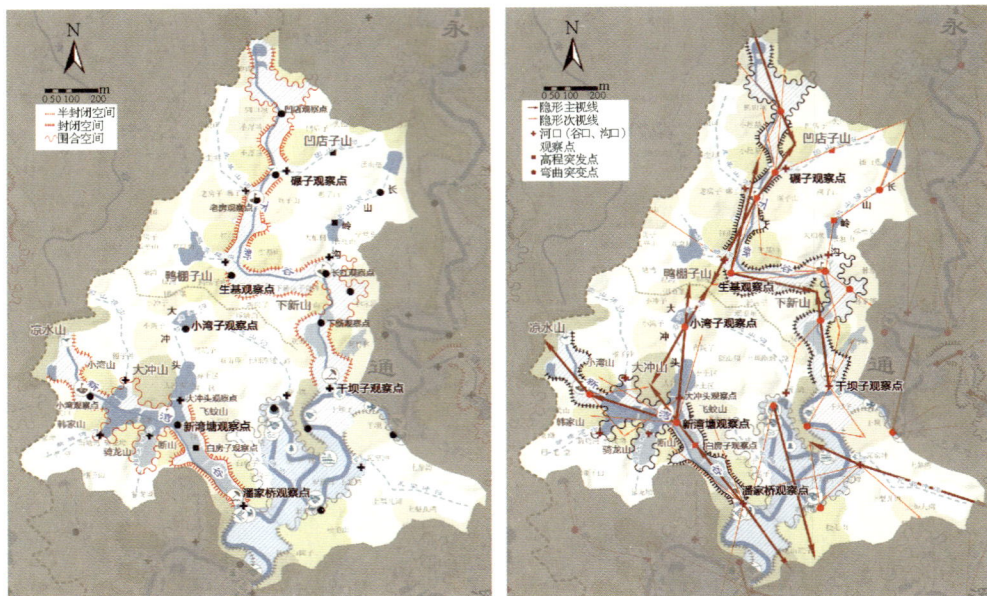

（a）隐性观察点的空间限定　　　　　（b）隐性观察点的最佳视线体验关系

图 8.36　新湾谷、下新谷内隐性观察点最佳视觉体验关系寻找

3. 显性观察点之间的可能视景廊道

各隐性观察点的最佳视觉体验关系的叠合，将凸显出溪河流谷（冲谷）及其周边限定山丘体中的一些有特色 A 类及 A+类景观。凸显出的有特色 A 类及 A+类景观有一部分会与显性观察点重合，进一步突出了重合部分显性观察点的视景地位。为强化它们的视景地位，在相互距离处于中景尺度的显性观察点之间，建立视景通廊（图 8.37），与隐性观察点最佳视觉体验关系一起，完善区域内能见度最大化的整体视景管理体系（图 8.38）。

4. 开敞空间体系建构

理想的城市开敞空间，是拥有鸟语花香的环境、便捷的公共服务设施、众多的社会休闲交往机会，能促进慢行运动能力提升、身心愉悦的公共活动空间。连通性和网络化，是保证城市开敞空间实现理想的前提。

城市中生态本底的连通性大多源自水系廊道，在单一的小流域内能获得连通性。但城市中，两个小流域之间缺乏如自然地区那样的动物迁移廊道联系，而单纯以车行道路作为联系廊道，缺乏社会公共活动的功能和意义；或以慢行道路作为联系廊道，显得十分生硬。视觉景观廊道却能在保障生态本底的基础上，以生

（a）隐性视线关系对显性观察点的凸显　　　　（b）显性观察点的视景廊道构建

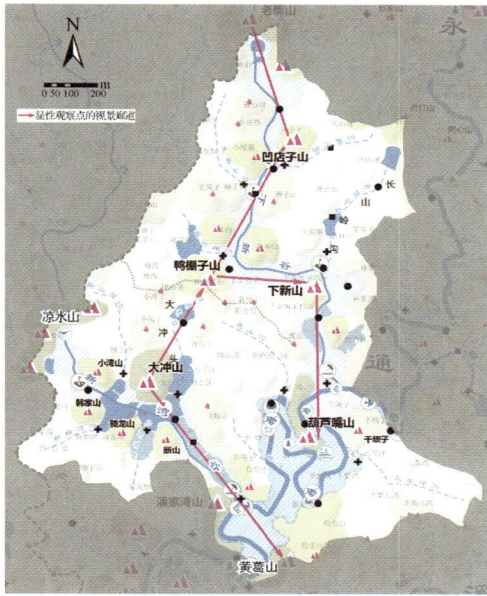

图 8.37 显性观察点之间的可能视景廊道构建

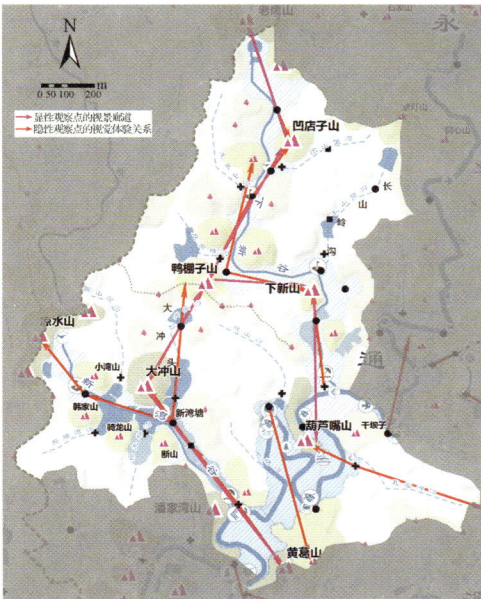

（a）隐性视线关系与显性视景廊道的综合　　　　（b）整体视景管理体系构建

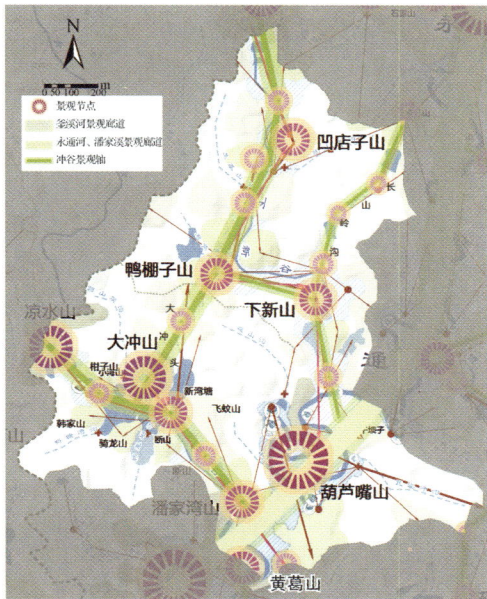

图 8.38 区域内能见度最大化的整体视景管理体系构建

态和文化复合景观的"景象美"诱导城市居民社会公共活动的沿线展开和节点驻足，是保障城市开敞空间获得连通性和网络化，从而实现理想的有利依据。

新湾片区内的城市新区，正是在保障各小流域生态本底连通性的基础上，以视觉景观廊道建立各小流域之间的连通性，进而建构出能保障"生态功能——过程"自然演进、环境景象优美、复合城市公共服务设施建设、能接受车行道路支撑、有独立慢行交通体系的城市开敞空间体系（图 8.39）。

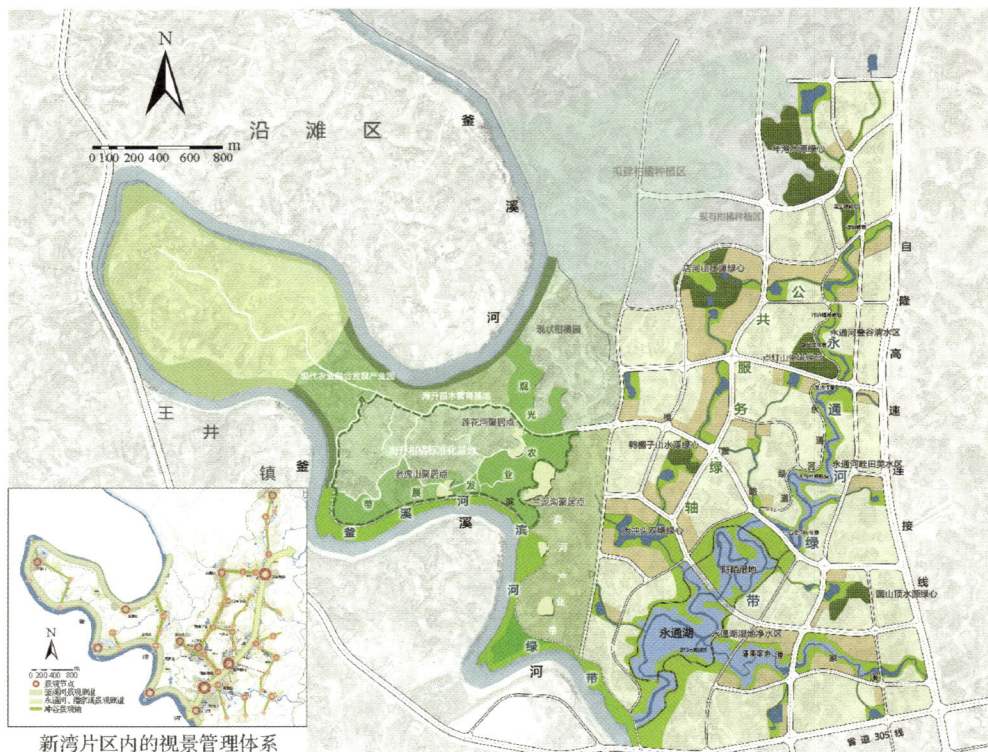

图 8.39　新湾片区内的城市新区开敞空间体系规划

参 考 文 献

[1] JACKSON J B. The order of a landscape：reason and religion in Newtonian America[M]//MEINIG D W. Interpretation of ordinary landscapes：geographical essays. Oxford：Oxford University Press，1979：153-163.

[2] MEINIG D W. Introduction[M]//MEINIG D W. In the interpretation of ordinary landscapes：geographical essays. Oxford：Oxford University Press，1979：1-7.

[3] 李树华. 景观十年、风景百年、风土千年：从景观、风景与风土的关系探讨我国园林发展的大方向[J]. 中国园林，2004（12）：32-35.

[4] 王绍增. 论 LA 的中译名问题[J]. 中国园林，1994（4）：60-61.

[5] 王绍增. 必也正名乎：再论 LA 的中译名问题[J]. 中国园林，1999（6）：49-51.

[6] MARC A，VEERLE V E. The multiple meanings of landscape[M]//MARC A，VEERLE V E. Landscape perspectives：the holistic nature of landscape. Dordrecht：Springer，2017：36-37.

[7] 金经元. 奥姆斯特德和波士顿公园系统（中）[J]. 上海城市管理职业技术学院学报，2002，12（3）：10-12.

[8] 金经元. 奥姆斯特德和波士顿公园系统（上）[J]. 上海城市管理职业技术学院学报，2002，12（2）：11-13.

[9] 金经元. 奥姆斯特德和波士顿公园系统（下）[J]. 上海城市管理职业技术学院学报，2002，12（4）：10-12.

[10] ZONNEVELD I S. Land ecology[M]. Amsterdam：SPB Academic Publishing，1995.

[11] HAECKEL E. The history of creation：or the development of the earth and its inhabitants by the action of natural causes[M]. London：Kegan Paul and Co.，1892.

[12] TROLL C. Landscape ecology（geoecology）and biogeocenology: a terminological study[J]. Geoforum，1971，2（4）：43-46.

[13] PICKETT S T A，CADENASSO M L. Landscape ecology：spatial heterogeneity in ecological systems[Z]. American Association for the Advancement of Science，1995，269：331-334.

[14] FORMAN R T T，GODRON M. Landscape ecology[M]. New York：Wiley，1986.

[15] SAUER C O. The morphology of landscape[J]. University of california publications in geography，1925，2（2）：19-54.

[16] LOWENTHAL D. Past time present place：Landscape and memory[J]. The geographical review，1975，65（1）：1-36.

[17] CENTRE U W H. Operational guidelines for the implementation of the World Heritage Convention[R]. Paris：United Nations Educational，Scientific and Cultural Organisation，2008.

[18] MEINIG D W. The beholding eye：ten versions of the same scene[M]//MEINIG D W，JACKSON J B，LEWIS P F，et al. The interpretation of ordinary landscapes: geographical essays. Oxford：Oxford University Press，1979.

[19] RICHARD H. 地理学的性质：当代地理学思想述评[M]. 李光庭，译. 北京：商务印书馆，2011.

[20] ZEV N，ARTHUR S L. Landscape Ecology[M]. New York：Springer，1994.

[21] MAKHZOUMI J，PUNGETTI G. Ecological landscape design and planning：the mediterranean context[M]. London：Taylor and Francis e-Library，2005.

[22] FARINA A. Landscape ecology in action[M]. Dordrecht：Kluwer Academic，2000.

[23] 杰弗里·帕克. 地缘政治学：过去、现在与未来[M]. 刘从德，译. 北京：新华出版社，2003.

[24] COUNCIL-of-Europe. Details of Treaty No.176[EB/OL]. https://www.coe.int/en/web/conventions/full-list/-/conventions/ treaty/176.

[25] GAMBINO R. Introduction: reasoning on parks and landscapes[M]//GAMBINO R，PEANO A. Nature policies and landscape policies：towards an alliance. London：Springer International Publishing，2015：1-20.

[26] COLVIN B. Land and landscape：evolution，design and control[M]. London：John Murray Publishers，1970.

[27] FELLEMAN J P. Landscpe visibility mapping: theroy and practice[Z]. New York，1979.

[28] FORESTRY-Commission B，Forests M O. visual landscape design training manua[S]. British Columbia，Canada：Recreation Branch Publication，1994.

[29] PALMER J F，HOFFMAN R E. Rating reliability and representation validity in scenic landscape assessments[J].

Landscape and urban planning，2001，54（1）：149-161.

[30] DANIEL T C．Whither scenic beauty? Visual landscape quality assessment in the 21st century[J]．Landscape and urban planning，2001，54（1）：267-281.

[31] FRY G，TVEIT M S，ODE Å，et al．The ecology of visual landscapes：exploring the conceptual common ground of visual and ecological landscape indicators[J]．Ecological indicators，2009，9（5）：933-947.

[32] GOBSTER P H，NASSAUER J I，DANIEL T C，et al．The shared landscape：what does aesthetics have to do with ecology?[J]．Landscape ecology，2007，22（7）：959-972.

[33] MANAGEMENT B O L．Visual resource management[EB/OL]．http://blmwyomingvisual.anl.gov/vr-mgmt/.

[34] LITTON R B．Forest landscape description and inventories：a basis for land planning and design，PSW-49[R]．Berkeley，California，USA：Pacific Southwest Forest and Range Experiment Station Forest Service，U. S. Department of Agriculture，1968.

[35] GRANÖ J G．Reine Geographie[J]．Acta geographica Helsingfors，1929，2（2）：1-202.

[36] MIDDLETON W E K．Vision through the atmosphere[M]//BARTELS J．Geophysik II / Geophysics II．Berlin，Heidelberg：Springer，1957：254-287.